“十二五”国家重点图书出版规划项目

材料科学研究与工程技术系列

材料科学基础

金属材料分册

权力伟 主 编

白 静 副主编

哈爾濱工業大學出版社

内容简介

本书系统地阐述金属材料的基本理论，注重科学性、先进性和实用性。本书共分7章，主要内容包括金属的晶体结构、晶体的缺陷、固体金属中的扩散、合金相图、金属的凝固、固态相变以及金属的加工特性。各章后均附有习题，供自学以及拓宽知识面。

本书可作为高等院校材料科学与工程专业及材料类相关专业的教材，也可供研究生和相关专业的技术人员自学与参考。

图书在版编目(CIP)数据

材料科学基础.金属材料分册/权力伟主编.—哈尔滨:哈尔滨工业大学出版社,2013.12

ISBN 978-7-5603-4239-9

Ⅰ.①材… Ⅱ.①权… Ⅲ.①材料科学-高等学校-教材 ②金属材料-高等学校-教材 Ⅳ.①TB3②TG14

中国版本图书馆 CIP 数据核字(2013)第231599号

材料科学与工程
图书工作室

责任编辑 李子江 何波玲
出版发行 哈尔滨工业大学出版社
社 址 哈尔滨市南岗区复华四道街10号 邮编150006
传 真 0451-86414749
网 址 http://hitpress.hit.edu.cn
印 刷 哈尔滨市工大节能印刷厂
开 本 787mm×1092mm 1/16 印张17.25 字数394千字
版 次 2013年12月第1版 2013年12月第1次印刷
书 号 ISBN 978-7-5603-4239-9
定 价 38.00元

前　言

随着交叉学科以及新材料新工艺的发展，金属材料学这门传统课程也逐渐与其他课程相互关联与渗透，学好金属材料学这门重要的专业技术基础课，对于更好地学习、理解其他交叉学科的课程有着重要意义，因此需要我们在“广”的范围内进行“专”的学习，一方面培养金属材料专业素质，另一方面为拓宽专业面奠定基础。

本书在论述材料的组织结构、材料性能和应用的基础上，系统阐述了金属材料科学的基础理论知识，探讨了金属材料的晶体结构、晶体的缺陷、固体金属中的扩散、合金相图、金属的凝固、固态相变以及金属的加工特性等内容。本书尽量做到言简意赅、循序渐进、由浅入深，并且理论联系实际，通过实例加深对理论内容的理解。

本书的编写思路是：金属的晶体结构和晶体的缺陷、金属材料微观结构是研究金属材料的基础，能帮助更好地研究金属材料的性能；扩散、相图、凝固以及固态相变，对于生产、使用和发展金属材料有重要的指导作用；金属的加工特性则从金属的变形、回复再结晶、强化机制以及断裂方面阐述，使学生能根据材料的性能要求正确地选择材料和制定工艺。

本书参考了部分国内外书刊，在此编者向原作者致以诚挚的谢意和敬意。

本书由东北大学秦皇岛分校资源与材料学院权力伟、白静编写，其中第1、2、3、5章由权力伟编写，第4、6、7章由白静编写。在本书的编写过程中，得到了李明亚、罗绍华等很多老师的关怀与帮助，在此一并表示感谢。

由于编者水平有限，书中不免存在错误和疏漏之处，恳请广大读者和同行给予指正。

编　者

2013年7月

目　　录

第 1 章　金属的晶体结构

按照原子(或分子)的排列特征可将固态物质分为两大类:晶体和非晶体。晶体中的原子在空间呈有规则的周期性排列,即长程有序态,而非晶体则是无规则排列的。金属都是晶体,由晶粒组成的。大部分矿物质可以清晰地显示晶体的形状,如图 1.1 所示,分别为 FeS_2(黄铁矿,也称愚人金,具有立方晶体结构)、NaCl(食盐,具有立方晶体结构)、SiO_2(石英,具有三方晶系)。

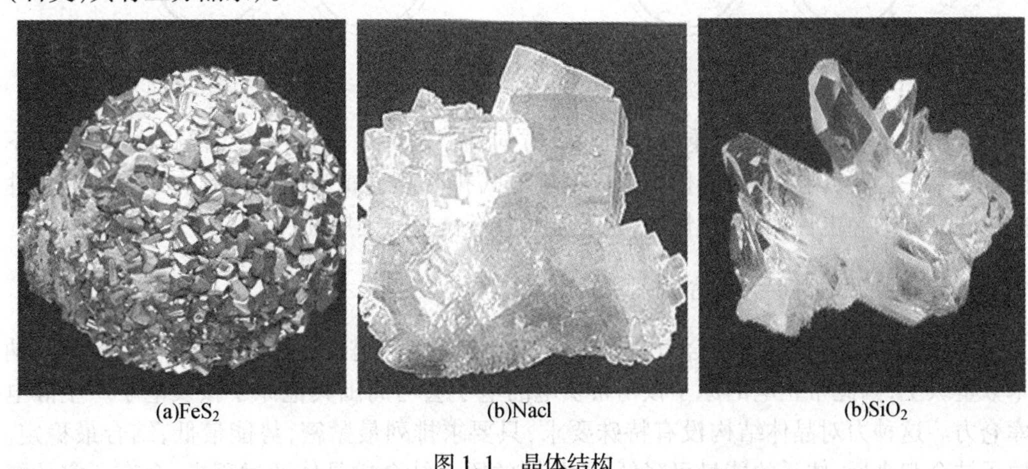

(a)FeS_2　(b)Nacl　(b)SiO_2

图 1.1　晶体结构

材料的结构决定了材料的性能,因此了解材料的结构是研究材料科学的基础。为了更好地研究金属材料的性能,我们需要了解金属晶体的结构。本章主要讲述金属的晶体结构,包括:金属原子间的结合力、晶体学基础以及典型金属晶体结构和合金相结构等。

1.1　金属原子间的结合力

固体材料之所以能结合在一起,是因为其原子之间存在一种结合力和结合能,这种结合力将各原子相互连接起来,使材料保持一定的形状和物理性能,这种结合力也称为键合。材料的很多性能是与原子间结合力的类型密切相关的。结合键可分为化学键(金属键、离子键、共价键)和物理键(范德华力、氢键)。金属材料是以金属键为主要结合方式的。

1.1.1　金属键

典型的金属晶体如周期表中第Ⅰ族、第Ⅱ族元素及过渡元素的晶体,它们最外层的电子一般为 1 ~ 2 个,组成晶体时每个原子的最外层电子都不再属于某个原子,而为所有原子所共有,电子的共有化是金属晶体的基本特点。金属原子的最外层电子数少,较容易失去外壳层价电子而形成稳定的电子壳层，即形成带正电荷的阳离子，而挣脱原子核束缚的价电子成为自由电子，游离于正离子之间，在整个晶体内运动，形成电子云。这种由金属正离子与金属中的自由电子相互作用所构成的键合称为金属键，如图 1.2 所示。

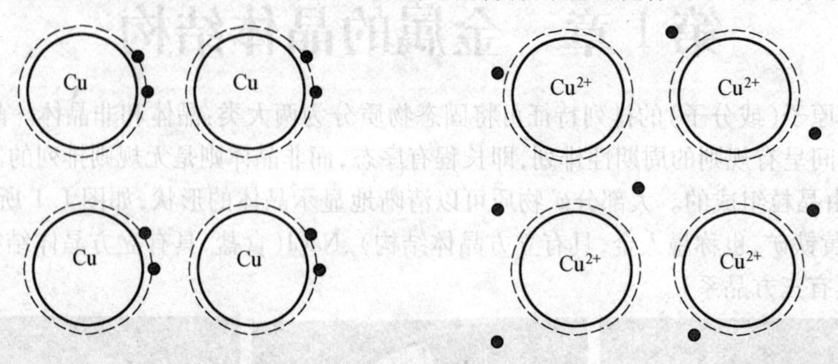

图 1.2 金属键合结构示意图

金属键的实质是既没有饱和性也没有方向性。因为电子是在整个晶体内运动，并不固定在某一位置，因此金属晶体一般以密堆方式排列。金属键使金属具有显著的物理性能——良好的导电性能、导热性能，也使金属具有良好的延展性。

1.1.2 结合力与结合能

晶体中的原子是由于结合力的存在使其能结合在一起，此时原子间距在十分之几纳米数量级上，因此带正电的原子核与带负电的电子会与周围其他原子核及电子产生静电库仑力。这种力对晶体结构没有特殊要求，只要求排列最紧密，势能最低，结合最稳定。原子结合起来后，体系的能量可降低，即分散的原子结合成晶体的过程中，会有一定的能量 E 释放，这个能量称为结合能。

金属晶体中的原子之间既可以相互吸引，也可以相互排斥，这是由相对距离和电荷决定的。在远距离时，吸引作用是主要的，而在近距离时排斥作用是主要的。吸引作用是由于异性电荷间的库仑力，而排斥作用是由于同性电荷间的库仑力和周围电子云相互重叠引起的排斥。

假设 f_{at} 为引力，f_{re} 为斥力，r 为原子间距，引力与斥力的关系为

$$f_{at}=-\frac{a}{r^m} \tag{1.1}$$

$$f_{re}=\frac{b}{r^n} \tag{1.2}$$

式中，a、b、m、n 均为常数，且 $m<n$。

原子间总作用力 f 为

$$f=f_{at}+f_{re}=-\frac{a}{r^m}+\frac{b}{r^n}$$

由此可见，当原子间距 r 较大时，斥力很小，而引力相对值较大，因此 $f<0$，原子间相互吸引；同理，当 r 较小时，斥力很大，而引力相对值较小，因此 $f>0$，原子间相互排斥，如图1.3所示。当 $r=r_0$ 时，$f=0$，即 f_{at} 与 f_{re} 数值相等，此时原子间作用力达到平衡状态。当

原子被外力拉开时,相互间的吸引力试图使其回到平衡位置;反之,当原子受到压缩时,排斥力试图使其回到平衡位置。

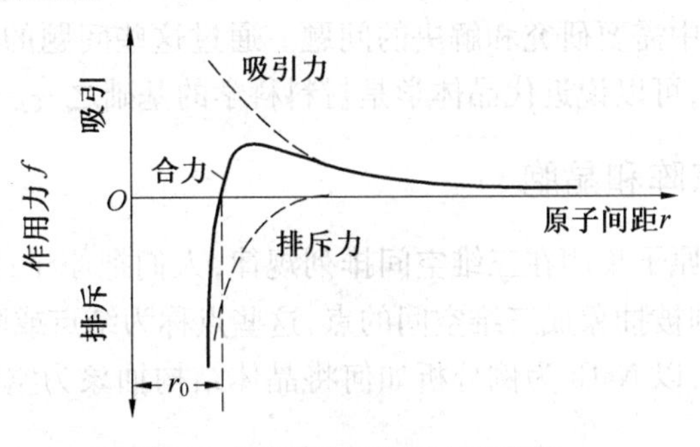

图 1.3　两原子间作用力示意图

在平衡距离 r_0处,合力为零,原子间的位能处于最低状态,也是晶体的最稳定状态。低于或高于这个位能,能量都变大。在金属晶体中,过渡族元素的结合能最大,为 400 ~ 800 kJ/mol,碱金属为 80 ~ 160 kJ/mol,Cu、Ag、Au 为 300 ~ 350 kJ/mol。

1.2　晶体学基础

晶体是指原子、离子或原子集团在三维空间规则地、周期性地重复排列的固体。X 射线衍射的结果表明,一切固体物质,不论其外形及透明度如何,不论是单质还是化合物,是天然的还是人工合成的,只要是晶体,它的结构基元(原子、分子、离子或络合离子等)都具有长程有序的排列。玻璃、石蜡和沥青等,虽然也都是固体的物质,但它们的结构基元仅具有短程有序的排列,而没有长程有序的排列,这些固体物质均称为非晶体。由于非晶体不能自发地生长成规则的几何外形,因而非晶质固体又称为无定形体。晶体分为单晶体和多晶体。单晶体是连续、均匀、各向异性的固体。单晶体通过晶界和相界聚合而成多晶体,若没有择优取向,多晶体大体上是各向同性。

晶体具有一些共同的性质:均匀性,即晶体不同部位的宏观性质相同;各向异性,即在晶体中不同方向上具有不同的性质,见表 1.1;有限性,即晶体具有自发地形成规则几何外形的特性;对称性,即晶体在某些特定方向上所表现的物理化学性质完全相同以及具有固定的熔点等。

表 1.1　单晶体的各向异性

类 别	弹性模量/MPa		抗拉强度/MPa		延伸率/%	
	最大	最小	最大	最小	最大	最小
Cu	191 000	66 700	346	128	55	10
α-Fe	293 000	125 000	225	158	80	20

近代科学的许多领域的进展都和近代晶体学密切相关。除了物理、化学等基础学科外,一些尖端科学技术,如自动化技术、红外遥感技术、电子计算机技术和空间技术等,都各有其所需要的特殊晶体材料。材料科学在较大程度上得力于晶体结构理论所提供的观

点与知识。各种材料，不管它是金属、合金材料、陶瓷材料、高聚合物材料，还是单晶材料，都存在着内部结构、物相组成和结构与性能关系等问题，即它们有共同相关的问题，这种问题就是近代晶体学中需要研究和解决的问题。通过这些问题的解决，就可以把晶体材料和应用联系起来了，可以说近代晶体学是材料科学的基础之一。

1.2.1 空间点阵和晶胞

为了揭示原子或原子集团在三维空间排列规律，人们把原子或原子集团按某种规律抽象成一个点，晶体则被抽象成三维空间的点，这些点称为结点或阵点。为了描述各种晶体结构的规律和特征，以 NaCl 为例分析如何将晶体结构抽象为空间点阵，并说明它们之间的关系。

NaCl 是由 Na^+和 Cl^-组成。人们实际测定出在 NaCl 晶体中 Na^+和 Cl^-是相间排列的，NaCl 晶体结构的空间图形和平面图形分别如图 1.4、图 1.5 所示。所有 Na^+的上下、前后、左右均为 Cl^-；所有 Cl^-的上下、前后、左右均为 Na^+。两个 Na^+之间的周期分别为 0.562 8 nm和0.397 8 nm，即不同方向上周期不同。两个 Cl^-之间的周期亦如此。可以发现，每个 Na^+中心点在晶体结构中所处的几何环境和物质环境都是相同的，Cl^-也同样如此。我们将这些在晶体结构中占有相同几何位置，且具有相同物质环境的点都称其为等同点。除 Na^+中心点和 Cl^-中心点之外，尚存在很多类等同点，例如 Na^+和 Cl^-相接触的 X 点亦是一类等同点。但 Na^+中心点、Cl^-中心点和 X 点彼此不是等同点。如果将晶体结构中某一类等同点挑选出来，它们有规则周期性地重复排列所形成的空间几何图形即称为空间点阵，简称点阵。构成空间点阵的每个点称为结点或阵点。由此可知，每一个阵点都是具有等同环境的非物质性的单纯几何点，而空间点阵是从晶体结构中抽象出来的非物质性的空间几何图形，它很明确地显示出晶体结构中物质质点排列的周期性和规律性。

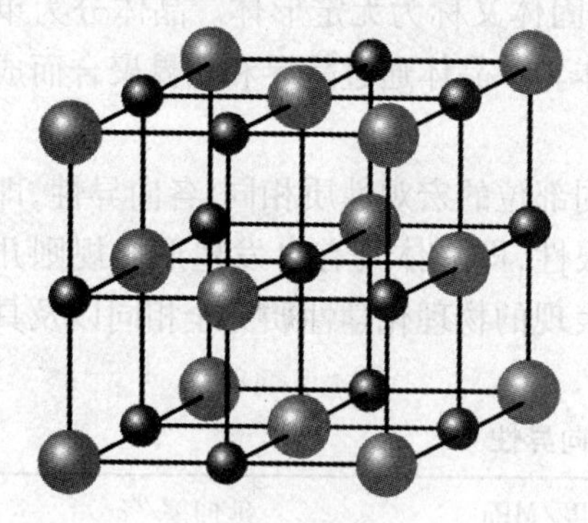

图 1.4 NaCl 结构

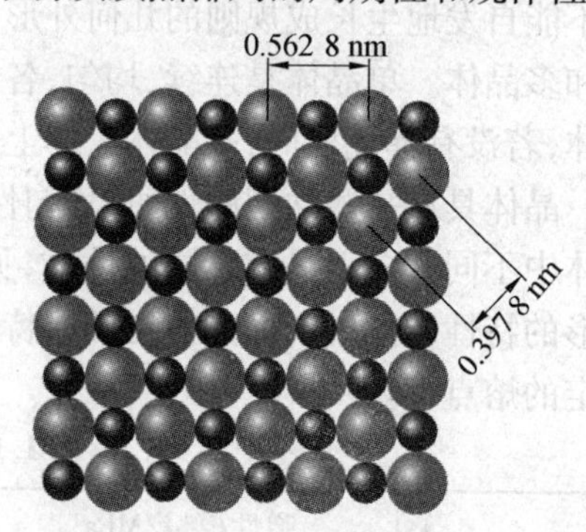

图 1.5 NaCl 结构平面图形

这里需强调，晶体结构和空间点阵是两个完全不同的概念，晶体结构是指具体的物质粒子排列分布，它的种类有无限多，而空间点阵只是一个描述晶体结构规律性的几何图形，它的种类却是有限的。二者关系可以表述为：空间点阵+结构基元→晶体结构。

点阵是具有代表性的基本单元，这些基本单元也称为晶胞，通常选取具有代表性的最小的平行六面体，在三维空间堆砌成空间点阵。空间点阵中阵点的联法不同，选取的晶胞形状也不同，如图 1.6 所示。一般而言，晶胞的选择原则是：尽可能反映点阵的对称性，且六面体的八个顶角均有阵点，平行六面体的体积最小。

为了描述晶胞的形状和大小，一般以晶胞中某一定点为坐标原点，相交于顶点的平行六面体的三条棱边为 x、y、z 轴，如图 1.7 所示。这样晶胞的大小和形状可以通过棱边长度 a、b、c 及棱边夹角 α、β、γ 6 个参数来表达，这些参数称为点阵常数或晶格常数。

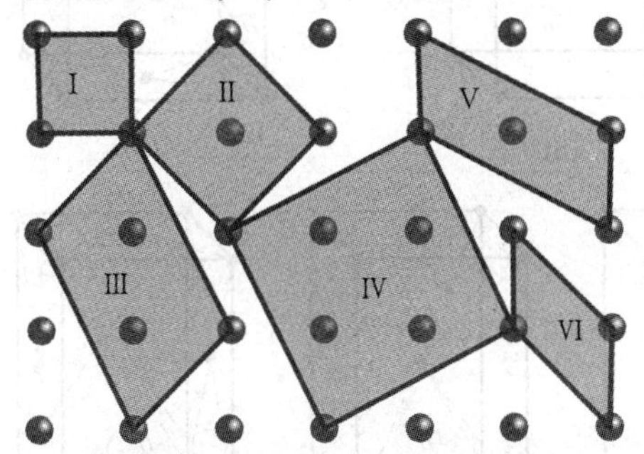

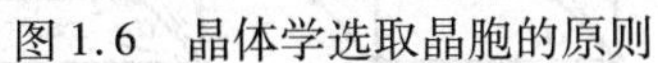
图 1.6 晶体学选取晶胞的原则

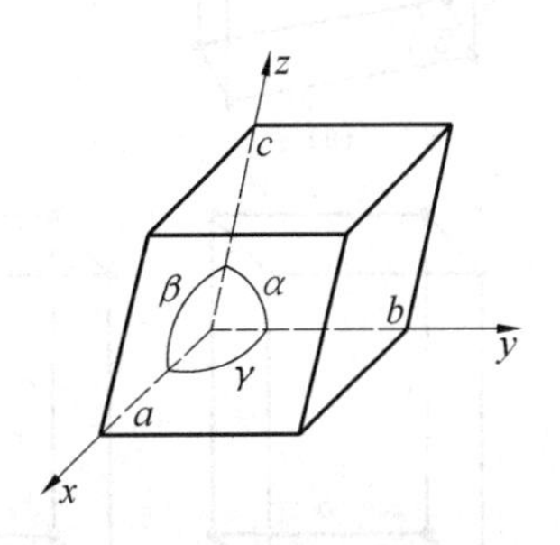

图 1.7 单晶胞及晶格常数

空间点阵存在多种排列形式，按照“每个阵点的周围环境相同”的要求，在这样一个限定条件下，法国晶体学家布拉菲（A. Bravais）首先用数学方法推导出能反映空间点阵全部特征的空间点阵只有 14 种类型，这 14 种空间点阵也称为布拉菲点阵。图 1.8 为 14 种空间点阵的晶胞。若根据晶体的对称特点进一步整理，可将 14 种空间点阵归属于 7 个晶系，见表 1.2。由于金属原子趋向于紧密排列，工业中常用的金属元素中除少数具有复杂晶体结构外，大部分金属具有简单的晶体结构，最典型常见的是体心立方结构、面心立方结构和密排六方结构。

表 1.2 空间点阵

晶系	空间点阵	棱边长及夹角关系	符号	晶胞阵点数	分图号
三斜	简单三斜	$a\neq b\neq c,\alpha\neq\beta\neq\gamma\neq 90°$	aP	1	(a)
单斜	简单单斜	$a\neq b\neq c,\alpha=\gamma°=90°\neq\beta$	mP	1	(b)
	底心单斜		mC	2	(c)
正交	简单正交	$a\neq b\neq c,\alpha=\beta=\gamma=90°$	oP	1	(d)
	底心正交		oC	2	(e)
	体心正交		oI	2	(f)
	面心正交		oF	4	(g)
六方	简单六方	$a_1=a_2=a_3\neq c,\alpha=\beta=90°,\gamma=120°$	hP	1	(h)
菱方	简单菱方	$a_1=a_2=a_3,\alpha=\beta=\gamma\neq 90°$	hR	1	(i)
正方（四方）	简单正方	$a_1=a_2\neq c,\alpha=\beta=\gamma=90°$	tP	1	(j)
	体心正方		tI	2	(k)
立方	简单立方	$a_1=a_2=a_3,\alpha=\beta=\gamma=90°$	cP	1	(l)
	体心立方		cI	2	(m)
	面心六方		cF	4	(n)

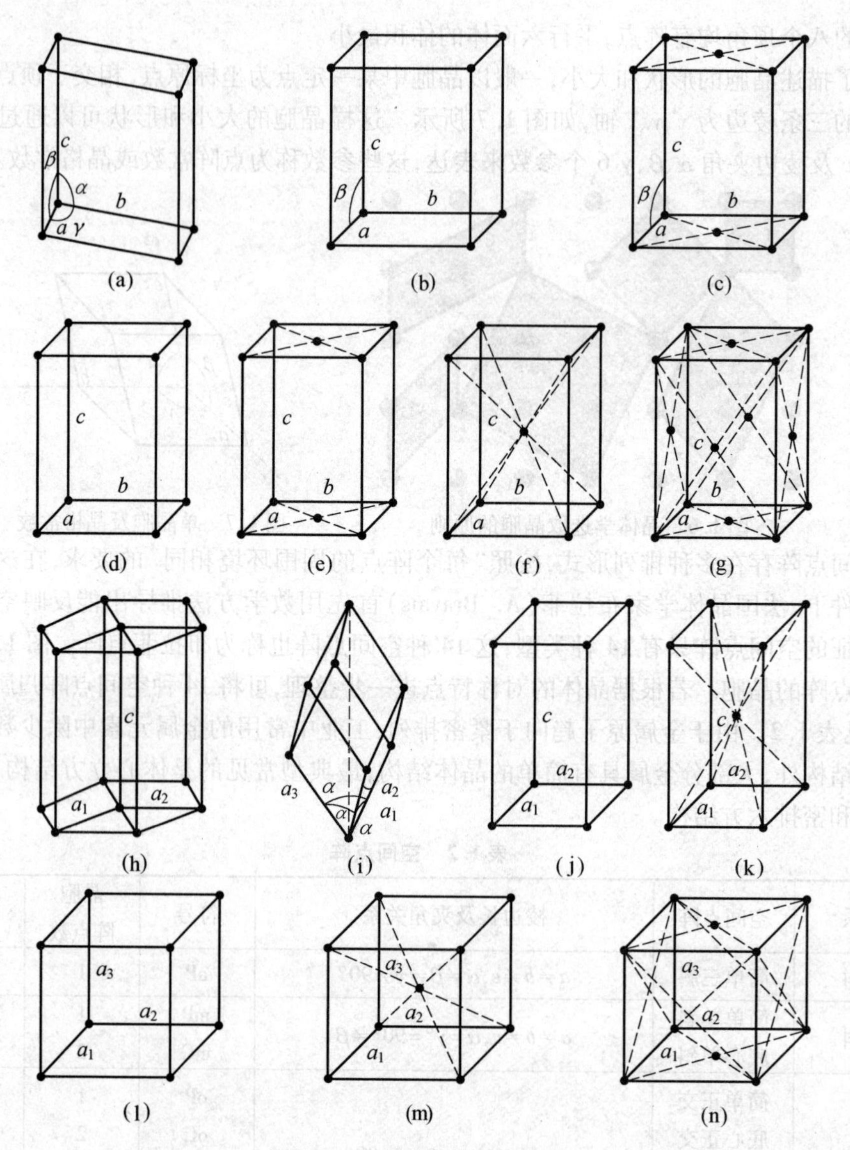

图 1.8 14 种空间点阵的晶胞

1.2.2 晶向指数和晶面指数

在晶体中存在一系列的原子列或原子平面，晶体中原子所组成的平面称为晶面，原子列及其所指的方向称为晶向。不同的晶面和晶向具有不同的原子排列和取向。在分析有关晶体的生长、变形、相变以及性能等方面问题时，涉及晶体中不同晶向晶面上原子的分布状态，为了便于确定和区别晶体中不同方位的晶向和晶面，国际上通常采用密勒(Miller)指数来统一标定晶向指数和晶面指数。

1. 晶向指数

晶向指数的确定如图 1.9 所示，步骤如下：

①以晶胞的某一阵点为原点，三个基矢为坐标轴，并以点阵基矢的长度作为三个坐标

的单位长度。

②过原点作一直线 OP,使其平行于待标定的晶向 AB,这一直线必定会通过某些阵点。

③在直线 OP 上选取距原点 O 最近的一个阵点 P,确定 P 点的坐标值。

④将 P 点坐标值乘以最小公倍数化为最小整数 u、v、w,加上方括号,$[uvw]$ 即为 AB 晶向的晶向指数。如果 u、v、w 中某一数为负值,则将负号标注在该数的上方。

图1.10给出了正交点阵中几个晶向的晶向指数。可见,晶向指数表示的是一组互相平行、方向一致的晶向。若晶体中两直线相互平行但方向相反,则它们的晶向指数的数字相同,而符号相反。如$[2\bar{1}1]$和$[\bar{2}1\bar{1}]$就是两个相互平行、方向相反的晶向。

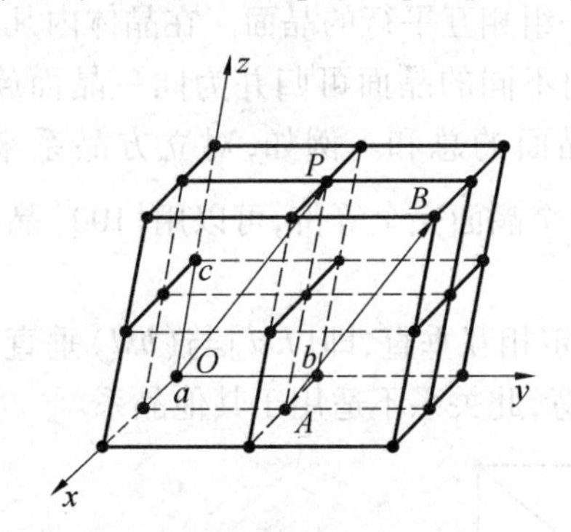

图1.9 晶向指数的确定

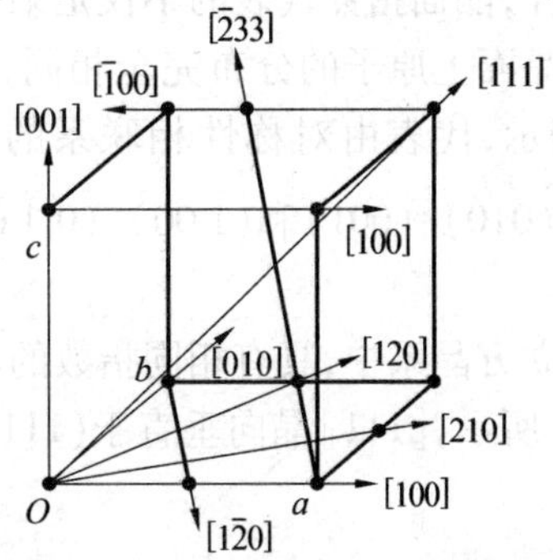

图1.10 正交点阵中几个晶向的晶向指数

此外,晶体中因对称关系而等同的各组晶向可归并为一个晶向族,用<uvw>表示。例如,对立方晶系来说,[100]、[010]、[001]和$[\bar{1}00]$、$[0\bar{1}0]$、$[00\bar{1}]$等六个晶向,它们的性质是完全相同的,就可以用符号<100>表示。需注意的是:如果晶体结构不是立方晶系,改变晶向指数的顺序,所表示的晶向则可能不等同。例如,对于正交晶系[100]、[010]、[001]这三个晶向并不是等同晶向,因这三个方向上的原子间距分别为 a、b、c,沿着这三个方向,晶体的性质并不相同。

2. 晶面指数

晶面指数的标定步骤如下:

①在空间点阵中设定参考晶轴坐标系,设定方法与确定晶向指数时相同,但坐标原点需在待定晶面外。

②求出待定晶面在三个晶轴上的截距(如该晶面与某轴平行,则截距为∞),例如1、1、∞,1、1、1,1、1、1/2等。

③取这些截距数的倒数,例如110,111,112等。

④将上述倒数化为最小的简单整数,并加上圆括号,即表示该晶面的指数,一般记为(hkl),例如(110),(111),(112)等。同样若某一数值为负,将负号标注于该数的上方。

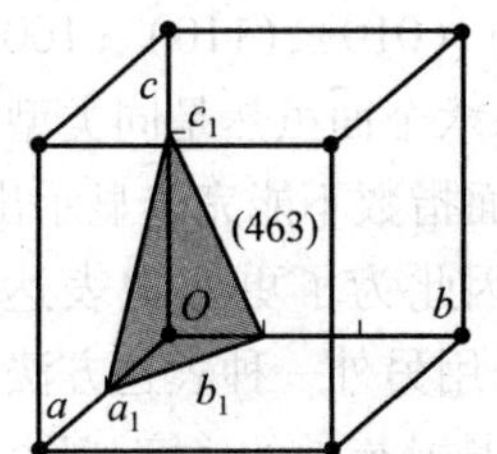

图1.11 晶面指数的表示方法

例如,图1.11中标出的晶面 $a_1b_1c_1$,相应的截距为1/2、1/3、2/3,其倒数为2、3、3/2,化为简单整数为4、6、3,所

以晶面 $a_1b_1c_1$ 的晶面指数为(463)。图 1.12 为立方晶系中几个常见的晶面指数。

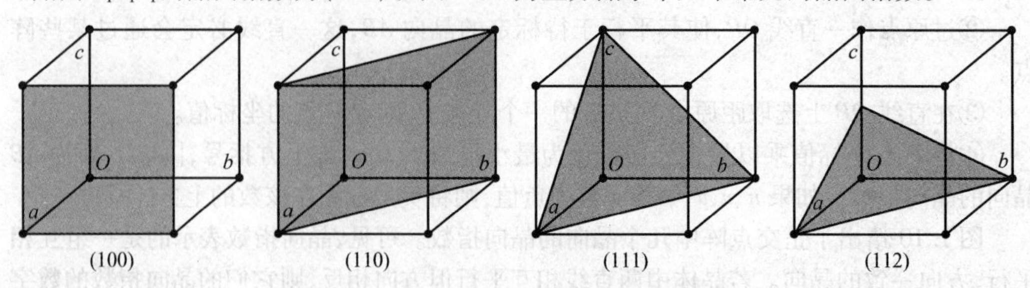

图 1.12 立方晶系中几个常见的晶面指数

同样,晶面指数代表的不仅是某一晶面,而是一组相互平行的晶面。在晶体内凡晶面间距和晶面上原子的分布完全相同,只是空间位向不同的晶面可归并为同一晶面族,用 $\{hkl\}$ 表示,代表由对称性相联系的若干组等效晶面的总和。例如,对立方晶系来说,(100)、(010)、(001)和($\bar{1}$00)、(0$\bar{1}$0)、(00$\bar{1}$)等六个晶面完全等价,可以用{100}晶面族表示。

在立方晶系中,具有相同指数的晶向和晶面必定相互垂直,即$[hkl]$与(hkl)垂直。如图 1.13 所示,[111]晶向垂直于(111)晶面。需注意,此关系不适用于其他晶系。

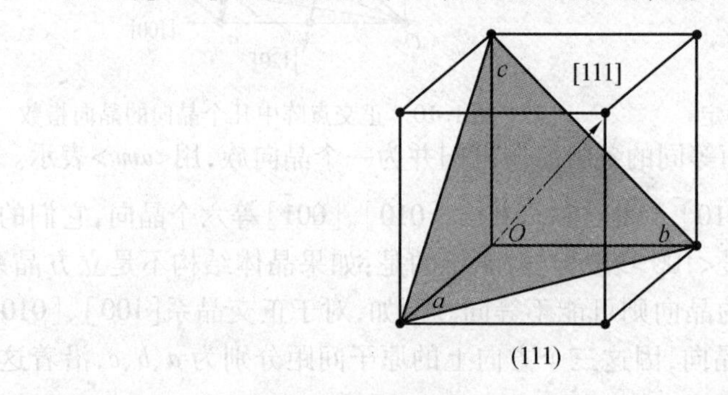

图 1.13 晶面指数(111)与晶向指数[111]相互垂直示意图

六方晶系的晶向指数和晶面指数同样可以应用上述方法标定,取 a_1、a_2和 c 为晶轴,a_1轴与 a_2轴之间的夹角为 120°,c 轴与 a_1、a_2轴相垂直,如图 1.14 所示。按此方法标定六方晶系的六个柱面的晶面指数分别为:(100)、(010)、($\bar{1}$10)、($\bar{1}$00)、(0$\bar{1}$0)、(1$\bar{1}$0)。可见,六个面虽然是同类型的晶面,但所标定的晶面指数不能完全显示出六方晶系的对称性。因此为了更好地表达六方晶系的对称性,采用另外一种表达方法。

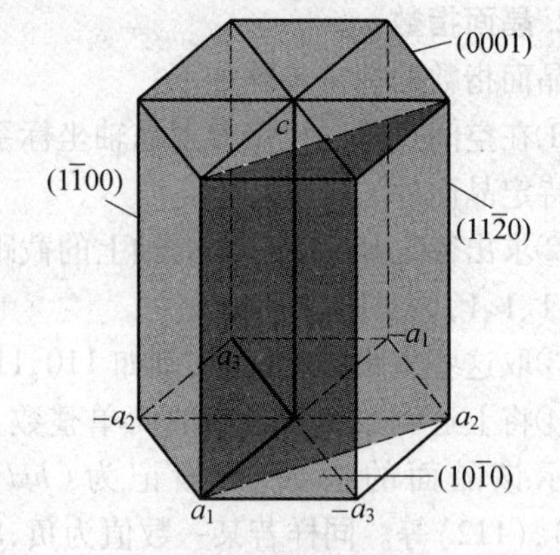

图 1.14 六方晶系面指数

采用 a_1、a_2、a_3和 c 四个轴为晶轴,a_1、a_2、a_3彼此间的夹角均为 120°,晶面指数采用$(hkil)$四个指数来表示。根据立体几何学,在三维空间中独立的坐标轴不会超过三个。上述方法中,位于同一平面上的 h、k、i 中有两个是独立的。h、k、i 之间存在下列关系

$$i=-(h+k) \tag{1.3}$$

此时六个柱面的指数成为$(10\bar{1}0)$、$(01\bar{1}0)$、$(\bar{1}100)$、$(\bar{1}010)$、$(0\bar{1}10)$、$(1\bar{1}00)$,数字全部相同,可把它们归并为{1010}晶面族。

采用四轴坐标标定时,晶向指数的确定方法也和采用三轴系时基本相同,晶向指数用4个数[$uvtw$]来表示。同理 u、v、t 三个数中也只能有两个是独立的,仿照晶面指数的标注方法,它们之间的关系为

$$t=-(u+v) \tag{1.4}$$

三轴坐标系标出的晶向指数[UVW]与四轴坐标系标出的晶向指数[$uvtw$]的互换关系为

$$\begin{cases} u=(2U-V)/3 \\ v=(2V-U)/3 \\ t=(U+V)/3 \\ w=W \end{cases} \tag{1.5}$$

1.2.3 晶带与晶带定律

所有平行或相交于某一晶向直线的晶面构成一个晶带,此直线称为晶带轴,属于此晶带的晶面称为晶带面,如图1.15所示。

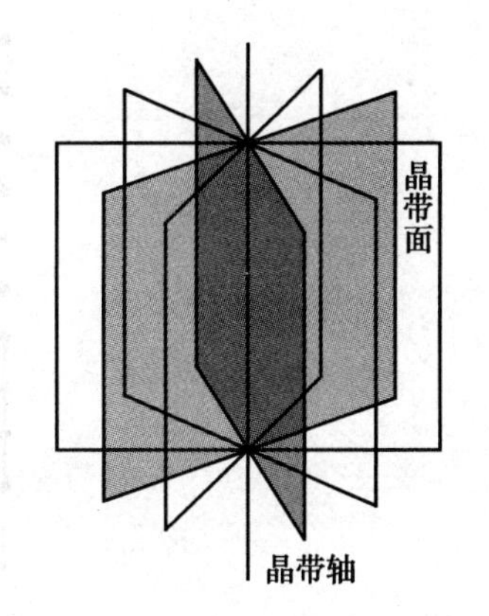

图1.15 晶带、晶带面与晶带轴

设立方晶系中,有一晶带轴[uvw]与该晶带的晶面(hkl)关系如下

$$hu+kv+lw=0 \tag{1.6}$$

满足此关系式的晶面都属于以[uvw]为晶带轴的晶带,此关系式称为晶带定律。

晶带定律是非常有用的工具,对分析立方晶系的晶体学问题有很大帮助。下面是几例常见的应用。

①已知某晶带中任意两个非平行晶面($h_1k_1l_1$)和($h_2k_2l_2$),则该晶带的晶带轴方向[uvw]为

$$u:v:w=\begin{vmatrix} k_1 & l_1 \\ k_2 & l_2 \end{vmatrix}:\begin{vmatrix} l_1 & h_1 \\ l_2 & h_2 \end{vmatrix}:\begin{vmatrix} h_1 & k_1 \\ h_2 & k_2 \end{vmatrix}$$

$$u=k_1l_2-k_2l_1$$

$$v=l_1h_2-l_2h_1$$

$$w=h_1k_2-h_2k_1$$

②已知某晶面同属于两个晶带[$u_1v_1w_1$]和[$u_2v_2w_2$],则该晶面的晶面指数(hkl)为

$$h:k:l=\begin{vmatrix} v_1 & w_1 \\ v_2 & w_2 \end{vmatrix}:\begin{vmatrix} w_1 & u_1 \\ w_2 & u_2 \end{vmatrix}:\begin{vmatrix} u_1 & v_1 \\ u_2 & v_2 \end{vmatrix}$$

$$h=v_1w_2-v_2w_1$$
$$k=w_1u_2-w_2u_1$$
$$l=u_1v_2-u_2v_1$$

③已知三个晶面$(h_1k_1l_1)$、$(h_2k_2l_2)$和$(h_3k_3l_3)$之间的关系，即

$$\begin{vmatrix} u_1 & k_1 & l_1 \\ h_2 & k_2 & l_2 \\ h_3 & k_3 & l_3 \end{vmatrix}=0$$

则三个晶面在同一个晶带上。同理，若三个晶向也存在如上关系，则三个晶向属于同一个晶面上。

1.2.4 晶面间距和晶面夹角

晶面指数不同的晶面，其晶面间距各不同。晶面指数确定后，晶面的位向和晶面间距也随之确定。低指数的晶面间距大，晶面上原子排列密度越密集。图1.16为简单立方点阵中不同晶面的晶面间距的平面图。可见，(100)面的晶面间距最大，原子排列密度最密集；而(320)面的面间距最小，原子排列密度最稀疏。由于不同晶面或晶向上原子排列情况不同，使得晶体呈现出各向异性。

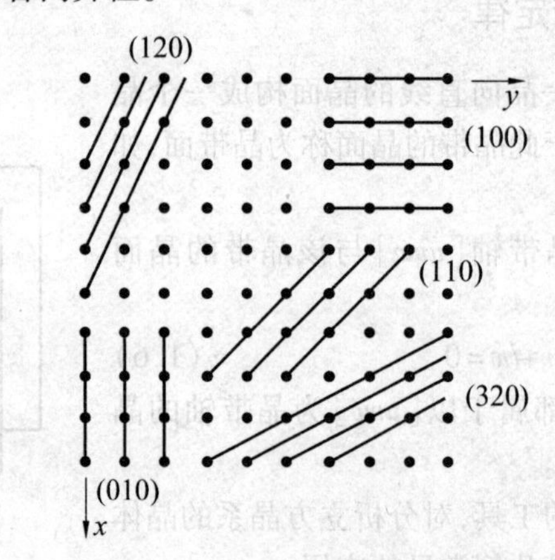

图1.16 简单立方点阵中不同晶面的晶面间距示意图

不同的晶系，其晶面间距d_{hkl}与晶面指数(hkl)的关系为：

(1)立方晶系

$$d_{hkl}=\frac{a}{\sqrt{h^2+k^2+l^2}} \tag{1.7}$$

(2)正交和正方晶系

$$d_{hkl}=\frac{1}{\sqrt{\left(\frac{h}{a}\right)^2+\left(\frac{k}{b}\right)^2+\left(\frac{l}{c}\right)^2}} \tag{1.8}$$

(3)六方晶系

$$d_{hkl}=\frac{1}{\sqrt{\frac{4}{3}\left(\frac{h^2+hk+k^2}{a^2}\right)^2+\left(\frac{l}{c}\right)^2}} \tag{1.9}$$

需注意,这些公式只适用于简单晶胞,对于复杂晶胞,如体心立方、面心立方等,在计算时应考虑到晶面层数增加的影响。

两个晶面的夹角,可用其法线的夹角,即晶向的夹角来表示。已知两个晶面$(h_1k_1l_1)$、$(h_2k_2l_2)$及其夹角φ,则φ与晶面指数之间的关系为:

(1)立方晶系

$$\cos\varphi=\frac{h_1h_2+k_1k_2+l_1l_2}{\sqrt{h_1^2+k_1^2+l_1^2}\sqrt{h_2^2+k_2^2+l_2^2}} \tag{1.10}$$

(2)正交晶系

$$\cos\varphi=\frac{\frac{h_1h_2}{a^2}+\frac{k_1k_2}{b^2}+\frac{l_1l_2}{c^2}}{\sqrt{\left(\frac{h_1}{a}\right)^2+\left(\frac{k_1}{b}\right)^2+\left(\frac{l_1}{c}\right)^2}\sqrt{\left(\frac{h_2}{a}\right)^2+\left(\frac{k_2}{b}\right)^2+\left(\frac{l_2}{c}\right)^2}} \tag{1.11}$$

(3)六方晶系

$$\cos\varphi=\frac{h_1h_2+k_1k_2+\frac{1}{2}(h_1k_2+h_2k_1)+\frac{3a^2}{4c^2}l_1l_2}{\sqrt{h_1^2+k_1^2+\frac{3a^2}{4c^2}l_1^2}\sqrt{h_2^2+k_2^2+\frac{3a^2}{4c^2}l_2^2}} \tag{1.12}$$

1.2.5 晶体的对称性

自然界的某些物体如晶体中存在可分割成若干个形态相同的部分,将这些形态部分借助某些假想的辅助性的点、线、面等几何要素变换,它们自身重合复原或能有规律地重复出现,这种性质称为对称性。假想的几何要素称为对称元素,变换或重复称为对称操作。对称性是晶体的基本性质之一。自然界中,如雪花、花瓣、天然金刚石等呈现出各种各样的规则排列和对称分布,各具有不同的对称规律。晶体外形的宏观对称性是其内部晶体结构微观对称性的表现。晶体的某些物理参数如热膨胀、弹性模量和光学常数等也与晶体的对称性相关。因此了解晶体的对称性对于更好地研究晶体结构及性能有重要作用。

晶体的对称元素可分为宏观和微观两类。宏观对称元素反映出晶体外形和其宏观性质的对称性,而微观对称元素与宏观对称元素相结合可反映出原子排列的对称性。

1. 宏观对称元素

(1)对称面

晶体通过某一平面作镜像反映而能复原,则该平面称为对称面或晶面(图1.17中的P面),用符号m表示。对称面通常是晶棱或晶面的垂直平分面或者为多面角的平分面,且必定通过晶体的几何中心。

(2)对称中心(反演)

若晶体中所有的点在经过某一点反演后能复原,则该点就称为对称中心(图 1.18 中的 C 点),用符号 i 表示。对称中心必然位于晶体中的几何中心。

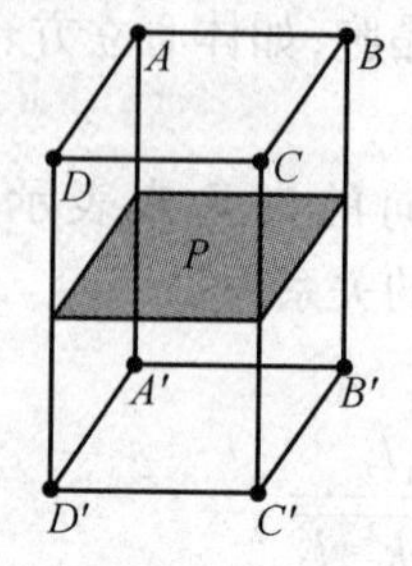

图 1.17 对称面

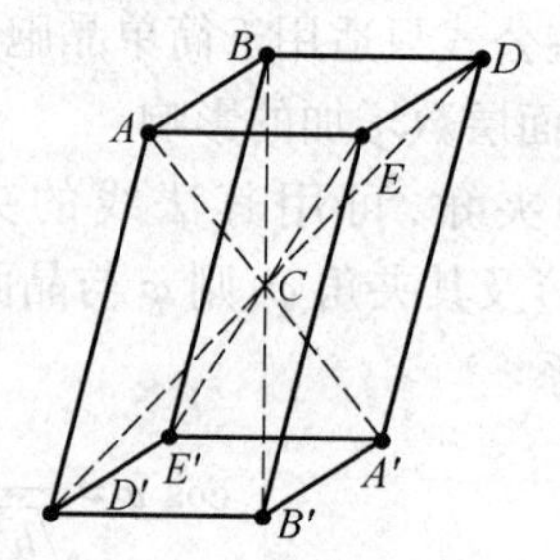

图 1.18 对称中心

(3)旋转对称轴

以晶体中一根固定直线作为旋转轴,整个晶体绕它旋转 $2\pi/n$ 角度后能完全复原,称晶体具有 n 次对称轴,用 n 表示。晶体中可能存在的对称轴有 1、2、3、4 和 6 次,用国际符号 1、2、3、4 和 6 表示,也可以用 L^n 表示,如图 1.19 所示。晶体中不存在 5 次旋转轴和大于 6 次的旋转轴,因为它们与晶体结构的周期性相矛盾。晶体中的对称轴必定通过晶体的几何中心。

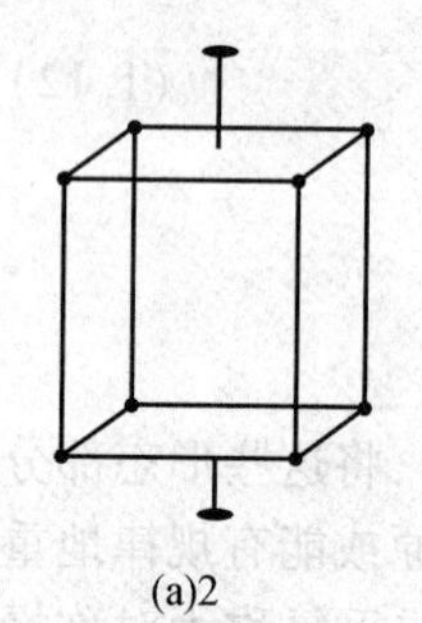
(a)2

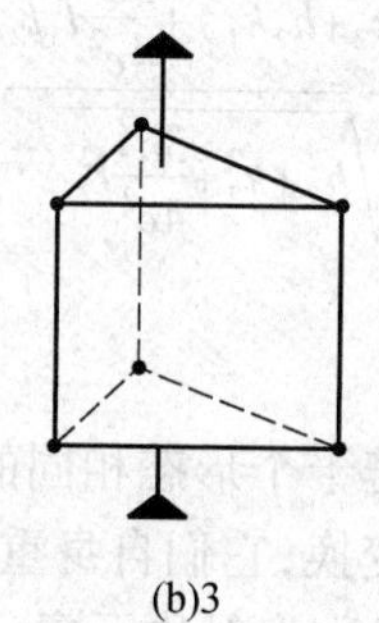
(b)3

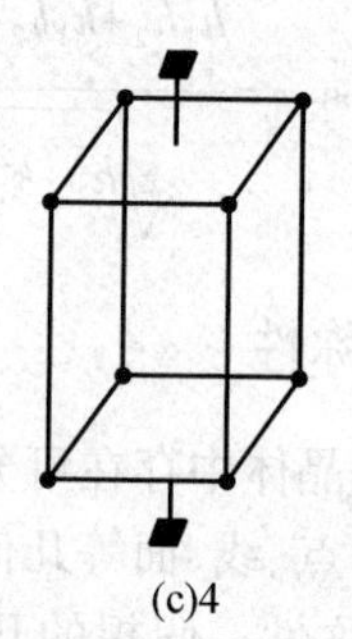
(c)4

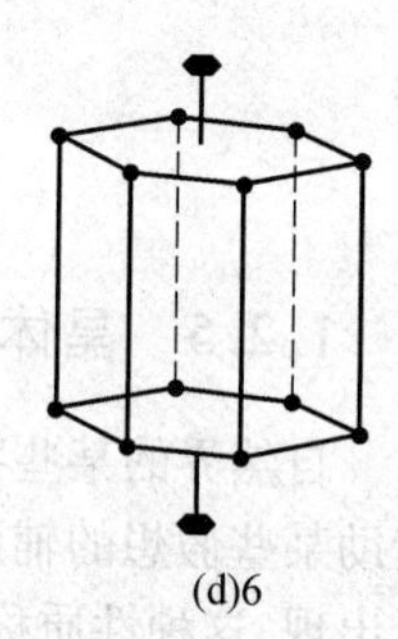
(d)6

图 1.19 对称轴

(4)旋转-反演轴(象转)

当晶体绕某一轴旋转一定角度($2\pi/n$),再以轴上的一个中心点作反演之后能得到复原时,此轴称为旋转-反演轴。旋转-反演轴的对称操作是围绕一根直线旋转和对此直线上一点反演。n 可以为 1、2、3、4、6,旋转-反演轴的符号为 $\bar{1}$、$\bar{2}$、$\bar{3}$、$\bar{4}$、$\bar{6}$,也可用 L_i^n 来表示,i 代表反演,n 代表轴次,如图 1.20 所示。

2. 微观对称元素

(1)滑动面

滑动面由一个对称面加上其沿着此面的平移所组成,晶体结构可借此面的反映并沿此面平移一定距离而复原。如图 1.21(a)所示,点 2 是点 1 的反映,BB'面是对称面;而在图 1.21(b)中,点 1 经 BB'面反映后再平移 $a/2$ 距离才与点 2 重合,此时 BB'面为滑动面。如果平移距离为 $a/2$,$b/2$ 或 $c/2$,滑动面表示为 a,b 或 c;如果沿对角线平移 1/2 距离,则表示为 n;如果沿着面对角线平移 1/4 距离,则为 d。

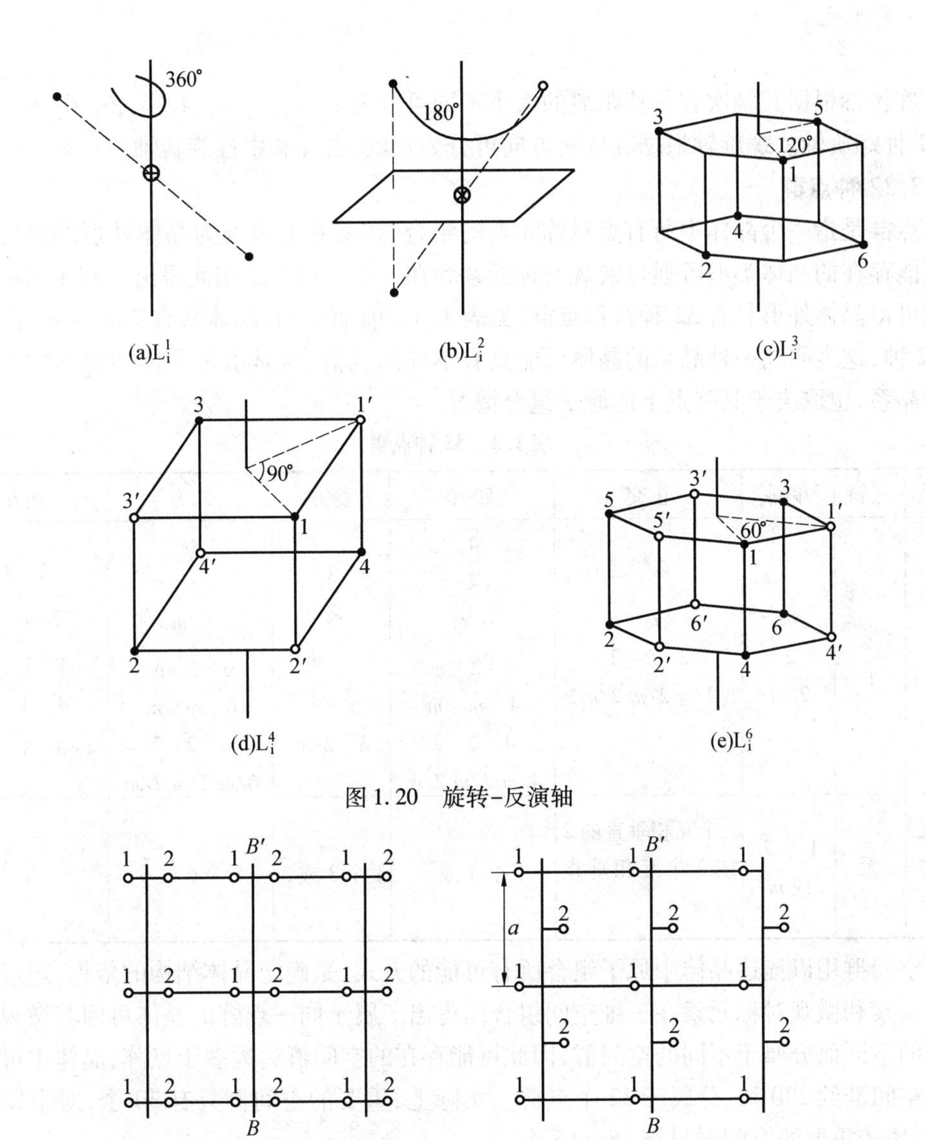

图 1.20　旋转-反演轴

图 1.21　滑动面

(2)螺旋轴

螺旋轴是设想的直线,晶体内部的相同部分绕其周期转动,并且附以轴向平移得到重复。螺旋轴是一种复合的对称要素,其辅助几何要素为一根假想的直线及与之平行的直线方向。相应的对称变换为围绕此直线旋转一定的角度和此直线方向平移的联合。螺旋轴的周次 n 只能等于1,2,3,4,6,所包含的平移变换其平移距离应等于沿螺旋轴方向结点间距的 s/n,s 为小于 n 的自然数。螺旋轴的国际符号一般为 n_s。如图 1.22 所示为3次旋转轴,一些结构绕此轴回转 120°并沿轴平移 $c/3$ 就得到复

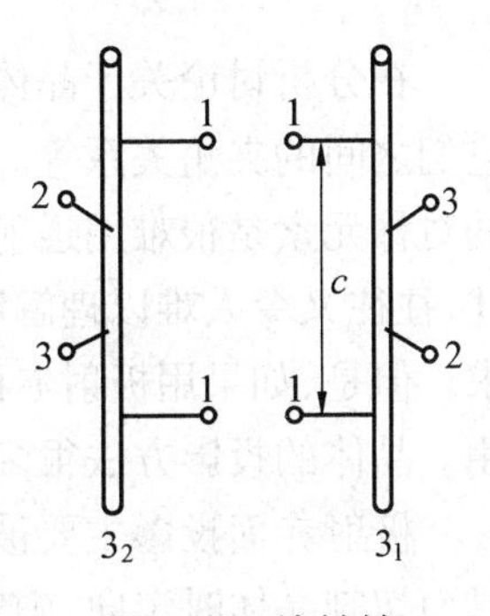

图 1.22　旋转轴

原。

旋转轴根据其轴次和平移距离的大小不同可分为2_1、3_1、3_2、4_1、4_2、4_3、6_1、6_2、6_3、6_4、6_5共11种螺旋轴。螺旋轴根据其旋转方向可分为左旋、右旋和中性旋转轴。

3.32 种点群

点群是指一个晶体中所有点对称元素的组合，在宏观上表现为晶体外形的对称。晶体可能存在的晶体类型可通过宏观对称元素和在一点上组合运用而得出。利用对称组合原理可得晶体外形只有32种对称点群，见表1.3。前面已知，晶体共有7大晶系，而点群有32种，这表明同一种晶系的晶体可能具有不同的点群，这是由于晶体的对称性不仅取决于晶系，也取决于其阵点上的原子组合情况。

表1.3 32种点群

晶系	三斜	单斜	正交	四方	菱方	六方	立方
对称要素	1 $\bar{1}$	m 2 $2/m$	2 m m 2 2 2 $2/m$ $2/m$ $2/m$	$\bar{4}$ 4 $4/m$ $\bar{4}$ 2 m 4 m m 4 2 2 $4/m$ $2/m$ $2/m$	3 $\bar{3}$ 3 m 3 2 $\bar{3}$ $2/m$	$\bar{6}$ 6 $6/m$ $\bar{6}$ 2 m 6 m m 6 2 2 $6/m$ $2/m$ $2/m$	2 3 $2/m$ $\bar{3}$ $\bar{4}$ 3 m 4 3 2 $4/m$ $\bar{3}$ $2/m$
特征对称要素	无	1个2或m	3个互相垂直的2或2个互相垂直的m	1个4或$\bar{4}$	1个3或$\bar{3}$	1个6或$\bar{6}$	4个3

空间群用以描述晶体中原子组合所有可能的方式，是确定晶体结构的依据，通过宏观对称元素和微观对称元素在三维空间组合而得出。属于同一点阵的晶体可因其微观对称元素的不同而分属于不同的空间群，因此可能存在的空间群远远多于点阵，晶体中可能存在的空间群约230种，分属于32个点群。实际上，重要的空间群只有30个，对金属材料而言，比较重要的空间群只有15～16个。

1.2.6 晶体投影

在分析讨论关于晶体的各项问题时，常常需要正确而清晰地表示出各种晶向、晶面及它们之间的夹角关系等。晶体中各晶面、晶向、原子面和晶带之间的角度关系，以及晶体的对称元素是很难用透射图准确地表示的。如果这些关系用精确的数学符号和关系来表述，往往又令人难以理解和熟练地应用；如果采用立体图不仅复杂、麻烦，而且难以达到要求。但是，如果用极射赤面投影或心射切面投影来表示，这些关系就很容易被理解并应用。晶体的投影方法很多，其中以极射赤面投影的方法更方便，因而其应用也更为普遍。

极射赤面投影主要被大量应用于以下几个方面：确定晶体位向；当需要沿某一特定的晶面切割晶体时定向；确定滑移面、孪晶、形变断裂面、侵蚀坑等表面标记的晶体学指数，以及解决固态沉淀、相变和晶体生长等过程中的晶体学问题，多晶体的择优取向问题几乎总是借助于极射赤面投影来解决的。此外单晶体和某些多晶体中的一些有方向性的力学或物理性质,如弹性模量、屈服点和电导率等可以在极射赤面投影上用图解法表示。

1. 参考球和极射投影

设想将一很小的晶体或晶胞置于一大圆球的中心,这个圆球称为参考球,则晶体的各个晶面可在参考球上表示出来。作晶面的法线,它与参考球的球面的交点称为极点。此外,也可将各晶面扩大使之与球面相交,由于晶体极小,可认为各晶面都通过球心,故晶面与球相截而得的圆是直径最大的圆,称为大圆。这种投影方法称为晶体的球面投影,如图 1.23 所示。用球面投影来表示晶体各晶面的相对位置,比起用三维图形来表达已经进了一步,但仍然是不方便的。为了把球面投影变成平面投影,通常采用极射投影法。

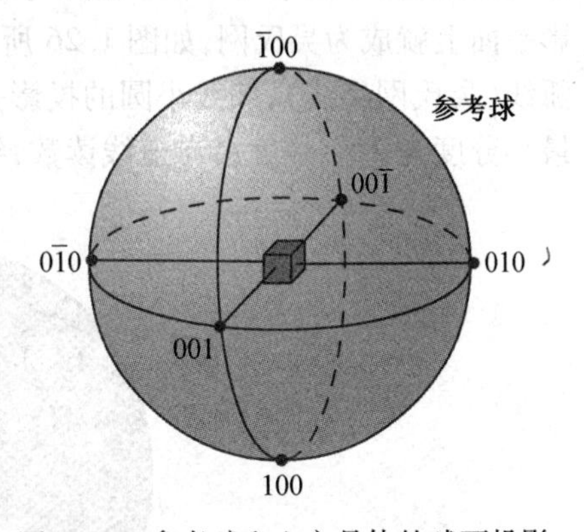

图 1.23 参考球和立方晶体的球面投影

作极射投影时,先过球心任意选定一直径 AB,如图 1.24 所示。B 点作为投射的光源,过 A 点作一平面与球面相切,并以该平面作为投影面,直径 AB 与投影面相垂直。假若晶体的某一晶面的极点为 P,连接 BP 线并延长这一直线与投影面相交,交点 P' 即为 P 点的极射投影。这种投影可形象地看成是以 B 这一极点为光源,用点光源 B 射出的光线照射参考球上各晶面的极点,这些极点在投影平面上的投影点就是极射投影。在看投影图时,观察者位于投影面的背面。

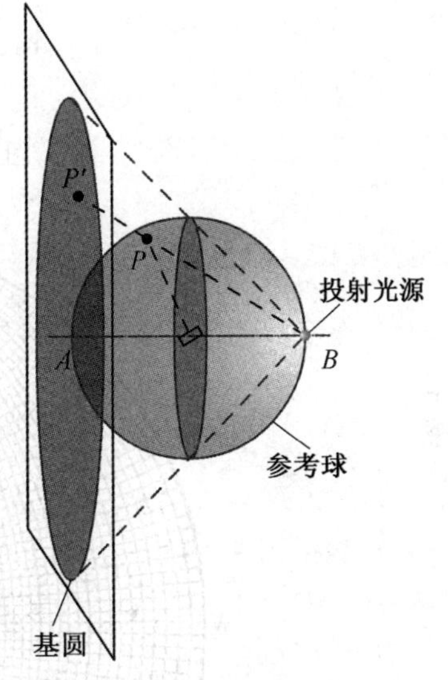

图 1.24 晶体的极射赤面投影

垂直于 AB 并通过球心的平面与球面的交线为一大圆(图 1.24),这一大圆投影后成为投影面上的基圆,基圆的直径是球径的两倍。所有位于左半球上的极点都投影到基圆之内,而位于右半球上的极点则投影到基圆之外。为此,右半球极点投影时把光源由 B 移至 A,而投影面则由 A 搬至 B。为了在同一图上标出两个半球的极点投影,通常要用不同的标记加以区别。

投影面的位置沿 AB 线或其延长线移动时,仅图形的放大率改变,而投影点的相对位置不发生改变。投影面也可以置于球心,这时基圆与大圆相合。如果把参考球比拟为地球,A 点为北极,B 点为南极,过球心的投影面就是地球的赤道平面。以地球的一个极为投射点,将球面投影射到赤道平面上就称为极射赤面投影,如果投影面不是赤道平面,则称为极射平面投影。

2. 吴氏网

分析晶体的极射投影时,吴氏网是很有用的工具。

吴氏网实际上就是球网坐标的极射平面投影。图 1.25 为刻有经线(子午线)和纬线的球面网，N、S 为球的两极。经线是过 N 和 S 极的子午面和球面的交线，它是大圆；纬线平行于赤道平面，它是小圆。在球面上，经纬线正交形成球面坐标网。以赤道线上某点 B 为投影点，投影面平行于 NS 轴并与球面相切于 A 点。光源 B 将球面上经纬线投射至投影平面上就成为吴氏网，如图 1.26 所示。球面上的经线大圆投影后成为通过南北极的大弧线（吴氏网经线）；纬线小圆的投影是小弧线（吴氏网纬线）。图 1.26 中经线与纬线的最小分度为 2°。经度沿赤道线读数；纬度沿基圆读数。

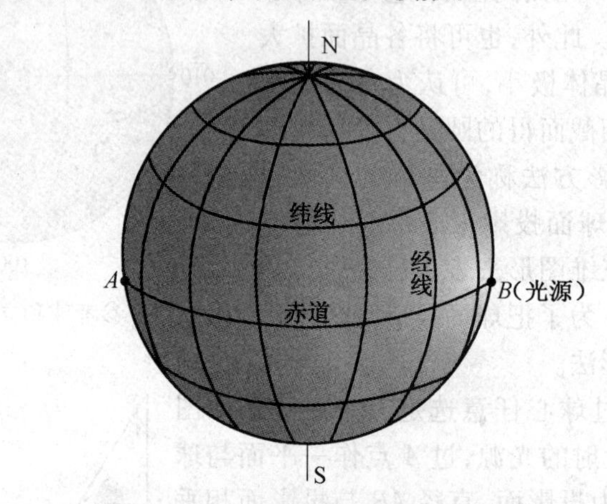

图 1.25　刻有经纬线的球面坐标网

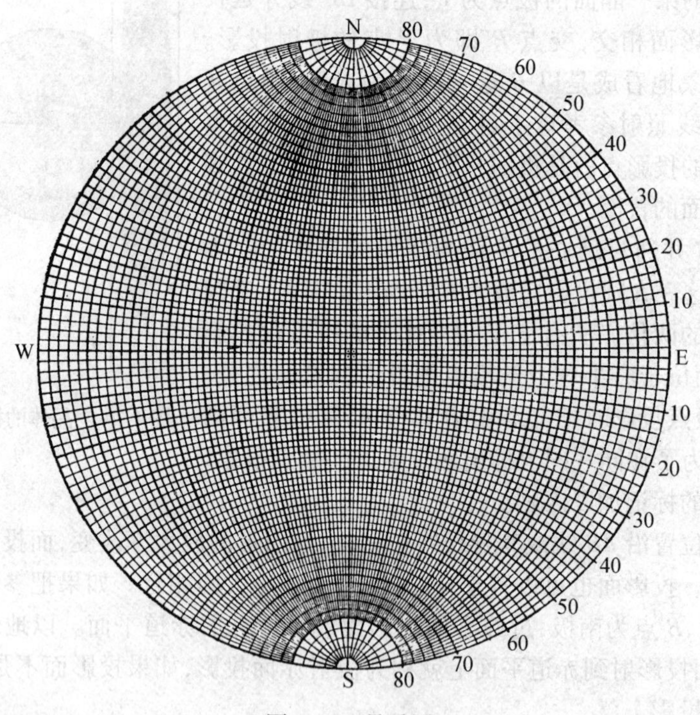

图 1.26　吴氏网

利用吴氏网可进行晶面夹角的测量。因为两晶面之间的夹角就等于其法线之间的夹角，故可在参考球的球面上对经过两极点的大圆量出此两点间弧段的度数。根据这一方法,也可在极射平面投影图上利用吴氏网求出两晶面间的夹角,这时应先将投影图画在透明纸上,其基圆的直径与所用吴氏网的直径相等,然后将此透明纸复合在吴氏网上进行测量,在测量夹角时同样应使两极点位于吴氏网经线或赤道(即大圆)上。图1.27(a)中B点和C点位于同一经线上,它们之间的夹角β(图1.27(b))就是投影图上B、C两点间的纬度差数。从吴氏网上读出B、C两点间的纬度差数为30°,所以B、C两点之间的夹角即等于30°。但位于同一纬度圆上的A、B两极点,它们之间的实际夹角为α,而由吴氏网上量出它们之间的经度相当于α',由于$\alpha \neq \alpha'$,所以不能在小圆上测量这两极点间的角度。要测量A、B两点间的夹角,应将复在吴氏网上的透明纸绕圆心转动,使A、B两点落在同一个吴氏网大圆上,然后读出这两极点的夹角。

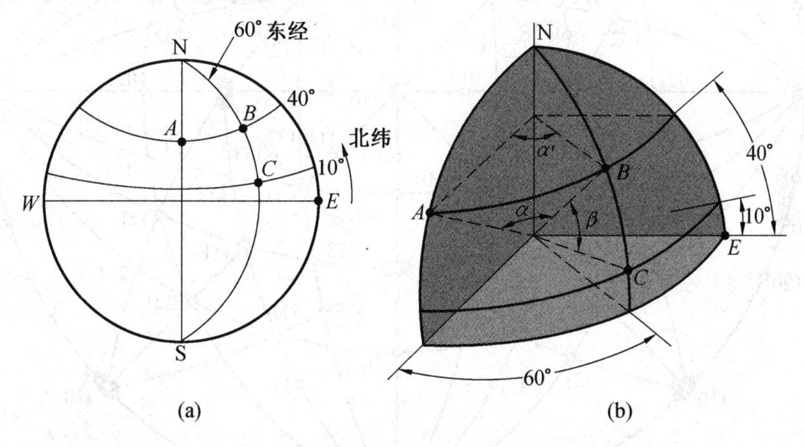

图1.27 吴氏网和参考球的关系

3. 标准投影图

以晶体的某个晶面平行于投影面作出全部主要晶面的极射投影图称为标准投影图。一般选择一些重要的低指数的晶面作为投影面,这样得到的图形能反映晶体的对称性。

立方晶系常用的投影面是(001)、(110)和(111),六方晶系则为(0001)。立方晶系的(001)标准投影如图1.28所示。对于立方晶系,相同指数的晶面和晶向是相互垂直的,所以标准投影图中的极点既代表了晶面又代表了晶向。

同一晶带的各晶面的极点一定位于参考球的同一大圆上(因为晶带各晶面的法线位于同一平面上),因此在投影图上同一晶带的晶面极点也位于同一大圆上。图1.28中绘出了一些主要晶带的面,它们以直线或弧线连在一起。由于晶带轴与其晶面的法线是相互垂直的,所以可根据晶面所在的大圆求出该晶带的晶带轴。例如,图1.28中(100)、$(1\bar{1}1)$、$(0\bar{1}\bar{1})$、$(\bar{1}\bar{1}1)$、$(\bar{1}00)$等位于同一经线上,它们属于同一晶带。应用吴氏网在赤道线上向右量出90°,求得其晶带轴为[011]。

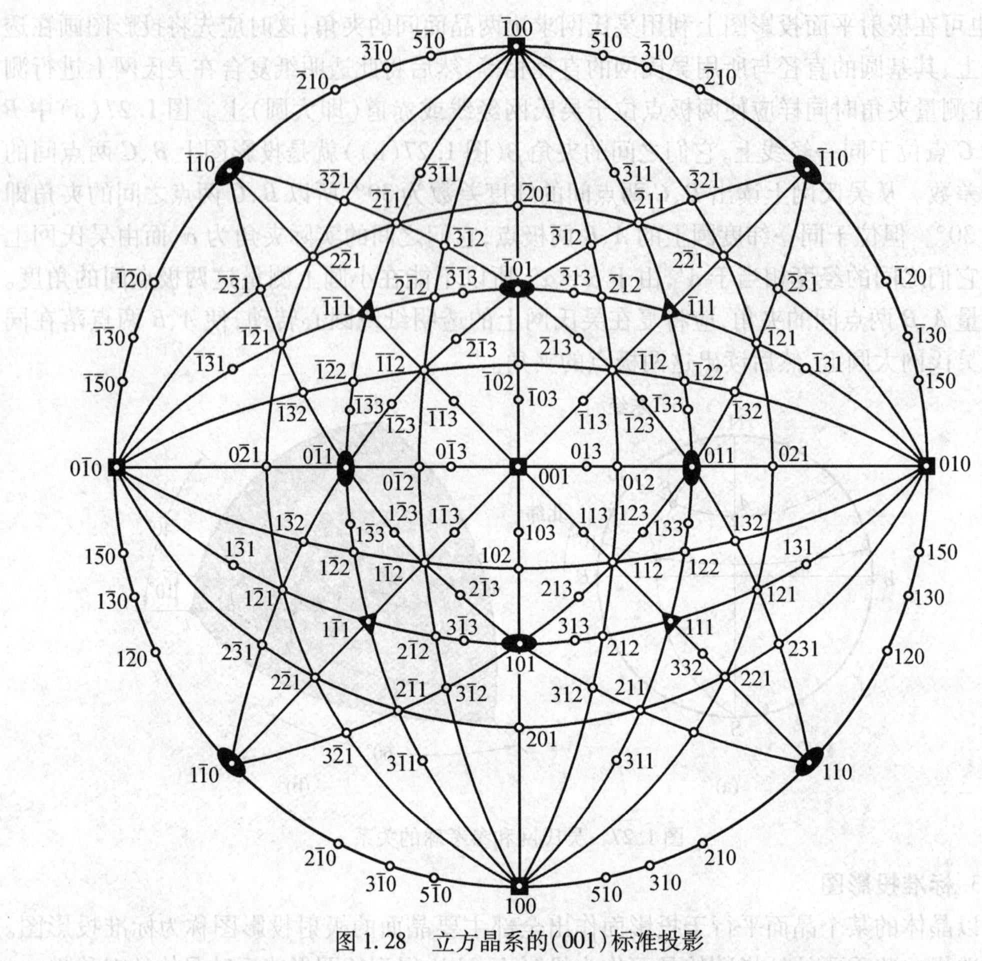

图 1.28 立方晶系的(001)标准投影

1.3 典型金属晶体结构

常见的金属及合金一般是由几种元素组成的晶态物质的晶体结构。由于原子之间化学键的多样性、原子尺寸的差异以及核外电子分布不同等因素的作用,使得金属及其合金的晶体结构也存在多样性。研究其晶体结构对于更好地了解和分析金属及其合金的性能有很大意义。方便起见,假设这些晶体是理想的。

晶体的结构类型比较多,如面心立方结构、体心立方结构、密排六方结构、金刚石结构、三方结构、正方结构以及复杂密排结构等。金属中常见的晶体结构有三种:面心立方结构(FCC)、体心立方结构(BCC)和密排六方结构(HCP)。

1.3.1 面心立方结构

面心立方结构是指六面体晶胞的 8 个顶角和 6 个表面的面心位置各有一个原子,晶胞示意图如图 1.29 所示。Al、Cu、Ag、Ni、γ-Fe 等金属都是面心立方晶体结构。

如图 1.29 所示,顶角的原子被 8 个晶胞所共有,所以每个顶角的原子只占 1/8,同理,面心的原子占 1/2。因此,一个面心立方晶胞总共有 4 个原子。

图 1.29 面心立方结构的晶胞示意图

假设晶胞的点阵常数为 a，在面心立方晶体中最密排的方向是<110>，最密排面是{111}。<110>方向的原子是紧密相连的，由此可计算出原子的半径为$\sqrt{2}a/4$。

配位数和致密度两个参数常常用来表示原子排列的紧密程度。配位数是指与晶胞中任一原子最近邻且等距离的原子个数。配位数越大，原子排列越紧密。在面心立方晶胞中，最近邻的原子为相距$\sqrt{2}a/2$ 的原子，共有 12 个，因此配位数为 12。

致密度是指在刚性球模型中原子所占的体积与晶胞体积之比，其计算公式为 $D=V_{原子}/V_{晶胞}$。对于面心立方晶胞而言，在已知原子个数和点阵常数后，可计算致密度，即

$$D=\frac{V_{原子}}{V_{晶胞}}=\frac{4\times\frac{4}{3}\pi\times\left(\frac{\sqrt{2}}{4}a\right)^{2}}{a^{3}}\approx 0.74 \tag{1.13}$$

即面心立方晶胞中原子所占体积为 74%，而空隙的体积约为 26%。

晶胞中的间隙有两种：一种是八面体间隙，如图 1.30(a)所示，间隙中心位于晶胞的体心位置和晶胞每个棱边的中心，八面体间隙原子到间隙中心的距离为 $a/2$，而原子半径为$\sqrt{2}a/4$，因此间隙半径为间隙原子至间隙中心的距离减去原子半径，即 $a/2-\sqrt{2}a/4\approx 0.146a$。另外一种是四面体间隙，如图 1.30(b)所示，由一个顶角原子和三个相邻的面心原子组成的四面体。四面体间隙原子到间隙中心的距离为$\sqrt{3}a/4$，因此间隙半径为$\sqrt{3}a/4-\sqrt{2}a/4\approx 0.006a$。

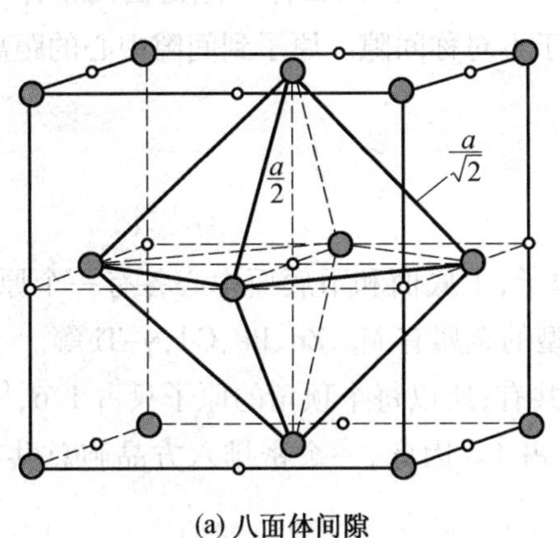

(a) 八面体间隙

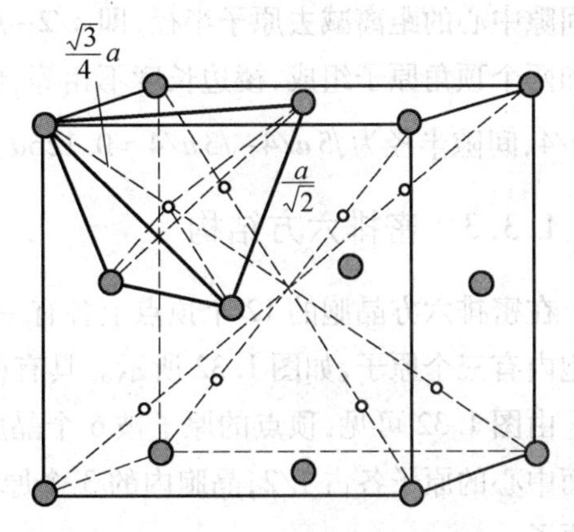

(b) 四面体间隙

图 1.30 面心立方点阵中的间隙

1.3.2 体心立方结构

如图 1.31 所示，体心立方结构是指六面体晶胞的 8 个顶角和一个体心位置各有一原子。Cr、V、Nb、Mo、W、α-Fe 等金属都是体心立方晶体结构。

图 1.31 体心立方结构的晶胞示意图

由图 1.31 可见，顶角的原子被 8 个晶胞所共有，所以每个顶角的原子只占 1/8，体心的原子为 1 个。因此，一个体心立方晶胞总共有 2 个原子。

在体心立方晶体中最密排的方向是<111>，最密排面是{110}。点阵常数为 a，可计算出原子的半径为$\sqrt{3}\,a/4$。每个原子周围最近邻的原子为相距$\sqrt{3}\,a/2$ 的原子，共有 8 个，因此配位数为 8。对于体心立方晶胞而言，已知原子个数和点阵常数，可计算致密度，即

$$D=\frac{V_{原子}}{V_{晶胞}}=\frac{2\times\frac{4}{3}\pi\times\left(\frac{\sqrt{3}}{4}a\right)^2}{a^3}\approx 0.68 \tag{1.14}$$

可见，体心立方晶体的致密度比面心立方晶体的致密度小，而间隙较大。其间隙也分为八面体间隙和四面体间隙。八面体间隙中心位于各个面的中心及棱中心，间隙的棱边长度不相等，是扁八面体间隙。顶点原子到间隙中心的距离为 $a/2$，间隙半径为顶点原子至间隙中心的距离减去原子半径，即 $a/2-\sqrt{3}\,a/4\approx 0.067a$。四面体间隙是由两个体心原子和两个顶角原子组成，棱边长度不相等，也属于不对称间隙。原子到间隙中心的距离为$\sqrt{5}\,a/4$，间隙半径为$\sqrt{5}\,a/4-\sqrt{3}\,a/4\approx 0.126a$。

1.3.3 密排六方结构

在密排六方晶胞的 12 个顶点上各有一个原子，上底面和下底面中心各有一个原子，晶胞内有三个原子，如图 1.32 所示。具有此类型的金属有 Mg、Zn、Be、Cd、γ-Ti 等。

由图 1.32 可见，顶点的原子被 6 个晶胞所共有，所以每个顶角的原子只占 1/6，上下底面中心的原子各占 1/2，晶胞内的 3 个原子各占 1。因此，一个密排六方晶胞总共有 6 个原子。

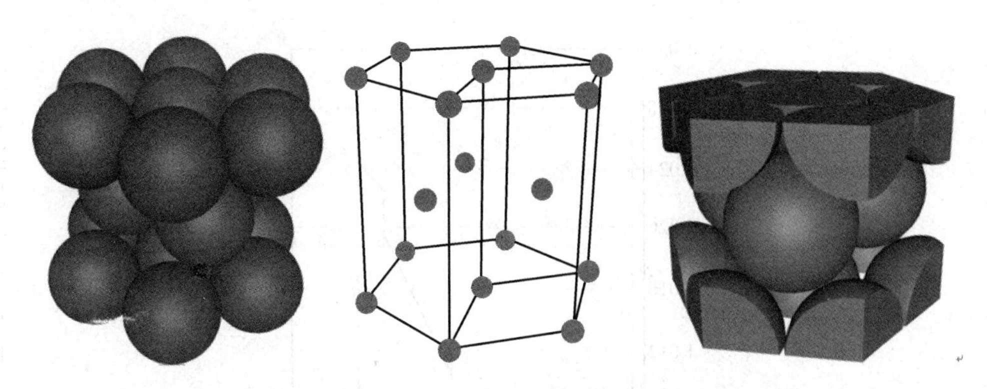

图 1.32 密排六方结构的晶胞示意图

密排六方结构的晶格常数是六边形边长 a 和棱柱长 c，$\alpha=\beta=90°$，$\gamma=120°$。密排面为(0001)，其上有三个最密排方向$[2\bar{1}\bar{1}0]$、$[11\bar{2}0]$和$[\bar{1}2\bar{1}0]$。c 与 a 之比称为轴比，当 $c/a=1.633$ 时，底面中心的原子周围与其最近邻的原子数为 12，分别为：顶点 6 个原子，晶胞内 3 个原子，以及上面一个晶胞内 3 个原子，配位数为 12。密排六方金属的轴比 c/a 一般为 1.58 ~ 1.89。其致密度为

$$D=\frac{V_{原子}}{V_{晶胞}}=\frac{2\times\frac{4}{3}\pi\times\left(\frac{a}{2}\right)^{2}}{a\cdot a\sin 60°\cdot c}=\frac{2\pi}{3\sqrt{3}}\frac{a}{c} \tag{1.15}$$

密排六方结构的总间隙体积与面心立方相同，间隙也分为两种：八面体间隙，间隙半径为 $0.41r_{原子}$，以及四面体间隙，间隙半径为 $0.225r_{原子}$。

1.3.4 多晶型性

在周期表中，大约有 40 多种元素具有两种或两种以上的晶体结构，即具有同素异晶性，或称多晶型性。它们在不同的温度或压力范围内具有不同的晶体结构，故当条件变化时，由一种结构转变为另一种结构称为多晶型性转变或同素异构转变。例如，铁在912 ℃以下为体心立方结构，称为 α-Fe；在 912 ~ 1 394 ℃具有面心立方结构，称为 γ-Fe；温度超过 1 394 ℃到熔点，又变成体心立方结构，称为 δ-Fe。又如，碳具有六方结构时称为石墨，而在一定条件下，碳还可以具有金刚石结构。由于不同晶体结构的致密度不同，当金属由一种晶体结构变为另一种晶体结构时，将伴随有比容的跃变，即体积的变化。例如，当纯铁由室温加热到912 ℃以上时，致密度较小的 α-Fe 转变为致密度较大的 γ-Fe，体积突然减小；冷却时则相反。图 1.33 是实验测得的纯铁加热时的膨胀曲线，在 α-Fe 转变为 γ-Fe 以及 γ-Fe 转变为 δ-Fe 时，均会因体积突变而使曲线上出现明显的转折点。除体积变化外，多晶型转变还会引起一些其他性质的变化。

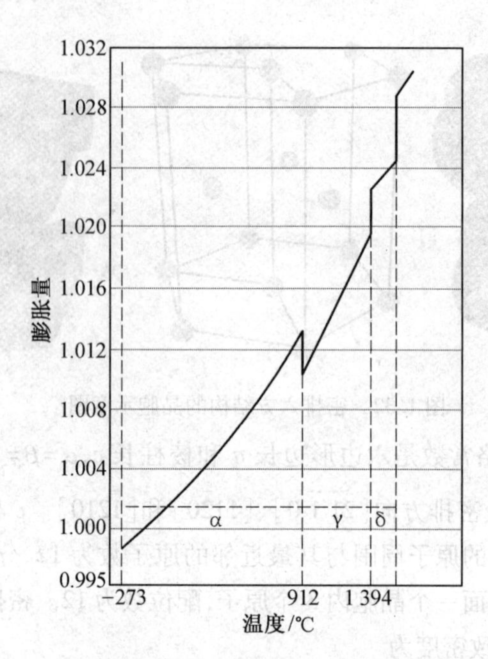

图 1.33 纯铁加热时的膨胀曲线

1.3.5 晶体中原子的堆垛方式

金属晶体的原子结构可用空间点阵中原子的排列情况来描述。对于金属所具有的简单晶体结构而言,还可以用其他更有效的方法加以描述。把金属晶体中的原子看作大小相等的球体,虽然这只是近似的,但是却为我们提供了相当可靠的第一级近似,而这在许多情况下是非常有用的。

将金属原子拉在一起的吸引力将使金属原子在各个方向上都等同地堆积起来,并使各金属原子间具有最小的间隙空间。如果把原子视为刚性球,那么将大小相等的刚性球堆积在一起,并使各刚性球之间的空隙达到最小,即达到"密集结构",可以有几种堆积方式?首先,在二维平面上确定这些刚性球怎样排列才能形成最密排的平面阵列。然后确定这些最密排的原子面以怎样的最密集方式堆积,才能得到最密集的三维阵列。考虑图 1.34(a)中的两排原子,很明显,如果这两排原子靠在一起,而且上面一排原子被推到图 1.34(b)所示的位置,那么这两排原子将最紧密地排列在一起。如果像图 1.35(a)那样重画图 1.34(b),便可看出在二维平面上密排原子的中心将构成六边形的网格。为了便于分析这些密排面的堆积情况,考虑图 1.35(b)所示的六边形区域。值得注意的是,这个六边形网格单元可以看作是 6 个等边三角形,而且这 6 个三角形的中心与密排原子的 6 个空隙中心相重合。图 1.36(a)表明这 6 个空隙可以分为 B、C 两组,每组构成一个等边三角形,同时在每组中,空隙中心间的距离恰好是网格上原子的间距。因此,当在第一层上堆积第二层密排面时,使其原子落在空隙 B 处就可得到最密集的三维空间阵列,如图 1.36(b)所示。此外,也可将第二层原子堆在空隙 C 处,以获得图 1.36(c)所示的最密集三维空间阵列。如果把第一层原子所占据的位置称为 A 位置,那么,图 1.36(b)便属于 A-B堆积方式,而图 1.36(c)是 A-C 堆积方式。为了得到晶体结构的模型,各原子层必

须继续堆积下去,以便获得长程有序的排列。显然,只存在以下四种可能的堆积方式:

①-A-B-A-B-A-B-; ②-A-C-A-C-A-C-;

③-A-B-C-A-B-C-; ④-A-C-B-A-C-B-。

对于两种不同的晶体,第1种与第2种堆积方式之间的差异是难以辨别的。第3种和第4种堆积方式也是如此。因此,只有两种堆积方案:一种是每两层重复一次,即-A-B-A-B-A-B-;另一种是每三层重复一次,即-A-B-C-A-B-C-。

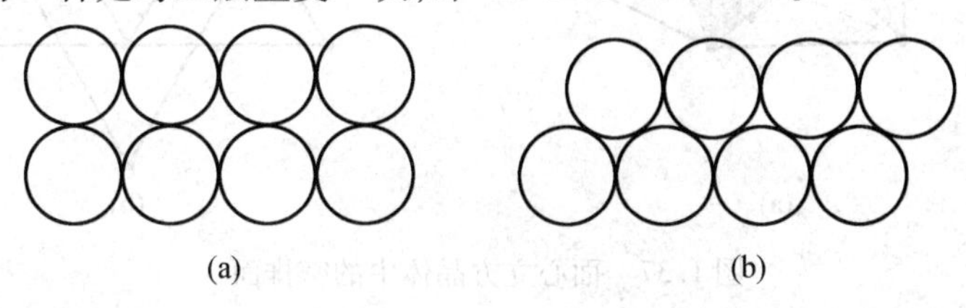

图1.34 二维排列方式

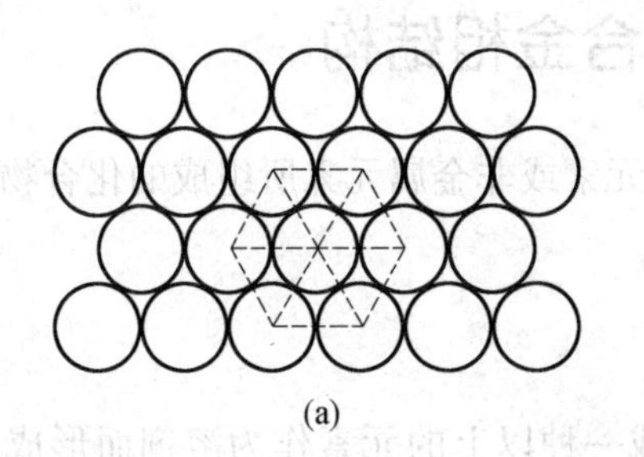

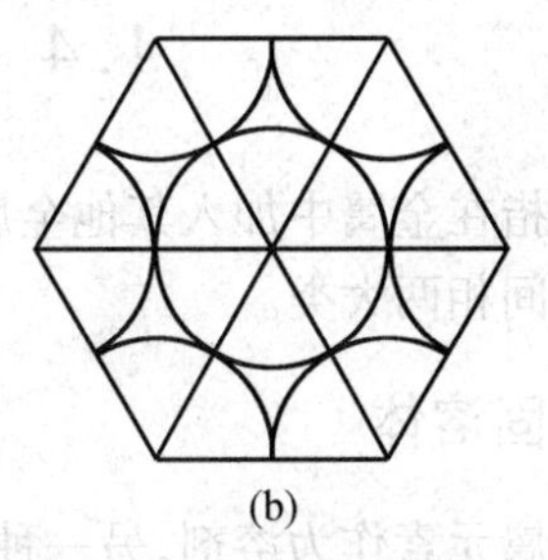

图1.35 密排面原子排列方式

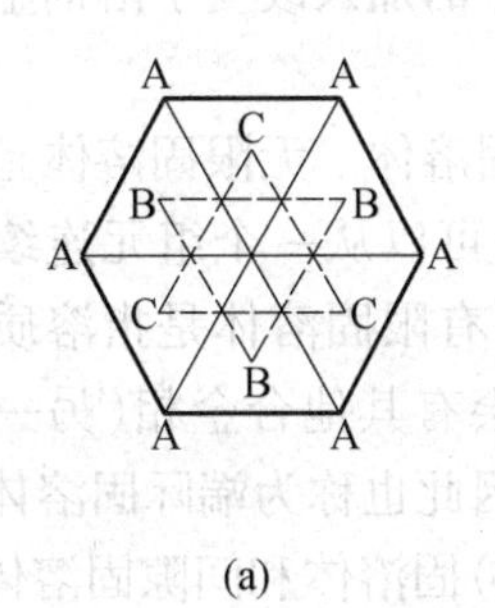

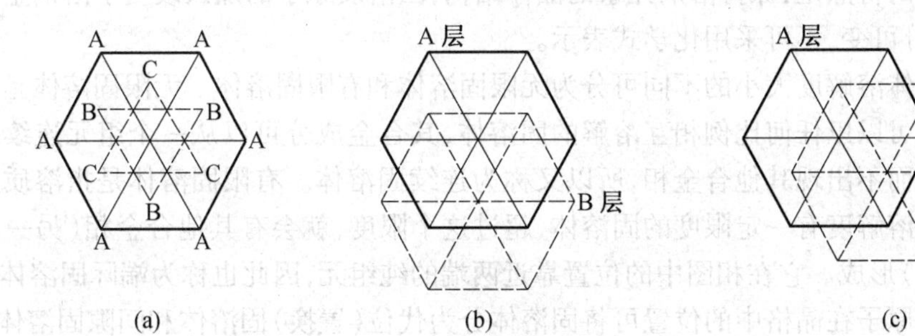

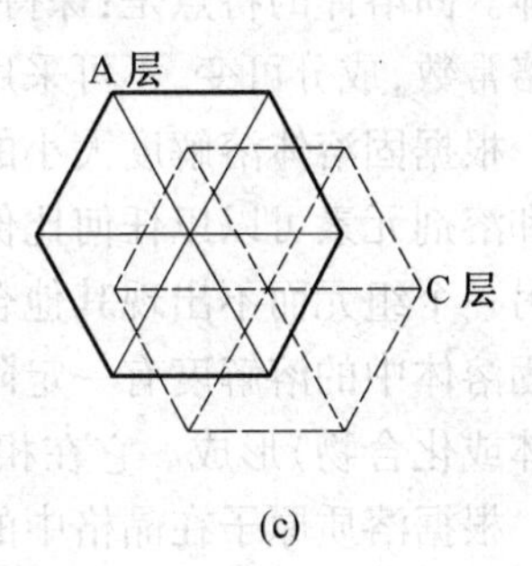

图1.36 空隙位置和密排面的堆积方法

密排六方晶体结构和面心立方晶体结构都是密集结构,它们对应于这里所讨论的两种堆积方式。在密排六方晶体结构中,基面是密排面。这些面上的原子是一个在另一个之上直接堆积起来的,它们中间只插入一个密排面,即(0002)面。因此,在密排六方结构中,密排面堆积的层序是-A-B-A-B-。在面心立方结构中,密排面为(111)面,图1.37(a)给出了其中的两个密排面在晶胞上的交线。如果沿图示的体对角线方向向下看,这两个密排面如图1.37(b)所示。显然,这两个面是相互邻接的密排面,分别称为B层和C层。体对角线上两顶角上的原子分别位于两个相互平行的(111)晶面上。应当看到,这两个晶面应当处于A位置,这是因为这两个晶面的原子位于B层和C层的剩余空隙上。因此,在面心立方结构中,密排面的堆积层序是 -A-B-C-A-B-C-。

体心立方晶体结构不是密集结构,在这种结构中,沿立方体对角线方向的原子是相互接触的。由此可以推论,体心立方结构比密集结构包含着较多的间隙空间。

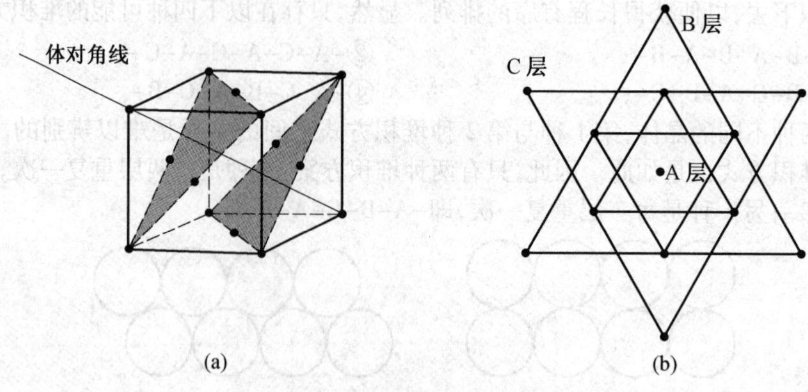

图1.37 面心立方晶体中的密排面

1.4 合金相结构

合金相是指在金属中加入其他金属元素或非金属元素所组成的化合物。合金相可分为固溶体和中间相两大类。

1.4.1 固溶体

以一种金属元素作为溶剂,另一种或一种以上的元素作为溶剂而形成的固体称为固溶体。固溶体的特点是:保持溶剂元素的晶体结构,因溶质原子的加入改变了溶剂金属的晶格常数,成分可变,不可采用化学式表示。

根据固溶体溶解度大小的不同可分为无限固溶体和有限固溶体。无限固溶体是指溶质和溶剂元素可以以任何比例相互溶解的固溶体,其合金成分可以从一个组元连续变化到另一个组元而不出现其他合金相,所以又称为连续固溶体。有限固溶体是指溶质原子在固溶体中的溶解度有一定限度的固溶体,超过这个限度,就会有其他合金相(另一种固溶体或化合物)形成。它在相图中的位置靠近两端的纯组元,因此也称为端际固溶体。

根据溶质原子在晶格中的位置可将固溶体分为代位(置换)固溶体和间隙固溶体。

代位固溶体(也称为置换固溶体)是指溶质原子替代了一部分溶剂原子而占据了原是由溶剂原子占有的位置,如图1.38所示。大部分金属之间都能形成具有一定固溶度的代位固溶体,例如Fe-Cr、Fe-Mn、Fe-V、Cu-Ni等。由于原子尺寸的差异,溶质原子的加入一般会引起溶剂晶格畸变,这种畸变也称为晶格的弹性应变。

溶质原子溶入溶剂中的数量称为固溶度,其影响因素主要有:

①晶体结构因素:溶质与溶剂的晶体结构相近或相同时,具有更大的固溶度。例如Cu、Ni因其晶体结构都是面心立方结构,且点阵常数相近,可形成无限互溶的固溶体。

②尺寸因素:溶质原子与溶剂原子的尺寸大小相近时,晶格畸变程度较小,固溶度较大;反之,原子尺寸相差较大时,晶格畸变严重,固溶度较小。当尺寸差大于15%时,固溶体的固溶度很小。

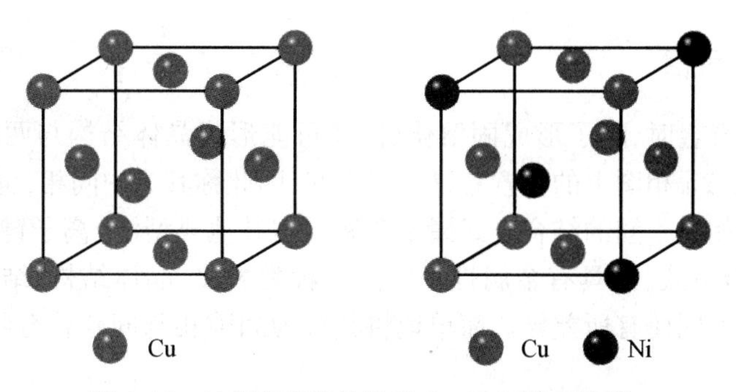

图 1.38 纯铜的晶体结构及 Cu-Ni 置换固溶体

③化学亲和力因素:即电负性因素,溶质原子与溶剂原子间化学亲和力很大,则倾向于形成化合物而不利于形成固溶体,即使形成固溶体,固溶度亦很小。形成化合物稳定性越高,则固溶体的固溶度越小。例如,Pb、Sn、Si 分别与 Mg 形成固溶体时,Pb 与 Mg 的电负性差最小,故形成的化合物 Mg_2Pb 稳定性低,Pb 在 Mg 中的最大固溶度可达 7.75%;而 Si 和 Mg 的电负性差较大,形成的 Mg_2Si 稳定性较高,Si 只能在 Mg 中微量溶解;Sn 与 Mg 电负性差大小居中,故 Sn 在 Mg 中最大固溶度为 3.35%。

④原子价因素:在属于 IB 族的贵金属为基的合金中,溶质的原子价越高,其溶解度越低。溶解度的大小与电子浓度有关。电子浓度是指价电子数目与原子数目之比。

此外,固溶度还与温度有密切关系。大多数情况下温度越高,固溶度越大。而对少数含有中间相的复杂合金系(如 Cu-Zn),随温度升高,固溶度减小。各种因素对固溶度的影响是极其复杂的,在分析问题时不能孤立地考虑某一个因素,而必须考虑各因素的综合影响。

间隙固溶体是指原子半径比较小的元素作为溶质原子溶入溶剂点阵的空隙处而不占有溶剂点阵的结点位置所形成的固溶体。间隙固溶体都是有限固溶体,它的固溶度与溶质原子有关,同时与溶剂的晶格类型有关。不同的晶格类型其间隙大小也不同,因而影响固溶度。

一般原子半径小于 0.1 nm 的非金属元素作为溶质原子更易形成间隙固溶体,如 H、B、C、O、N 等。C 和 N 与铁形成的间隙固溶体是钢中的重要合金相。在面心立方结构的 γ-Fe 中,八面体间隙比较大,C、N 原子常常存在于此种位置。在体心立方结构的 α-Fe 中,单个间隙尺寸比较小,因此 C、N 原子溶入后引起的点阵畸变较大,C、N 在 α-Fe 中的固溶度远比在 γ-Fe 中的固溶度小。而且在 α-Fe 中尽管四面体间隙比较大,但 C、N 原子仍存在于八面体间隙中。这是因为体心立方结构中的八面体间隙是非对称的,在 <100>方向间隙半径比较小,只有 $0.154r_{原子}$,而在<110>方向间隙半径为 $0.633r_{原子}$,当 C、N 原子填入八面体间隙时受到<100>方向上的压力比受到<110>方向上的压力要大,所以 C、N 原子溶入八面体间隙反而比溶入四面体间隙受到的阻力要小。这种不对称性使得晶格畸变在<100>方向比在<110>方向大。若 C、N 原子溶入后在各八面体间隙位置上是随机分布的,则引起的宏观畸变是均匀的。若在一定条件下出现溶质原子在某方向的八面体间隙位置上择优分布,则可能引起晶格在该方向上被拉长。马氏体体心正方结构就是 C 原子在体心立方体中择优分布造成的。

1.4.2　中间相

两组元形成合金时，除了形成固溶体外，还可能形成晶体结构与两组元都不同的新相。由于它们在二元相图上的位置总是位于中间，因此称其为中间相，也称为金属间化合物。大多数中间相原子间的结合方式属于金属键与其他典型键（离子键、共价键、分子键等）相混合的结合方式，都具有金属性。中间相种类繁多，晶体结构、结合键类型及性能等方面也因种类不同而有所差异。简单地将其分为间隙相与间隙化合物、电子化合物及超结构相等。

1. 间隙相与间隙化合物

一些原子半径比较小的非金属元素可形成间隙固溶体，同时，也形成了金属化合物（或称间隙相）。间隙相可以用化学式来表示，但其成分通常在一定范围内变化。一般而言，当非金属元素的原子半径 r_x 与金属原子半径 r_M 之比 $r_x/r_M<0.59$ 时，形成简单结构的间隙相；而当 $r_x/r_M>0.59$ 时，形成复杂结构的间隙化合物。以碳化物为例，如图 1.39 所示，NbC、WC、VC 等是结构简单的间隙相，而 Fe_3C、Cr_7C_3 则是复杂结构的间隙化合物。

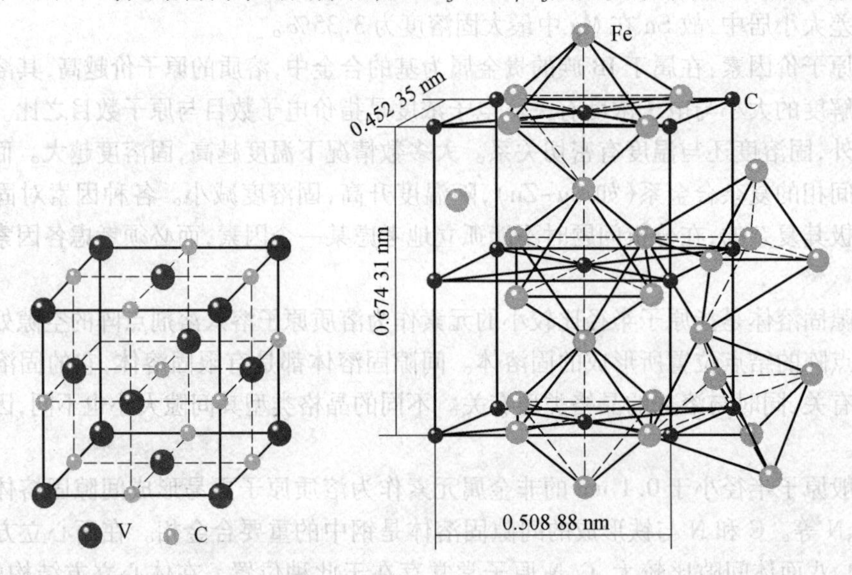

图 1.39　VC 与 Fe_3C 的晶体结构

2. 电子化合物

电子化合物最先是在研究 IB 族贵金属与 IIB、IIIB 和 IVB 族元素所形成的合金结构时发现的，后来又在其他合金中发现。电子化合物的特点是其晶体结构是由电子浓度 C_e 决定的。当 $C_e=7/4$ 时，出现 ε 黄铜结构，具有密排六方结构，轴比 c/a 为 1.55～1.58；当 $C_e=21/13$ 时，出现 γ 黄铜结构，具有复杂立方结构；当 $C_e=3/2$ 时，出现 β 黄铜结构，即体心立方结构，但有时因尺寸因素及电化学因素的影响，也呈现复杂立方的 β-Mn 结构或密排六方结构。可见，决定电子化合物结构的主要因素是电子浓度，但电子浓度并不是唯一因素，也存在其他影响因素，如尺寸因素、电化学因素等。

3. **超结构(有序固溶体)**

某些具有短程有序的固溶体,当其成分接近于一定的原子比,且温度低于临界温度时,可以变成长程有序结构,称为超结构,即有序固溶体。超结构类型较多,主要包括以面心立方为基的超结构、以体心立方为基的超结构和以密排六方为基的超结构。

(1)面心立方固溶体中形成的超结构

这类超结构典型的合金有 Cu_3Au 型、CuAu Ⅰ 型、CuAu Ⅱ 型以及 CuPt 型,主要存在于 Cu-Au、Cu-Pt 以及 Fe-Ni、Al-Ni 等合金系中,如图 1.40 所示。

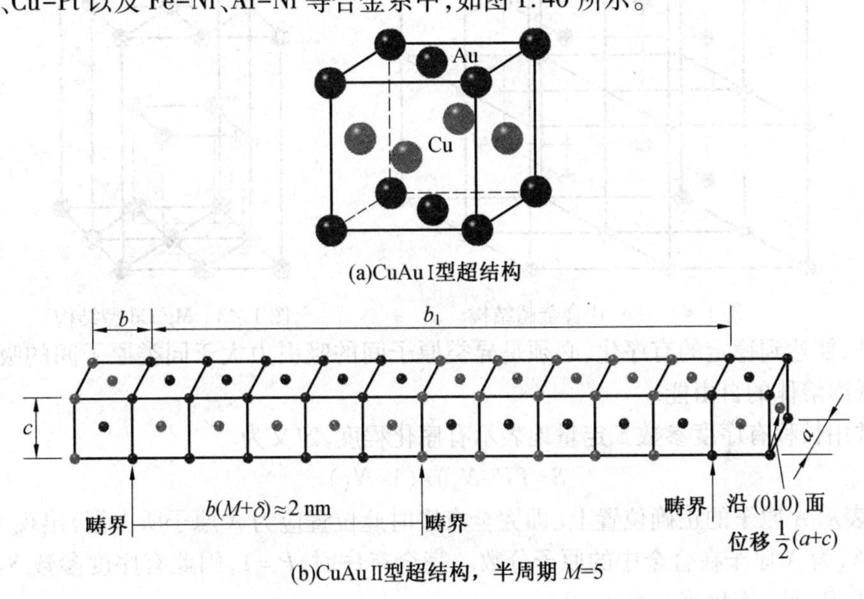

图 1.40

(2)体心立方固溶体中形成的超结构

这类超结构典型的合金有 CuZn 型(β 黄铜结构)和 Fe_3Al 型。CuZn 型的晶体结构示意图如图 1.41 所示,类似 CuZn 型的合金有 AgZn、AgMg、FeTi、CoTi、NiTi、AuZn、FeAl、CoAl、NiAl、CuBe 等。Fe_3Al 型超结构示意图如图 1.42 所示,具有 Fe_3Al 型超结构的合金有 Fe_3Si、Mg_3Li、Cu_3Al、Cu_2MnAl、Cu_2MnGa、Cu_2MnSn、Ni_2TiAl 等。

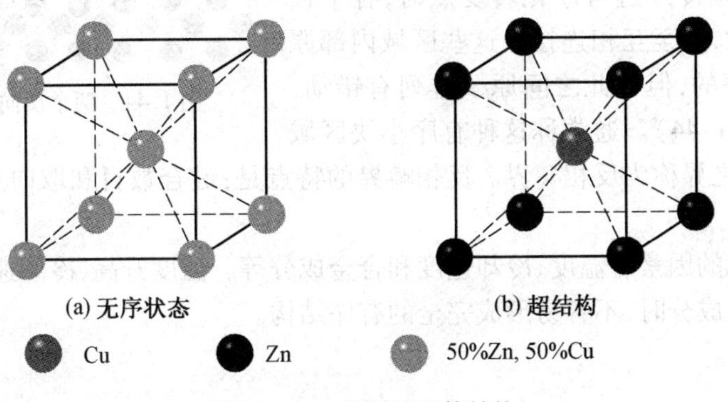

图 1.41 β 黄铜的晶体结构

(3)密排六方固溶体中形成的超结构

典型的代表为Mg-Cd合金,Mg-Cd合金在高温时为密排六方的连续固溶体,当冷却时可在三个成分处形成超结构,即Mg_3Cd、MgCd、$MgCd_3$。Mg_3Cd的晶胞类型如图1.43所示。

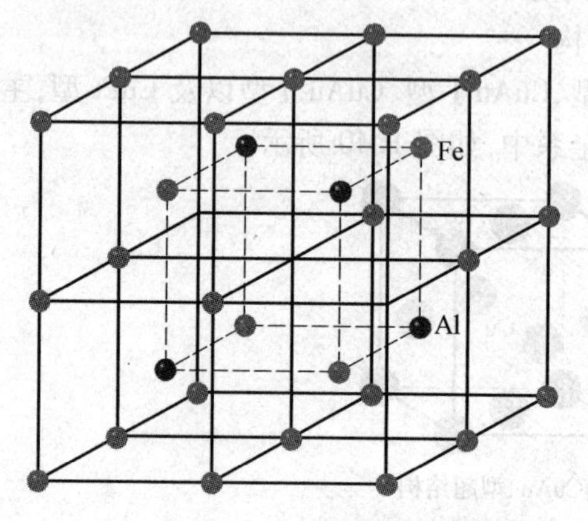

图1.42 Fe_3Al合金超结构

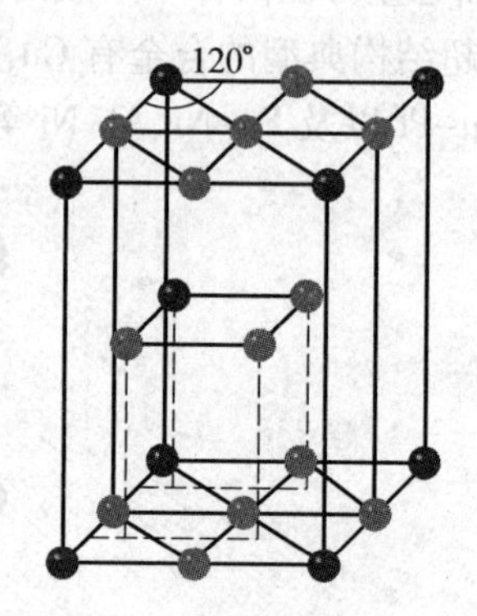

图1.43 Mg_3Cd型结构

此外,要达到稳定的有序化,必须是异类原子间的吸引力大于同类原子间的吸引力,以便降低固溶体的自由能。

通常用长程有序度参数S定量地表示有序化程度,定义为

$$S=(P-N_A)/(1-N_A) \tag{1.16}$$

式中,P表示A原子的正确位置上(即完全有序时此位置应为A原子所占据)出现A原子的几率;N_A为A原子在合金中的原子分数。完全有序时,$P=1$,因此有序度参数$S=1$;完全无序时,$P=N_A$,有序度参数$S=0$。

合金由无序到有序(指长程有序)的转变过程称为有序化转变。对一定成分的合金来说,温度对有序度有很大的影响。这个过程的实现有赖于原子的迁移从而达到重新排列的目的。有序化过程是一个形核与长大的过程。核心是短程有序的微小区域,当合金缓冷经过有序化转变点时,各个核心慢慢独自长大,直至互相连接。这些区域内部原子排列都是有序的,但彼此之间原子排列有错动,因而有界面(图1.44)。通常称这种有序小块区域为反相畴,畴间之界称为反相畴界。反相畴界的特点是:键合数目和取向不变,但键的化学性质有变化。

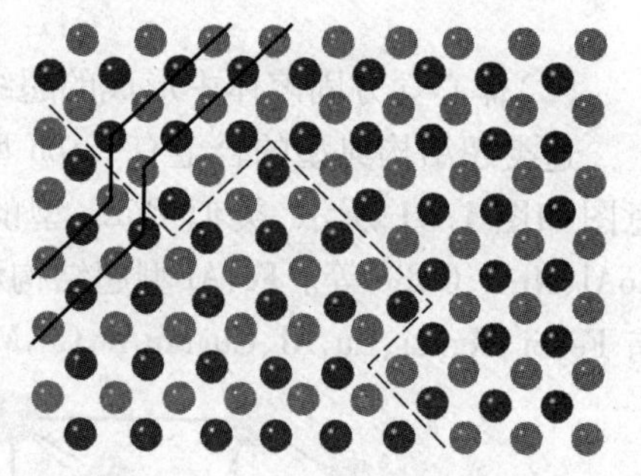

图1.44 两个反向畴示意图

影响有序化的因素有温度、冷却速度和合金成分等。温度升高,冷却速度加快或者合金成分偏离理想成分时,不容易形成完全的有序结构。

习 题

1. 请解释下列术语:合金、固溶体、中间相、超结构。

2. 什么是空间点阵? 什么是布拉菲点阵?

3. 面心立方、体心立方和密排六方结构的致密度、配位数、密排面和密排方向各是什么?

4. 什么是晶带定律?

5. 证明密排六方结构中,理想轴比值 $c/a=1.633$。

6. 立方晶系的{111}、{110}、{100}、{123}晶面族各包含多少个晶面? 分别写出。

7. 已知某晶体的原子位于正方晶格的结点上,其晶格常数 $a=b\neq c$,$c=2a/3$。现一晶面在 XYZ 坐标轴上的截距分别为5个、2个、3个原子间距,求该晶面的晶面指数。

8. Zn 为六方系结构,其 $a=0.266\ 49$ nm,$c=0.494\ 68$ nm,求$(11\bar{2}0)$、$(21\bar{3}0)$的面间距各是多少?

第 2 章　晶体的缺陷

前一章所讨论的晶体都是理想晶体,而在实际中,由于原子的热运动、加工过程、晶体的形成条件以及杂质等因素的影响,晶体并不是理想的,其原子排列也不可能那么规则完整,总是存在各种缺陷。这些缺陷会影响材料的一些性能,如力学性能、电导率、耐蚀性等。此外,晶体的缺陷还与扩散、相变、塑性变形、再结晶等密切相关,因此研究晶体缺陷具有非常重要的意义。

根据晶体缺陷的几何特征,可以将它们分成四类:①点缺陷,主要是指空位和固溶原子等;②线缺陷,主要指各类位错;③面缺陷,主要有晶界、相界、孪晶界和堆垛层错等;④体缺陷,主要指空洞、微裂纹、夹杂物等。在晶体中,这四类缺陷可共存,在一定条件下可互相转化,对晶体的性能产生复杂的影响。本章分别讨论这几种缺陷,重点讨论位错。

2.1　点缺陷

点缺陷是最简单的晶体缺陷,它是在结点上或邻近的微观区域内偏离晶体结构正常排列的一种缺陷。其特征是在三维空间的各个方向上尺寸都很小,尺寸范围约为一个或几个原子尺度,故称为零维缺陷,包括空位、间隙原子、杂质或溶质原子等,以及由它们组成的空位对、空位团和空位-溶质原子对等。本节主要介绍空位的形成、点缺陷的平衡浓度及运动。

2.1.1　空位的形成

在理想晶体中,每个阵点都有原子占据,而实际上,由于位于点阵结点上的原子并非是静止的,而是以其平衡位置为中心做热振动,这样当某一原子具有足够大的振动能而使振幅增大到一定限度时,就可能克服周围原子对它的制约作用,跳离其原来的位置,使点阵中形成空结点,称为空位。离开平衡位置的原子既可迁移到晶体的表面上,形成肖脱基缺陷(Schottky Defect),即只形成空位而不形成等量的间隙原子;也可迁移到晶体点阵的间隙中,形成弗兰克尔缺陷(Frankel Defect),在形成空位的同时产生了等量的间隙原子。这两种点缺陷如图 2.1 所示。对于金属晶体而言,肖脱基缺陷就是金属离子空位,而弗兰克尔缺陷就是金属离子空位和位于间隙中的金属离子。

当有空位存在时,其周围的原子因失去了原子间的引力而向空位方向移动,这样就引起了空位周围的晶格产生畸变,导致系统能量升高,这部分升高的能量称为空位形成能,用 E_v 表示。空位形成能是由空位周围原子的能量状态所共同表现出来的,因此空位也体现了原子集合组态的一种形式。

如前所述,点缺陷的形式不仅仅是空位,还有很多形式。金属中的点缺陷可以通过塑性变形、快冷来产生,也可通过高能粒子(例如中子、高速电子)轰击而得。

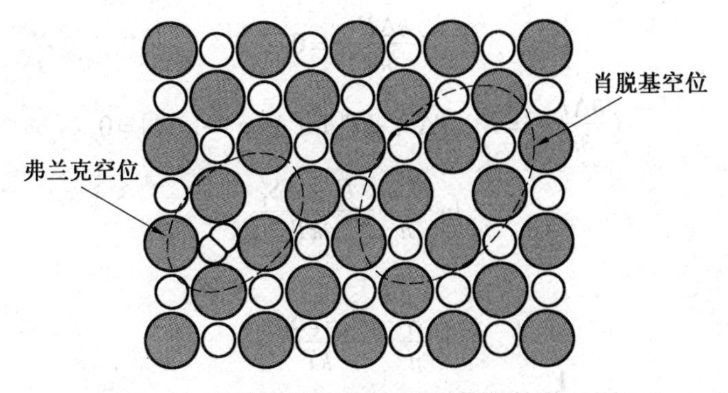

图 2.1 晶体中的肖脱基空位和弗兰克尔空位

2.1.2 点缺陷的平衡浓度

晶体中点缺陷的存在一方面造成点阵畸变,使晶体的内能升高,降低了晶体的热力学稳定性,另一方面由于增大了原子排列的混乱程度,并改变了其周围原子的振动频率,引起结构熵和振动熵的改变,使晶体熵值增大,增加了晶体的热力学稳定性。这两个因素是相互矛盾的,因此晶体中的空位是否稳定取决于空位对体系吉布斯自由能的影响。点缺陷的平衡数量与原子数的比值称为该温度下的热力学平衡浓度,可利用统计热力学计算。

由热力学原理可知,在恒温下,系统的自由能 ΔF 为

$$\Delta F=U-TS \tag{2.1}$$

式中,U 为内能;S 为总熵值(包括结构熵 S_c 和振动熵 S_f);T 为绝对温度。

设含有 N 个原子的晶体点阵中引入了 n 个空位,每个空位的形成能为 E_v,则晶体中含有 n 个空位时,其自由能的改变为

$$\Delta F=nE_v-T(\Delta S_c+n\Delta S_f) \tag{2.2}$$

根据统计热力学,结构熵可表示为

$$S_c=k\ln W \tag{2.3}$$

式中,k 为玻尔兹曼常数(1.38×10^{-23} J/K);W 为微观状态的数目。因此,在晶体中 $N+n$ 阵点位置上存在 n 个空位和 N 个原子时可能出现的不同排列方式,其数目为

$$W=\frac{(N+n)!}{N!\ n!} \tag{2.4}$$

晶体结构熵的增值为

$$\Delta S_c=k\left[\ln\frac{(N+n)!}{N!\ n!}-\ln 1\right]=k\ln\frac{(N+n)!}{N!\ n!} \tag{2.5}$$

当 N 和 n 值都非常大时,可用斯特令(Stirling)近似法($\ln x!\approx x\ln x-x$)将上式整理后可得

$$\Delta S_c=k[(N+n)\ln(N+n)-N\ln N-n\ln n]$$

于是

$$\Delta F=n(E_v-T\Delta S_f)-kT[(N+n)\ln(N+n)-N\ln N-n\ln n]$$

平衡状态的自由能最小,即

$$\left(\frac{\partial \Delta F}{\partial n}\right)_T=0$$

$$\left(\frac{\partial \Delta F}{\partial n}\right)_T=E_v-T\Delta S_f-kT[\ln(N+n)-\ln n]=0$$

$$\ln\frac{N+n}{n}=\frac{E_f-t\Delta S_f}{kT}$$

当 $N \gg n$ 时

$$\ln\frac{N}{n}\approx\frac{E_v-T\Delta S_f}{kT}$$

因此,当温度为 T 时,空位的平衡浓度为

$$C=\frac{n}{N}=\exp\left(\frac{\Delta S_f}{k}\right)\exp\left(-\frac{E_v}{kT}\right)=A\exp\left(-\frac{E_v}{kT}\right) \quad (2.6)$$

式中,A 是由振动熵决定的系数,$A=\exp(\Delta S_f/k)$,一般在 1 ~ 10 之间。如果将式(2.6)中指数的分子分母同乘以阿伏加德罗常数 $N_A(6.023\times10^{23})$,于是有

$$C=A\exp\left(-\frac{N_A E_v}{kN_A T}\right)=A\exp\left(-\frac{Q_f}{RT}\right) \quad (2.7)$$

式中,Q_f 为形成 1 mol 空位所需做的功,$Q_f=N_A E_v$,J/mol;R 为气体常数,R=值为 8.31 J/mol。

按照类似的计算,也可求得间隙原子的平衡浓度 C' 为

$$C'=\frac{n'}{N'}=A'\exp\left(-\frac{E_v}{kT}\right) \quad (2.8)$$

式中,N'为晶体中间隙位置总数;n'为间隙原子数;$\Delta E'_v$为形成一个间隙原子所需的能量。

在金属晶体中间隙原子的形成能比空位形成能大 3 ~4 倍。在同一温度下,间隙原子平衡浓度远低于平衡空位浓度。例如,铜的空位形成能为 1.7×10^{-19} J,而间隙原子形成能为 4.8×10^{-19} J,在 1 273 K 时,其空位的平衡浓度约为 10^{-4},而间隙原子的平衡浓度仅约为 10^{-14},两者浓度比接近 10^{10}。因此,在通常情况下,相对于空位,间隙原子可以忽略不计。

2.1.3 点缺陷的运动

空位和间隙原子的平衡浓度随温度的升高而急剧增加,因此晶体在高温下具有很高的平衡空位浓度。如果晶体快速冷却,空位来不及扩散而被冻结,晶体则会产生高于平衡浓度的过量空位。同时由于空位在晶体中并不是固定不动的,而是处于不断地运动过程中,会与晶界等相互作用,其分布并不是均匀的。而空位周围的某个原子可能由于热激活获得足够的能量而跳入空位中并占据此位置,该原子原来的位置则形成了一个新的空位,这个过程可看作空位的迁移。晶体中原子的热振动与能量起伏为空位的迁移提供可能性,但空位的迁移必须克服能垒的障碍,空位移动时所具有的能量称为空位迁移能 E_m。常用金属的空位迁移能见表 2.1。若间隙原子跃入空位中,则两个缺陷同时消失,称此过程为复合。空位的迁移频率为 j,其表达式为

$$j=\nu Z e^{S_m/k} e^{-E_m/kT}$$

式中,ν 为原子的振动频率,通常取 10^{13}/s;Z 为空位周围原子配位数;S_m为空位迁移熵;E_m为空位迁移能。

表 2.1 一些金属晶体的空位迁移激活能 ΔE_m 的实验值

金 属	Au	Ag	Cu	Pt	Al	W
迁移能 /(10^{-19} J)	0.14	0.13	0.15	0.10	0.12	0.3

在通常情况下,空位在晶体中的迁移完全是随机的,在不断进行不规则的布朗运动,空位的迁移造成金属晶体中的自扩散现象。自扩散决定于空位的浓度和迁移频率,因此自扩散随温度升高而剧烈进行。金属的自扩散激活能为空位形成能与迁移能之和。

点缺陷对晶体的物理性能有一定的影响:当形成肖脱基空位时,只形成空位而没有形成等量的间隙原子,导致晶体的体积增加,密度减少;由于空位的存在及其产生的晶格畸变对晶体中的传导电子产生散射作用增强,从而增大电阻。

由于点缺陷在高温时平衡浓度急剧增加,原子的迁移率和扩散速度增加,以及空位对不同原子间作用的差异,使得点缺陷对金属材料的加工工艺过程,尤其是高温加工工艺有影响,如时效处理、均匀化退火、烧结等。

2.2 线位错

位错也称为一维线缺陷,从原子尺度看,它是直径为 3 ~5 个原子间距,长为几千至几万原子间距的管状原子畸变区。位错对晶体的生长、相变、形变、扩散及其他物理和化学性质等都有重要的影响。

晶体的塑性变形很早就受到关注,当金属晶体发生塑性变形时,晶体表面上出现明显的滑移痕迹——滑移线。弗兰克尔认为塑性变形是晶体中密排面之间的互相滑移所产生,并且为了解释这一现象,1929 年他根据刚性相对滑动模型,对晶体的理论剪切强度进行了理论计算,所估算出的使完整晶体产生塑性变形所需的临界切应力约等于 $G/30$,其中 G 为切变模量。但是,由实验测得的实际晶体的屈服强度要比这个理论值小 1 000 ~10 000 倍。为了解释这种差异,1934 年 Taylor,Orowan 和 Polanyi 几乎同时提出了晶体中位错的概念,他们认为晶体实际滑移过程并不是滑移面两边的所有原子都同时做整体刚性滑动,而是存在位错这种缺陷,位错在较低应力的作用下就能开动,通过位错的产生和运动使晶体发生塑性变形。按照这一模型进行理论计算,其理论屈服强度比较接近于实验值。位错的提出对解释晶体塑性变形取得了很大的成功,位错理论很快发展起来。

本节将就位错的基本类型和特征、位错的弹性性质以及位错的运动等方面进行分析和讨论。

2.2.1 位错的基本类型和特征

位错作为一种线缺陷只存在于晶体材料中,因此只有金属和陶瓷材料的塑性变形是通过位错来完成的。从位错的几何结构可分为两种基本类型:刃型位错和螺型位错,这两种位错是位错的最基本的单纯状态。

1. 刃位错

当位错所产生的晶体外部塑性变形方向与位错线垂直时,称为刃位错。刃位错的结构如图 2.2 所示，设为简单立方晶体受外力作用进行滑移时，*ABCD* 为滑移面，*AEFD* 为已滑移区，*EBCF* 为未滑移区，在 *ABCD* 上半部存在有多余的半排原子面 *EFGH*，这个半原子面中断于 *ABCD* 面上的 *EF* 处，它好像一把刀刃插入晶体中，使 *ABCD* 面上下两部分晶体之间产生了原子错排，故称“刃位错”，在较远处，晶体则保持着晶体的正常规则排列。多余半原子面与滑移面的交线 *EF* 就称为刃型位错线，也就是刀刃处，是已滑移区与未滑移区的分界线。

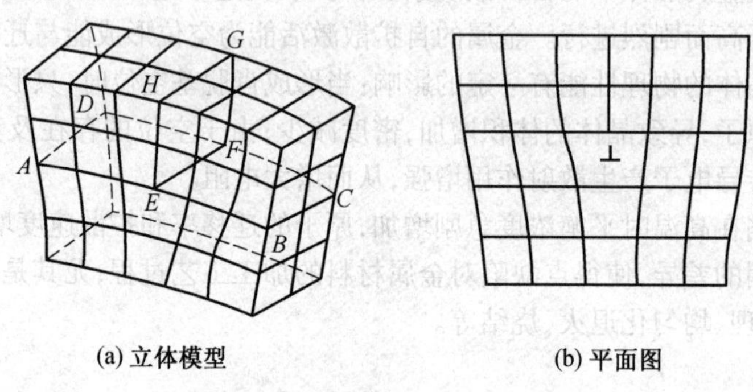

(a) 立体模型　　(b) 平面图

图 2.2　含有刃型位错的晶体结构

由上可知，刃位错有一个额外的半原子面。一般把多出的半原子面在滑移面上边的称为正刃型位错，记为“⊥”；而把多出在下边的称为负刃型位错，记为“⊤”。当一正刃位错和一负刃位错相遇时会相互抵消，从而形成完整晶体。滑移面上面因多了一层原子而受压应力，下方则因受到拉应力，既存在切应变，也存在正应变。

滑移面包括位错线和滑移矢量，在其他面上不能滑移。一般而言，刃位错线不一定是直线，也可以是曲线或折线(图 2.3)，但刃位错线必须与滑移方向垂直，也与滑移矢量垂直，因此由位错线和滑移矢量构成的平面只有一个。

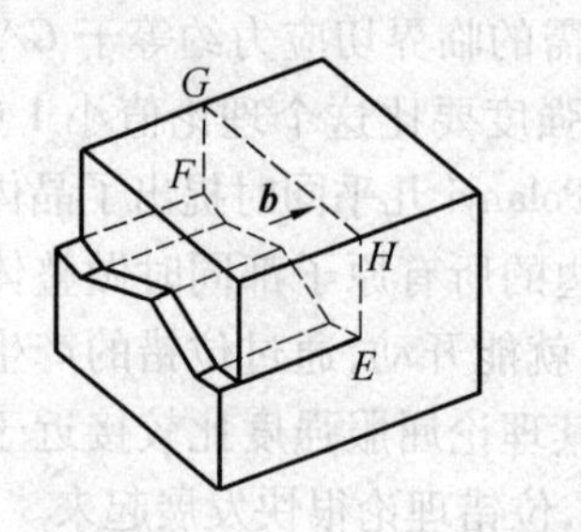

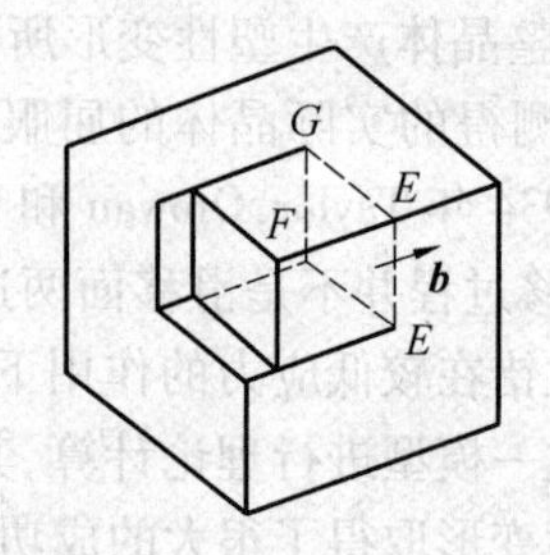

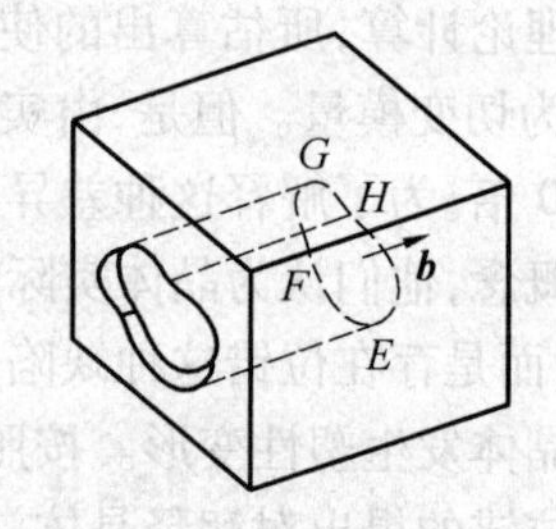

图 2.3　几种形状的刃型位错线

此外，晶体中存在刃型位错之后，位错周围的点阵发生弹性畸变，既有切应变，又有正应变。就正刃型位错而言，滑移面上方点阵受到压应力，下方点阵受到拉应力；负刃型位错与此相反。在位错线周围的过渡区(畸变区)每个原子具有较大的平均能量。但该区只有几个原子间距宽，畸变区是狭长的管道，所以刃型位错是线缺陷。

2. 螺位错

另一种基本类型的位错是螺位错，它的结构特点如图 2.4 所示。外力 τ 使立方晶体右侧上下两部分晶体沿滑移面 *ABCD* 发生了错动，如图 2.4(a)所示。这时已滑移区和未滑移区的边界线 bb'(位错线)不是垂直，而是平行于滑移方向。图 2.4(b)中以圆点“●”

表示滑移面 $ABCD$ 下方的原子,用圆圈"∘"表示滑移面上方的原子。从俯视图中可以看出,在 aa' 右边晶体的上下层原子相对错动了一个原子间距,而在 bb' 和 aa' 之间出现了一个约有几个原子间距宽的、上下层原子位置不相吻合的过渡区,这里原子的正常排列遭到破坏。如果以位错线 bb' 为轴线,从 a 开始,按顺时针方向依次连接此过渡区的各原子,则其走向与一个右螺旋线的前进方向一样(图 2.4(c))。这就是说,位错线附近的原子是按螺旋形排列的,所以把这种位错称为螺位错。

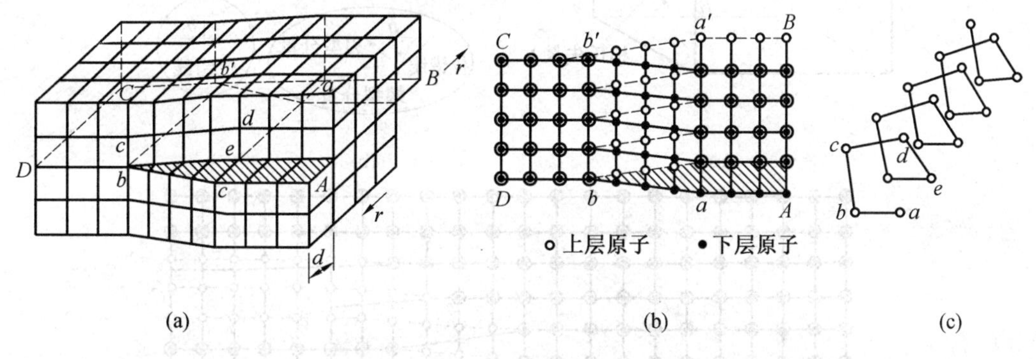

图 2.4 螺型位错

根据位错线附近呈螺旋形排列的原子的旋转方向不同,螺位错可分为右旋和左旋螺位错。而螺位错没有额外的半原子面,原子错排是呈轴对称的。螺型位错线是直线,与滑移矢量平行,而且位错线的移动方向与晶体滑移方向互相垂直。需注意的是,纯螺位错的滑移面不是唯一的,凡是包含螺位错线的平面都可以作为它的滑移面。实际上,滑移通常在原子密排面上进行。

螺型位错线周围的点阵也发生了弹性畸变,但只有平行于位错线的切变能而无正应变,即不会引起体积膨胀和收缩,且在垂直于位错线的平面投影上,看不到原子的位移,看不出有缺陷。远离位错线的晶体结构逐渐变成完整的晶体,螺位错也是包含几个原子宽度的线缺陷。

实际上,晶体中的位错都是混合位错,其滑移矢量既不平行也不垂直于位错线,而与位错线相交成任意角度。图 2.5 为形成混合位错时晶体局部滑移的情况。这里,混合位错线是一条曲线。在 A 处,位错线与滑移矢量平行,因此是螺型位错;而在 C 处,位错线与滑移矢量垂直,因此是刃型位错。A 与 C 之间,位错线既不垂直也不平行于滑移矢量,混合位错附近的原子组态如图 2.5(c)所示。总体而言,混合位错总可以分解为刃型和螺型两个分量,从而进行分析研究。

3. 位错的特性

位错的存在是已滑移区和未滑移区的分界线,即围绕着位错,晶体发生了一个原子位置的转动,这是位错的基本特征。用位错的柏氏矢量 $\boldsymbol{b}$ 来表示引起晶体原子位置错动的大小和方向。一条位错线可以通过其位置和形状,以及柏氏矢量来唯一充分地确定。刃位错的柏氏矢量与位错线垂直,螺位错的柏氏矢量与位错线平行,这也决定了刃位错可以是任意形状的折线或闭合折线,而螺位错只能是直线。

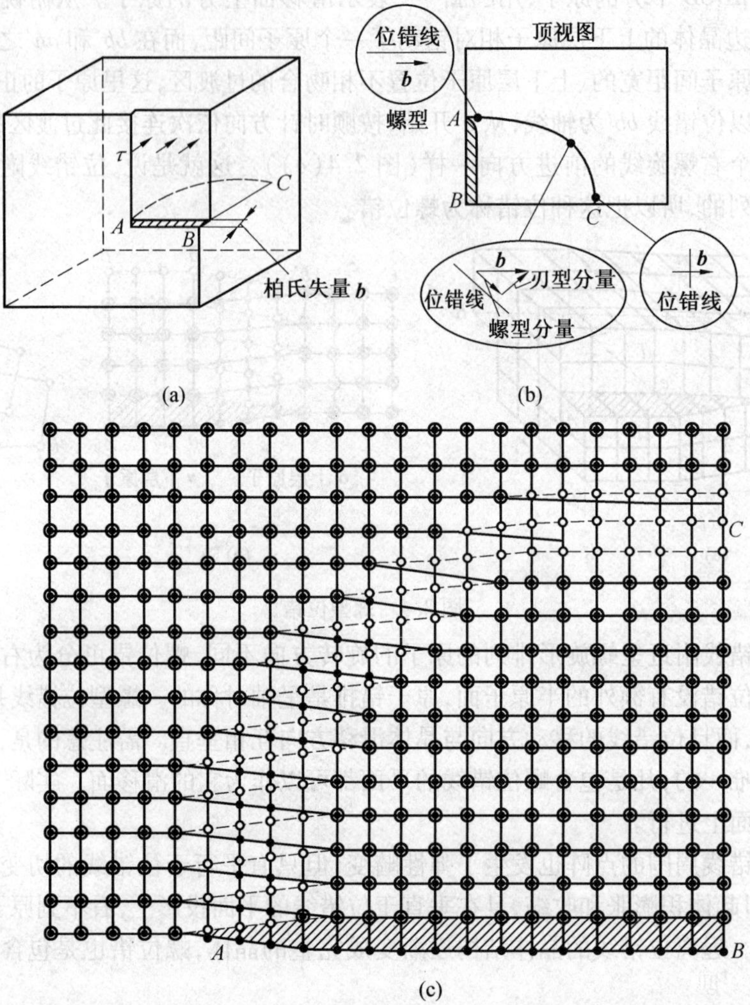

(a)　(b)

(c)

图 2.5　混合型位错

为了便于分析柏氏矢量，人为地规定用柏氏回路来确定位错 ***b***，刃位错柏氏矢量的确定如图 2.6 所示。取一含有位错的晶体，包围位错作一封闭的回路，回路每步都是从一个原子位置到相邻的另一个原子位置，此回路图 2.6(a)）称为柏氏回路。取理想完整晶体（图 2.6(b)）为参考，走相同步数作一回路，不能封闭，需补加一个矢量 ***b***，理想完整晶体中的回路才能闭合。此矢量 ***b*** 反映了两者之间的差别，也反映了位错结构上的特征。

作柏氏回路要按如下规定：

首先，确定实际晶体中某位错线方向，习惯上将位错线由里向外，由右向左，由下向上为正向。

其次，用右手螺旋定则确定柏氏回路方向，右手拇指指向位错线方向，其余四指为柏氏回路方向。

第三，柏氏回路经过部分必须是无严重的晶格畸变区，回路一定在位错的宽度之外。

一根位错线沿其长度各处柏氏矢量 ***b*** 都相同，一根位错线只能有一个柏氏矢量，这就是柏氏矢量的守恒性。由此可推出：

①一根位错线不能终止于晶体内部，而只能终止于晶体表面(包括晶界)。若它终止于晶体内部，则在晶体内部形成封闭线或与其他位错线相连接。

②当位错线汇集于一点时，所有指向结点的各位错的柏氏矢量之和等于离开结点的各位错柏氏矢量之和。

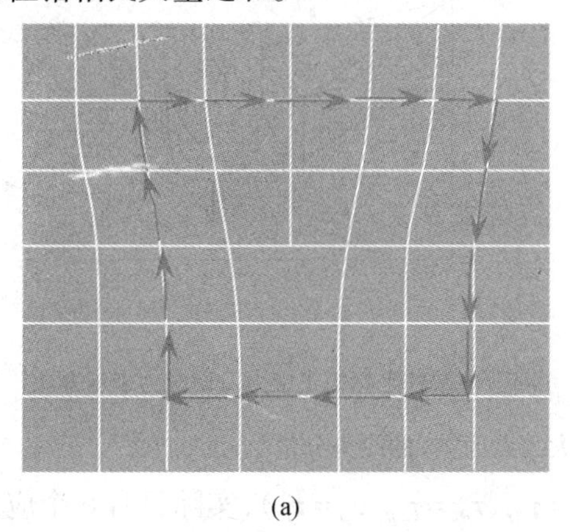

(a)

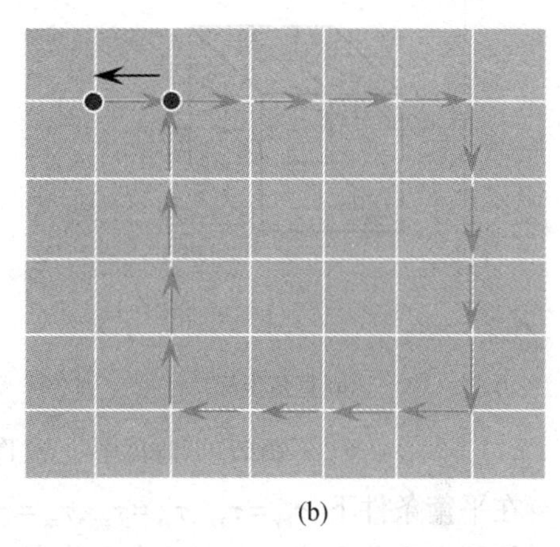

(b)

图 2.6 刃位错柏氏矢量的确定

晶体中存在位错的多少可用位错密度 ρ 来表示，一般定义为单位体积晶体中所包含的位错线的总长度，即

$$\rho = L/V \tag{2.9}$$

式中，L 为位错线总长度，cm；V 为晶体的体积，cm^3。

位错密度有时也采用在晶体中垂直位错线的单位面积上所穿过的位错线数目来表示，即

$$\rho = n/S \tag{2.10}$$

式中，n 为位错线数目；S 为晶体截面积。晶体中的位错密度也可用电子显微镜或 X 射线来测量。

2.2.2 位错的应力场和应变能

由于晶体中位错的存在，使位错线周围的原子偏离平衡位置而产生点阵畸变和弹性应力场。位错周围应力场的形式和分布对于研究位错能量、相互作用和运动特性很重要，因此本节主要介绍位错的弹性应力场及应变能，从而进一步了解位错的特性。

1. 位错的应力场

研究晶体中位错周围的弹性应力场可采用弹性连续介质模型来进行计算。该模型首先假设晶体是完全弹性体，服从胡克定律；其次，把晶体看成是各向同性的；第三，近似地认为晶体内部由连续介质组成，晶体中没有空隙，因此晶体中的应力、应变、位移等量是连续的，可用连续函数表示。应注意，该模型未考虑到位错中心区的严重点阵畸变情况，因此导出结果不适用于位错中心区，而对位错中心区以外的区域还是适用的。

物体中任意一点的应力状态均可用 9 个应力分量描述。图 2.7(a) 和 (b) 分别用直角坐标和圆柱坐标说明这 9 个应力分量的表达方式，其中 σ_{xx}、σ_{yy}、σ_{zz}(σ_{rr}、$\sigma_{\theta\theta}$、σ_{zz})为正应

力分量，τ_{xy}、τ_{yz}、τ_{zx}、τ_{yx}、τ_{zy}、τ_{xz}（$\tau_{r\theta}$、$\tau_{\theta r}$、$\tau_{\theta z}$、$\tau_{z\theta}$、τ_{zr}、τ_{rz}）为切应力分量。下角标中第一个符号表示应力作用面的外法线方向，第二个符号表示应力的指向。

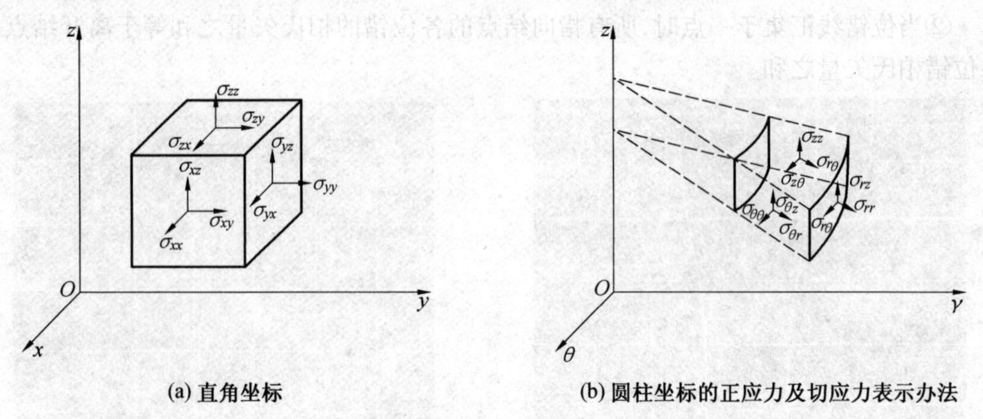

图 2.7 物体中一点（图中放大为六面体）的应力分量

在平衡条件下，$\tau_{xy}=\tau_{yx}$、$\tau_{yz}=\tau_{zy}$、$\tau_{zx}=\tau_{xz}$（$\tau_{r\theta}=\tau_{\theta r}$、$\tau_{\theta z}=\tau_{z\theta}$、$\tau_{zr}=\tau_{rz}$），实际只有 6 个应力分量就可以充分表达一个点的应力状态。与这 6 个应力分量相应的应变分量是 ε_{xx}、ε_{yy}、ε_{zz}（ε_{rr}、$\varepsilon_{\theta\theta}$、$\varepsilon_{zz}$）和 γ_{xy}、γ_{yz}、γ_{zx}（$\gamma_{r\theta}$、$\gamma_{\theta z}$、γ_{zr}）。

（1）螺位错的应力场

取一连续的、各向同性的空心圆柱体，去掉中心严重错排区，沿 xz 面把圆柱体切开，切开的两部分沿 z 方向相互移动一个柏氏矢量 $\boldsymbol{b}$，此时圆柱体产生的应力场就等效于位错线与 z 轴重合，柏氏矢量为 $\boldsymbol{b}$ 的螺位错产生的应力场，如图 2.8 所示。图 2.8 中 OO' 为位错线，$MNO'O$ 为滑移面。

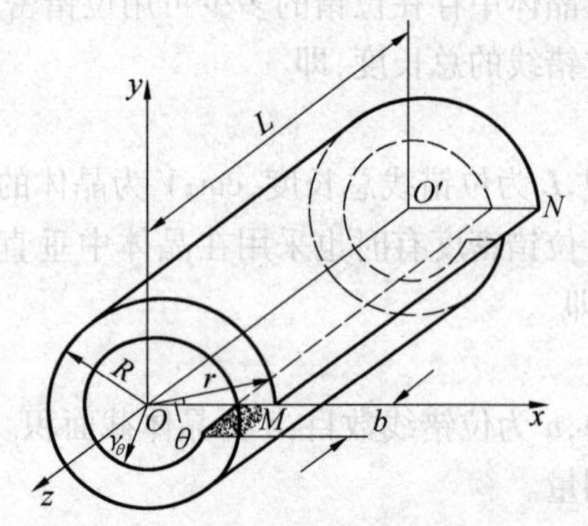

图 2.8 螺型位错的连续介质模型

圆柱体只有 z 方向的相对位移，因而只有两个切应变分量，没有正应变分量。

两个切应变分量用圆柱坐标表示为

$$\gamma_{r\theta}=\gamma_{z\theta}=\frac{b}{2\pi r}$$

相应的切应力分量为

$$\tau_{z\theta}=\tau_{\theta z}=G\gamma_{\theta z}=Gb/(2\pi r) \tag{2.11}$$

式中，G 为剪切弹性模量。其余应力分量均为 0，即 $\sigma_{rr}=\sigma_{\theta\theta}=\sigma_{zz}=\tau_{r\theta}=\tau_{\theta r}=\tau_{rz}=\tau_{zr}=0$。

若用直角坐标表示，则

$$\tau_{yz}=\tau_{zy}=\frac{Gb}{2\pi}\cdot\frac{x}{x^2+y^2}$$

$$\tau_{zx}=\tau_{xz}=-\frac{Gb}{2\pi}\cdot\frac{y}{x^2+y^2}$$

$$\sigma_{xx}=\sigma_{yy}=\sigma_{zz}=\tau_{xy}=\tau_{yx}=0 \tag{2.12}$$

由上述可知螺位错的应力场具有以下特点：

①螺位错应力场中只有切应力分量，无正应力分量，这表明螺位错不引起晶体的膨胀和收缩。

②切应力分量只与 r 有关(成反比)，而与 θ 和 z 无关。只要 r 一定，$\tau_{z\theta}$ 就为常数。因此，螺位错的应力场是轴对称的，即与位错等距离的各处，其切应力值相等，并随着与位错距离的增大，应力值减小。

③切应力大小与到位错中心的距离 r 成反比，当 $r\to 0$ 时，$\tau_{\theta z}\to\infty$，所以式(2.11)不适用位错中心的严重畸变区。

(2)刃位错的应力场

取一连续的、各向同性的空心圆柱体，去掉位错中心严重畸变区，沿 xz 面将其切开，使两个切面沿径向(x 轴方向)相对位移一个 b 的距离，再黏合一起，如图 2.9 所示，就形成了一个正刃型位错应力场。从模型来看，刃位错与螺位错看起来相同简单，但实际上刃位错要复杂很多。

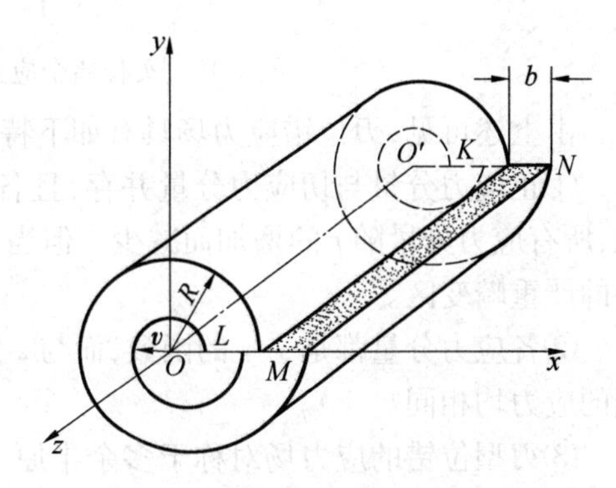

图 2.9 刃位错的连续介质模型

根据此模型，按弹性理论可求得刃型位错各应力分量为

$$
\begin{aligned}
\sigma_{xx} &= -D\frac{y(3x^2+y^2)}{(x^2+y^2)^2} \\
\sigma_{yy} &= -D\frac{y(x^2-y^2)}{(x^2-y^2)^2} \\
\sigma_{zz} &= \upsilon(\sigma_{xx}+\sigma_{yy}) \\
\tau_{xy} &= \tau_{yz} = D\frac{x(x^2-y^2)}{(x^2-y^2)^2} \\
\tau_{xz} &= \tau_{zx} = \tau_{yz} = \tau_{zy} = 0
\end{aligned}
\tag{2.13}
$$

若用圆柱坐标，则其应力分量为

$$
\begin{aligned}
\tau_{yz} &= \tau_{zy} = \frac{Gb}{2\pi}\cdot\frac{x}{x^2+y^2} \\
\sigma_{rr} &= \sigma_{\theta\theta} = -D\frac{\sin\theta}{r} \\
\sigma_{zz} &= -\upsilon(\sigma_{rr}+\sigma_{\theta\theta}) \\
\tau_{r\theta} &= \tau_{\theta r} = D\frac{\cos\theta}{r} \\
\tau_{rz} &= \tau_{zr} = \tau_{\theta z} = \tau_{z\theta} = 0
\end{aligned}
\tag{2.14}
$$

$$D=\frac{Gb}{2\pi(1-\upsilon)}$$

式中，G 为切变模量；υ 为泊松比；b 为柏氏矢量。

图 2.10 是刃位错周围的应力状态及其分布示意图。

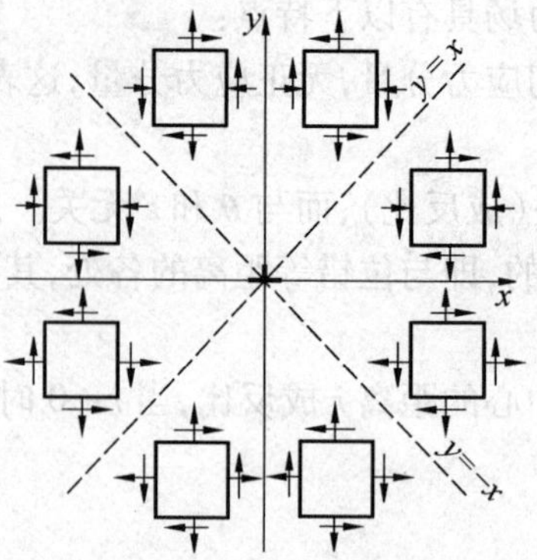

图 2.10 刃位错个应力分量符号与位置的关系

由上述可见,刃位错应力场具有如下特点:

①正应力分量与切应力分量并存,且各应力分量的大小与 G 和 b 成正比,与 r 成反比,所有应力分量随 r 的增加而减少。但当 $r \to 0$ 时,$\tau_{\theta z} \to \infty$,所以式(2.14)不适用位错中心的严重畸变区。

②各应力分量都是 x,y 的函数,而与 z 无关。这表明在平行于位错线的直线上,任一点的应力均相同。

③刃型位错的应力场对称于多余半原子面(y-z 面),即对称于 y 轴。在应力场的任意位置处,均有 $|\sigma_{xx}|>|\sigma_{yy}|$。

④当 $y=0$ 时,$\sigma_{xx}=\sigma_{yy}=\sigma_{zz}=0$,在滑移面上,没有正应力,只有切应力 τ_{xy},而且切应力达到极大值($\dfrac{Gb}{2\pi(1-\upsilon)} \cdot \dfrac{1}{x}$)。$y>0$ 时,$\sigma_{xx}<0$;$y<0$ 时,$\sigma_{xx}>0$。这说明正刃型位错的位错滑移面上侧为压应力,滑移面下侧为张应力。

⑤$x=\pm y$ 时,σ_{yy}、τ_{xy} 均为零,说明在直角坐标的两条对角线处,只有 σ_{xx},而且在每条对角线的两侧,τ_{xy}、τ_{yz} 及 σ_{yy} 的符号相反。

2. 位错的应变能

位错周围点阵畸变引起弹性应力场导致晶体能量增加,这部分能量称为位错的应变能,或称为位错的能量。

假定图 2.9 所示的刃型位错为一单位长度的位错。当切开圆柱体后,随后在相互滑动一个 b 距离形成位错的过程中受到了阻力,这个阻力开始为 0,随着位移的增加而逐步线性增加。故在位移过程中,当位移为 x 时,切应力 $\tau_{\theta r}=\dfrac{Gx}{2\pi(1-\upsilon)} \cdot \dfrac{\cos\theta}{r}$,这里 $\theta=0$,因此克服切应力 $\tau_{\theta y}$ 所做的功为

$$W=\int_{r_0}^{R}\int_{0}^{b}\tau_{\theta r}\,\mathrm{d}x\mathrm{d}r=\int_{r_0}^{R}\int_{0}^{b}\frac{Gx}{2\pi(1-\upsilon)} \cdot \frac{1}{r}\mathrm{d}x\mathrm{d}r=\frac{Gb^2}{4\pi(1-\upsilon)}\ln\frac{R}{r_0} \tag{2.15}$$

这就是单位长度刃位错的应变能 E_e^e。

同理可求得单位长度螺型位错的应变能为 $E_e^s=\dfrac{Gb^2}{4\pi}\ln\dfrac{R}{r_0}$。一般金属的泊松比 υ 为 0.3~0.4,因此可知 $E_e^s=0.6E_e^e$,即刃位错的弹性应变能比螺位错的高。

一般位错都由混合位错组成，在分析混合位错时，可将其分解成刃型分量和螺型分量，分别计算后再加和即可。例如，对于一个位错线与其柏氏矢量 $\boldsymbol{b}$ 与 φ 角的混合位错，可以分解为一个柏氏矢量为 $b\sin\varphi$ 的刃型位错分量和一个柏氏矢量为 $b\cos\varphi$ 的螺型位错分量。由于互相垂直的刃位错和螺位错之间没有相同的应力分量，它们之间没有相互作用能。因此它们的和就是混合位错的应变能，即

$$E_{\mathrm{e}}^{\mathrm{m}}=E_{\mathrm{e}}^{\mathrm{e}}+E_{\mathrm{e}}^{\mathrm{s}}=\frac{Gb^2\sin^2\varphi}{4\pi(1-\upsilon)}\ln\frac{R}{r_0}+\frac{Gb^2\cos^2\varphi}{4\pi}\ln\frac{R}{r_0}=\frac{Gb^2}{4\pi K}\ln\frac{R}{r_0} \tag{2.16}$$

式中，K 称为混合位错的角度因素，$K=\frac{1-\upsilon}{1-\upsilon\cos^2\varphi}$，$K\approx1\sim0.75$。

位错的应变能除了位错应力场引起的弹性应变能 E_{e} 外，还包括位错中心畸变能 E_{c}。位错中心区域由于点阵畸变很大，不能用胡克定律，而需借助于点阵模型直接考虑晶体结构和原子间的相互作用。据估算，这部分能量大约为总应变能的 $\frac{1}{10}\sim\frac{1}{15}$，因此常忽略不计，而简单地把位错的弹性应变能认为是位错的应变能。

2.2.3 位错的受力与作用力

1. 位错的线张力

晶体中的位错为了降低能量，会自发地力求缩短长度，因此在位错线上存在着一种使其变直的线张力 T。正如液体的表面能与其表面积成正比，为了缩减表面积而产生表面张力一样，位错为了缩短其长度也会产生线张力。位错的线张力 T 相似于液体的表面张力，可以用增加单位长度位错线所做的功或增加的能量 $T\approx\alpha Gb^2$ 来表示，其中 α 为系数，为 0.5～1.0。

当位错受切应力 τ 而弯曲为曲率半径 r 时，线张力将产生一指向曲率中心的力 F'，以平衡此切应力，$F'=2T\sin\left(\frac{\mathrm{d}\theta}{2}\right)$（图 2.11）。若位错长度为 $\mathrm{d}s$，单位长度位错线所受的力为 τb，则平衡条件为 $\tau b\cdot\mathrm{d}s=2T\sin\frac{\mathrm{d}\theta}{2}$。由于 $\mathrm{d}s=r\mathrm{d}\theta$，当 $\mathrm{d}\theta$ 很小时，$\sin\frac{\mathrm{d}\theta}{2}\approx\frac{\mathrm{d}\theta}{2}$，故 $\tau b=\frac{T}{r}\approx\frac{Gb^2}{2r}$ 或 $\tau=\frac{Gb}{2r}$。可见，假如切变力 τ 产生作用力 τb 在不能自由运动的位错上，则位错将向外弯曲，其曲率半径 r 与 τ 成反比（弯曲的曲率半径越小，所需的外力越大）。线张力的存在是晶体中位错呈三维网络分布的原因，因为网络中交于同一结点的各位错，其线张力自动趋于平衡状态，从而保证了位错在晶体中的相对稳定。

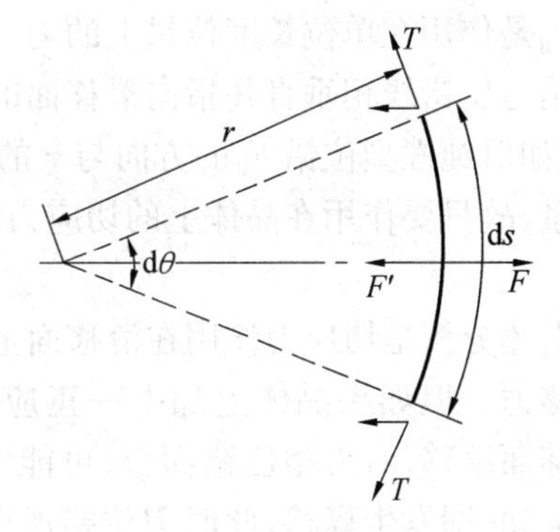

图 2.11 位错的线张力

2. 位错的受力与作用力

位错运动的实质是点阵畸变区的迁移，位错本身并非具有一定质量的实体，所受的力

是一种组态力,可以通过位错运动的效果体现。如图 2.12 所示,在外切应力的作用下,位错将在滑移面上产生滑移运动。由于位错的移动方向总是与位错线垂直,可理解为有一个垂直于位错线的“力”作用在位错线上,因此可用虚功原理讨论位错线所受的力。

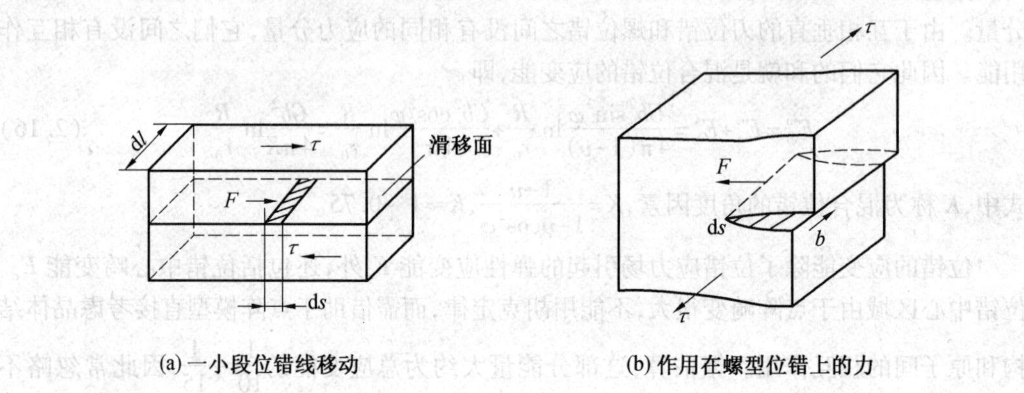

图 2.12 作用在位错上的力

设有切应力 τ 使一小段位错线 $\mathrm{d}l$ 移动了 $\mathrm{d}s$ 距离,结果使晶体沿滑移面产生了 b 的滑移,故切应力所做的功为

$$\mathrm{d}W=(\tau \mathrm{d}A)\cdot b=\tau \mathrm{d}l\mathrm{d}s\cdot b$$

此功也相当于作用在位错上的力 F 使位错线移动 $\mathrm{d}s$ 距离所做的功,即 $\mathrm{d}W=F\cdot \mathrm{d}s$,

$$\tau \mathrm{d}l\mathrm{d}s\cdot b=F\cdot \mathrm{d}s$$

$$F=\tau b\cdot \mathrm{d}l$$

因此作用于位错线单位长度上的力为

$$F_{\mathrm{d}}=F/\mathrm{d}l=\tau b$$

F_{d}是作用在单位长度位错上的力,它与外切应力 τ 和位错的柏氏矢量 $\boldsymbol{b}$ 成正比,其方向总是与位错线相垂直并指向滑移面的未滑移部分。F_{d}的方向与外切应力 τ 的方向可以不同,如对纯螺型位错 F_{d}的方向与 τ 的方向相互垂直;其次,由于一根位错具有唯一的柏氏矢量,故只要作用在晶体上的切应力是均匀的,那么各段位错线所受的力的大小完全相同。

上述分析是切应力作用在滑移面上使位错发生滑移的情况,这种位错线的受力也称为滑移力。但如果晶体上加上一正应力分量,位错不会沿滑移面滑移,对刃型位错而言,可能沿垂直于滑移面的方向运动,即发生攀移,此时刃位错所受的力也称为攀移力。

如图 2.13 所示,设有一单位长度的位错线,当晶体受到 x 方向的拉应力 σ 作用后,此位错线段在 F_y作用下向下运动 $\mathrm{d}y$ 距离,则 $F_y\cdot \mathrm{d}y$ 为位错攀移所消耗的功。位错线向下攀移 $\mathrm{d}y$ 距离后,在 x 方向推开了一个 b 大小,引起晶体体积膨胀为 $\mathrm{d}y\cdot b\cdot 1$,而正应力所做膨胀功为$-\sigma\cdot \mathrm{d}y\cdot b\cdot 1$。

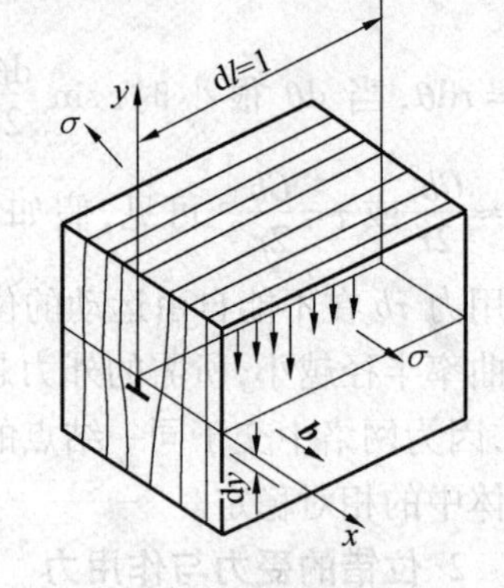

图 2.13 刃位错的攀移力

根据虚功原理

$$F_y \mathrm{d}y = -\sigma \cdot \mathrm{d}y \cdot b \cdot 1, F_y = -\sigma b \tag{2.17}$$

由此可见，作用在单位长度刃位错上的攀移力 F_y 的方向和位错攀移方向一致，也垂直于位错线。σ 是作用在多余半原子面上的正应力，它的方向与 b 平行。负号表示 σ 为拉应力时，F_y 向下；若 σ 为压应力时，F_y 向上。

3. 位错间的交互作用力

一个位错在外力场中会受到一个作用力，位错周围也会存在一个弹性应力场。因此，当一个位错接近另一个位错时，可看成一个外力给这个位错一个作用力。在讨论这种相互作用力时，即可将其中一个位错看成外力场，从而进行受力计算。

(1)两平行螺位错的交互作用

两个平行螺型位错 s_1 和 s_2 相互作用的情况如图 2.14 所示，位错线都平行于 z 轴，位错 s_1 位于坐标原点 O 处，s_2 位于 (r,θ) 处，s_1 和 s_2 柏氏矢量分别为 $\boldsymbol{b}_1$ 何 $\boldsymbol{b}_2$。两位错间的作用是相互的，作用力大小相等，方向相反。位错 s_2 在位错 s_1 的应力场作用下受到的作用力为

$$f_r = \tau_{\theta z} \cdot b_2 = \frac{Gb_1 b_2}{2\pi r} \tag{2.18}$$

f_r 方向与矢径 r 方向一致。同理，位错 s_1 在位错 s_2 应力场作用下也将受到一个大小相等、方向相反的作用力。

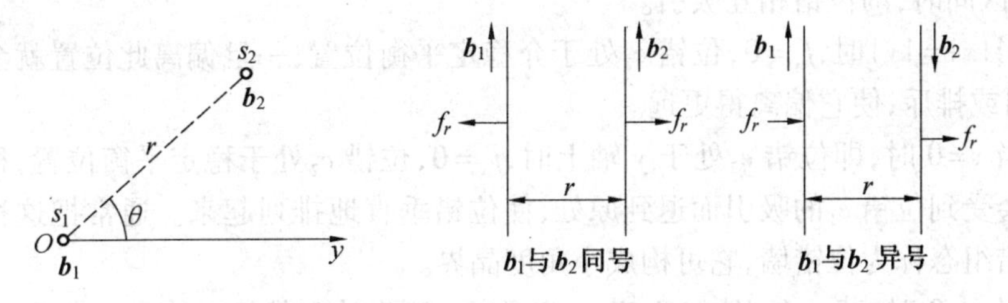

(a)计算交互作用力的示意图　　(b)交互作用力的方向

图 2.14　两平行螺型位错的交互作用力

由此可得出两平行螺型位错相互作用的特点：

①相互作用力大小与两位错间距 r 成反比，与 θ 角无关。

②当 b_1 与 b_2 同向时，$f_r>0$，即两同号平行螺型位错相互排斥；而当 b_1 与 b_2 反向时，$f_r<0$，即两异号平行螺型位错相互吸引。

(2)两平行刃型位错间的交互作用

两个平行于 z 轴、相距为 $r(x,y)$ 的刃型位错 e_1 和 e_2 相互作用的情况如图 2.15 所示，其柏氏矢量 $\boldsymbol{b}_1$ 和 $\boldsymbol{b}_2$ 均与 x 轴同向。位错 e_1 位于坐标原点上，e_2 的滑移面与 e_1 的平行，且均平行于 x-z 面。因此，在 e_1 的应力场中只有切应力分量 τ_{yx} 和正应力分量 σ_{xx} 对位错 e_2 起作用，分别导致 e_2 沿 x 轴方向滑移和沿 y 轴方向攀移。这两个交互作用力分别为

$$f_x = \tau_{yx} \cdot b_2 = \frac{Gb_1 b_2}{2\pi(1-\upsilon)\frac{x(x^2-y^2)}{(x^2+y^2)^2}}$$

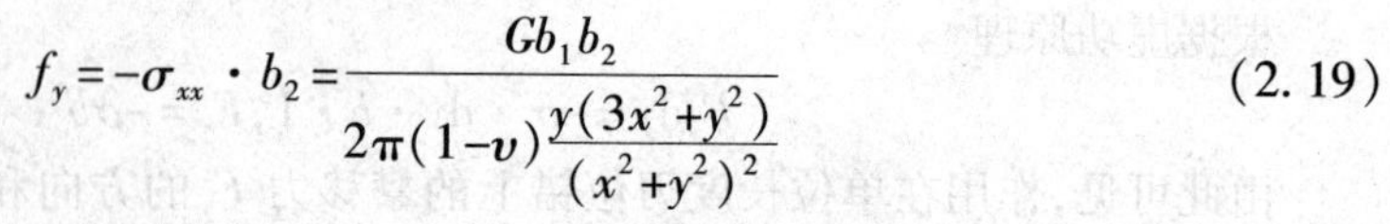

$$f_y = -\sigma_{xx} \cdot b_2 = \frac{Gb_1 b_2}{2\pi(1-\upsilon)} \frac{y(3x^2+y^2)}{(x^2+y^2)^2} \tag{2.19}$$

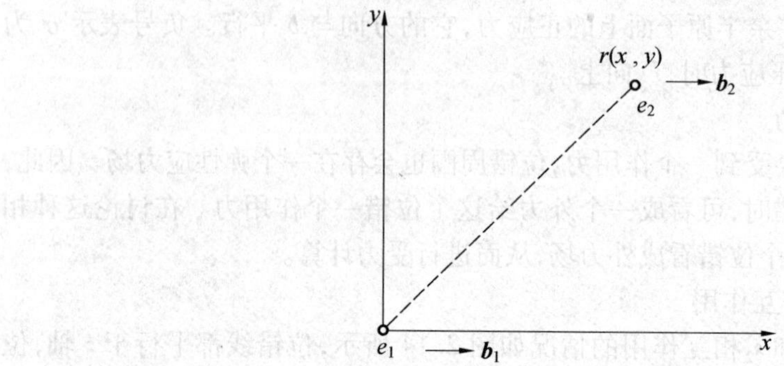

图 2.15 两平行刃型位错间的交互作用

对于两个同号平行的刃型位错,滑移力 f_x 随位错 e_2 所处的位置而变化,它们之间的交互作用如图 2.16(a)所示,现归纳如下:

①当 $|x|>|y|$ 时,若 $x>0$,则 $f_x>0$;若 $x<0$,则 $f_x<0$,这说明当位错 e_2 位于图 2.16(a)中的①,②区间时,两位错相互排斥。

②当 $|x|<|y|$ 时,若 $x>0$,则 $f_x<0$;若 $x<0$,则 $f_x>0$,这说明当位错 e_2 位于图 2.16(a)中的③,④区间时,两位错相互吸引。

③当 $|x|=|y|$ 时,$f_x=0$,位错 e_2 处于介稳定平衡位置,一旦偏离此位置就会受到位错 e_1 的吸引或排斥,使它偏离得更远。

④当 $x=0$ 时,即位错 e_2 处于 y 轴上时,$f_x=0$,位错 e_2 处于稳定平衡位置,稍微偏离此位置就会受到位错 e_1 的吸引而退到原处,使位错垂直地排列起来。通常把这种呈垂直排列的位错组态称为位错墙,它可构成小角度晶界。

⑤当 $y=0$ 时,若 $x>0$,则 $f_x>0$;若 $x<0$,则 $f_x<0$,此时 f_x 的绝对值和 x 成反比,即处于同一滑移面上的同号刃型位错总是相互排斥的,位错间距离越小,排斥力越大。

⑥当位错 e_2 在位错 e_1 的滑移面上边时,受到的攀移力 f_y 是正值,即指向上;当 e_2 在 e_1 滑移面下边时,f_y 为负值,即指向下。因此两位错沿 y 轴方向是互相排斥的。

对于两个异号的刃型位错,它们之间的交互作用力 f_x、f_y 的方向与上述同号位错时相反,而且位错 e_2 的稳定位置和介稳定平衡位置正好互相对换,$|x|=|y|$ 时,e_2 处于稳定平衡位置,如图 2.16(b)所示。

图 2.16(c)是两平行刃位错间的交互作用力 f_x 与距离 x 之间的关系。图 2.16(c)中 y 为两位错的垂直距离,x 表示两位错的水平距离(以 y 的倍数度量)。从图 2.16(c)可以看出,两同号位错间的作用力(图中实线)与两异号位错间的作用力(图中虚线)大小相等,方向相反。

至于异号位错的 f_y,由于它与 y 异号,所以沿 y 轴方向的两异号位错总是相互吸引,并尽可能靠近乃至最后消失。

除上述情况外,在互相平行的螺位错与刃位错之间,由于两者的柏氏矢量相垂直,各自的应力场均没有使对方受力的应力分量,故彼此不发生作用。

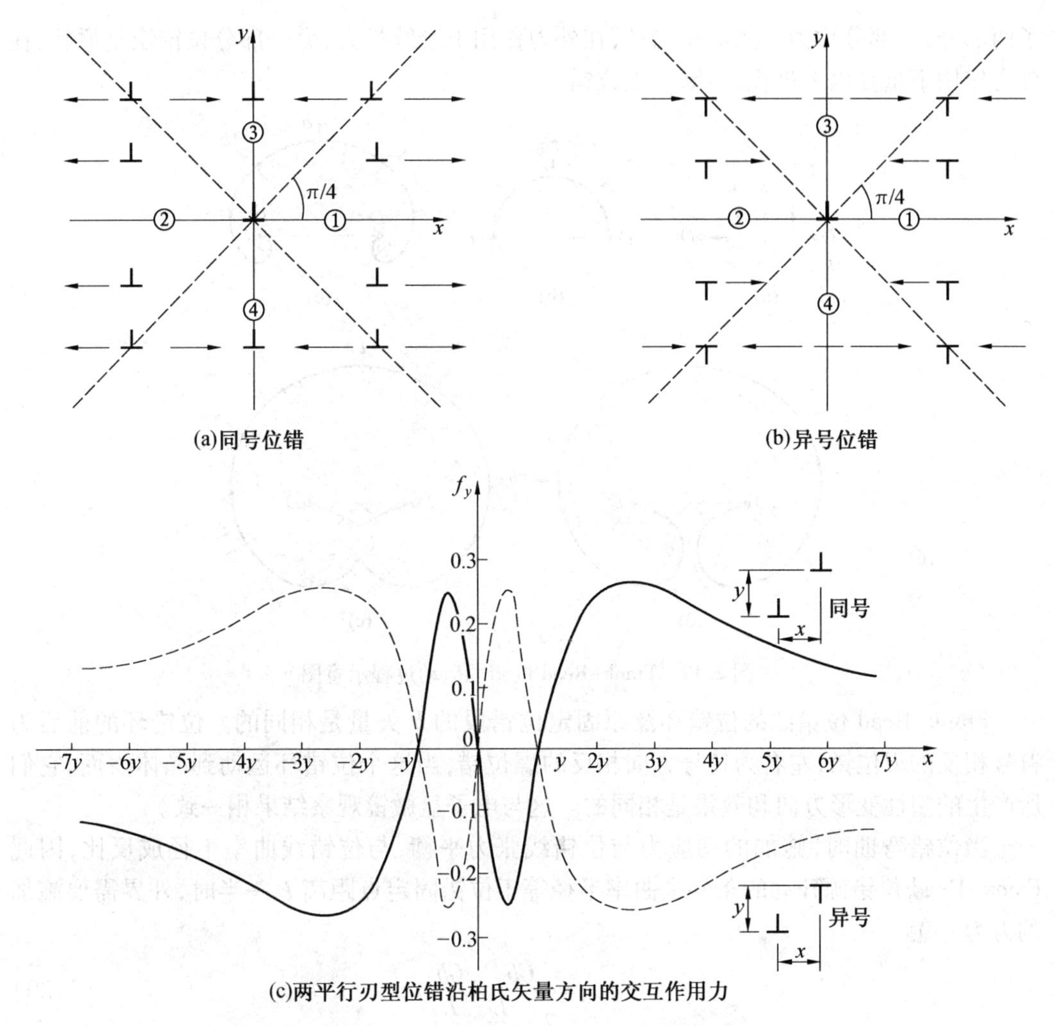

图 2.16 两刃型位错在 x 轴方向上的交互作用

2.2.4 位错的形成及运动

1. 位错的形成

由于塑性变形时有大量位错滑出晶体,所以变形以后晶体中的位错数目应当减少。但实际上位错密度随着变形量的增加而加大,在经过剧烈变形以后甚至可增加 4 ~5 个数量级。为了解释晶体的塑性变形,人们一直在寻求合适的位错模型来解释晶体中位错的产生。1950 年 Frank Read 从理论上解释并找到了位错增殖的合理模型。在晶体中有一段位错两端被固定后,在外力作用下鼓起运动不断地产生位错。图 2. 17 是 Frank-Read 位错源的动作示意图。其过程为:位错 DD'(两端被钉扎)在外力作用下会鼓起,逐渐鼓成以钉扎两点为直径的半圆,此时弯曲的曲率半径达到最小,位错进一步运动需要更大的外力。如果外力达到继续开动的临界条件,位错源就会开动,位错环前面部分继续向未滑移区运动,位错环后面部分也会向未滑移区运动,当运动到一定程度时,如图 2. 17(d)所示,m、n 两点是柏氏矢量大小相等、方向相反的位错,相遇后抵消。因此,原来的位错分成了两部分，一部分称为封闭的位错环，在外力作用下继续扩大，另一部分位错恢复原状，在外力作用下重复以上过程，不断产生位错。

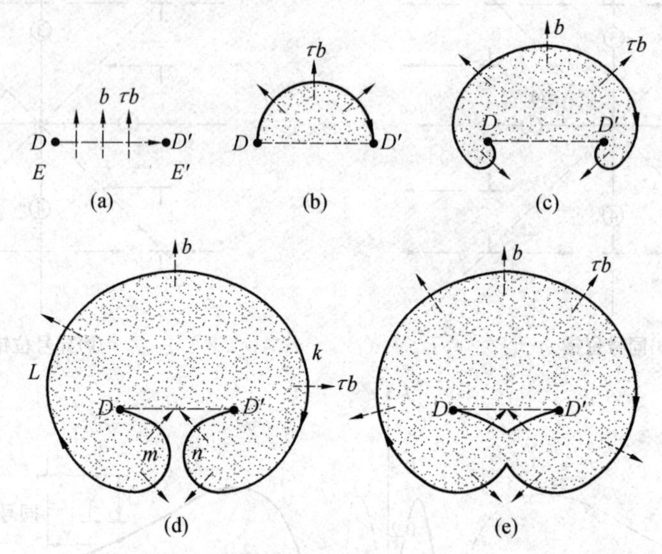

图 2.17 Frank-Read 位错源运动过程示意图

Frank-Read 位错源的位错环及原固定位错段的 **b** 矢量是相同的。位错环的前后为符号相反的刃位错，左右为符号方向相反的螺位错，当这个位错环运动到晶体表面，它们所产生的塑性变形方向和效果是相同的。这与电子显微镜观察结果相一致。

当位错弯曲时，施加的切应力与位错线张力平衡，与位错线曲率半径成反比，因此 Frank-Read 位错源开动的条件是曲率半径等于位错固定点距离 L 一半时，外界需要施加的力为

$$\tau_{\max}=\frac{Gb}{2\cdot\frac{L}{2}}=\frac{Gb}{L} \tag{2.20}$$

可见，位错固定点距离越小，开动位错所需的力就越大。通常 L 的数量级为 10^{-4} cm，$|b|\approx10^{-8}$ cm，则式(2.20)给出的 $\tau_{\max}$ 约为 $10^{-4}G$。如果把位错源的开动看成是晶体的屈服，则 τ_c 就是临界分切应力，这和实际晶体的屈服强度接近。在金属及其合金中，第二相质点、界面、位错交割点等都可以成为位错固定点。纯金属中开动 Frank-Read 位错源所需的临界力很小，低于位错运动的晶格摩擦阻力。

2. 位错的滑移

刃位错的滑移过程如图 2.18 所示。在外切应力 τ 的作用下，位错中心附近的原子由"•"位置移动小于一个原子间距的距离到达"◦"位置，如果切应力继续作用，位错将继续向左逐步移动。当位错线沿滑移面滑移通过整个晶体时，就会在晶体表面沿柏氏矢量产生宽度为一个柏氏矢量大小的台阶，即造成了晶体的塑性变形。随着位错的移动，位错线所扫过的区域(已滑移区)逐渐扩大，未滑移区则逐渐缩小，两个区域始终以位错线为分界线。可见，位错的滑移就是在外加切应力的作用下，通过位错中心附近的原子沿柏氏矢量方向在滑移面上不断地作少量的位移(小于一个原子间距)而逐步实现的。

需注意，滑移时刃位错的运动方向始终垂直于位错线而平行于柏氏矢量。其滑移面就是由位错线与柏氏矢量所构成的平面，因此刃位错的滑移限于单一的滑移面上。

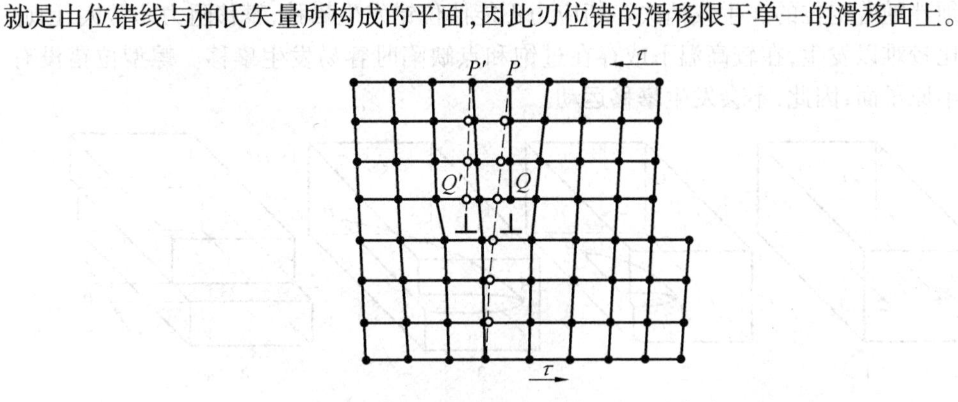

图 2.18　刃型位错滑移周围原子的位移

螺位错的滑移过程示意图如图 2.19 所示，图中“○”表示滑移面以下的原子，“●”表示滑移面以上的原子，可见，滑移时位错线附近原子的移动量很小，所以使螺型位错运动所需的力也是很小的。当位错线沿滑移面滑过整个晶体时，同样会在晶体表面沿柏氏矢量方向产生宽度为一个柏氏矢量 $\boldsymbol{b}$ 的台阶。滑移时螺位错的移动方向与位错线垂直，也与柏氏矢量垂直。由于位错线与柏氏矢量平行，因此螺型位错的滑移不限于单一的滑移面上。由于螺位错所有包含位错线的晶面都可成为其滑移面，因此，当某一螺位错在原滑移面上运动受阻时，有可能转移到与之相交的另一滑移面上去继续滑移，这一过程称为交滑移。

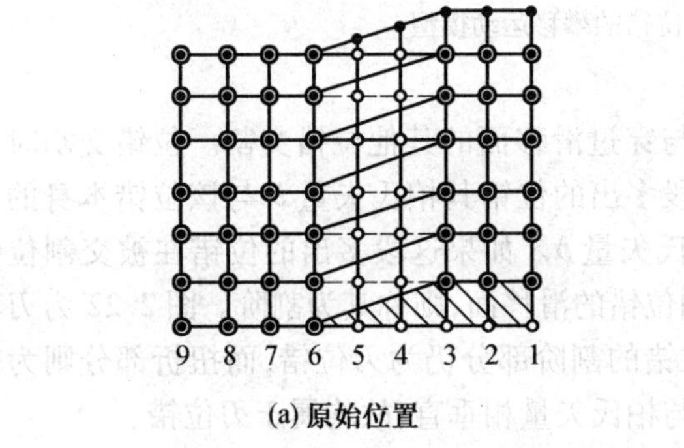

(a) 原始位置

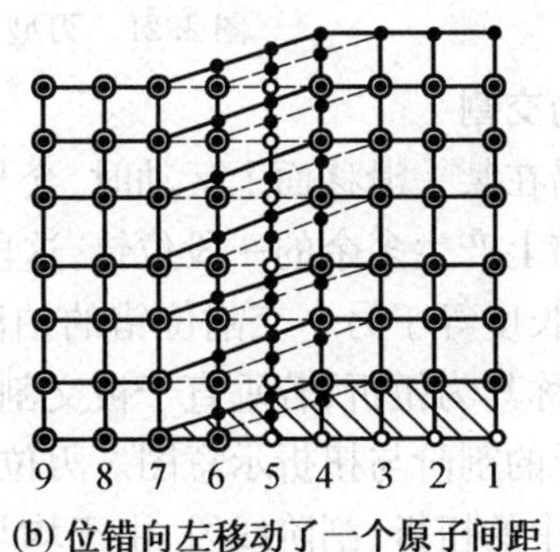

(b) 位错向左移动了一个原子间距

图 2.19　螺型位错的滑移

任一混合位错均可分解为刃位错分量和螺位错分量两部分，根据以上两种基本类型位错的分析，可确定混合位错的滑移运动。图 2.20 是混合位错沿滑移面的移动情况。根据确定位错线运动方向的右手法则，该混合位错在外切应力 τ 作用下将沿其各点的法线方向在滑移面上向外扩展，最终使上下两块晶体沿柏氏矢量方向移动一个 b 大小的距离。

3. 位错的攀移

刃位错除了可以在滑移面上滑移外，还可以在垂直于滑移面的方向上运动，即发生攀移，其实质是构成刃位错的多余半原子面的扩大或缩小，它可通过物质迁移即原子或空位的扩散来实现。通常把多余半原子面向上运动(即空位迁移到半原子面下端或者半原子面下端的原子扩散到别处）称为正攀移，向下运动称为负攀移，如图 2.21 所示。位错的攀移必须伴随着空位的产生或消失。切应力不能使位错发生攀移，攀移阻力非常大，因此室温下比较难以发生，在较高温下或存在过饱和点缺陷时容易发生攀移。螺型位错没有多余的半原子面，因此，不会发生攀移运动。

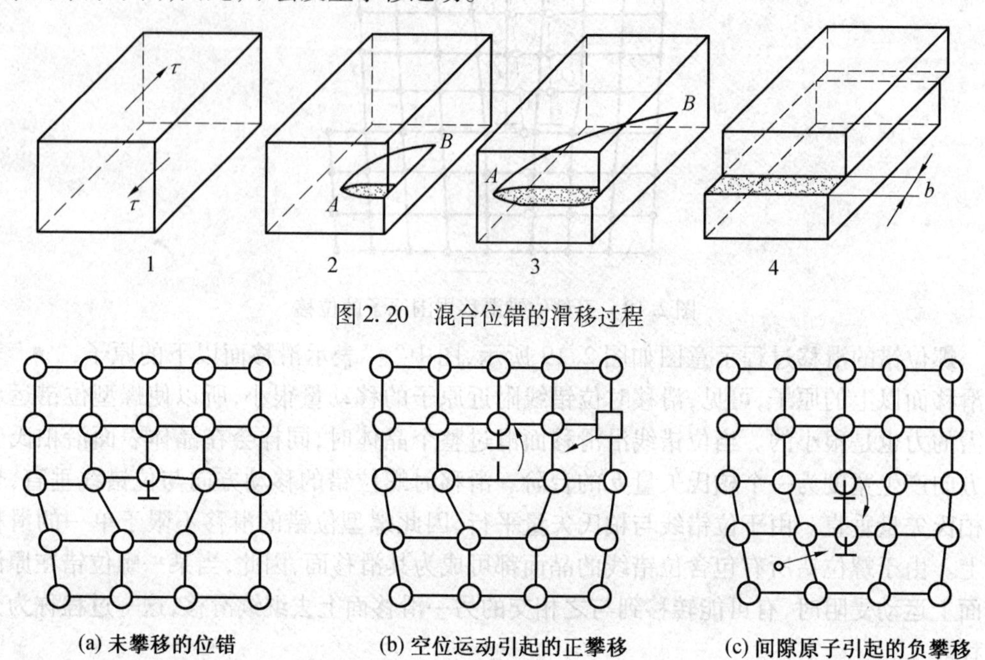

图 2.20 混合位错的滑移过程

(a) 未攀移的位错 (b) 空位运动引起的正攀移 (c) 间隙原子引起的负攀移

图 2.21 刃型位错的攀移运动模型

4. 位错的交割

当一位错在某一滑移面上运动时，会与穿过滑移面的其他位错交割。位错交割时会使被交割位错上产生多余的一段位错，这段多出的位错其柏氏矢量 $\boldsymbol{b}$ 与该位错本身的相同，其取向和长度等于另一交割位错的柏氏矢量 $\boldsymbol{b}$。如果这段多出的位错在被交割位错的滑移面上，称其为扭折；若垂直于被交割位错的滑移面，则称其为割阶。图 2.22 为刃型和螺型位错中的割阶与扭折示意图。刃位错的割阶部分仍为刃位错，而扭折部分则为螺位错；螺位错中的扭折、割阶线段，由于均与柏氏矢量相垂直，故均属于刃位错。

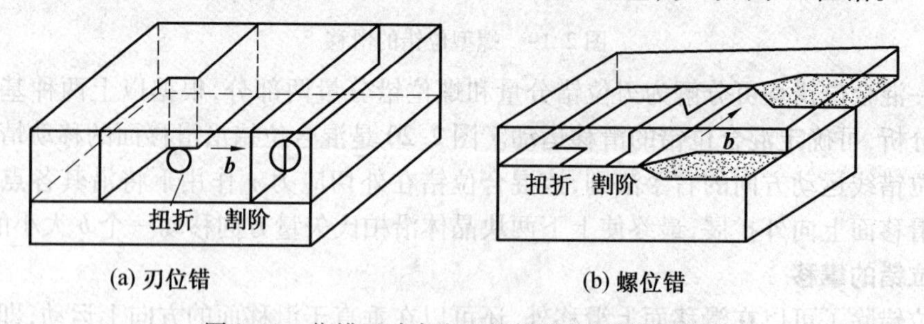

(a) 刃位错 (b) 螺位错

图 2.22 位错运动中出现的割阶与扭折示意图

①典型交割一：两个柏氏矢量互相垂直的刃位错交割。如图 2.23(a) 所示，刃位错 XY 和 AB 垂直，其柏氏矢量 $\boldsymbol{b}_1 \perp \boldsymbol{b}_2$，其所在的滑移面 $P_{XY} \perp P_{AB}$。若 XY 向下运动与 AB 交

割，由于 XY 扫过的区域，其滑移面 P_{XY}两侧的晶体将发生 b_1距离的相对位移，因此交割后在位错线 AB 上产生 PP'小台阶。由于位错柏氏矢量的守恒性，PP'的柏氏矢量仍为 $\boldsymbol{b}_2$，$\boldsymbol{b}_2$垂直于 PP'，因而 PP'是刃位错，且它不在原位错线的滑移面上，故是割阶。至于位错 XY，由于它平行 $\boldsymbol{b}_2$，因此交割后不会在 XY 上形成割阶。

②典型交割二：两个柏氏矢量互相平行的刃位错交割。如图 2.23(b)所示，XY 和 AB 交割后，分别出现平行于 $\boldsymbol{b}_1$，$\boldsymbol{b}_2$的 PP'，QQ'台阶，由于它们的滑移面和原位错的滑移面一致，故为扭折，是螺位错。

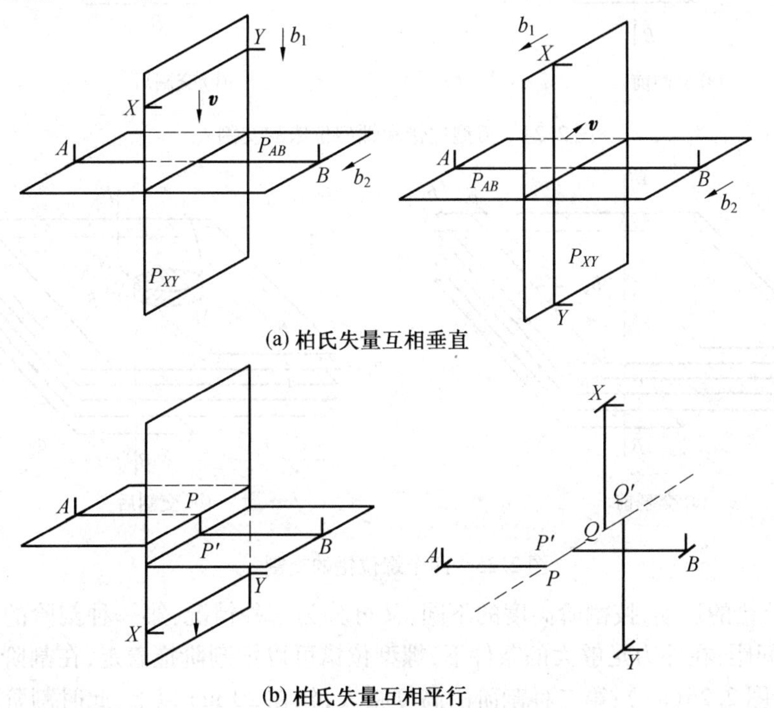

(a) 柏氏矢量互相垂直

(b) 柏氏矢量互相平行

图 2.23　两根互相垂直的刃位错的交割

③典型交割三：两个柏氏矢量垂直的刃位错和螺位错的交割。如图 2.24 所示，交割后在螺位错 BB'上也形成长度等于$|b_1|$的一段折线 NN'，由于它垂直于 $\boldsymbol{b}_2$，故属刃位错；又由于它位于螺位错 BB'的滑移面上，因此 NN'是扭折。同样，交割后在刃位错 AA'上形成大小等于$|b_2|$且方向平行 $\boldsymbol{b}_2$的割阶 MM'，其柏氏矢量为 $\boldsymbol{b}_1$。由于该割阶的滑移面(图 2.24(b)中的阴影区)与原刃位错 AA'的滑移面不同，因而当带有这种割阶的位错继续运动时，将受到一定的阻力。

④典型交割四：两个柏氏矢量相互垂直的两螺位错交割。如图 2.25 所示，交割后在 AA'上形成大小等于$|b_2|$、方向平行于 $\boldsymbol{b}_2$的割阶 MM'。它的柏氏矢量为 $\boldsymbol{b}_1$，滑移面不在 AA'的滑移面上，是刃割阶。同样，在位错线 BB'上也形成一刃型割阶 NN'。这种刃型割阶都阻碍螺位错的移动。

由上可见，所有的割阶都是刃型位错，而扭折可以是刃型也可是螺型的。因割阶与原位错线不在同一滑移面上，一般情况下割阶不跟随主位错线一起运动，成为位错运动的障碍，通常称此为割阶硬化。而扭折与原位错线在同一滑移面上，可随主位错线一起运动，几乎不产生阻力，且扭折在线张力作用下易于消失。

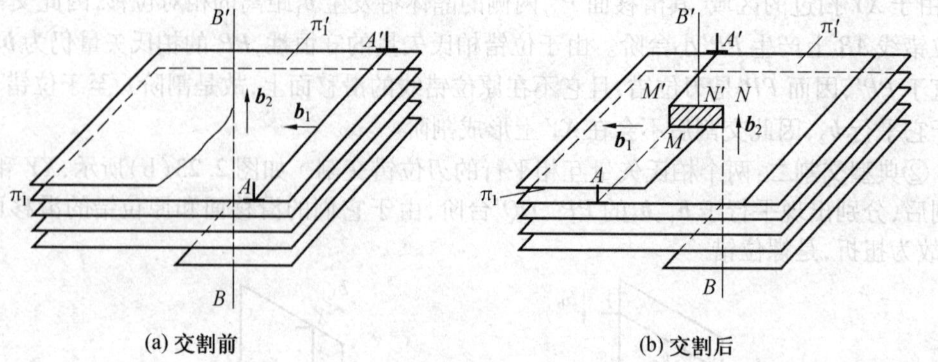

(a) 交割前　(b) 交割后

图 2.24 刃型位错和螺型位错的交割

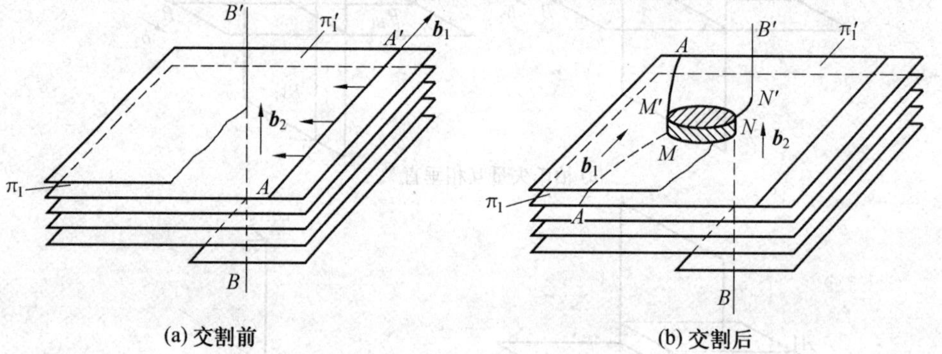

(a) 交割前　(b) 交割后

图 2.25 两个螺位错的交割

带割阶位错的运动,按割阶高度的不同,又可分为三种情况:第一种割阶的高度只有1~2个原子间距,在外力足够大的条件下,螺型位错可以把割阶拖着走,在割阶后面留下一排点缺陷(图 2.26(a));第二种割阶的高度很大,约在 20 nm 以上,此时割阶两端的位错相隔太远,它们之间的相互作用较小,它们可以各自独立地在各自的滑移面上滑移,并以割阶为轴,在滑移面上旋转(图 2.26(b)),这实际也是在晶体中产生位错的一种方式;第三种割阶的高度是在上述两种情况之间,位错不可能拖着割阶运动(图 2.26(c))。在外应力作用下,割阶之间的位错线弯曲,位错前进就会在其身后留下一对拉长了的异号刃位错线段(常称位错偶)。为降低应变能,这种位错偶常会断开而留下一个长的位错环,而位错线仍回复原来带割阶的状态,而长的位错环又常会再进一步分裂成小的位错环,这是形成位错环的机理之一。

对于刃型位错而言,其割阶段与柏氏矢量所组成的面,一般都与原位错线的滑移方向一致,能与原位错一起滑移。但此时割阶的滑移面并不一定是晶体的最密排面,故运动时割阶段所受到的晶格阻力较大,但相对于螺位错的割阶的阻力则小得多。

5. 位错的塞积

位错塞积是指同一滑移面上有很多同号的位错因障碍物而塞积所形成的一种位错组态,如图 2.27 所示。障碍物可以是第二相、杂质、晶界、不动位错等,最靠近障碍物的位错称为领先位错。当位错塞积到一定程度会导致位错源停止开动。

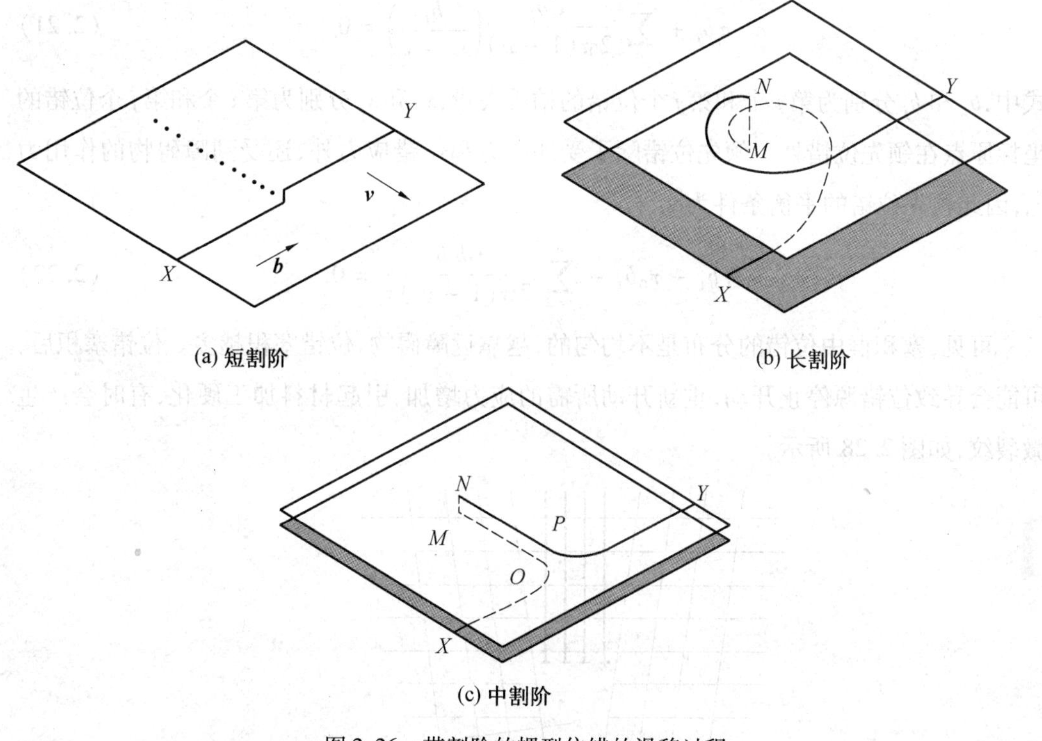

(a) 短割阶

(b) 长割阶

(c) 中割阶

图 2.26 带割阶的螺型位错的滑移过程

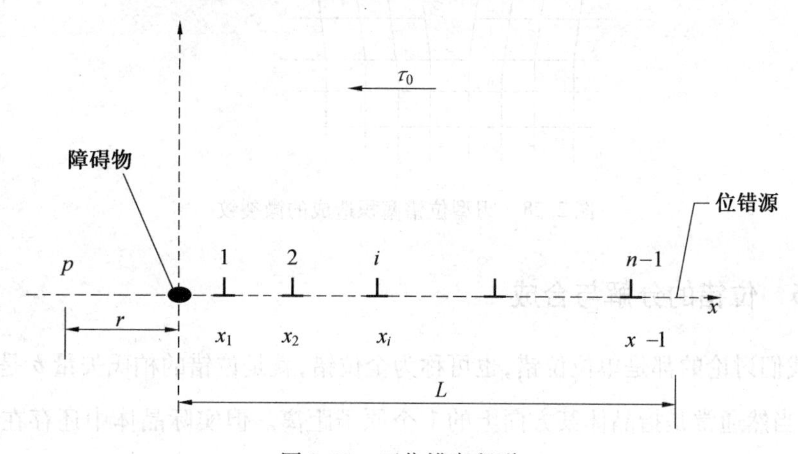

图 2.27 刃位错塞积群

通常认为沉淀颗粒和晶界造成的应力场是近程应力场,因此可假定障碍物只对领先位错有作用力 $\tau_0 b$,对其他位错没有作用力。假设位错塞积群是由 n 个柏氏矢量为 $\boldsymbol{b}$ 的位错组成,则这个塞积群的平衡条件为 $\tau_0 b = n\tau b$,可得 $\tau_0 = n\tau$,即障碍物对领先位错的作用力。

每个非领先位错受到两种作用力:一是外界应力场的作用,二是塞积群中其他位错应力场的作用。当两种力平衡时,位错处于平衡状态。假设第 i 个位错(非领先位错)的平衡条件为

$$\tau b_i + \sum_n \frac{Gb_j}{2\pi(1-v)}\left(\frac{b_i}{x_i - x_j}\right) = 0 \qquad (2.21)$$

式中，b_i 和 b_j 分别为第 i 个和第 j 个位错的柏氏矢量；x_i 和 x_j 分别为第 i 个和第 j 个位错的坐标原点在领先位错处。领先位错除了受外应力和位错应力外，还受到障碍物的作用力 τ_0，因此领先位错的平衡条件为

$$\tau b_1 - \tau_0 b_1 - \sum_{j=2}^{n} \frac{Gb_j b_1}{2\pi(1-v)x_j} = 0 \qquad (2.22)$$

可见，塞积群中位错的分布是不均匀的，越靠近障碍物，位错塞积越多。位错塞积后，可能会导致位错源停止开动，重新开动所需的应力增加，引起材料加工硬化，有时会产生微裂纹，如图 2.28 所示。

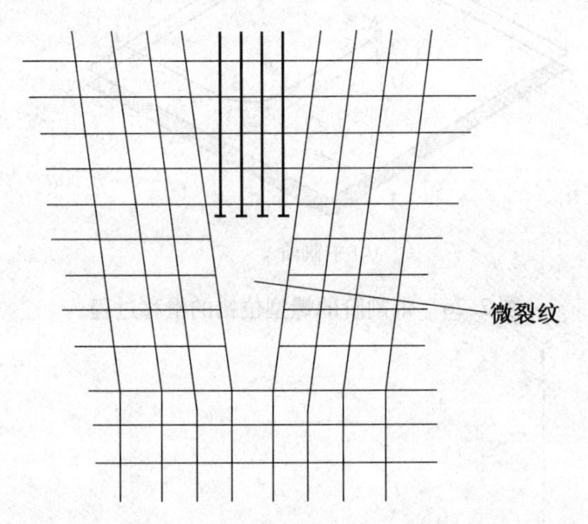

图 2.28 刃型位错塞积造成的微裂纹

2.2.5 位错的分解与合成

以上我们讨论的都是单位位错，也可称为全位错，就是位错的柏氏矢量 $\boldsymbol{b}$ 是原子间距的整数倍，当然通常是指晶体某方向上的 1 个原子距离。但实际晶体中还存在另一类位错，它们的柏氏矢量 $\boldsymbol{b}$ 不是晶体中的原子间距离，而是小于这个距离，这类位错周围原子的排布情况将更复杂一些，称为不全位错、半位错或部分位错。这里仅以 fcc 结构中存在的两种形式的不全位错为例进行讨论。

既然存在有不全位错，而且位错可以只通过其 $\boldsymbol{b}$ 来表达和考察，则不需涉及真实原子状态位错也可以进行合成行为，只要保证 $\boldsymbol{b}$ 的不变和结构上的可能性就行了。晶体中位错组态和行为的电子显微镜实际观察，已充分证实了位错的分解和合成的行为。位错分解或合成能够进行的条件有两点：其一是几何条件，也就是位错反应必须保证 $\boldsymbol{b}$ 的守恒

性,而且从晶体结构上也必须具有这种 b 存在的几何条件;其二是能量条件,因为位错的能量正比于位错 $\boldsymbol{b}$ 的平方,所以能量条件可以表示为 $\sum b_{前}^2 > \sum b_{后}^2$,也就是位错反应前各位错 $\boldsymbol{b}$ 的平方和必须大于反应后产生的各位错 $\boldsymbol{b}$ 的平方总和。这里也仅是对 fcc 结构中位错的分解和合成为例进行一些讨论。

fcc 结构中存在的一类部分位错被称为 Frank 位错,Frank 部分位错与 fcc 结构中层位错的存在密切相关。可以认为 fcc 结构的晶体是以它的最密排面{111}堆垛而成的,正常的堆垛次序为 *ABCABC*……。如果由于某种原因而使密排面的堆垛次序遭到破坏,使整个一层密排面上的原子都发生了错排,这种缺陷称为层错。层错是一种面缺陷。面心立方晶体中的层错有两种类型:内禀层错和外禀层错。

内禀层错可称为抽出型层错,它相当于在正常的(111)堆垛次序中抽出一层而形成的。例如,原(111)面堆垛次序为 *ABCABC*……,在 *AC* 处堆垛次序被破坏了,出现了层错。内禀层错还可以通过晶体相对滑移而形成,如沿(111)面,*A* 层以上原子沿 $[1\bar{2}1]$ 方向移动了 $\frac{3}{5}[121]$ 距离,即相当于 *B* 层原子移到 *C* 位置,*C* 又移到 *A* 位置,如图 2.29 所示。外禀位错又称为插入型位错,它相当于在正常的堆垛次序中,插入一层密排面而形成的。例如,原密排面(111)堆垛的正常次序中,在 *A*、*B* 层中间插入一层 *C*,堆垛次序成为 *ABCACBCABC*……。外禀位错也可以通过相对滑移而形成,将(111)密排面的某一层(例如 *C* 层)固定,然后上、下两侧都相对移到一个 $\frac{3}{6}(112)$ 即可。

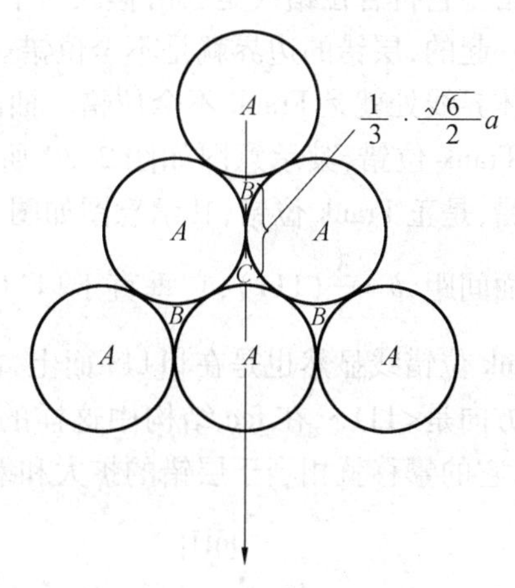

图 2.29 面心立方密排面上原子的位置

层错的产生,破坏了次近邻原子间的相互关系,使晶体的能态升高(层错能),但未破坏最近邻原子间的关系。即在层错处,只有连续 3 层原子面的关系中,才能发现与正常堆垛次序的差别。所以一般来讲,层错能的数值是较低的。从实验中可以测量金属层错能,其结果见表 2.2。金属中出现层错的几率与层错能有关,层错能越高,出现的几率越小。例如,奥氏体不锈钢和 α 黄铜层错能低,易在电镜下观察到层错。铝的层错能高,很难观察到层错。

表 2.2 某些面心立方金属及合金的层错能

金属晶体	层错能/($J \cdot cm^{-2}$)
银	2.5×10^{-6}
金	4.5×10^{-6}
铜	4.0×10^{-6}
铝	2.0×10^{-6}
铁	2.4×10^{-6}
黄铜	3.5×10^{-6}
奥氏体不锈钢	1.5×10^{-6}

当晶体中出现层错时,一种可能是层错区贯穿整个晶体,这种层错是很少见的;另一种可能是层错只出现在局部区域,此时层错区域和原子正常排列区域的分界处即为不全位错。它符合位错线是已滑移区与未滑移区分界线的定义,所以不全位错是和层错联系在一起的,层错的边界就是不全位错。当 fcc 结构中产生内禀或外禀层错时,层错与正常晶体界线处就是 Frank 不全位错。抽出型层错边界的 Frank 不全位错为单 Frank 位错,是负 Frank 位错,其示意图如图 2.30 所示。插入型层错边界的 Frank 不全位错为双 Frank 位错,是正 Frank 位错,其示意图如图 2.31 所示。Frank 不全位错的柏氏矢量为{111}面的面间距,$b=\frac{3}{3}(111)$,它垂直于{111}面,也垂直于{111}面上的位错线,Frank 位错线。Frank 位错线显然也是在{111}面上,故 Frank 位错是纯刃型位错,其滑移面是{011},滑移方向是<111>,在 fcc 结构中这样的滑移是不能进行的。因此,Frank 位错只能进行攀移,它的攀移就相当于层错的扩大和缩小。

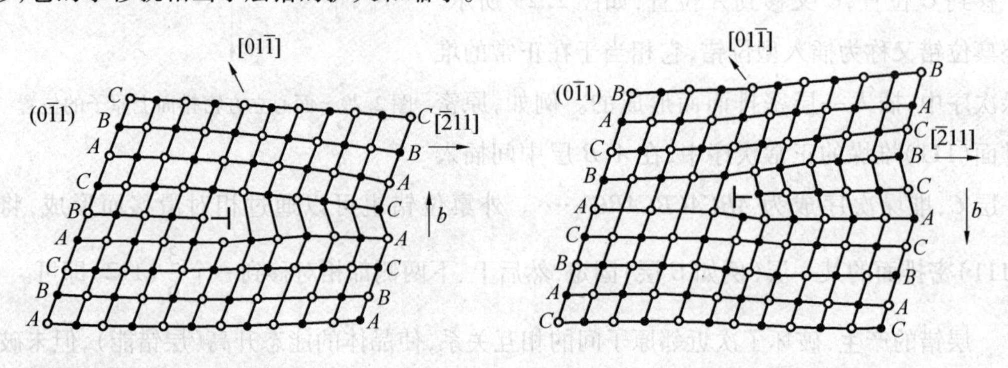

图 2.30 面心立方晶体中负 Frank 位错　　图 2.31 面心立方晶体中的正 Frank 位错

Shockley 不全位错是和 fcc 结构中单位位错的分解相联系的。在实际晶体中,组态不稳定的位错可以转化为为组态稳定的位错,这种位错组态之间的转化称为位错反应。如图 2.32 所示,在 *fcc* 结构的晶体中,若存在一个全位错 $b=\frac{3}{2}[10\bar{1}]$,当此位错在其滑移面(111)上滑移时,相当于 C 位置的原子由原位置滑移到相邻另一个 C 位置,但这种滑移面需要克服的能垒高些。如果原子由 C 到 A 位置,再由 A 到另一个 C 位置,如图 2.32 所示,原子沿“山谷”滑移,走一条虽然“曲折”但比较“平坦”的路径,更容易实现。从位错运动的角度来考查,此即相当于全位错 $\boldsymbol{b}=\frac{3}{2}[10\bar{1}]$ 分解为 2 个不全位错。

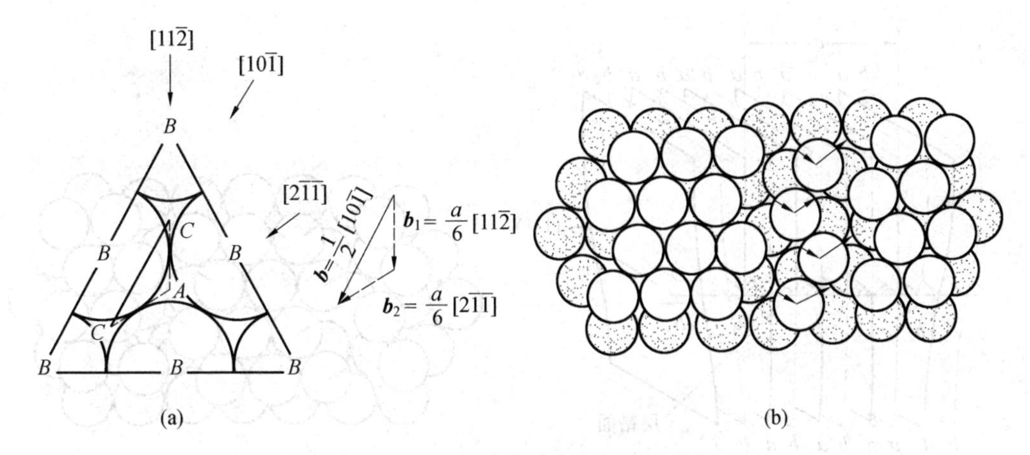

图 2.32 面心立方晶体中全位错的分解

分解后的不全位错称为 Shockley 位错,而这样的两个 Shockley 位错一起被称为扩展位错。我们可以看出 Shockley 位错位于{111}面上,$\boldsymbol{b}$ 也位于{111}面上,因此它的滑移面是{111}面,滑移方向是<211>方向,这在 fcc 结构晶体中滑移是可以进行的,因此 Shockley 位错是可动位错。而且,它的 $\boldsymbol{b}$ 和位错线都在同一面上,根据真实位错线的形状,Shockley 位错可以是纯刃型或纯螺型组合的混合位错。

我们再来分析上述位错分解反应能否进行。图 2.33 向我们展示了扩展位错能进行的几何条件,即 $\sum b_{前} > \sum b_{后}$。从能量条件来看,$\sum b_{前}^2 = \frac{a^2}{4}\cdot 2 = \frac{a^2}{2}$,$\sum b_{后}^2 = \frac{a^2}{6^2}\cdot 6 + \frac{a^2}{6^2}\cdot 6 = \frac{a^2}{3}$,$\frac{a^2}{2} > \frac{a^2}{3}$,所以能量条件满足,分解反应可以进行。但是,再进行认真的分析表明,扩展位错的产生导致了在两个 Shockley 位错之间产生了一条层错,层错的出现必然导致系统能量的提高,所以扩展位错能否形成或能扩展开的距离还必须考虑层错的作用。设两个 Shockley 位错扩展开的距离为 d,晶体的层错能为 γ。两个 Shockley 位错相互平行,$\boldsymbol{b}$ 之间的夹角为 60°<π/2,因此属于相互同号位错具有排斥力,这个排斥力可用前面介绍过的位错间相互作用力的通用计算向量表达式来计算,其结果为

$$F = K\frac{Gb^2}{8\pi d} \tag{2.23}$$

其中

$$K = \frac{2-7}{1-7}\left(1 - \frac{2\gamma}{2-\gamma}\cos 2\varphi\right)$$

式中,φ 是扩展前全位错的 $\boldsymbol{b}$ 与位错线间的夹角;$\boldsymbol{b}$ 为分解后的柏氏矢量。位错分解后,两个 Shockley 位错间产生了同样宽度是 d 的一条层错,层错的产生会给两个 Shockley 位错作用一个相互吸引的力,这个力的大小就等于层错能的数值。让斥力等于引力就得到了分解时 Shockley 位错的平衡距离,即层错平衡宽度为

$$d = K\frac{Gb^2}{8\pi\gamma} \tag{2.24}$$

式(2.24)表明,扩展位错的宽度与层错能成反比。例如,Al 的层错能高,扩展位错仅有 1~2 个原子间距,相当于不存在扩展位错;而层错能比较低的奥氏体不锈钢,扩展位错能宽度可达几十个原子间距,在电子显微镜下可容易地进行直接观察。式(2.24)在实践中可以应用于测定真实系统中的层错能。

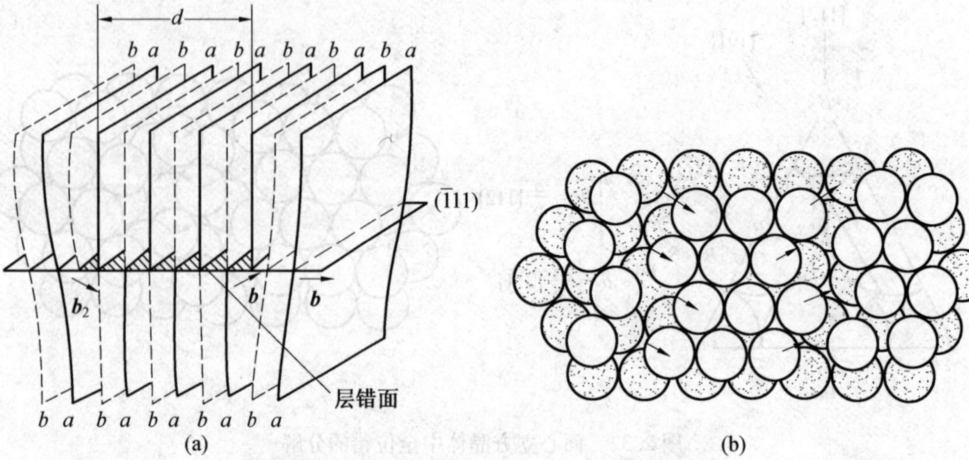

图 2.33 单位刃位错分解为扩展位错的示意图

最后我们通过对 fcc 晶体中普遍出现的面角位错进行介绍，作为位错合成的一个例子。面角位错也称为 Lomer-Cottrell 位错或压杆位错。如果在 2 个相交的(111)和$(\bar{1}11)$面上分别有 2 条平行于$[0\bar{1}1]$方向的位错线 C_1 和 C_2，如图 2.34 所示。它们的柏氏矢量分别是 $\boldsymbol{b}_1=\frac{a}{2}[10\bar{1}]$ 和 $\boldsymbol{b}_2=[011]$，是 2 个单位位错。当它们分别在其滑移面扩展位错后，(111)和$(\bar{1}11)$上成为扩展位错后：

C_1： $$\frac{a}{2}[10\bar{1}]\rightarrow\frac{a}{6}[2\bar{1}\bar{1}]+\frac{a}{6}[11\bar{2}]$$

C_2： $$\frac{a}{2}[011]\rightarrow\frac{a}{6}[\bar{1}21]+\frac{a}{6}[112]$$

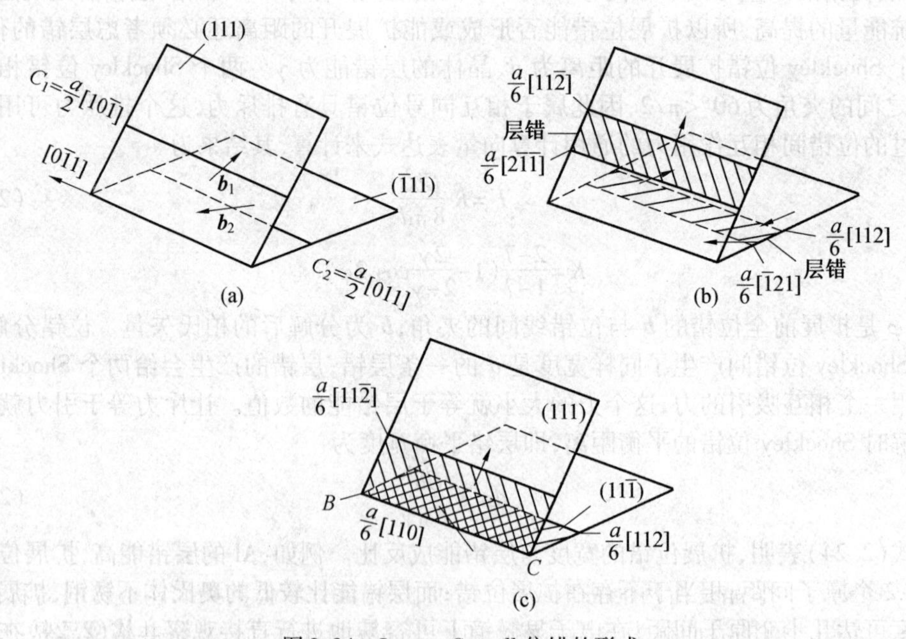

图 2.34 Lomer-Cottrell 位错的形成

这两个扩展位错各自滑移会在(111)和($\bar{1}$11)面的交界[0$\bar{1}$1]处相遇,这时扩展位错中的领先位错会产生如下合成反应:

$$\frac{a}{6}[2\bar{1}\bar{1}]+\frac{a}{6}[\bar{1}21]\rightarrow\frac{a}{6}[110]$$

从面心立方晶体的原子模型分析,上述位错反应的几何条件是成立的。从能量条件,$\sum b_{前}^2=\frac{a^2}{6}+\frac{a^2}{6}=\frac{a^2}{9}$,$\sum b_{后}^2=\frac{a^2}{6^2}\cdot 2=\frac{a^2}{19}$,$\frac{a^2}{9}>\frac{a^2}{19}$,所以能量条件满足。上述位错的合成会无条件进行。新生成的位错线为[0$\bar{1}$1],柏氏矢量为$\boldsymbol{b}=\frac{a}{6}[110]$,是以(001)为滑移面的纯刃型不全位错,这个位错是不可动位错。新位错与滑移面(111)和($\bar{1}$11)上的2个层错以及2个Shockley位错相连,形成了由3个不全位错加上在它们之间的2个层错区所构成的一个复杂位错组态,这个位错组态就是面角位错,也称为Lomer-Cottrell位错。由于组成面角位错的各不全位错及层错不可能协调一致运动,所以是个固定位错。面心立方晶体在形变过程中,位错在{111}面上滑移,而四组{111}中的晶面间可有6条交线,所以在位错滑移过程中形成面角位错的机会很多。面角位错的形成会使滑移面上其他位错的滑移受阻,这是fcc晶体结构金属加工硬化的重要机制之一。只有对低层错能的晶体,面角位错的加工硬化作用才显得十分重要。

2.3 面缺陷

面缺陷也称为二维缺陷,是指一个方向上的尺寸很小,而另外两个方向的尺寸很大的缺陷。面缺陷通常包括晶体的晶界、相界和表面等。

2.3.1 晶界

属于同一固相,但位向不同的两相邻晶粒间的界面称为晶界。每个晶粒由多个位向略有差异的亚晶粒组成,亚晶粒间的界面称为亚晶界。当两个相邻晶粒间的位向差大于10°~15°时,称为大角度晶界,反之称为小角度晶界。

小角度晶界中主要包括倾斜晶界和扭转晶界。倾斜晶界主要是指由刃位错组成的小角度晶界,有对称倾斜晶界和不对称倾斜晶界,如图2.35所示。晶界两侧的晶粒相对于晶界对称地倾斜了很小的角度$\theta/2$所形成的界面为对称倾斜界面,一般是由一组位错垂直排列成位错墙组成。当θ很小时,位错间距D与位向差θ角之间的关系可表示为$D=b/\theta$。当晶界是由相互平行的位错组成时,此时晶界是非对称的,称其为非对称倾斜晶界。扭转晶界主要是指由螺位错的交叉网络所组成的晶界,如图2.36所示。

大角度晶界除了常见的皂泡模型外,还包括孪晶晶界和巧合晶界。一般而言,大角度晶界两侧晶粒的位向差较大,结构复杂,原子排列不规则,约3~4个原子间距厚。但当两晶粒取向差是某些特殊值,大角度晶界也可以是十分整齐排列的单层原子,如孪晶晶界,如图2.37所示。孪晶是指两个晶体或一个晶体的两部分沿公共晶面构成镜面对称的位向关系。孪晶之间的界面称为孪晶晶界。如果孪晶界与孪晶面一致为共格孪晶界;反之,为非共格孪晶界。根据形成原因不同,孪晶可分为形变孪晶、生长孪晶和退火孪晶等。

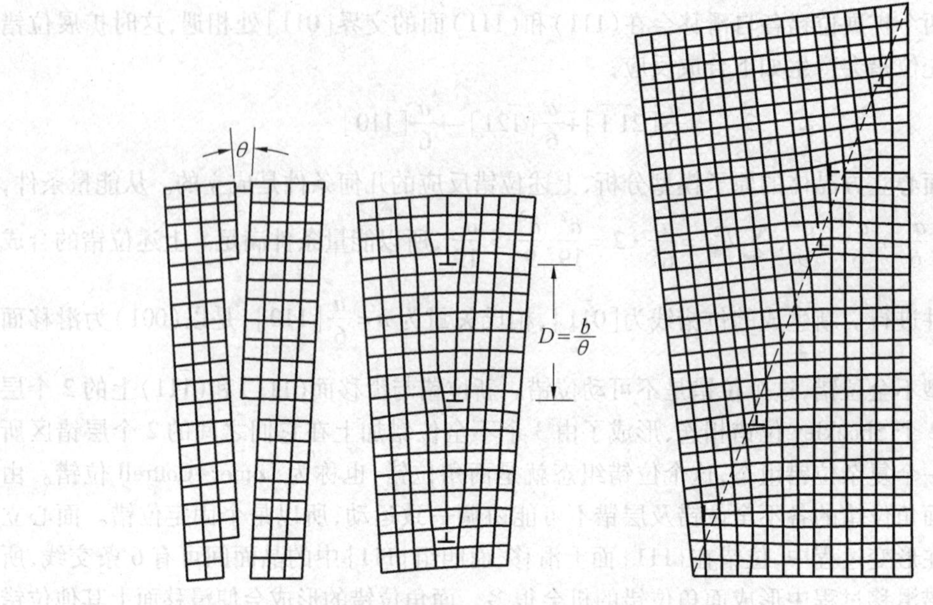

图 2.35 对称倾斜晶界及非对称倾斜晶界

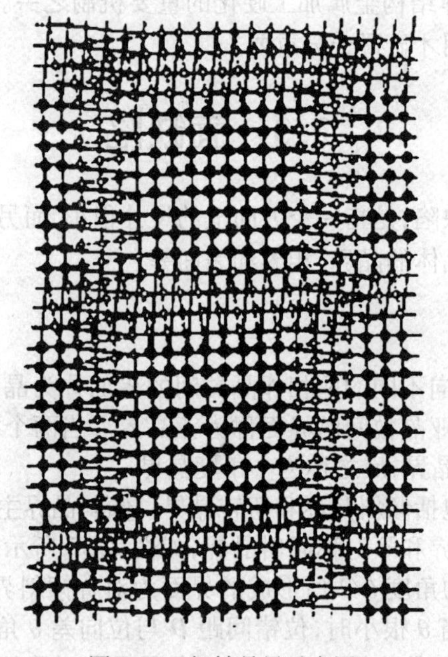

图 2.36 扭转晶界示意图

此外，当两晶粒的位向差符合某些特殊角度时，部分晶界原子将处于相邻两晶体点阵的重合位置，称为巧合晶界。二维正方点阵中，两个相邻晶粒的位向差为 37°时（相当于一个晶粒相对另一晶粒绕固定轴旋转 37°），设想两晶粒点阵彼此通过晶界向对方延伸，某些原子将出现有规律的重合，由这些原子重合位置所组成比原来晶体点阵大的新点阵，通常称为重合位置点阵。如图 2.38 所示，每 5 个原子即有一个是重合位置，因此重合位置点阵密度为 1/5 或称为 1/5 重合位置点阵。当晶体结构以及所选旋转轴与转动角度不同时，可得到不同重合位置密度的重合点阵。

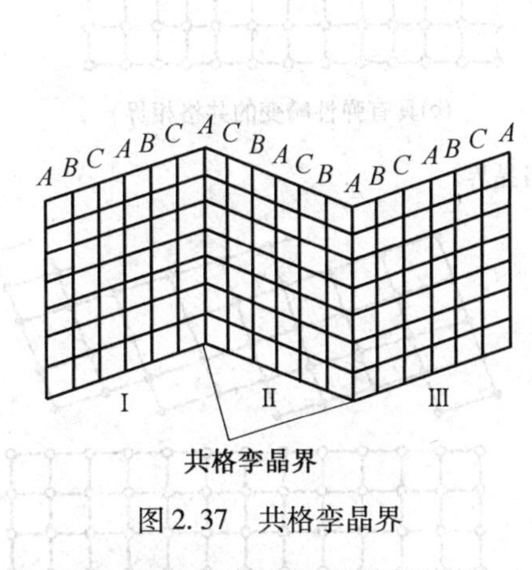

图 2.37 共格孪晶界

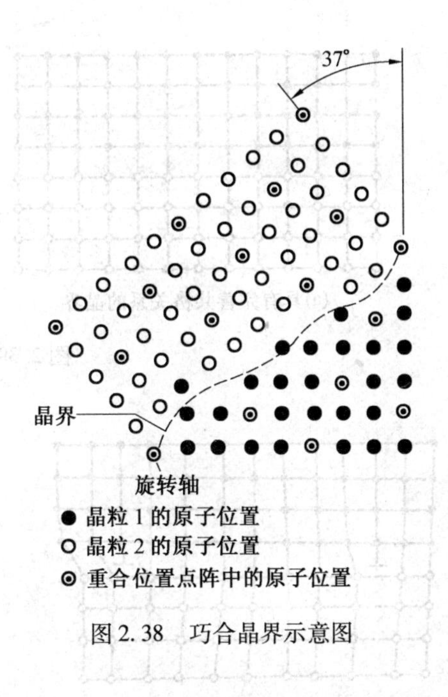

图 2.38 巧合晶界示意图

2.3.2 相界

相邻两晶粒不仅取向不同而且属于不同的相，它们之间的界面称为相界。根据相界上的原子与相邻两相点阵的匹配情况，可分为非共格、半共格与共格三种类型。

(1)共格相界

当界面原子同时处于两相点阵的结点上，即在相界上两相原子完全匹配，称为共格相界，如图 2.39 所示。理想的完全共格很少，只有在孪晶界且孪晶界为孪晶面时才可能存在。一般而言，两个相的点阵常数不完全一致，此时形成共格界面会存在一定的弹性畸变，相互协调以使原子匹配。

(2)半共格相界

如果界面中的错配通过弛豫使错配局限在错配位错处，其余大部分区域仅有限的弹性畸变，此时相界为半共格相界，如图 2.40 所示。半共格相界上位错间距取决于相界处两相匹配晶面的错配度 δ，可定义为：$\delta=\left|\dfrac{a_\alpha-a_\beta}{a_\alpha}\right|$。$a_\alpha$，$a_\beta$ 分别为相界面两侧 α 相和 β 相的点阵常数。半共格界面是由刃位错来周期调整和维持匹配关系，可求得位错间距 $D=a_\alpha/\delta$。如果 D 很大时，半共格界面就变成共格界面；反之，D 值很小达到位错宽度的值，半共格界面就变成了完全非共格界面。

(3)非共格相界

当两相的点阵结构相差很大时，相界面上两相原子无任何匹配关系，此时相界为非共格相界，如图 2.41 所示。

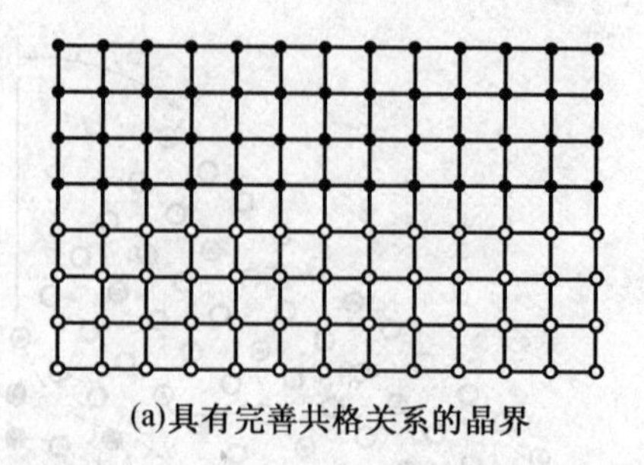

(a)具有完善共格关系的晶界

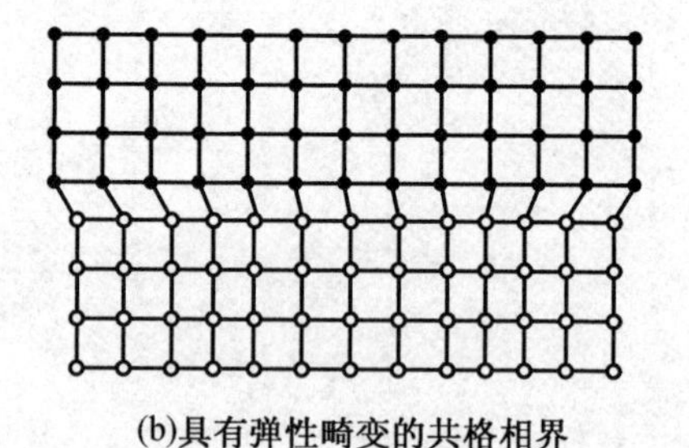

(b)具有弹性畸变的共格相界

图 2.39　共格晶界

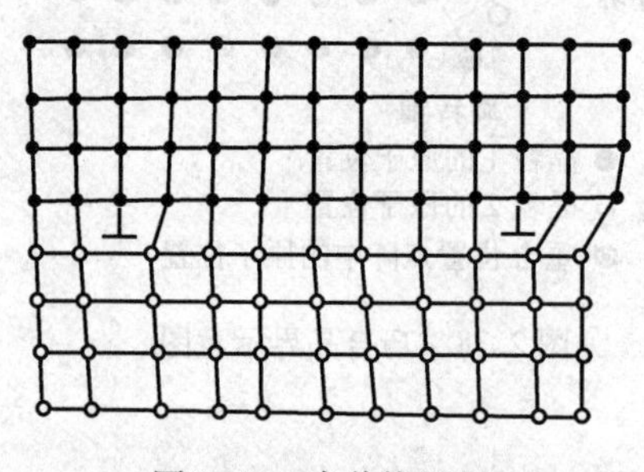

图 2.40　半共格界面

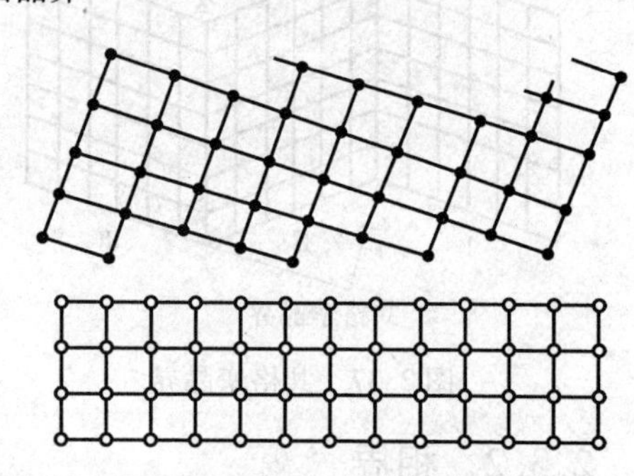

图 2.41　非共格界面

2.3.3　表面

表面是指固体材料与气体或液体材料的界面，表面原子与内部原子所处的环境与排列方式不同。表面原子周围并非全是原子，而只是一部分被原子包围，另一部分与气体（或液体）接触，因气体对其作用力可忽略不计，在周围原子的应力作用下，表面原子会偏离正常的点阵位置，并波及相邻的原子，引起点阵畸变，使得能量大幅度提高。晶体表面单位面积自由能的增加称为表面能，实验证明表面能约为晶界能的三倍。表面能可通过 $\gamma=\frac{dW}{dS}$ 来描述，即单位面积的表面形成时所需的能量。dW 为产生 dS 表面所做的功，表面能也可以用单位长度上的表面张力来表示。

表面能与晶体表面原子排列致密程度有关，原子密排的表面具有最小的表面能，晶体具有最低最稳定的能量，因此表面通常是低表面能的原子密排面。表面能除了与晶体表面原子排列致密程度有关外，与晶体表面曲率也有关。其他条件相同时，曲率越大，表面能越大。表面能的这些性质对于新相的形成、晶体的生长等有重要作用。

总之，面缺陷可通过阻碍位错运动、增加界面等，改善材料的力学性能；面缺陷的能量较高，易产生晶界腐蚀等问题，可影响材料的化学性能；增大晶粒尺寸、减少界面等也可影响材料的物理性能；界面也影响到凝固和相变过程等。因此，面缺陷对于材料的各方面性能影响较大，合理运用面缺陷来得到符合要求的材料性能。

习 题

1. 请解下列术语:释点缺陷、线缺陷、面缺陷。

2. 如图2.42所示,有两相互垂直的位错线,位错线A与位错线B的距离为h,分析两种情况计算位错B所受的力。

(1)B是刃位错,柏氏矢量$\boldsymbol{b}$沿X轴的反方向;

(2)B是螺位错,$\boldsymbol{b}$沿Y轴的反方向。

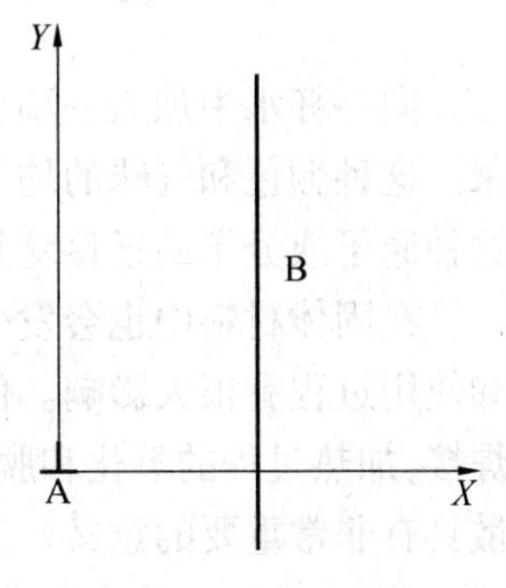

图2.42 题2图

3. 在简单立方晶体的(100)面上有一个$b=a[001]$螺位错,若在(001)面上有一个$b=a[010]$的刃位错和它交割后,图示指出2个位错线上产生的是扭折还是割阶。

4. 单相纯金属冷变形后位错密度也会大量增加,讨论产生这种现象的原因。

5. 若在α-Fe中嵌入一额外的(111)面而使其产生一个1°的小角度晶界,试求位错间的平均距离。

6. 假设对一块钢进行热处理,加热到850 ℃后,快冷到室温,铁中空位的形成能为104.6 kJ/mol。试计算从20 ℃加热到850 ℃以后,空位的数据应该增加多少倍?并解释快冷淬到室温后,这些额外的空位会出现什么情况?

7. 已知纯银的空位形成能为1.10 eV,求600 ℃和960 ℃时的空位浓度(假设振动熵$A=1$)。

第 3 章　固体金属中的扩散

向一杯水中加入一滴墨水,静置不久水便会变黑;走入鲜花盛开的房间,香气扑鼻而来。这种颜色和气味的均匀化是由原子或分子的迁移造成的,而并没有借助对流或搅动,这种原子或分子的迁移就是扩散。

在固体材料中也会发生物质的扩散,这种扩散过程进行得较慢,但对金属材料的生产和使用过程有很大影响。例如,合金的熔炼及结晶,合金成分的均匀化与偏析,热处理和焊接,加热过程的氧化和脱碳,冷变形金属的回复与再结晶等。因此,研究固态材料的扩散具有非常重要的意义。

3.1　扩散定律及其应用

物质的扩散可以分为稳态扩散与非稳态扩散。稳态扩散是指扩散过程中各点的浓度不随时间改变,而非稳态扩散是指扩散过程中各点的浓度随时间而变化。下面主要介绍稳态扩散和非稳态扩散的经典理论。

3.1.1　菲克第一定律

当固体中存在着成分差异时,原子将从浓度高处向浓度低处扩散。如何描述原子的迁移速率,阿道夫 · 菲克(Adolf Fick)对此进行了研究并得出:在单位时间内通过垂直于扩散方向单位截面积的物质流量与该截面的质量浓度梯度成正比,即

$$J=-D\frac{\partial c}{\partial x} \tag{3.1}$$

式中,J 为扩散通量,$kg/(m^2 \cdot s)$;D 为扩散系数,m^2/s;c 是扩散物质的质量浓度,kg/m^3。$\frac{\partial c}{\partial x}$为扩散组元浓度沿 x 方向的变化率,即浓度梯度。该方程称为菲克第一定律或扩散第一定律。式(3.1)中的负号表示物质的扩散方向与质量浓度梯度$\frac{\partial c}{\partial x}$方向相反,即表示物质从高的质量浓度区向低的质量浓度区方向迁移。菲克第一定律描述了一种稳态扩散,即质量浓度不随时间而变化,此时式(3.1)可表示为

$$J=-D\frac{\mathrm{d}c}{\mathrm{d}x} \tag{3.2}$$

将一个纯铁制作的半径为 r,长度为 l 的空心圆筒置于1 000 ℃高温中渗碳,这样碳原子就从筒内和筒外分别进行渗碳和脱碳过程,经过一定时间后,筒壁内各点的浓度不再随时间而变化,满足稳态扩散的条件,此时,单位时间内通过管壁的碳量 q/t 为常数,则碳原子由筒内向筒外的扩散通量为

$$J=\frac{q}{A\cdot t}=\frac{q}{2\pi rlt} \tag{3.3}$$

由式(3.2)和式(3.3)可得

$$-D\frac{\mathrm{d}c}{\mathrm{d}x}=\frac{q}{2\pi rlt}$$

$$q=-D2\pi lt\frac{\mathrm{d}l}{\mathrm{d}\ln r} \tag{3.4}$$

式中 q、l、t 可由实验中测得,因此只要测出碳含量沿筒壁径向分布,则扩散系数 D 可由碳的质量浓度 ρ 对 $\ln r$ 作图求出。若 D 不随成分而变,则作图得一直线。如图 3.1 所示,实验测得 ρ-$\ln r$ 关系曲线,可见并不是直线,而是曲线,这表明扩散系数 D 是碳浓度的函数。在高浓度区,$\mathrm{d}\rho/\mathrm{d}\ln r$ 小,D 大;反之,则 $\mathrm{d}\rho/\mathrm{d}\ln r$ 大,D 小。

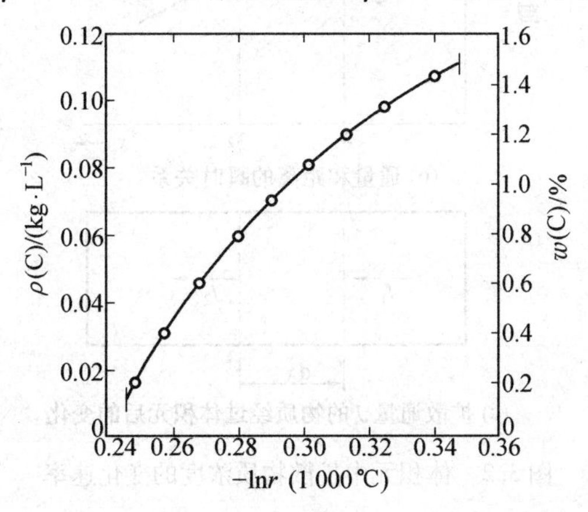

图 3.1 ρ-$\ln r$ 关系曲线

3.1.2 菲克第二定律

实际上大多数扩散过程是非稳态扩散过程,某一点的浓度是随时间而变化的,这种扩散称为非稳态扩散。在处理非稳态扩散时,可以由菲克第一定律结合质量守恒条件推导出的菲克第二定律来处理。在垂直于物质运动的 x 方向上,取一个横截面积为 A,长度为 $\mathrm{d}x$ 的体积元,流入及流出此体积元的通量为 J_1 和 J_2,如图 3.2 所示。

由质量守恒可得:流入质量-流出质量=积存质量,或流入速率-流出速率=积存速率。流入速率$=J_2\cdot A=J_2\cdot A+\frac{\partial(J\cdot A)}{\partial x}\mathrm{d}x$,由微分公式可得流出速率$=J_1\cdot A-J_2\cdot A=-\frac{\partial(J\cdot A)}{\partial x}\mathrm{d}x$。积存速率也可用体积元中扩散物质质量随时间的变化率来表示,即

$$-\frac{\partial(J\cdot A)}{\partial x}\mathrm{d}x=\frac{\partial\rho}{\partial t}A\mathrm{d}x \tag{3.5}$$

$$\frac{\partial\rho}{\partial t}=-\frac{\partial J}{\partial t} \tag{3.6}$$

将菲克第一定律式(3.2)代入式(3.6),可得

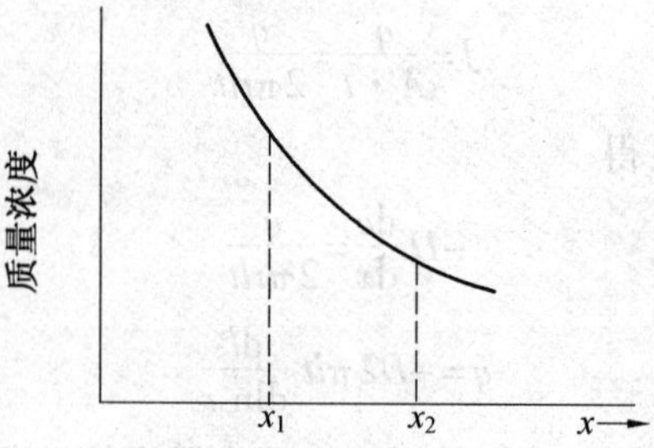

(a) 浓渡和距离的瞬时变化

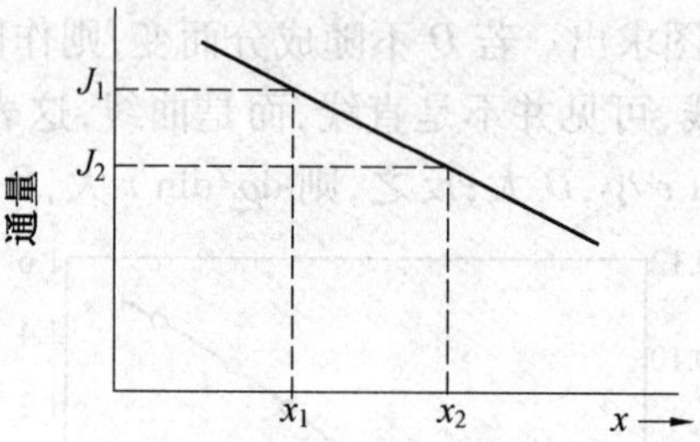

(b) 通量和距离的瞬时关系

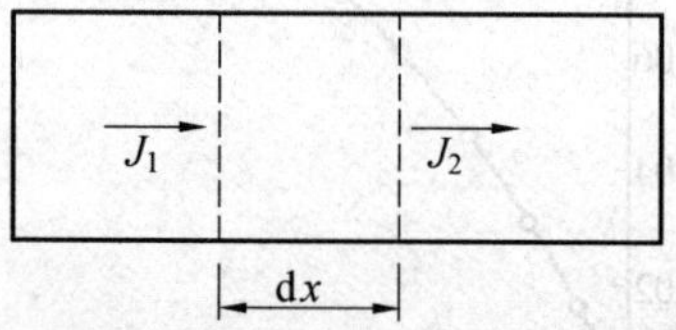

(c) 扩散通量 J 的物质经过体积元后的变化

图 3.2 体积元中扩散物质浓度的变化速率

$$\frac{\partial\rho}{\partial t}=\frac{\partial}{\partial x}\left(D\frac{\partial\rho}{\partial x}\right) \tag{3.7}$$

该式(3.7)为菲克第二定律或扩散第二定律。如果假定 D 为常数,则上式可简化为

$$\frac{\partial\rho}{\partial t}=D\frac{\partial^2\rho}{\partial x^2} \tag{3.8}$$

若在三维扩散情况下,并进一步假定扩散系数是各向同性的,则菲克第二定律普遍式为

$$\frac{\partial\rho}{\partial t}=D\left(\frac{\partial^2\rho}{\partial x^2}+\frac{\partial^2\rho}{\partial y^2}+\frac{\partial^2\rho}{\partial z^2}\right) \tag{3.9}$$

菲克第二扩散定律给出了浓度与空间以及时间之间的关系。对于不同的扩散问题,可采用不同的求解方法。

3.1.3 菲克第二定律的应用

菲克第二定律普遍适用于一般的扩散方程,但由于是以偏微分形式表达,难以直接应用,因此需要对菲克第二定律按所研究问题的初始条件和边界条件求解。不同的初始条件和边界条件将导致方程的不同解。

1. 无限长物体中的扩散

截面相同、无限长的 A 棒和 B 棒其质量浓度分别为 ρ_2 和 ρ_1,将 A、B 棒焊接在一起形成扩散偶,使焊接面垂直于 x 轴,并以此为坐标原点,然后加热保温不同时间,溶质原子将进行扩散,焊接面附近的质量浓度会发生不同程度的变化,如图 3.3 所示。

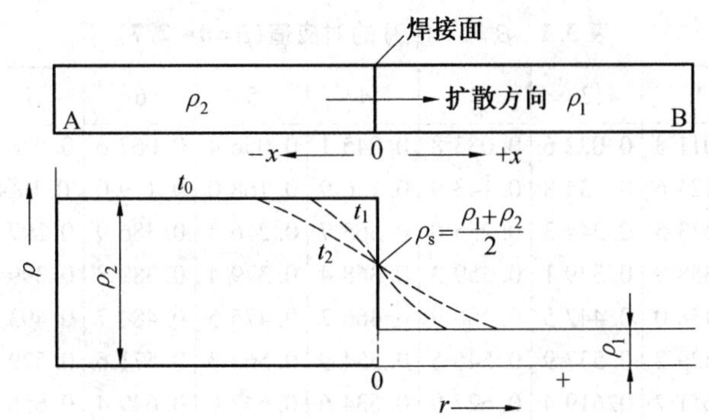

图 3.3 扩散偶的浓度分布示意图

假定试棒足够长,在扩散过程中棒两端始终维持原浓度,则可确定方程的初始条件和边界条件分别为

$$t=0,\quad \begin{cases} x>0, \rho=\rho_1 \\ x<0, \rho=\rho_2 \end{cases}$$

$$t\geqslant 0,\quad \begin{cases} x=\infty, \rho=\rho_1 \\ x=-\infty, \rho=\rho_2 \end{cases}$$

采用中间变量代换来解偏微分方程,使偏微分方程变为常微分方程,设中间变量 $\beta=\frac{x}{2\sqrt{Dt}}$,则有

$$\frac{\partial\rho}{\partial t}=\frac{\mathrm{d}\rho}{\mathrm{d}\beta}\frac{\partial\beta}{\partial t}=-\frac{\beta}{2t}\frac{\mathrm{d}\rho}{\mathrm{d}\beta} \tag{3.10}$$

$$\frac{\partial^2\rho}{\partial x^2}=\frac{\partial^2\rho}{\partial\beta^2}\left(\frac{\partial\beta}{\partial x}\right)^2=\frac{1}{4Dt}\frac{\mathrm{d}^2\rho}{\mathrm{d}\beta^2} \tag{3.11}$$

将上式(3.10)、(3.11)代入菲克第二定律可得

$$-\frac{\beta}{2t}\frac{\mathrm{d}\rho}{\mathrm{d}\beta}=D\frac{1}{4Dt}\frac{\mathrm{d}^2\rho}{\mathrm{d}\beta^2} \tag{3.12}$$

即

$$\frac{\mathrm{d}^2\rho}{\mathrm{d}\beta^2}+2\beta\frac{\mathrm{d}\rho}{\mathrm{d}\beta}=0 \tag{3.13}$$

可解出

$$\frac{\mathrm{d}\rho}{\mathrm{d}\beta}=A_1\exp(-\beta^2) \tag{3.14}$$

最终的通解为

$$\beta=A_1\int_0^\beta \exp(-\beta^2)\,\mathrm{d}\beta+A_2 \tag{3.15}$$

式中,A_1 和 A_2 是待定常数。

根据误差函数定义

$$\mathrm{erf}(\beta)=\frac{2}{\sqrt{\pi}}\int_0^\beta \exp(-\beta^2)\,\mathrm{d}\beta$$

可以证明，$\mathrm{erf}(\infty)=1$，$\mathrm{erf}(-\beta)=-\mathrm{erf}(\beta)$，不同$\beta$值所对应的误差函数值可查表3.1求得。

表3.1 β与$\mathrm{erf}(\beta)$的对应值($\beta=0\sim2.7$)

β	0	1	2	3	4	5	6	7	8	9
0.0	0.000 0	0.011 3	0.022 6	0.033 8	0.045 1	0.056 4	0.067 6	0.078 9	0.090 1	0.101 3
0.1	0.112 5	0.123 6	0.134 8	0.143 9	0.156 9	0.168 0	0.179 0	0.1900	0.200 9	0.211 8
0.2	0.222 7	0.233 5	0.244 3	0.255 0	0.565 7	0.276 3	0.386 9	0.297 4	0.307 9	0.318 3
0.3	0.328 6	0.338 9	0.349 1	0.359 3	0.368 4	0.379 4	0.389 3	0.399 2	0.409 0	0.418 7
0.4	0.428 4	0.438 0	0.447 5	0.456 9	0.466 2	0.475 5	0.484 7	0.493 7	0.502 7	0.511 7
0.5	0.520 4	0.529 2	0.537 9	0.546 5	0.554 9	0.563 3	0.571 6	0.579 8	0.587 9	0.597 9
0.6	0.603 9	0.611 7	0.619 4	0.627 0	0.634 6	0.642 0	0.649 4	0.656 6	0.663 8	0.670 8
0.7	0.677 8	0.684 7	0.691 4	0.698 1	0.704 7	0.711 2	0.717 5	0.723 8	0.730 0	0.736 1
0.8	0.742 1	0.748 0	0.735 8	0.759 5	0.765 1	0.770 7	0.776 1	0.786 4	0.786 7	0.791 8
0.9	0.796 9	0.801 9	0.806 8	0.811 6	0.816 3	0.820 9	0.825 4	0.824 9	0.834 2	0.838 5
1.0	0.842 7	0.846 8	0.850 8	0.854 8	0.858 6	0.862 4	0.866 1	0.869 8	0.873 3	0.816 8
1.1	0.880 2	0.883 5	0.886 8	0.890 0	0.893 1	0.896 1	0.899 1	0.902 0	0.904 8	0.907 6
1.2	0.910 3	0.913 0	0.915 5	0.918 1	0.920 5	0.922 9	0.925 2	0.9275	0.929 7	0.931 9
1.3	0.934 0	0.936 1	0.938 1	0.940 0	0.941 9	0.943 8	0.945 6	0.947 3	0.949 0	0.950 7
1.4	0.952 3	0.953 9	0.955 4	0.956 9	0.958 3	0.959 7	0.961 1	0.962 4	0.963 7	0.964 9
1.5	0.966 1	0.967 3	0.968 7	0.969 5	0.970 6	0.971 6	0.972 6	0.9736	0.945	0.975 5
β	1.55	1.6	1.65	1.7	1.75	1.8	1.9	2.0	2.2	2.7
$\mathrm{erf}(\beta)$	0.971 6	0.976 3	0.980 4	0.983 8	0.986 7	0.989 1	0.992 8	0.995 3	0.998 1	0.999 9

根据误差函数的定义和性质可得

$$\int_0^{\infty}\exp(-\beta^2)\,\mathrm{d}\beta=\frac{\sqrt{\pi}}{2}$$

$$\int_0^{-\infty}\exp(-\beta^2)\,\mathrm{d}\beta=-\frac{\sqrt{\pi}}{2}$$

解得两个积分常数分别为

$$A_1=\frac{\rho_1-\rho_2}{2}\frac{2}{\sqrt{\pi}},\quad A_2=\frac{\rho_1+\rho_2}{2} \tag{3.16}$$

引入误差函数后，对于无限长扩散偶的情况，第二扩散定律方程的解为

$$\rho(x,t)=\frac{\rho_1+\rho_2}{2}+\frac{\rho_1-\rho_2}{2}\frac{2}{\sqrt{\pi}}\int_0^{\beta}\exp(-\beta^2)\,\mathrm{d}\beta=\frac{\rho_1+\rho_2}{2}+\frac{\rho_1-\rho_2}{2}\mathrm{erf}\left(\frac{x}{2\sqrt{Dt}}\right) \tag{3.17}$$

对于焊接面，$x=0$，$\beta=0$，$\mathrm{erf}(\beta)=0$，$\rho=\frac{\rho_1+\rho_2}{2}$，表明在扩散偶界面处的浓度值是一个与时间无关的常数，等于扩散偶的平均浓度。

当ρ为常数，则$\frac{x}{2\sqrt{Dt}}$为常数，表明在扩撒偶的不同位置可通过不同的扩散时间获得

同样的浓度值。达到相同浓度值所需的扩散时间与距离 x 呈抛物线关系。

当扩散偶的一侧原始浓度为零时,则可简化为

$$\rho=\frac{\rho_2}{2}\left[1-\operatorname{erf}\left(\frac{x}{2\sqrt{Dt}}\right)\right] \tag{3.18}$$

2. 半无限长物体中的扩散

低碳钢工件渗碳是提高钢表面性能和降低生产成本的重要生产工艺。此时,原始碳质量浓度为 ρ_0 的渗碳零件可被视为半无限长的扩散体,即远离渗碳源的一端的碳质量浓度在整个渗碳过程中不受扩散的影响,始终保持碳质量浓度为 ρ_0。表面向中心为 x 方向,并以表面为坐标原点,可列出:

初始条件:$t=0, x\geqslant 0, \rho=\rho_0$

设边界条件:$t>0, x=0, \rho=\rho_s; x=\infty, \rho=\rho_0$

即假定渗碳一开始,渗碳源一端表面就达到渗碳气氛的碳质量浓度为 ρ_s,由式(3.15)可解得

$$\rho(x,t)=\rho_s-(\rho_s-\rho_0)\operatorname{erf}\left(\frac{x}{2\sqrt{Dt}}\right) \tag{3.19}$$

式(3.19)对实际生产中的化学热处理有指导意义。如果渗碳零件为纯铁,即初始浓度为0,则式(3.19)简化为

$$\rho(x,t)=\rho_s\left[-\operatorname{erf}\left(\frac{x}{2\sqrt{Dt}}\right)\right] \tag{3.20}$$

3.1.4 柯肯达尔(Kirkendall)效应与达肯(Darken)方程

1. 柯肯达尔效应

在上述扩散定律的应用举例中,仅考虑了一个组元的扩散,而忽略了其他组元的扩散。对于间隙固溶体中溶质原子的扩散来说,这种处理是可行的;但在处理代位固溶体中的扩散问题时,溶质原子与溶剂原子的扩散都必须加以考虑。

如图3.4所示,在一长方形的 $w(\mathrm{Zn})=30\%$ 的黄铜棒上敷上很细的钼丝,然后再在黄铜上镀上一定厚度的纯铜,将钼丝包在铜和黄铜之间,这样钼丝就成为铜和黄铜原始界面的标记。将此扩散偶加热至足够高的温度保温,使铜原子向黄铜中扩散,锌原子向纯铜一侧扩散,实验发现,随着扩散时间的增长,黄铜两侧钼丝标记的界面间距 d 变小,这说明铜-黄铜界面随着铜原子和锌原子的扩散发生了向黄铜一侧移动,这种现象称为柯肯达尔效应。

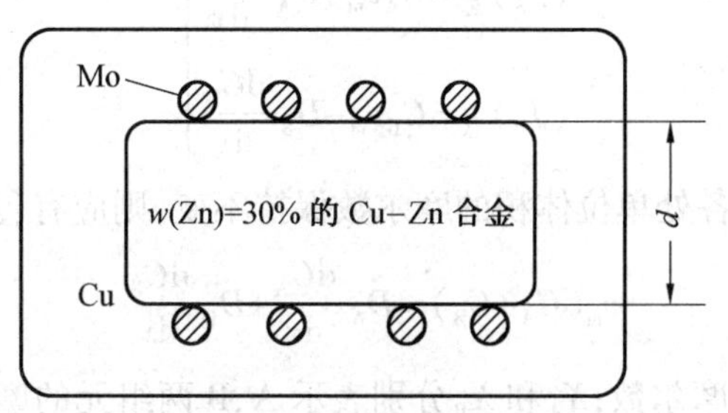

图3.4 柯肯达尔实验示意图

下面简要地分析一下产生柯肯达尔效应的原因。首先假定铜和锌在扩散过程中发生了等量的原子交换,由于锌的原子直径大于铜,扩散后将使外围铜的点阵常数增大,内部黄铜的点阵常数减小,因而会使钼丝向里移动。但根据理论计算可知,这种由点阵常数的变化引起的界面迁移仅为实测值的十分之一,显然这不是导致钼丝移动的主要原因。实验结果只能说明,产生柯肯达尔效应是由于锌的扩散系数比铜大($D_{Zn}>D_{Cu}$),扩散过程中产生了不等量的扩散(即 $J_{Zn}>J_{Cu}$)所致。

继 1947 年在上述试验中发现柯肯达尔效应之后,又相继在 Cu-Ni、Cu-Au、Ag-Au、Ag-Zn、Ni-Co、Ni-Au 等许多扩散系统中发现了这种现象,这表明柯肯达尔效应是一个普遍规律。

2. 达肯方程

在发生柯肯达尔效应的过程中,晶体中的原子相对于原始界面进行扩散,而原始界面又相对于静止的观察者发生了漂移,因此观察者实际上观察到的原子扩散速度应是原始界面漂移速度与原子相对于原始界面扩散速度的叠加。

令 v_m 为界面相对于观察者的漂移速度;v_D 为原子相对于界面的扩散速度;$v_{总}$ 为原子相对于观察者的扩散速度,三者间关系为

$$v_{总}=v_m+v_D \tag{3.21}$$

若扩散组元的体积浓度为 C_i,原子的扩散速度为 v_i,则扩散通量 J_i 为

$$J_i=C_iv_i \tag{3.22}$$

根据式(3.21)及式(3.22),二元系中 A、B 两组元各自相对于观察者的扩散通量分别为

$$\left.\begin{aligned}(J_A)_{总}=C_A[v_m+(v_D)_A]=C_Av_m+C_A(v_D)_A=C_Av_m+J_A\\(J_B)_{总}=C_B[v_m+(v_D)_B]=C_Bv_m+C_B(v_D)_B=C_Bv_m+J_B\end{aligned}\right\} \tag{3.23}$$

根据菲克第一扩散定律,组元 A 和 B 各自相对于界面的扩散通量又可表示为

$$\left.\begin{aligned}J_A=-D_A\frac{dC_A}{dx}\\J_B=-D_B\frac{dC_B}{dx}\end{aligned}\right\} \tag{3.24}$$

将式(3.24)代入式(3.23),得

$$\left.\begin{aligned}(J_A)_{总}=C_Av_m-D_A\frac{dC_A}{dx}\\(J_B)_{总}=C_Bv_m-D_B\frac{dC_B}{dx}\end{aligned}\right\} \tag{3.25}$$

假定在扩散过程中各处单位体积的摩尔数保持不变,则应有 $(J_A)_{总}=-(J_B)_{总}$,由此得

$$v_m(C_A+C_B)=D_A\frac{dC_A}{dx}+D_B\frac{dC_B}{dx} \tag{3.26}$$

设 C 为单位体积的摩尔数;X_A 和 X_B 分别表示 A、B 两组元的摩尔数,则有 $X_A+X_B=1$,$C_A=CX_A$,$C_B=CX_B$,将其代入式(3.26),整理后得

$$v_m = D_A \frac{dX_A}{dx} - D_B \frac{dX_A}{dx} = (D_A - D_B)\frac{dX_A}{dx} \tag{3.27}$$

再将式(3.27)代入式(3.25)得

$$\left.\begin{aligned}(J_A)_{总} &= -(X_B D_A + X_A D_B)\frac{dC_A}{dx} = -\overline{D}\frac{dC_A}{dx}\\(J_B)_{总} &= -(X_B D_A + X_A D_B)\frac{dC_B}{dx} = -\overline{D}\frac{dC_B}{dx}\end{aligned}\right\} \tag{3.28}$$

称式(3.28)为达肯方程。由该方程可见,在发生柯肯达尔效应的扩散中,尽管会发生界面的漂移,仍可使用菲克第一扩散定律来描述其扩散过程。但值得注意的是,此时 $\overline{D}$ 是一个与两个简单扩散系数 D_A、D_B 有关的扩散系数,通常称为互扩散系数,而 D_A、D_B 分别称为 A 组元和 B 组元的本征扩散系数,三者之间的关系为

$$\overline{D} = X_B D_A + X_A D_B \tag{3.29}$$

3. 扩散系数随浓度改变时扩散方程的解

在前面对菲克第二扩散方程求解过程中假定了扩散系数是常数。事实上无论是代位固溶体还是间隙固溶体,其组元的扩散系数都会随浓度变化而改变。对于间隙扩散,由于扩散系数随浓度变化较小,因而假定扩散系数为常数不会引起很大的误差。对于代位式扩散,最有实际意义的是互扩散系数,该值随合金浓度明显变化,因而在这种情况下不能把扩散系数视为常数。图 3.5 和图 3.6 分别给出了间隙固溶体和代位固溶体中扩散系数随浓度变化的几个例子。

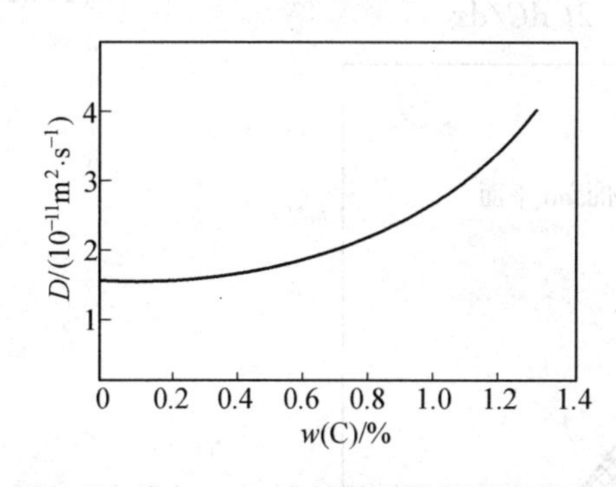

图 3.5 碳在 γ-Fe 中扩散系数随浓度的变化

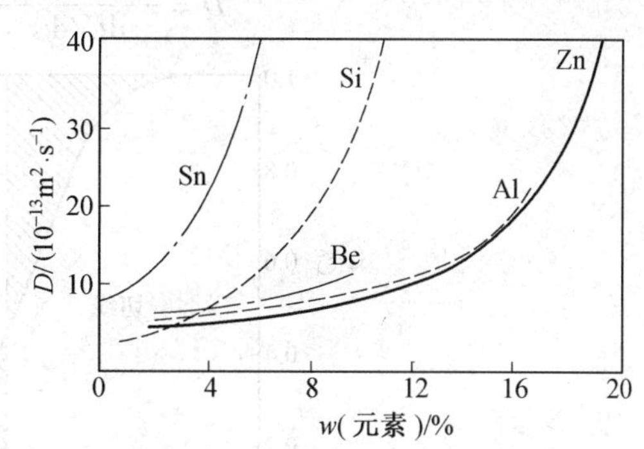

图 3.6 几种元素在铜中扩散系数与浓度的关系

由于扩散系统中存在浓度梯度,扩散系数随浓度变化时必然也随位置而改变。在这种情况下菲克第二扩散定律为

$$\frac{\partial C}{\partial t} = \frac{\partial}{\partial x}\left(D\frac{\partial C}{\partial x}\right) = D\frac{\partial^2 C}{\partial x^2} + \frac{\partial D}{\partial x}\frac{\partial C}{\partial x} \tag{3.30}$$

式中由于$\frac{\partial C}{\partial x}$的出现使得对其求解变得更为复杂,甚至有些情况下不能求解。因此,在这种情况下我们感兴趣的不是 C 与 x、t 的具体函数关系,而是利用实测的 C-x 关系及扩散第二方程求得在给定时间不同浓度的扩散系数。

与前面对第二扩散方程求解过程类似,仍采用变量代换的方法将方程(3.30)转化为

单变量方程。设 $C=C(\beta)$，$D=D(\beta)$，$\beta=\dfrac{x}{\sqrt{t}}$，于是有

$$\frac{\partial C}{\partial t}=\frac{\mathrm{d}C}{\mathrm{d}\beta}\frac{\partial\beta}{\partial t}=-\frac{\beta}{2t}\frac{\mathrm{d}C}{\mathrm{d}\beta}$$

$$\frac{\partial C}{\partial x}=\frac{\mathrm{d}C}{\mathrm{d}\beta}\frac{\partial\beta}{\partial x}=\frac{\beta}{\sqrt{t}}\frac{\mathrm{d}C}{\mathrm{d}\beta}$$

$$\frac{\partial D}{\partial x}=\frac{\mathrm{d}D}{\mathrm{d}\beta}\frac{\partial\beta}{\partial x}=-\frac{\beta}{\sqrt{t}}\frac{\mathrm{d}D}{\mathrm{d}\beta}$$

$$\frac{\partial^2 C}{\partial x^2}=\frac{\partial}{\partial x}\left(\frac{\partial C}{\partial x}\right)=\frac{1}{t}\frac{\mathrm{d}^2 C}{\mathrm{d}\beta^2} \tag{3.31}$$

将式(3.31)中各项代入式(3.30)后并整理得

$$\mathrm{d}\left(D\frac{\mathrm{d}C}{\mathrm{d}\beta}\right)=-\frac{1}{2}\beta\mathrm{d}C \tag{3.32}$$

若扩散组元在某一时刻浓度分布如图3.7所示，由图可见，在 $C=0$ 和 $C=C_0$ 处均有 $\dfrac{\mathrm{d}C}{\mathrm{d}x}=0$，进而有 $\dfrac{\mathrm{d}C}{\mathrm{d}\beta}=0$。对式(3.32)由 $C=0$ 至 C 积分得

$$D\frac{\mathrm{d}C}{\mathrm{d}\beta}=-\frac{1}{2}\int_0^C\beta\mathrm{d}C$$

由此，扩散系数可表示为

$$D=\frac{-\dfrac{1}{2}\displaystyle\int_0^C\beta\mathrm{d}C}{\mathrm{d}C/\mathrm{d}\beta}=-\frac{1}{2t}\frac{\displaystyle\int_0^C x\mathrm{d}C}{\mathrm{d}C/\mathrm{d}x} \tag{3.33}$$

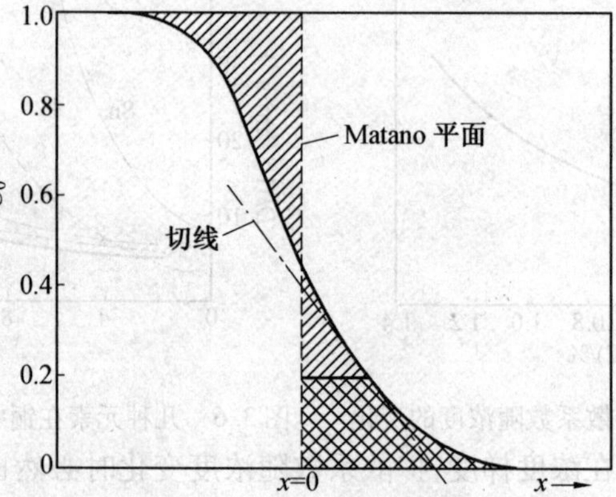

图3.7 Matano 平面示意图

图3.7中的浓度分布曲线具有 $\int_0^{C_0}x\mathrm{d}C=0$ 的性质，并且由此可以确定 $x=0$ 的基准线，将基准线所在处($x=0$ 处)的界面称为Matano平面，其意义为，该面左侧向右侧扩散的原子数与右侧通过该面接收到的原子数相等。在图3.7上，则表现为 $x=0$ 处两侧阴影面积相等。

有了Matano平面，便可利用作图法并结合式(3.33)求得在任意浓度时的扩散系

数。例如,若欲确定浓度 $C=0.2C_0$ 时的扩散系数,可利用作图法求得 $C/C_0=0.2$ 时曲线的斜率$\frac{\mathrm{d}C}{\mathrm{d}x}$,然后求得图中交叉影线面积($\int_0^{0.2C_0} x\mathrm{d}C$),再根据式(3.33)求得此时的扩散系数。

3.2 扩散微观理论与机制

3.2.1 原子跳跃频率和扩散系数

晶体中的原子在点阵位置上并不是静止不动的,而是不停地进行热振动,从一个间隙位置跳跃到其近邻的另一个间隙位置。假设存在间距为 a 的两个相邻晶面 1 和 2,如图 3.8 所示,面积均为 1,设 Γ 为原子的跃迁频率,即每个原子在单位时间内跃迁到其他相邻位置上的次数;P 为平均每个原子在做一次跃迁时,由晶面 1 跃迁到晶面 2 的几率;n_1 为晶面 1 上单位面积的原子数;n_2 为晶面 2 上单位面积的原子数。

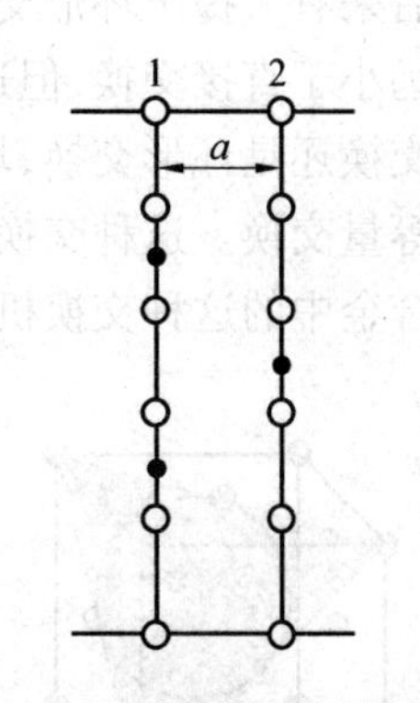

图 3.8 相邻两晶面间的间距

在 δt 时间内由晶面 1 跃迁到晶面 2 以及由晶面 2 跃迁到晶面 1 的原子数分别为

$$N_{1-2}=n_1 P\Gamma\delta t$$
$$N_{2-1}=n_2 P\Gamma\delta t$$

假设 $n_1>n_2$,则净增加的原子数为

$$N_{1-2}-N_{2-1}=(n_1-n_2)P\Gamma\delta t$$

可得

$$J=\frac{N_{1-2}-N_{2-1}}{\delta t}=(n_1-n_2)P\Gamma \tag{3.34}$$

相邻晶面间距 a 很小,因此晶面 2 处的体积浓度 ρ_2 可表示为

$$\rho_2=\rho_1+\frac{\partial p}{\partial x}a \tag{3.35}$$

式中,ρ_1 为晶面 1 处的体积浓度;$\frac{\partial p}{\partial x}$为垂直于晶面方向,即 x 方向的浓度变化率。利用体积浓度和平面浓度 $\rho=n/a$ 之间的关系,式(3.35)可表示为

$$n_2-n_1=a^2\frac{\partial p}{\partial x} \tag{3.36}$$

由式(3.34)和式(3.36)可得

$$J=-a^2 P\Gamma\frac{\partial p}{\partial x} \tag{3.37}$$

将式(3.37)与菲克第一扩散定律相比较,可得

$$D=a^2 P\Gamma \tag{3.38}$$

这表明扩散系数与原子的跃迁频率 Γ 以及 a^2P 成正比,因扩散系数 Γ 对温度较敏感,而晶面间距 a 以及跃迁几率 P 是与晶体结构相关的,由此可见,晶体中原子的扩散明显与温度和晶体结构相关。

3.2.2 扩散机制

1. 交换机制

交换机制也称为代位机制,即两个相邻原子互相交换位置从而进行扩散。这种机制因周围原子的限制,会引起大的畸变以及需要很大的激活能,因此在密堆结构中很难实现。后来有人提出环形交换机制,如图 3.9 所示,3 个或 4 个原子同时交换,其所涉及的能量远小于直接交换,但这种机制的可能性仍不大,因为它受到集体运动的约束。不管是直接交换还是环形交换,均使扩散原子通过垂直于扩散方向平面的净通量为零,即扩散原子是等量交换。这种交换机制不可能出现柯肯达尔效应。目前,没有实验结果支持在金属和合金中的这种交换机制。在金属液体中或非晶体中,这种原子的协作运动可能容易操作。

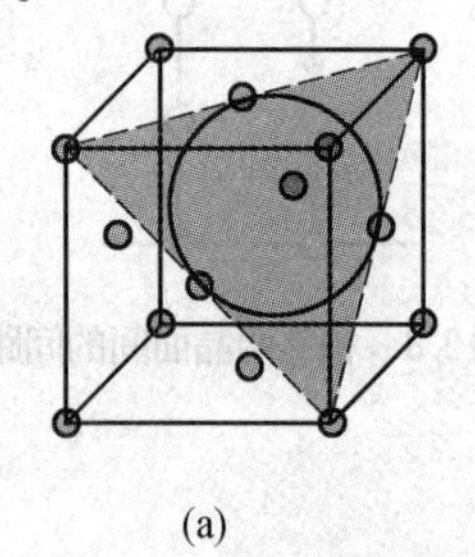
(a)

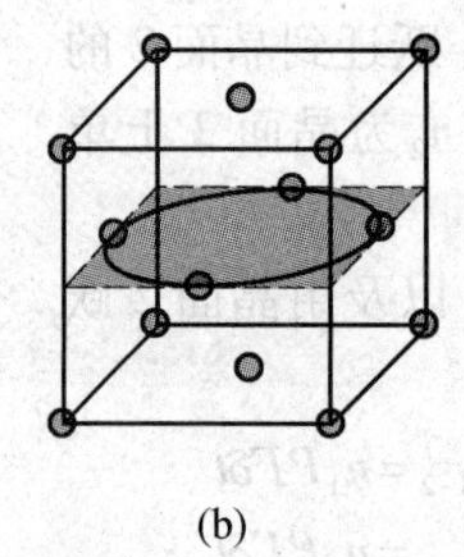
(b)

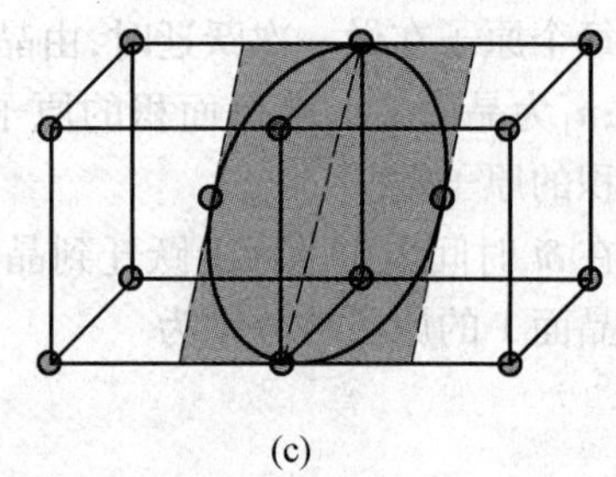
(c)

图 3.9 原子环形换位示意图

2. 间隙机制

在间隙固溶体中,原子不断地从一个晶体中的间隙位置跃迁到另一个相邻的间隙位置,这种扩散机制称为间隙扩散。像氢、碳、氮等这类小的间隙型溶质原子易以这种方式在晶体中扩散。如果一个比较大的原子(置换型溶质原子)进入晶格的间隙位置,那么这个原子将难以通过间隙机制从一个间隙位置迁移到邻近的间隙位置,因为这种迁移将导致很大畸变。因而提出了“推填”机制,即一个填隙原子可以把它近邻的、在晶格结点上的原子“推”到附近的间隙中,而自己则“填”到被推出去的原子的原来位置上。

3. 空位机制

在一定温度下晶体中都会或多或少存在一定的空位浓度,这些空位的存在使原子的迁移更容易,这种原子扩散机制称为空位机制,如图 3.10 所示。该机制能很好地解释固溶体扩散的各种现象。此外,在多晶材料中,原子也可以沿晶体内扩散、晶界扩散和样品自由表面扩散。由于晶界、表面及位错等都是晶体中的缺陷,缺陷产生的畸变更容易使原子发生迁移,导致其扩散速率大于完整晶体内的扩散速率。因此,常把这些缺陷中的扩散称为“短路”扩散。

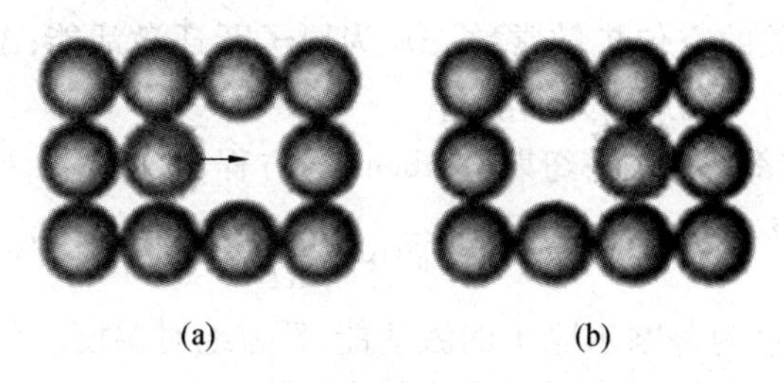

图 3.10 空位扩散机制示意图

3.2.3 扩散激活能

如图 3.11 所示，当原子从一个平衡位置 1 跃迁到另一个平衡位置 2，需要克服一定的能垒才能跃迁，这就需要能量来实现，这个能量称为扩散激活能，一般用 Q 表示。

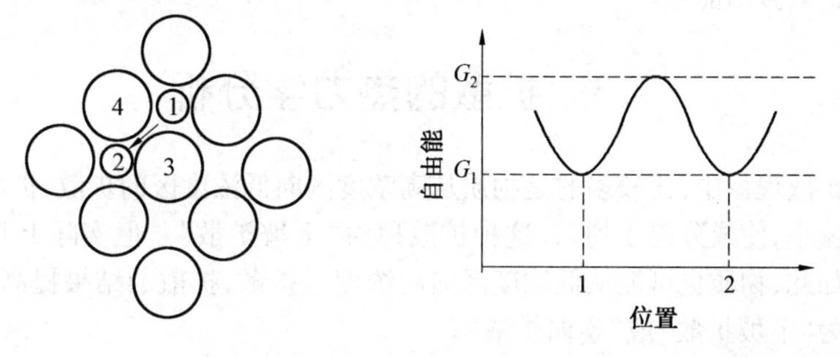

图 3.11 面心立方晶体的(100)晶面上间隙原子的自由能与位置关系示意图

对于间隙型扩散，设原子的振动频率为 ν，溶质原子最近邻的间隙数目为 z，则 Γ 为

$$\Gamma = \nu z e^{\frac{\Delta G}{kT}} \tag{3.39}$$

因 $\Delta G = \Delta H - T\Delta S \approx \Delta U - T\Delta S$，将其与式(3.39)代入式(3.38)可得

$$D = a^2 \nu z P \exp\left(\frac{\Delta S}{k}\right)\exp\left(\frac{-\Delta U}{kT}\right)$$

令 $D_0 = a^2 \nu z P \exp\left(\frac{\Delta s}{k}\right)$，则

$$D = D_0 \exp\left(\frac{-\Delta U}{kT}\right) = D_0 \exp\left(\frac{-Q}{kT}\right) \tag{3.40}$$

式中，D_0 称为扩散常数；ΔU 是间隙扩散时溶质原子跳跃所需额外的热力学内能，等于间隙原子的扩散激活能 Q。

对于间隙扩散机制的固溶体，在等压等容条件下，扩散系数可表示为

$$D = D_0 \exp\left(\frac{-\Delta E}{kT}\right) \tag{3.41}$$

式中，D_0 为与温度无关的间隙扩散常数；ΔE 为间隙原子完成跃迁时所需增加的内能，称为原子跃迁激活能。

对于空位机制扩散的固溶体，其扩散系数可表示为

$$D = D_0 \exp\left(\frac{-\Delta E - \Delta E_v}{kT}\right) \tag{3.42}$$

式中,D_0为与温度无关的空位扩散常数;ΔE 为原子跃迁激活能;ΔE_v 为空位形成能。可见,空位机制扩散时需考虑这两方面能量。

这两种扩散系数都遵循阿赫纽斯(Arrhenius)方程,可表示为

$$D=D_0\exp(-\frac{Q}{RT}) \tag{3.43}$$

式中,R 为气体常数;Q 为每摩尔原子的激活能;T 为绝对温度。可见,尽管 D_0和 Q 值不同,扩散机制不同,但它们的扩散系数表达形式相同。

对式(3.43)两边取对数可得

$$\ln D=\ln D_0-\frac{Q}{RT} \tag{3.44}$$

$\ln D$ 与 $1/T$ 呈线性关系,通过实验可以测出其值,并可作直线,由截距可求出 D_0,由斜率可求出扩散激活能 Q。

3.3 扩散的热力学分析

在各类扩散现象中,比较多的是物质从高浓度区向低浓度区的扩散,扩散的结果导致浓度梯度的减小,使成分趋于均匀,这种扩散称为"下坡扩散"。但实际上并非所有的扩散过程都是如此,物质也可能从低浓度区向高浓度区扩散,扩散的结果提高了浓度梯度,这种扩散称为"上坡扩散"或"逆向扩散"。

从热力学分析可知,扩散的驱动力并不是浓度梯度 $\frac{\partial\rho}{\partial x}$,而是化学势梯度$\frac{\partial\mu}{\partial x}$。采用热力学对扩散现象(包括上坡扩散和下坡扩散)进行解释。

在二元固溶体中,假设 1 mol 的 i 组元由化学位较高的 A 点移到化学位较低的 B 点为 x 轴正方向,则体系的自由能的变化为

$$\Delta G=\mu_{iA}-\mu_{iB}=-\frac{\partial\mu_i}{\partial x} \tag{3.45}$$

$-\frac{\partial\mu_i}{\partial x}$为 1 mol 的 i 原子所受的扩散驱动力,则作用于 1 个 i 原子的扩散驱动力为

$$F=-\frac{1}{N_A}\frac{\partial u_i}{\partial x} \tag{3.46}$$

式中,负号表示驱动力与化学势下降的方向一致,即扩散总是向化学势减小的方向进行。在等温等压条件下,只要两个区域中 i 组元存在化学势差 $\Delta\mu_i$,就能产生扩散,直至 $\Delta\mu_i=0$。

扩散原子在基体中沿定向扩散时,除了受驱动力外,还受固体中溶剂原子对它产生的阻力,阻力与扩散速率成正比,最终两力达到平衡而使扩散原子以恒定速率扩散,两者之间的关系为

$$v_i=B_iF_i=-B_i\frac{1}{N_A}\frac{\partial\mu_i}{\partial x} \tag{3.47}$$

式中,v_i为扩散速率;B_i 是原子的迁移率,是比例系数,意义是在单位驱动力下原子所达到

的恒定扩散速率。

扩散通量等于扩散原子的质量浓度和扩散速度的乘积,即

$$J_i=C_iv_i=-D\frac{\partial C_i}{\partial x}$$

结合上述两式可得

$$D=\frac{C_iB_i}{N_A}\frac{\partial\mu_i}{\partial C_i}=\frac{B_i}{N_A}\frac{\partial\mu_i}{\partial\ln C_i}=\frac{B_i}{N_A}\frac{\partial\mu_i}{\partial\ln X_i}\tag{3.48}$$

式中,$C_i=\rho X_i$。热力学中,$\partial u_i=RT\partial\ln a_i$,$u_i=G_i+RT\ln a_i$,$a_i$ 为组元 i 在固溶体中的活度,有 $a_i=r_iX_i$,r_i 为活度系数,X_i 为 i 组元的摩尔分数。因此式(3.48)可写成

$$D=B_iKT(1+\frac{\partial\ln r_i}{\partial\ln X_i})\tag{3.49}$$

式中,$(1+\frac{\partial\ln r_i}{\partial\ln X_i})$称为热力学因子。对于理想固溶体($r_i=1$)或稀固溶体($r_i$ 为常数),热力学因子为1,此时可得

$$D=B_iKT\tag{3.50}$$

式(3.50)表明,在相同温度下,原子的迁移率越高,扩散系数越大。

当热力学因子$(1+\frac{\partial\ln r_i}{\partial\ln X_i})>0$ 时,$D>0$,组元从高浓度区向低浓度区迁移,此时发生的是下坡扩散;当$(1+\frac{\partial\ln r_i}{\partial\ln X_i})<0$ 时,$D<0$,组元从低浓度区向高浓度区迁移,发生上坡扩散。例如,铝铜合金时效早期形成的富铜偏聚区,以及某些合金固溶体的调幅分解形成的溶质原子富集区等均为上坡扩散。可见,决定组元扩散的基本因素是化学势梯度,不管是上坡扩散还是下坡扩散,其结果总是导致扩散组元化学势梯度的减小,直至化学势梯度为零。

3.4　影响扩散的因素

前面已经得知,扩散系数与扩散激活能可表示为 $D=D_0e^{-Q/RT}$,可见,影响因素主要是温度以及扩散激活能,扩散激活能的影响因素较多,主要有固溶体类型、晶体结构类型、浓度、晶体缺陷和化学成分等,这些因素也影响体系的扩散。下面分别介绍影响扩散的因素。

1. 温度

温度是影响扩散最主要的因素。温度越高,扩散系数越大,扩散速率越快。例如求温度为 927 ℃及 1 027 ℃时,碳在 γ-Fe 中的扩散系数。查表可知,碳在 γ-Fe 中扩散时,$D=2.0\times10^{-5}\ m^2/s$,$Q=140\times10^3$ J/mol,则有

$$D_{1\,200}=2.0\times10^{-5}\exp[-140\times10^3/(8.314\times1\,200)]=1.609\times10^{-11}$$

$$D_{1\,300}=2.0\times10^{-5}\exp[-140\times10^3/(8.314\times1\,300)]=4.737\times10^{-11}$$

结果表明 $D_{1\,300}\approx3D_{1\,200}$,高温时的渗碳速度大大增加,故生产中各种受扩散机制的过程都必须认真考虑温度的影响。

图 3.12 为几种金属材料的扩散系数与温度的关系，温度升高，原子热运动加剧，扩散系数很快地提高。

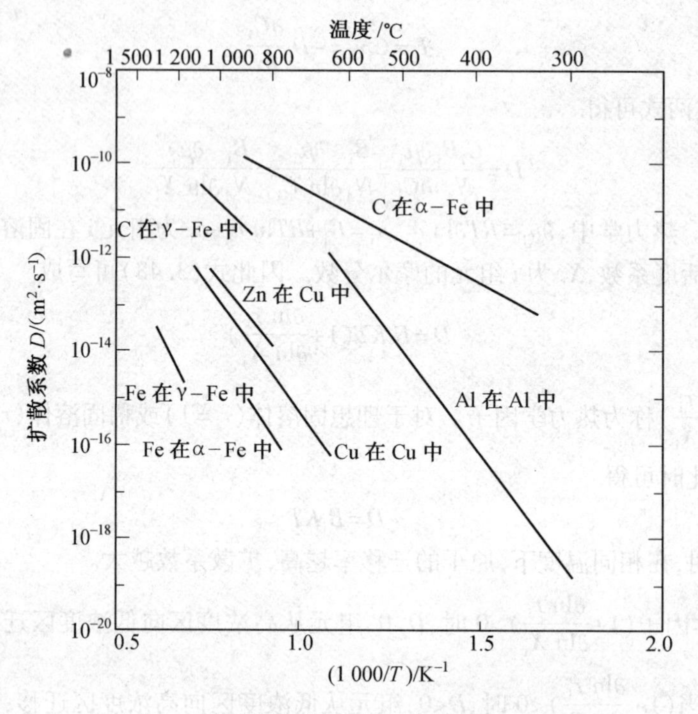

图 3.12 几种金属材料的扩散系数与温度的关系

2. 固溶体类型

不同类型的固溶体中，原子的扩散机制是不同的。间隙机制扩散的间隙原子不断从一个点阵间隙位置跃迁到另一个相邻点阵间隙位置，例如 C 在 Fe 中的扩散。而以空位机制扩散的原子必须等待邻近空位的形成，因此间隙固溶体中间隙原子的扩散激活能要比置换固溶体中置换原子的扩散激活能小得多，扩散速度也快得多。

3. 晶体结构

在温度及成分一定的条件下，任一原子在密堆点阵中的扩散要比在非密堆点阵中的扩散慢。主要原因是非密堆点阵的致密度比密堆点阵的致密度小，更易于扩散的进行。这个规律对溶剂和溶质都适用，对置换原子和间隙原子也都适用。当金属存在同素异构转变时，同种原子在不同晶体结构中的扩散系数相差很大。如，纯铁在 912 ℃会发生同素异构转变，在 910 ℃，碳在 α-Fe 中的扩散系数约为碳在 γ-Fe 中的 100 倍；在 900 ℃，镍在α-Fe 中的扩散系数约为镍在 γ-Fe 中的 1 400 倍。

晶体结构对扩散的影响还表现在晶体的各向异性。扩散系数的各向异性在立方晶体中几乎不出现，但在对称性低的菱方晶系中则比较明显，如测量菱方结构的铋，平行于 c 轴与垂直于 c 轴的自扩散系数比值约为 1 000。这种差异随温度的升高而减少。

4. 浓度

若扩散组元浓度的增加使固溶体的熔化温度升高，就会增大其扩散激活能，从而使扩散组元的扩散系数随着浓度的增加而减少；反之，如果若扩散组元浓度的增加使固溶体的熔化温度降低,就会减少其扩散激活能,从而使扩散组元的扩散系数随着浓度的增加而增加。碳在 927 ℃的 γ-Fe 中的扩散系数也随碳浓度而变化,只不过这种变化不是很显著。实际上对于稀固溶体或在小浓度范围内的扩散,浓度引起的扩散误差不大,因此常假定 D 与浓度无关。

5. 第三组元

在二元合金中加入第三组元(或杂质)时,可能增加扩散速率,也可能降低,或没有影响。例如,图 3.13 为某些合金元素对碳在 γ-Fe 中扩散系数的影响,可将其分为三种情况。

①强碳化物形成元素如 W、Mo 等,与碳的亲和力较大,能强烈阻止碳的扩散,降低碳的扩散系数,如加入 3% Mo 或 1% W 会使碳在 γ-Fe 中的扩散速率减少一半。

②不形成碳化物而溶于固溶体中的元素对碳的扩散的影响各不相同。如,加入 4% Co 能使碳在 γ-Fe 中的扩散速率加倍,而 Si 则降低碳的扩散系数。

③Mn 等不能形成稳定碳化物,但易溶解于碳化物中,它们对碳的扩散影响不大。

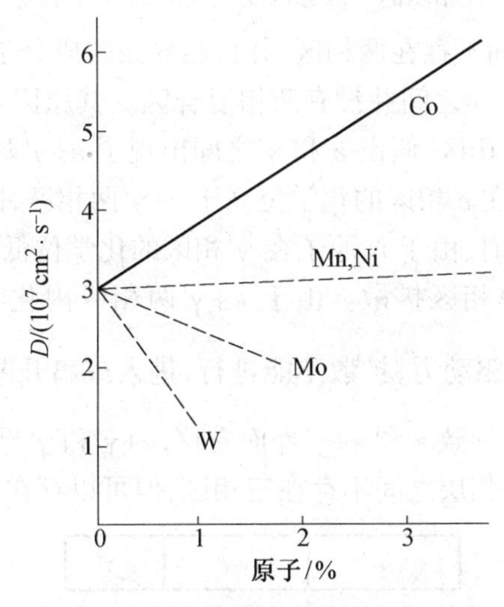

图 3.13 合金元素对 C 在钢中扩散系数的影响(0.4% C 的钢,1 200 ℃)

6. 晶体缺陷

由于畸变程度越大,能力越高,扩散激活能越小,原子扩散就快。因此,可知原子沿外表面的扩散系数最大,其次为沿晶界扩散,晶内的扩散系数很小。但当温度很高时,这三者间的差距就很小了。原子沿位错线的扩散速度比在整齐晶内扩散快,一般原子在冷加工后的金属中扩散比在退火金属中快,位错的影响不可忽略。

3.5 反应扩散

反应扩散是指固态扩散过程中有相变发生的扩散。扩散相变生成的新相多为中间相,也可能是固溶体。在钢的化学热处理、热浸镀铝、镀锌等很多方面都会发生反应扩散,以纯铁渗氮为例进行分析。

如图 3.14 所示,纯铁在 520 ℃氮化时,由 Fe-N 相图可知产生新相。氮化时纯铁表面形成的新相含氮量较高。当 $w(N)$ 超过7.8%时,可形成密排六方结构的 ε 相。根据含氮量不同,ε 相可为 Fe_3N、$Fe_{2-3}N$、Fe_2N,$w(N)$ 在7.8%~11.0%之间变化。远离表面,越靠近里层,氮的质量分数越低,形成 γ' 相(Fe_4N),$w(N)$ 为5.7%~6.1%。再继续往里是含氮更低的 α 固溶体。

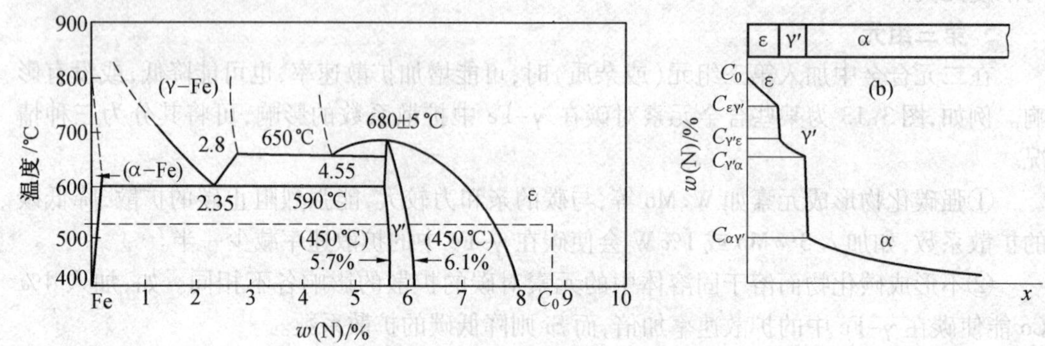

图3.14 Fe-N相图的一部分以及表层组织与N浓度之间的关系

反应扩散的各相层之间不存在两相区,并且相界面的成分是突变的。如图3.14中的 γ' 相与 α 相,以及 γ' 相与 ε 相之间并没有两相混合区。其原因可用相的热力学平衡条件来解释:如果渗层中出现两相区,假设 ε 和 γ' 之间出现了 $\varepsilon+\gamma'$ 两相区,其化学位的分布如图3.15所示,由于N原子在 ε 相区的化学位高于 $\varepsilon+\gamma'$ 两相区,因而不断有N原子由 ε 相区扩散到 $\varepsilon+\gamma'$ 两相区。同时,由于N原子在 γ' 相区的化学位低于 $\varepsilon+\gamma'$ 两相区,N原子将不断由 $\varepsilon+\gamma'$ 两相区向 γ' 单相区扩散。由于 $\varepsilon+\gamma'$ 两相区内化学位相等,即化学势梯度 $\frac{\partial\mu_i}{\partial x}=0$,此区域内没有扩散驱动力,扩散不能进行,进入或离开两相区的N原子不能通过扩散得到疏散或补充,从而导致 ε 和 $\varepsilon+\gamma'$ 界面右移,$\varepsilon+\gamma'$ 和 γ' 界面左移,最终 $\varepsilon+\gamma'$ 两相区消失。同理,三元体系中各相层之间不存在三相区,但可以存在两相区。

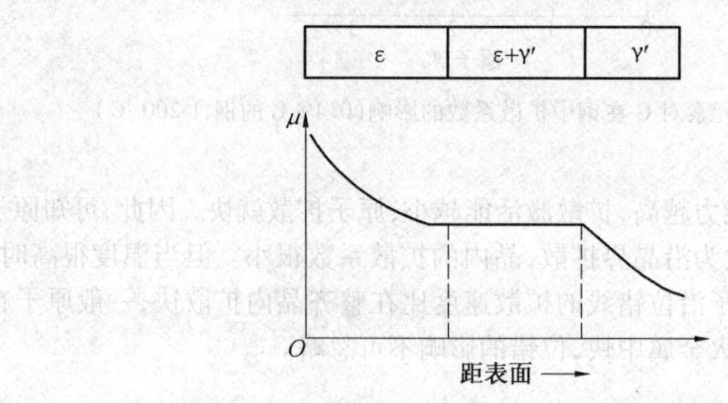

图3.15 假定出现 $\varepsilon+\gamma'$ 两相区时化学位随位置的变化

习　题

1. 请解释下列术语:扩散、上坡扩散、下坡扩散、扩散激活能。

2. 扩散系数的物理意义是什么？影响扩散的因素是什么？

3. 铸造合金均匀化退火前的冷塑性变形对均匀化过程有什么影响？原因是什么？

4. 已知铜在铝中的扩散常数 $D_0=0.084\ \mathrm{cm^2/s}$,$Q=136\times10^3\ \mathrm{J/mol}$,计算在 477 ℃和 497 ℃时铜在铝中的扩散系数。

5. 渗碳是将零件置于渗碳介质中使碳原子进入工件表面,然后以下坡扩散方式从表层向内部扩散的热处理方法。试问:

(1)温度高低对渗碳速度有何影响?

(2)渗碳应当在 γ-Fe 中进行还是应当在 α-Fe 中进行?

(3)空位密度、位错密度和晶粒大小对渗碳速度有何影响?

6. 黄铜是一种 Cu-Zn 合金,可因为蒸发失去 Zn(Zn 的沸点约 900 ℃)。设在 900 ℃经 10 min 处理后,在深度为 1.0 mm 处合金的性能将发生某种变化。如果只能允许在 0.5 mm处的性能发生这样变化,那么这种合金在 800 ℃能停留多长时间(已知 Zn 在 Cu 中的扩散激活能 $Q=1.66\times10^5\ \mathrm{J/mol}$)?

7. A-B 二元合金的 α 相和 β 相在 T_1 温度的自由能 G_m 和成分的关系如图 3.16 所示。由 M 和 N 两合金组成的扩散偶在 T_1 温度保温,问 A 和 B 原子朝什么方向扩散？为什么？设 M、N 两合金的混合成分为 x_B,若扩散使系统达到平衡后,系统的摩尔自由能 G_m 降低多少？在图 3.16 上标出。

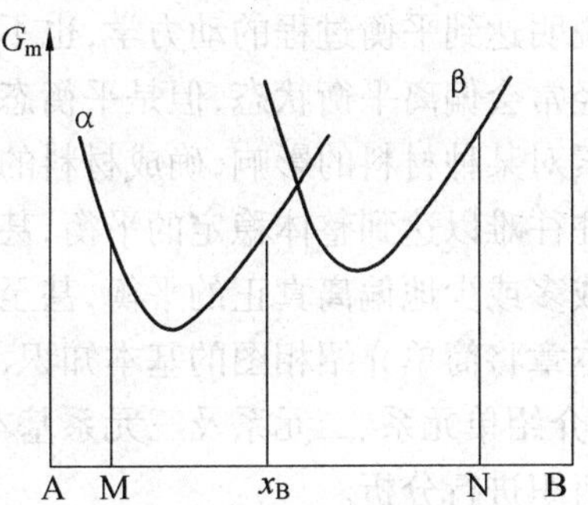

图 3.16　A-B 二元合金在 T_1 温度的自由能-成分图

第4章 合金相图

相是体系中具有相同的物理化学性质的均匀部分。单相材料是在各点具有相同成分和结构的材料。很多材料由两个或多个相组成。多相材料的整体性能取决于存在相的数目、这些相的相对数量、各相的成分与结构以及各相的尺寸和空间分布等。通过调整材料的化学成分,可以获得不同的组织结构,从而得到不同的使用性能。相图是以图的形式表示在平衡状态下,物相与材料的组分和外界条件的关系。通过相图可以了解不同成分的材料,在不同的温度和压力下,所包含的相的种类、相的成分和各相的相对数量,预测材料的性质,从而为材料生产工艺的确定和新材料的设计提供重要的理论依据。

相图表述的是平衡态,严格来说,相图应该称为相平衡图,而相图是习惯的简称。对于材料科学工作者来说,最关心的是凝聚态物质。在压力变化不大的情况下,压力对凝聚态相平衡的影响可以忽略。因此,除了特殊情况,通常使用以温度 T 和成分 x_i(第 i 个组元的摩尔分数)或 w_i(第 i 个组元的质量分数)为坐标的相图,本章主要介绍这类相图。

相图是描述体系平衡状态的,它只能说明在给定条件下达到平衡时应存在什么相,但不能说明达到平衡过程的动力学,也不能判断体系中可能出现的亚稳相。虽然在实际系统中经常会偏离平衡状态,但是平衡态的知识是了解大多数过程的出发点。例如,研究一种元素对某种材料的影响,确成材料的某些工艺过程参数等都要依赖相图。事实上,固态材料往往难以达到整体稳定的平衡,甚至可以长期处于亚稳状态。所以,实际测得的相图多数或多或少地偏离真正的平衡,甚至有些相图中的某些相实际上是亚稳相。

本章将简单介绍相图的基本知识,包括相平衡和吉布斯相律,相图的表示与实际测定方法,介绍单元系、二元系及三元系基本类型的相图,着重对不同类型的相图特点及其相应的组织进行分析。

4.1 相图的基本知识

4.1.1 相平衡与相律

1. 相平衡

相是体系中具有相同的物理化学性质的均匀部分。一个体系可以是单相也可以是多相共存,不同相之间由界面隔开。相可以是单质,也可以是化合物。溶体是单相,一种气体或气体混合物也是单相;对于同一种物质,例如 Fe,除了有气、液、固三态变化外,分为 α-Fe、γ-Fe、δ-Fe、ε-Fe,所有这些都称为不同的相。因此,一个相可以由几种物质组成,而一种物质在不同的条件下也可以是不同的相。

将 A 原子与 B 原子混合,如果 A 与 B 的晶体结构不同,设物质 A 在给定温度和压力下平衡态为 fcc 结构,记为 α 相;物质 B 为 bcc 结构,记为 β 相,则混合后系统可能不再是单相。若混合过程中不形成其他结构的相，则一定条件下该系统由 α 和 β 两相组成，称为两相共存。

复相系统的自由能为系统中所有相的自由能之和。在一定温度和压力下，复相系统中的原子或分子在各个相之间进行充分的迁移，直至使系统自由能为最低而达到平衡态，这就是相平衡。

如图 4.1 所示，${}^0G_A^{\alpha}$、${}^0G_A^{\beta}$、${}^0G_B^{\alpha}$ 和 ${}^0G_B^{\beta}$ 分别为纯 A、纯 B 在 α 和 β 状态下的摩尔自由能。显然，纯 A 和纯 B 的稳定态分别为 α 和 β 态。分析复相系统的自由能时，需分别画出不同相的自由能曲线，如图 4.1 中的 α 与 β 相的自由能曲线。根据自由能最低原理，图中富 A 溶体的稳定态为 α 相，富 B 溶体的稳定态为 β 相，而系统成分在自由能曲线交叉点附近时情况就不这样简单了。

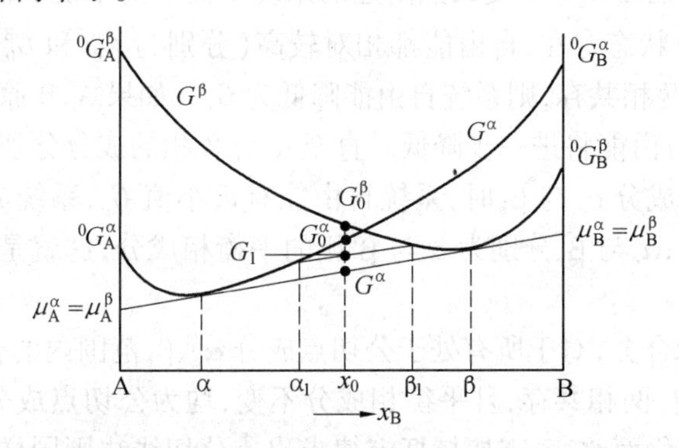

图 4.1 具有两相系统的自由能-成分曲线图

两相共存时，系统自由能根据杠杆定律来计算。杠杆定律可用来计算处于两相平衡的二元合金中每个相的质量分数或两个相的质量比。设某合金质量为 m 在温度 T_1 下处于(α+β)两相平衡，α 和 β 的成分分别在 a 点和 b 点(图 4.2)，杠杆定律的数学表达式为

$$w_{\alpha}=\frac{mb}{ab},\quad w_{\beta}=\frac{am}{ab} \tag{4.1}$$

或

$$\frac{w_{\alpha}}{w_{\beta}}=\frac{mb}{am} \tag{4.2}$$

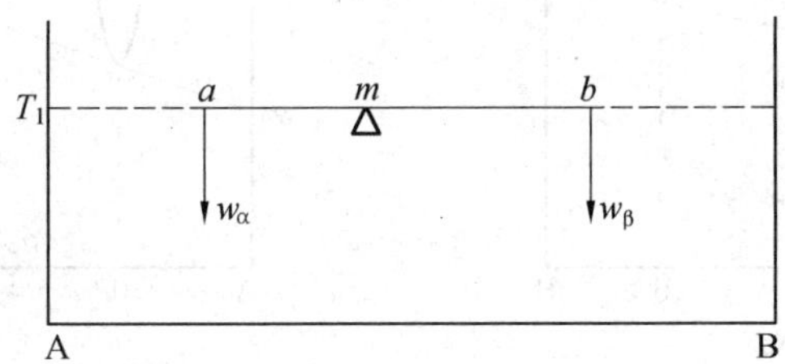

图 4.2 杠杆定律示意图

假设一个系统由 A、B 两种原子组成，在一定温度相压力下 α 和 β 两相共存，α 相的摩尔自由能和成分分别为 G_m^{α} 和 x_B^{α}，如图 4.3 中的 a 点；β 相的摩尔自由能和成分分别为 G_m^{β} 和 x_B^{β}，即 b 点。若系统成分为 x_B^0，则系统的摩尔自由能 G_m 必落在 ab 连线上，即 c 点，并且 1 mol 混合物中将含有 bc/ab mol 的 α 相和 ac/ab mol 的 β 相。

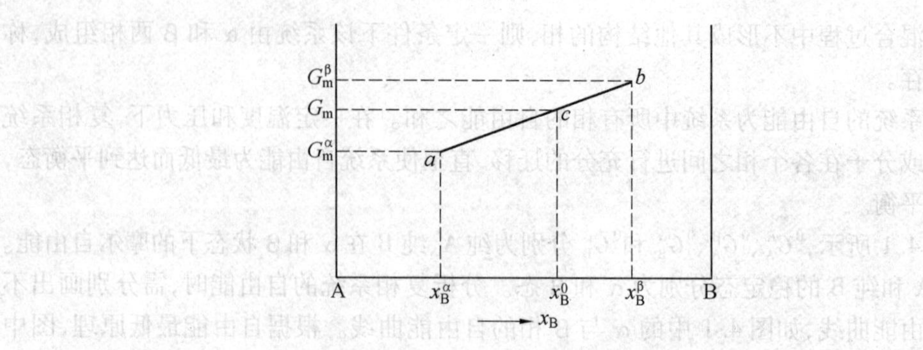

图 4.3　两相混合物的摩尔自由能

现在分析成分落在图 4.1 中交叉点附近的系统平衡态的情况。假设系统成分为 x_0，其无论以单相 α 或 β 状态存在，自由能都相对较高（分别为 G_0^α 和 G_0^β），但如果以成分分别为 α_1 与 β_1 的 α、β 两相共存，则系统自由能降低为 G_1。如果 A、B 原子在 α 与 β 两相间继续进行迁移，系统自由能将进一步降低。直至 α 与 β 相的成分分别达到 α 与 β 相自由能曲线公切线的切点成分 α_e 与 β_e 时，系统自由能有极小值 G_e，系统成分将不再变化，此时系统处于相平衡态，α_e 与 β_e 分别为 α 与 β 相的平衡相成分，这就是图解法确定相平衡成分的公切线法则。

不只是 x_0 成分的合金，对于所有处于公切点成分 α_e、β_e 范围内的合金，在所研究的温度下，平衡态都是 α、β 两相共存，且平衡相成分不变，均为公切点成分，只是两相的相对量要随合金成分的变化而改变，需按杠杆定律求出。公切线法则同样适合于溶体与化合物的相平衡以及化合物与化合物的相平衡等。图 4.4 为固溶体相 γ 相与化合物相 θ 相平衡时的自由能曲线，平衡相成分为 γ_e 与 θ_e。图 4.5 为化合物 θ_1 与化合物 θ_2 平衡时的自由能曲线，平衡相成分为 θ_{1e} 和 θ_{2e}。

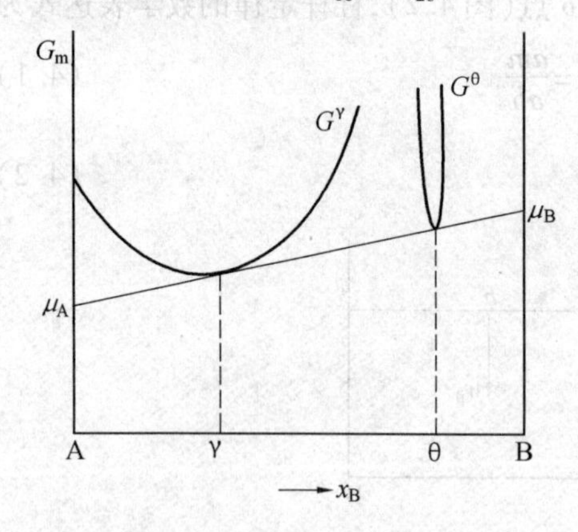

图 4.4　溶体与化合物的相平衡

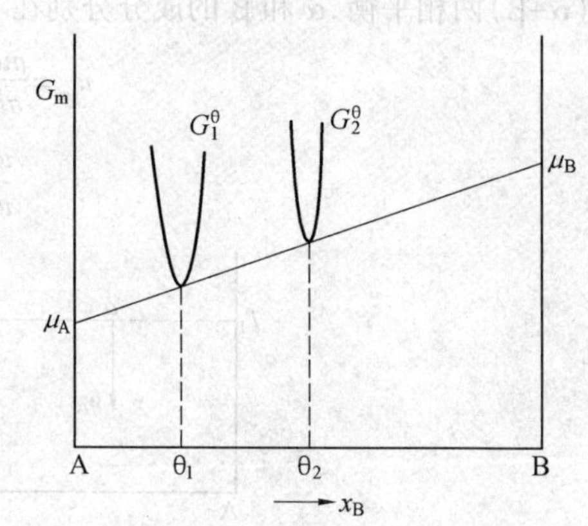

图 4.5　化合物与化合物的相平衡

从上述曲线中我们还注意到，由于平衡态的成分为公切点成分，当两相平衡时，A 组元在两相中的化学势相等，B 组元在两相中的化学势也相等，即

$$\mu_A^{\phi_1}=\mu_A^{\phi_2},\mu_B^{\phi_1}=\mu_B^{\phi_2}\quad(\phi_1=\alpha,\gamma,\theta_1;\phi_2=\beta,\theta,\theta_2)\tag{4.3}$$

这就是用来判定相平衡的化学势相等原则。其实化学势的本质就在于它表征了系统中各原子在不同相间的迁移能力。例如，若 A 在 α 相中的化学势大于其在 β 相中的化学

势,那么意味着 A 原子从 α 相中逸出的能力与倾向较大,在一定条件下,A 原子将自发地从化学势较高的 α 相迁移至化学势较低的 β 相。而 β 相中随着 A 原子迁移量的增多,化学势逐渐升高,直至 A 原子在 α、β 两相中的化学势相等。当构成系统的每一种原子或分子在各个相中的化学势都相等时,各相成分将不再发生变化,从而达到相平衡。需要注意的是,相平衡时虽然各相成分不再发生变化,但并不意味着各相间原子和分子的迁移停止,实际上组成各相的原子与分子在相界面处仍进行着不停的迁移,只是彼此迁移的速率相同,因此相平衡是一种动态平衡。当外界条件发生变化时,如系统被加热或冷却,系统中各原子或分子在各相中的化学势将随着温度的变化而发生不同的变化,从而打破了原有的平衡,原子与分子还需进行再迁移,直至达到新的平衡。

2. 吉布斯(Gibbs)相律

相律是相平衡体系中严格遵守的规律之一,又称 Gibbs 相律。如果一个系统含有 c 个组元,平衡时有 ϕ 个相共存,则系统自由度 f 为

$$f=c-\phi+2 \tag{4.4}$$

组元是指能把平衡体系中各相成分表示出来的最少的独立组分。任何一个系统总包括一些不同的原子、分子、离子等物质,这些组成系统的物质称为组分。在大多数的金属体系中,组元与构成系统的组分是相同的。例如,Fe-Cr 合金系统由 Fe 和 Cr 两种组元构成,Fe-Cr-Al 合金系统由 Fe、Cr 和 Al 三种组元构成。若系统中存在稳定的化合物,化合物也将作为系统的组元。例如,对于许多耐火材料,如 $Al_2O_3-SiO_2$ 系统中含有两种组元,$MgO-CaO-SiO_2$ 系统中含有 MgO、CaO 和 SiO_2 三种组元。

若系统中还存在化学反应平衡时,组元数的判定就比较困难了。组元数 c 等于系统的组分数减去所有的对于各组分浓度的独立的限制条件数。特别要指出的是,这个限制条件必须是独立的。例如,一个体系中有 CO、CO_2、H_2、O_2 和 H_2O 5 种物质,可能发生 3 个反应:

$$CO+H_2O = CO_2+H_2$$

$$CO+\frac{1}{2}O_2 = CO_2$$

$$H_2+\frac{1}{2}O_2 = H_2O$$

这 3 个反应中只有 2 个是独立的,因为由其中任意 2 个反应方程都可以得到第 3 个,所以独立的限制条件数为 2,系统的组元数为 5-2=3。

系统的组元数为 1 的称单元系,组元数为 2 的称二元系,以此类推。

自由度是可以在一定范围内独立地变化而不改变系统平衡性质的最少的强度变量的数目,这些强度变量包括温度 T、压力 p 和成分 x_i。相律中数字“2”的含义是只考虑了 2 个影响体系平衡状态的外界因素,即温度和压力,而忽略了电场、磁场、重力场等其他因素对平衡的影响。对于凝聚态,若不考虑压力对系统的影响,就少了 1 个自由度,相律的形式成为 $f=c-\phi+1$。

相律是研究相平衡关系的普遍规律,常用于分析具有多相平衡的系统,是研究相平衡关系的指南。例如,对于单元系纯水,当水为单相,如液态时,$\phi=1$,此时水的自由度为 2,

说明可以在一定范围内改变水的温度和压力，仍能保持水为液态。当水为液、气两相平衡共存时，自由度为1，因此只能在一定范围内改变温度和压力两者之中的1个变量。当压力被人为指定时，如为10^5 Pa，那么水的温度也随之被确定了，为100 ℃，因为只有这样，才能够保证水的液、气平衡。当水为液、气、固三相平衡时，$\phi=3$，水的自由度为0，说明三相平衡点的温度和压力都是固定的，无论温度还是压力稍有改变，三相平衡将被破坏。根据相律，纯水最多可以有三相平衡状态，永远不会出现四相平衡。所以尽管冰有6种晶型，但它们不能够同时存在。

4.1.2 相图的表示与建立

本节将以二元相图为例，说明相图的表示和建立方法。

二元相图采用两个坐标轴，纵坐标表示温度，横坐标表示成分。令A和B代表合金的两个组元，则横坐标的一端代表纯组元A，另一端代表纯组元B，任何一个由A和B两个组元组成的合金，其成分都可以在横坐标上找到相应的一点。

合金的成分可以用质量分数或原子数分数表示。一般情况下，如果没有特别的注明，都是指质量分数。

相图中有一系列曲线，有时还有水平线段，这些线把相图分成若干个不同的相区。图4.6给出了3个不同类型的二元相图。

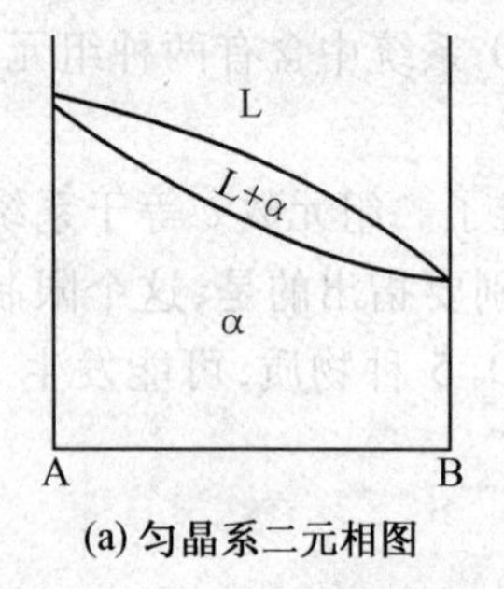

(a) 匀晶系二元相图

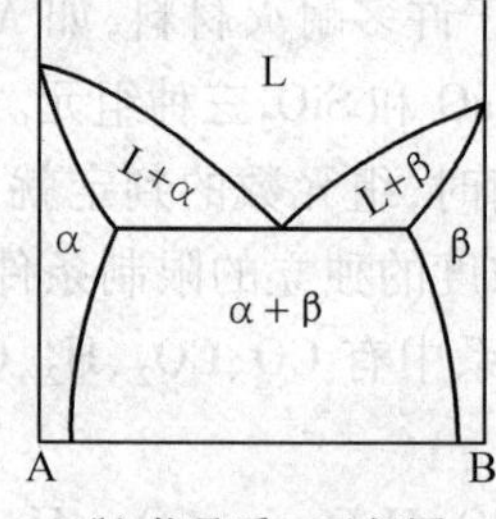

(b) 共晶系二元相图

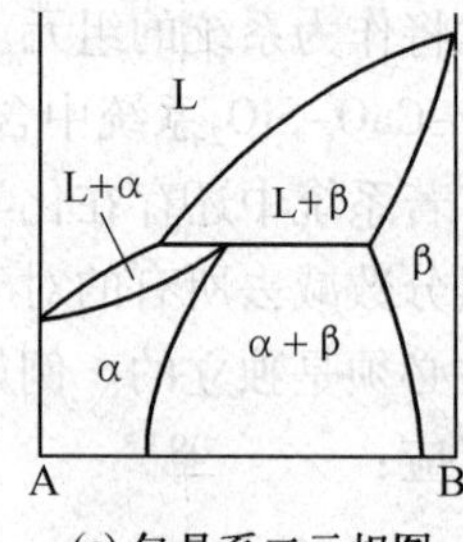

(c) 包晶系二元相图

图4.6 3个不同类型的二元相图

一定成分的合金加热或冷却时，在相图上的表示就是对应于该合金的成分点平行于纵坐标温度轴上下移动，若与相图上的某一条线相遇，则交点所对应的温度就是该合金从一种相组成状态转变为另一种相组成状态的温度，又称为临界点。因此，相图的建立过程也就是合金临界点的测定过程。

当合金的相组成状态因温度的改变而发生某种变化时，合金某些性质的变化或多或少带有突发性，这样就可以通过测量合金的性质来确定其临界点。目前，已经有很多测定合金临界点的方法，常用的有热分析、金相分析、X射线、电阻、热膨胀、磁性和力学性能等方法。不论哪一个合金系，都不可能只用一种方法就精确地测出所有的临界点。通常都是各种方法配合使用，以充分利用每一种方法的特点。例如，合金凝固时产生的热效应比较明显，此时用热分析法测定合金开始凝固温度的临界点就比较有效。热分析是将大约50 g的合金加热到熔点以上，然后以大约1 ℃/min的速率均匀、缓慢冷却下来，在冷却过程中每隔相等的时间记录其温度，从而得出合金的冷却曲线。由于合金凝固时要放出潜热,使冷却曲线的斜率发生变化,与此相对应的温度就是合金的开始凝固温度。

用实验方法测定相图时,由于一些动力学方面的因素,常常很难得到准确的平衡相界位置。例如,用热分析法测定合金的凝固终了温度时,试验者常常低估达到平衡状态所需的时间,因而得到的凝固点偏低。

相图也可以根据合金热力学的原理及有关的热力学数据计算得出。对于比较简单的相图,有时可得到相当精确的结果。例如,Pascoe 与 Mackowiak 于 1970 年计算出的Cu-Ni相图就与早期测定的且认为比较精确的相图有较大出入,尤其是固相线的位置。随后不久,Feest 与 Doherty 重新测定了 Cu-Ni 相图,与计算结果的吻合程度很好,如图 4.7 所示。随着现代计算机技术的发展,相图计算不断取得新的进展,但由于合金中原子相互作用的复杂性,目前还不能普遍地准确计算各类相图,尤其是相平衡关系比较复杂的相图。但是用来预测未知的多元相图,计算的方法通常可以大大减轻实验工作量。

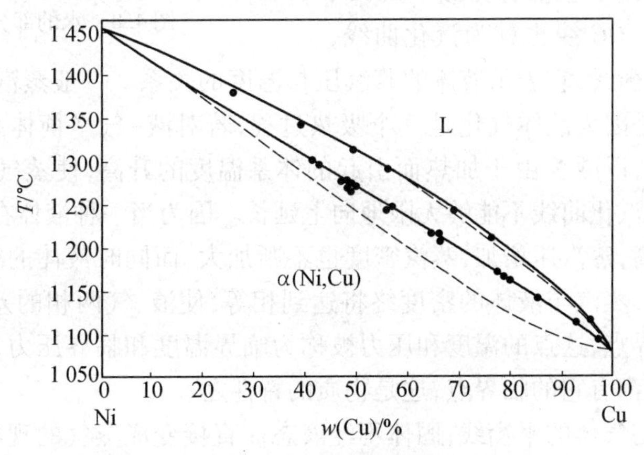

图 4.7 Cu-Ni 相图

虚线—早期试验结果;实线—计算结果; ● —Feest 等的试验数据点

4.2 单元系相图

单元系中只有一种组元,没有浓度问题,因此决定体系状态性质的只有温度和压力两个外界因素。单元系相图以 $p-T$ 图来表示,直角坐标的两轴分别为温度 T 和压力 p,图中任意一点都对应着一组温度和压力值。根据相律,单元系中 $f=3-\phi$。当相数为 1 时,单元系的自由度为最大值 2,此时温度和压力均可以在一定范围内任意地变化,因此它对应着 $p-T$ 图中的区域,这些区域也称单相区;当 $\phi=2$ 时,自由度为 1,温度和压力其中的一个被指定后,另一个也就随之确定,这正是 $p-T$ 图中线的特点,$p-T$ 图中的线是两相平衡时温度与压力的关系曲线;当 ϕ 为最大值 3 时,自由度为最小值 0,说明温度与压力均是确定的,对应着图中的一点,因此三相平衡在 $p-T$ 图中用一确定的点来表示。

我们都知道水有液、气、固三态,图 4.8 所示为水的部分相图。图 4.8 中被实线所分割的 3 个区域分别为液相区、气相区和固相区。图 4.8 中的 3 条线,也即单相区之间的分界线,OA、OB、OC 分别表示水在液-固、固-气和液-气两相平衡时温度与压力的变化关系。此3条线交于点 O,该点是水的液、气、固三相平衡点。根据水的 $p-T$ 图,我们可以确定已知温度和压力时水的平衡状态。例如,若已知 $T=100$ ℃,$p=8\times10^4$ Pa,从图4.8中可以查出此时水的平衡态为气态(D 点)。又如从 OC 线上可知,10^5 Pa下水的沸点,即液-气平衡温度为100 ℃;从 OA 线上可知,10^5 Pa下水的凝固点,即液-固平衡温度为0.002 3 ℃。

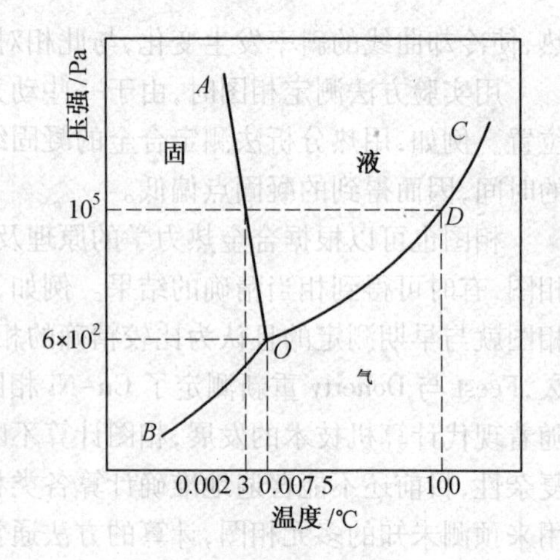

图4.8 水的部分相图

大多数物质都有气、液、固三态变化,因此它们的单元系相图中也都有类似 OA、OB、OC 这样的3条线。OC 线也称为汽化曲线,是液相与气相的平衡线,它表示液体的蒸汽压与温度的关系。一般蒸汽压是随着温度的升高而增加的,这是因为液体气化是一个吸热过程,若对液-气平衡体系进行加热,体系必发生液体的汽化,以减少由于加热而引起的体系温度的升高,使蒸气压增加。温度越高,蒸汽压越大,但汽化曲线不能够无限地向上延长。因为当一种液体在封闭容器中加热时,随着温度的升高,蒸汽压增加,蒸汽密度也不断加大,而同时液体的密度却不断减小。当升高到某一温度,蒸汽与液体的密度终将达到相等,使液、气两相的差别消失而成为1个相,即达到了临界点,这点的温度和压力被称为临界温度和临界压力,汽化曲线终止于临界点。每种物质都有它的临界点,这是物质的特性之一。

OB 线是固体与气体的平衡线,固体不经液态而直接变成蒸气的现象称为升华,因此 OB 线又称为升华线。升华线表示了固体的蒸汽压随温度的变化关系。同样道理,固体的蒸汽压也是随着温度的升高而增如的,而且固体的蒸汽压随温度的变化速率更大一些,如图4.8所示,升华线 OB 的斜率要大于汽化曲线 OC。这个结论可以通过克拉珀龙(Clapeyron)方程予以证明。

根据克拉珀龙方程,蒸汽压随温度的变化速率为 $\frac{\mathrm{d}p}{\mathrm{d}T}=\frac{\Delta H}{T\Delta V}$。对于气-液平衡,式中的 ΔH 为液体汽化时的摩尔蒸发热,记作 ΔH_1,ΔV 为液体汽化时的摩尔体积变化,记作 ΔV_1,$\Delta V_1=V_{气}-V_{液}$;对于气-固平衡,式中的 ΔH 为固体升华时的摩尔升华热,记作 ΔH_2,ΔV 为固体升华时的摩尔体积变化,记作 ΔV_2,$\Delta V_2=V_{气}-V_{固}$。因为 $\Delta V_1\approx\Delta V_2$,而蒸发热 ΔH_1 小于升华热 ΔH_2,所以升华线的斜率大于汽化曲线的斜率。

OA 线是液固平衡线,它表示不同压力下固相的熔点,又称为熔化线。图4.8中固相的熔点随着压力的增加而降低,OA 线的斜率小于零。这是因为固态冰的密度小于液态水的密度,固相熔化时体积缩小,而加压必伴随着体积的缩小,因此压力增加,促进固相的熔化,使熔点降低。大多数物质其固态的密度大于液态的密度,因此它们的熔点随压力的增加反而升高,OA 线的斜率大于零。但总的来说,压力对熔点的影响是很小的,所以 OA 线与压力轴呈很小的角度,这是凝聚态体系的特征。

因为 OC 线与 OB 线的斜率不相同,二者必交于一点,在此交点上,液-气、固-气平衡,因此也必存在液-固平衡,所以 OA 线也必经过此交点,即 OA、OB、OC 三条线必交于一点,此交点为气、液、固三相平衡点。三相平衡点的温度和压力是固定不变的,水的三相平衡点温度为0.007 5 ℃,压力为 6×10^2 Pa,每一种物质都有它自己的三相平衡点。

除了上述气、液、固三态外,许多物质,如大部分的金属元素,部分的非金属元素如S、P以及很多氧化物如 Al_2O_3、SiO_2 等都有几种晶体结构,这些同一物质的不同的晶体结构称为同素异形体。每一种同素异形体都是一个相,它们之间在一定条件下也将发生相互转变,称同素异形转变。图4.9所示为铁的部分相图,铁在常压下有α-Fe(bcc结构)、γ-Fe(fcc结构)和δ-Fe(bcc结构)三种同素异形体,在高压下出现ε-Fe(hcp结构)。图4.9中 O_1 和 O_2 为2个三相平衡点,分别代表着γ-δ-液相和α-γ-ε三相平衡。

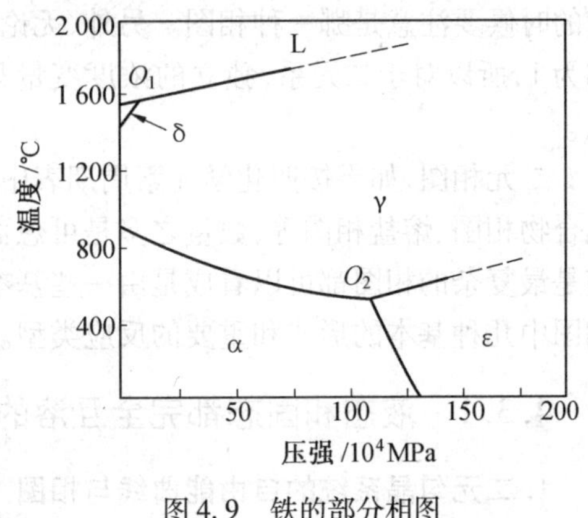

图4.9 铁的部分相图

从铁的相图可以得出,随着温度的变化,在 10^5 Pa下铁的同素异形转变如下:

$$\alpha\text{-Fe} \xleftrightarrow{912\ ℃} \gamma\text{-Fe} \xleftrightarrow{1\ 394\ ℃} \delta\text{-Fe}$$

4.3 二元系相图

二元相图是相图研究中最重要的部分,因为大多数的工业材料可以近似地看作是二元系,并且对于多元系来说,二元系是重要的基础,只有清楚组成多元系的各个二元系的相平衡关系,才能够正确地建立和分析多元系相图,所以我们实际上接触最多的是二元相图。

根据相律,二元系中自由度最大为3,即温度、压力和某一组元的浓度,因此二元相图应该是三维的立体图形,这是不方便的。考虑到我们所研究的体系,绝大多数是在常压下,且为凝聚态,因此将系统压力设定为 10^5 Pa(1个大气压),这样常见的二元相图实际上是 10^5 Pa(1个大气压)下的等压相图,是二维图形,图的纵轴表示温度,横轴表示某一组元的浓度。

对于二元系及多元系,描述一个相的组成要涉及浓度的问题。表示浓度的方式通常有两种,即质量分数 w 和摩尔分数 x。质量分数 w 在实际应用中常常是很方便的,而摩尔分数 x 对于理论分析却很有帮助,二者可进行相互转换。例如,若已知某二元相中A、B组元的质量分数为 w_A、w_B,相对原子质量为 M_A、M_B,则A、B组元的摩尔分数 x_A、x_B 分别为

$$x_A=\frac{\dfrac{w_A}{M_A}}{\dfrac{w_A}{M_A}+\dfrac{w_B}{M_B}}\times100\%,\quad x_B=\frac{\dfrac{w_B}{M_B}}{\dfrac{w_A}{M_A}+\dfrac{w_B}{M_B}}\times100\% \tag{4.5}$$

若已知 x_A、x_B,求 w_A、w_B,则

$$w_A=\frac{x_AM_A}{x_AM_A+x_BM_B},\quad w_B=\frac{x_BM_B}{x_AM_A+x_BM_B} \tag{4.6}$$

在很多的相图资料中,通常都给出 w 和 x 两种相图,显然这两种图形是不相同的,阅读的时候要注意是哪一种相图。另外,无论浓度是 w 还是 x,一个相中所有组元浓度之和均为1,所以对于二元系,独立的浓度变量只有一个,已知 x_A 或 w_A,则 $x_B=1-x_A$,$w_B=1-w_A$。

二元相图,如果按照化学元素周期表中107种元素计算,将有11 342种,再加上各种化合物相图、熔盐相图等,数量之多是可想而知的,且多数相图都很复杂,但这些相图,即使是最复杂的相图都可以看成是由一些基本的简单图形组合而成,所以下面将介绍二元相图中几种基本的形式和重要的反应类型。

4.3.1　液态和固态都完全互溶的二元匀晶相图

1. 二元匀晶系统的自由能曲线与相图

设一个二元系统中的两个组元A与B,无论在液态还是在固态下都能够完全互溶,形成均匀的液相和固相,这种系统称匀晶系,匀晶系中只有液相L和固相S。设组元A的熔点 T_A 高于组元 B 的熔点 T_B,图4.10(a)~(e)为不同温度下二元匀晶系统自由能-成分曲线,图中 $T_1>T_A>T_2>T_B>T_3$,通过这一系统温度下的自由能-成分曲线就可以建立起如图4.10(f)所示的二元匀晶相图。

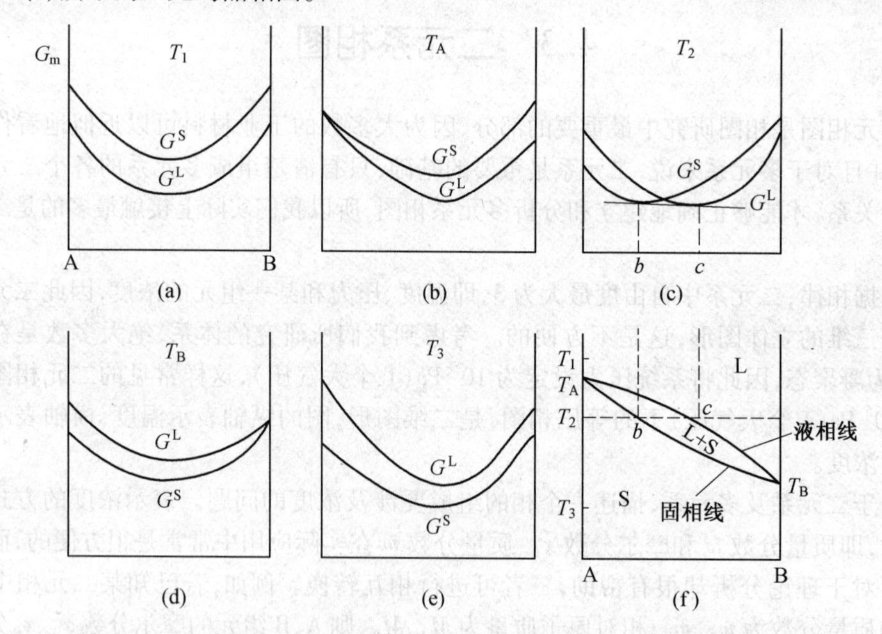

图4.10　二元匀晶系统在不同温度下的自由能曲线及对应的二元匀晶相图

在较高的 T_1 温度下,如图4.10(a)所示,液相因具有较大的混合熵而具有较低的自由能,为稳定态;随着温度的降低,液相和固相的自由能均有所提高,但是液相自由能提高的较快,并且因 $-T\Delta S_{mix}$ 变小,自由能曲线的凹度均不断减小。温度降至 T_A 温度,如图4.10(b)所示,组元A的液相和固相自由能相等,首先达到液-固两相平衡;在低于 T_A 高于 T_B 的温度范围内,如图4.10(c)所示,液相和固相的自由能曲线交叉,表明在此温度范围内存在着液-固两相平衡。平衡相成分可以通过公切线法则确定,并将其公切点 b、c 对应表示于图4.10(f)中。随着温度的降低,液相和固相的平衡相成分从高熔点组元一侧开始,逐步趋于低熔点组元一侧;当温度继续降至 T_B 温度,如图4.10(d)所示,组元B达到液-固两相平衡;低于 T_B 温度,如图4.10(e)所示,固态为稳定态。

在二元匀晶相图中,温度高于图4.10(f)中上边那条 T_AT_B 线时,全部为液相,没有固相,这条曲线称为液相线;而温度低于下边那条 T_AT_B 线时全部为固相,没有液相,这条线称为固相线。液相线与固相线围成的区域为L+S两相区。因此二元匀晶相图有L、S两个单相区,在单相区内,自由度为2,即温度和浓度都可以在一定范围内任意改变;另外还有一个L+S两相区,在两相区内自由度为1,即温度可以在一定范围内任意改变,而温度一旦确定,液相和固相的平衡相成分就随之确定了。或者当确定了液相(或固相)中的一个组元的浓度时,则与之平衡的固相(或液相)的成分也就确定,同时保持此平衡的温度也确定了。匀晶相图中没有三相平衡。

2. 二元匀晶系统的平衡结晶

图4.11为Cu-Ni二元匀晶相图,我们注意到,系统中只有纯Cu和纯Ni组元的熔点是唯一确定的,而对于此外的任何成分的铜镍合金来说,结晶和熔化都是在一定温度范围内进行的。现在我们来分析下铜镍合金从液相冷却至室温形成固溶体的情形,由于在通常情况下冷却后形成晶体,这个过程也称结晶。结晶也是一个形核和长大的过程,若结晶以一无限缓慢的速度进行,结晶过程中所有原子都能够充分扩散,使液相和固相的成分始终为平衡相成分,这样的结晶过程称为平衡结晶。例如,成分为 $w(\text{Ni})=60\%$、$w(\text{Cu})=40\%$ 的合金熔体的平衡结晶过程是:当温度从 T_0 温度开始降至该合金的液相线温度 T_1 时,固相开始形核,因此温度 T_1 也称凝固的开始转变温度。按照Cu-Ni相图,此时的液相成分为 L_1,与合金的平均成分相同;随着温度的降低,固相中新的晶核不断形成,原有的晶核不断长大,使合金中固相的量不断增加,液相的量不断减少,并且固相成分始终沿着固相线变化,液相成分沿着液相线变化;当温度达到该合金的固相线温度 T_3 时,液相全部转变为固相,因此温度 T_3 也称为凝固的终了转变温度。在 T_3 温度,固相的成分为 S_3,与合金的平均成分相同。

在从温度 T_1 开始降温至温度 T_3 的平衡结晶过程中,液相和固相的相对量可以根据杠杆定律进行计算。例如,已知合金成分 x_0 及合金总质量 M,求合金熔体平衡冷却至温度 T_2 时,残留熔体的质量 W_L 和已结晶物质的质量 W_S。首先应根据相图确定温度 T_2 下液相和固相的平衡相成分 L_2 和 S_2,连接 L_2S_2,与垂直于横轴的合金成分线交于 O 点,以交点 O 作为杠杆的支点,根据杠杆定律,则

$$W_L=\frac{OS_2}{L_2S_2}\times M,\quad W_S=\frac{OL_2}{L_2S_2}\times M$$

需要注意的是,像上述求两相质量的相对量时,应该在温度-质量分数相图中读取相平衡数据。

实际二元系中,Ag-Au、MgO-FeO、AgCl-NaCl等的相图都是典型的匀晶相图。图4.12为FeO-MgO系相图,MgO是一种高温氧化物,MgO中常含有FeO杂质,FeO熔点很

低，从 FeO-MgO 相图可知，FeO 含量过大，会显著降低材料的耐火性能和高温强度，它同时也说明了为什么氧化铁在炼钢温度下会侵蚀耐火炉衬。但 FeO 与 MgO 形成连续固溶体，当 FeO 含量较低时，又可以认为是无足轻重的杂质。

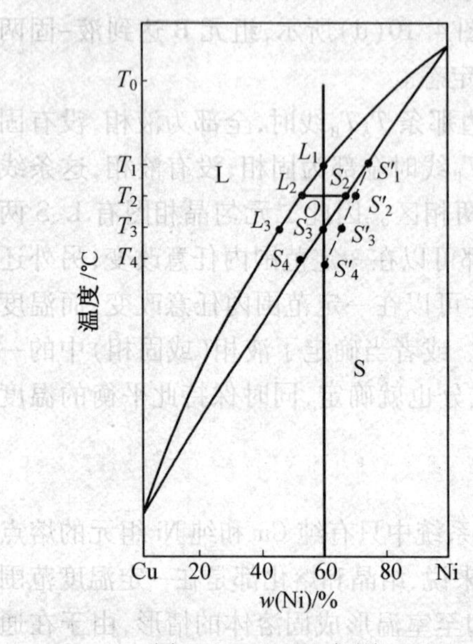

图 4.11　Cu-Ni 相图

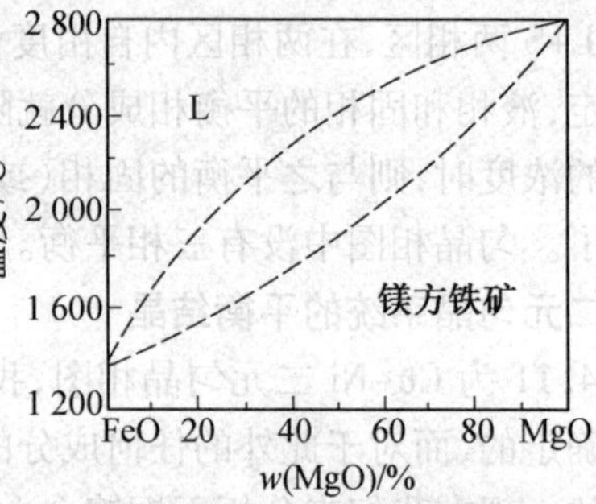

图 4.12　FeO-MgO 相图

在结晶过程中，先结晶出来的晶体中总是含高熔点组元较多，而后结晶出来的含低熔点组元较多，这是一个普遍的规律。在平衡结晶过程中，随着结晶的缓慢进行，固相中的原子进行充分的扩散，使固相成分保持均匀一致。但需要指出的是，由于固相中原子的扩散是相当慢的，真正的平衡结晶只能在无限缓慢的冷却过程中完成。而在实际的生产条件下，液态合金的浇注与结晶往往是在几分钟，最多几小时内完成，合金中的原子，特别是固相中的原子来不及进行充分的扩散，这样的结晶过程称为非平衡结晶，显然非平衡结晶后得到的不可能是成分均匀的合金。

3. 非平衡结晶与枝晶偏析

由于液相中原子扩散比较容易，可以假设在非平衡结晶过程中，液相的成分仍然按照液相线变化。同样是上述的铜镍合金熔体，如图 4.11 所示，当合金冷却至液相线温度 T_1 时，固相开始形核，此时固相成分为 S_1；继续冷却至 T_2 温度时，液相成分为 L_2，与之平衡的固相成分应为 S_2。但由于固相中的扩散不能充分进行，在从 T_1 冷却至 T_2 的过程中所形成的固相还来不及扩散达到 S_1 浓度，因此 T_2 温度下固相的平均成分只能是 S_1 与 S_2 之间的某一浓度，设为 S'_2；继续冷却至平衡结晶时的终了转变温度 T_3 时，固相的平均成分为 S'_3，按照杠杆定律，可以计算此时仍残留的有一部分的合金熔体；直至冷却至 T_4 温度，固相的平均成分为 S'_4 才与合金成分相同，结晶结束。由此可见，非平衡结晶时液、固两相共存的温度范围扩大，同时结晶后晶粒内层与外层的成分是不同的。晶粒内层的合金成分与 S_1 相近，高熔点组元 Ni 含量相对较多。而由内层到外层，如果完全不考虑固相中的扩散，合金的成分将由 S_1 逐渐变化到 S_2、S_3，直至最外层合金成分 S_4。所以由内层到外层，高熔点组元 Ni 的含量逐渐减少，低熔点组元 Cu 的含量逐渐增多，这种晶粒内部成分不均匀的现象称为晶内偏析。由于合金晶体是以枝晶的形式长大的，这种偏析又称为枝晶偏析，表现为先结晶的枝干上高熔点组元的含量高，而后结晶的枝干间隙部分或晶界处低熔点组元的含量较高，如图4.13所示。

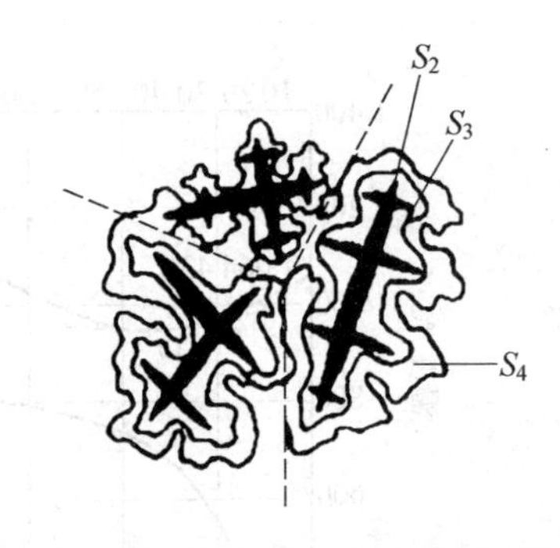

图4.13 非平衡结晶时的枝晶偏析示意图

枝晶偏析的程度与结晶时的冷速、合金液相线与固相线之间的距离以及元素在固相中的扩散能力等有关。冷速越大，元素的扩散能力越差，则原子在固相中的扩散越不充分，偏析越严重。而当冷速特别大时，对于小体积铸件来说，有可能将液相直接过冷到合金的固相线温度，这样结晶出来的固相与原来液相的成分基本相近，反而使偏析的程度减小。液相线与固相线之间的距离越大，则先后结晶的固体之间的成分差异越大，偏析也就越严重。

具有枝晶偏析的铸锭或铸件，通常强度不高，也比较脆，机械性能和物理性能也不均匀。枝晶偏析组织还容易引起晶内腐蚀，降低合金的抗腐蚀性。枝晶偏析组织对于变形加工也是很不利的。因此，铸锭和大多数铸件是不希望有枝晶偏析的。

为了消除枝晶偏析，需要进行专门的热处理，即在相当高的温度下长时间加热，这种热处理称为扩散退火或均匀化。对于大多数合金，温度每降低50 ℃，扩散速率大约要减慢50%，因此扩散退火的温度应尽可能地高，但是应低于合金的实际凝固终了温度，否则，合金将部分熔化（又称过烧）而使铸锭或铸件报废。铸锭经过均匀化处理后，塑性会有明显的提高，为随后的变形加工提供有利的条件。

4.具有极小点的匀晶相图

在匀晶相图中通常可以看到，在高熔点组元中加入低熔点组元，将使合金的开始凝固温度降低；而在低熔点组元中加入高熔点组元，将使合金的开始凝固温度升高。但是在有些情况下，无论在哪一个组元中加入另一个组元都将使合金的开始凝固温度降低。这样在相图上将出现极小点，金镍相图就属于这种情况，如图4.14所示。图4.14中液相线和固相线都是连续的曲线并相切于极小点。成分对应于极小点的合金在其凝固过程中，固相的成分始终与液相的成分一样，因此，这个成分的合金将在恒温下进行凝固，并且不会产生偏析。

有些匀晶系低于一定温度后，二组元只能有限互溶，固溶体将分解为成分不同的两个固溶体。例如金镍相图（图4.14）的下部有一条不互溶线，在此线以下为$\alpha_1+\alpha_2$两相区，α_1和α_2分别为以金和镍为溶剂的固溶体。虽然α_1和α_2都具有相同的晶体结构，即面心立方结构，但是二者的点阵常数不同。从这条不互溶线的顶点（821 ℃，$w(\mathrm{Ni})=54.4\%$）可将此线分为左、右两端，分别代表α_1相和α_2相的固溶度曲线。可以看出，温度越接近821 ℃，饱和的α_1和α_2相的成分就越接近，到了821 ℃，α_1和α_2相的成分相同，因此也就不必再区分α_1和α_2，而是用$\alpha(\mathrm{Au,Ni})$来表示。

介绍匀晶相图的目的并不只在于解释少数几个二元匀晶系统，其实大量的二元相图都具有与匀晶转变相似的液固相平衡关系，我们可以应用在匀晶相图中所学到的规律来解释这些合金在结晶或熔化过程中所发生的变化。

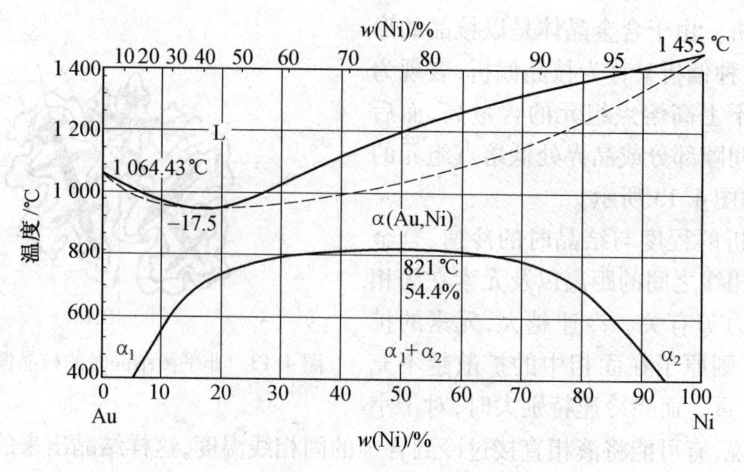

图 4. 14 金镍相图

4.3.2 液态完全互溶、固态有限互溶的二元共晶相图

绝大多数二元合金在固态下不能完全互溶，而是有限互溶，其中有共晶转变的相图是二元相图中最基本的一种。

1. 二元共晶相图

图 4. 15 为铅锑(Pb-Sb)相图，这是一个典型的共晶相图。其中 Pb 和 Sb 液态无限互溶，而固态下 Pb 中只能少量溶解 Sb 形成 α 固溶体，Sb 中少量溶解 Pb 形成 β 固溶体，因此系统中存在 L、α 和 β 三个单相。并且 α 和 β 相的凝固温度都随溶质浓度的增加而降低，所以液相线 *AE* 与 *BE* 相交。在 *AE* 与 *BE* 的交点 *E*，α 和 β 同时从液相中晶界析出来，此称共晶。这种由一个液相同时生成两个固相的反应称为共晶反应或共晶转变，*E* 点的温度为共晶温度。在共晶温度下，L、α 和 β 三相共存，系统自由度为零，所以共晶反应前后，L、α 和 β 相的成分都是固定不变的，分别为 *E*、*C*、*D* 点成分，记作 L_E、α_C 和 β_D，这样共晶反应表示为

$$L_E \longrightarrow \alpha_C + \beta_D$$

由于共晶温度也是固定不变的，所以共晶转变是恒温转变，*CED* 为一水平线。图 4. 15中，*ACEDB* 为固相线，*CF* 与 *DG* 称为溶解度曲线，它们分别表示 Sb 在 Pb 中的溶解度及 Pb 在 Sb 中的溶解度随温度的变化。图 4. 15 中有 L、α 和 β 三个单相区，L+α、L+β 和 α+β 三个两相区，在 *CED* 线上 L、α、β 三相共存。

2. 二元共晶系统的平衡结晶

现以图 4. 15 所示的 Pb-Sb 相图中合金成分分别为 *a*、*b*、*c*、*d* 4 种典型的铅锑合金为例，说明二元共晶系统中不同成分合金的平衡结晶过程。如图 4. 15 所示，合金 *a* 的成分低于 *C* 点的 Sb 含量，该合金液相冷却时，首先从液相线温度开始结晶析出富 Pb 的固溶体 α，在固相线温度液相全部转化 α 相。继续冷却，合金为均匀的 α 相。在与溶解度曲线相遇后，α 中 Sb 已达到饱和，因此在继续降温的过程中，将从 α 相中析出富 Sb 的 β 相，这种从固溶体中析出的 β 相与从液相中结晶析出的 β 相，尽管具有相同的晶体结构，但存在状态是不同的，我们把从液相中结晶析出的固相称为初生相，把从固溶体中析出的固相

称为次生相，上述的次生 β 相表示为 β_{II}，因此，a 合金室温下的平衡组织为 $\alpha+\beta_{\text{II}}$。在高温下析出的 β_{II} 沿 α 相的晶界呈网状分布，而在低温下，由于扩散比较困难，β_{II} 相弥散地分布在 α 晶粒内部。

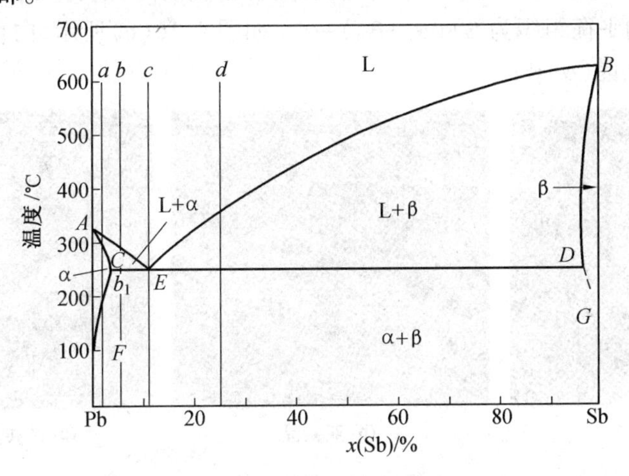

图 4.15 铅锑（Pb–Sb）相图

需要注意的是，平衡组织与平衡相是不同的，组织的含义包括了组成相的形成顺序和存在状态。合金的组织以组织组成物的加和形式表示，例如 *a* 合金的室温组织 $\alpha+\beta_{\text{II}}$ 中有两种组织组成物，分别是初生 α 和 β_{II}。组织组成物可以是单相，也可以是复相，例如上述的 α 和 β_{II} 都是单相，而接下来将要介绍的共晶组织就是双相组织。

当合金成分超过 *D* 点的 Sb 含量时，结晶过程与 *a* 合金基本相同，只是此时初生相为 β，次生相为 α_{II}，室温下的平衡组织为 $\beta+\alpha_{\text{II}}$。

c 合金为 *E* 点成分合金，称为共晶合金，显然共晶合金在此二元系中熔点最低，该熔点为共晶温度，在共晶温度下合金熔体全部结晶形成 *C* 点成分的 α 相与 *D* 点成分的 β 相，这种同时结晶形成的相混合物为共晶组织，表示为 $(\alpha_C+\beta_D)$。共晶组织在随后的冷却中，将从 α 相析出 β_{II}，β 相析出 α_{II}，但这些次生相与共晶组织中的同类相合并，在金相显微镜下难以分辨，因此共晶合金室温下的组织仍称为共晶组织，记作（α+β），其组织形貌如图 4.16(a)所示。组成共晶组织的相多呈片状或棒状交替分布。

b 合金的 Sb 含量小于 *E* 点而大于 *C* 点，称为亚共晶合金。该合金自液相线温度开始结晶析出 α 相，在随后的冷却过程中，α 相的浓度沿 *AC* 线变化，液相浓度沿 *AE* 线变化。当冷却至共晶温度时，α 相的成分为 *C* 点成分，液相成分为 *E* 点成分，并且在此温度下，这一部分液相将发生共晶转变，生成 $(\alpha_C+\beta_D)$ 共晶组织。当共晶转变结束后，组织为 $\alpha+(\alpha_C+\beta_D)$，其中初生相 α 及共晶组织 $(\alpha_C+\beta_D)$ 的质量可根据杠杆定律计算。设合金总质量为 *M*，则

$$W_\alpha=\frac{b_1E}{CE}\times M,\quad W_{(\alpha_C+\beta_D)}=\frac{Cb_1}{CE}\times M$$

在继续冷却的过程中，初生相 α 中的 Sb 含量已达到饱和，从 α 相中将析出 β_{II}，因此室温下亚共晶合金的平衡组织为 $\alpha+(\alpha_C+\beta_D)+\beta_{\text{II}}$，如图 4.16(b) 所示，大的黑色区域为初生相 α，在 α 相之间的黑白相间的组织为共晶组织（α+β），二次析出相在金相显微镜下

常常是很难分辨的。

d 合金的 Sb 含量大于 E 点而小于 D 点，称为过共晶合金。过共晶合金的结晶过程与亚共晶合金相似，只是初生相为 β，共晶转变后随着温度的降低，将从 β 相中析出 α_{II}，过共晶合金室温下的平衡组织为 $\beta+(\alpha_C+\beta_D)+\alpha_{\text{II}}$，如图 4.16(c)所示，白色的为初生相 β，在 β 相之间的为共晶(α+β)。

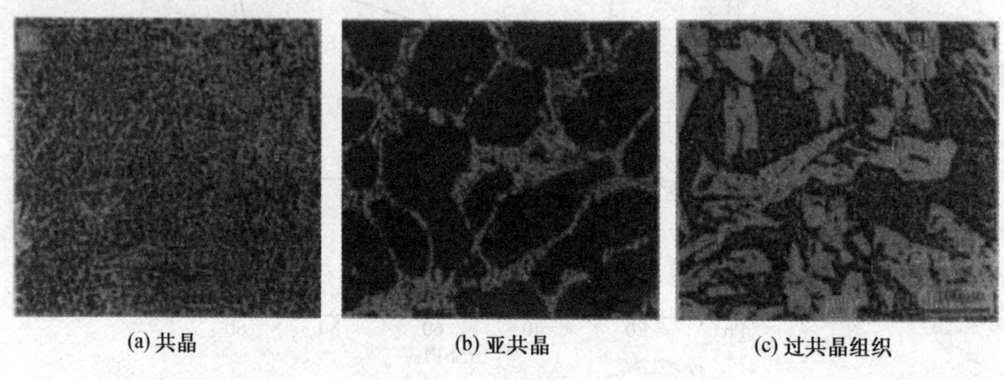

(a) 共晶　(b) 亚共晶　(c) 过共晶组织

图 4.16　铅锑合金

共晶转变是材料中一种很重要的反应类型，图 4.17 为共晶、亚共晶和过共晶系统自液相冷却时的组织转变示意图。具有典型的共晶转变的实际体系有 Pb-Sn、Pb-Sb、Ag-Cu、MgO-CaO、$NaNO_3$-KNO_3等，其中 MgO-CaO 是镁质耐火材料中最重要的系统。图 4.18为 MgO-CaO 系统相图。MgO 的熔点很高，约为 2 800 ℃。MgO 与 CaO 构成二元共晶系统，共晶点 E 的成分为 w(CaO) = 67%，共晶温度约为 2 370 ℃。CaO 的存在将大幅度降低 MgO 制品的耐火性能，因此一般镁砖的 w(CaO)要低于 20%。

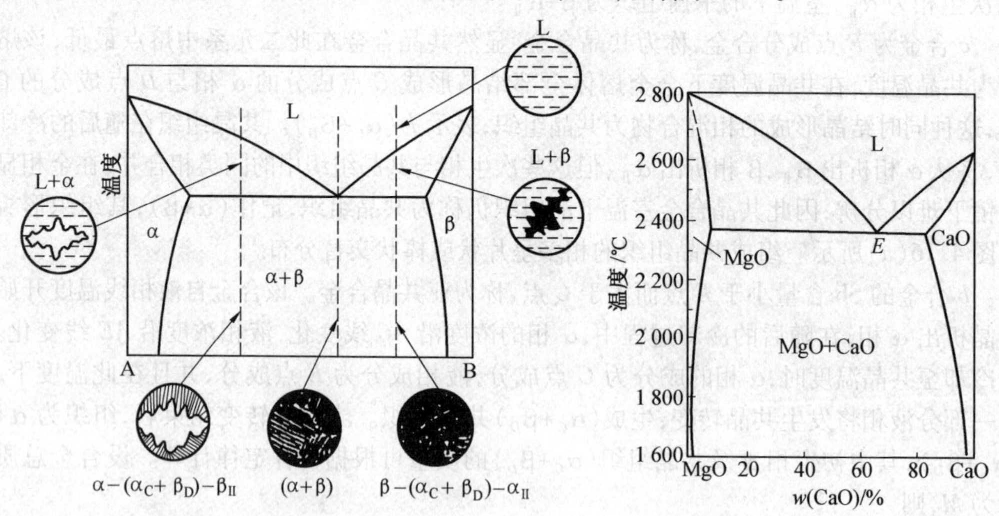

图 4.17　共晶、亚共晶和过共晶系统自液相冷却时的组织转变示意图

图 4.18　MgO-CaO 相图

3. 共晶系统的非平衡结晶

根据以上分析，平衡结晶时只有成分处在图 4.15 中的 CD 范围内的系统才能发生共晶转变，然而在非平衡结晶时情况将大有改变。与在匀晶相图中的分析相类似，共晶系中

快速冷却时可假设液相成分与平衡相成分相同，而固相成分低于平衡相成分。如图 4.19 所示，非平衡结晶时，固相线下降到 $AC'E_2E_1D'B$，液相线为 AE_1 和 BE_2。我们注意到，成分处在 E_2E_1 范围内系统，当从液相冷却至 EE_2E_1 阴影区时，都将同时结晶析出 α 与 β 相，得到共晶组织，这种非共晶成分的合金在非平衡结晶条件下得到的共晶组织称为伪共晶，形成伪共晶的成分范围 E_2E_1 为伪共晶区。不难看出，过冷度 ΔT 越大，伪共晶区越宽。同时伪共晶区还将受到组成二元共晶系的两组元熔点的影响。一般来说，当两组元熔点相近时，伪共晶区近似呈对称状，并且由于快冷时液相的成分也将稍稍低于平衡相成分，所以伪共晶区的范围小于液相线的延长线所给出的范围，如图 4.20(a) 中的阴影区所示；当两组元熔点相差很大时，如图 4.20(b) 所示，由于共晶点偏向低熔点组元一侧，所以伪共晶区向高熔点组元一侧偏离，并且过冷度越大，偏离越严重。因此在非平衡结晶条件下，共晶成分的合金，可能得到亚共晶或过共晶的组织；而亚共晶或过共晶的合金则可得到伪共晶组织。同时，某些不发生共晶转变的合金，如图 4.19 中的 C_0 合金，由于固相线的下降，使共晶温度下仍残留有少量的共晶成分的液相，从而得到共晶组织。

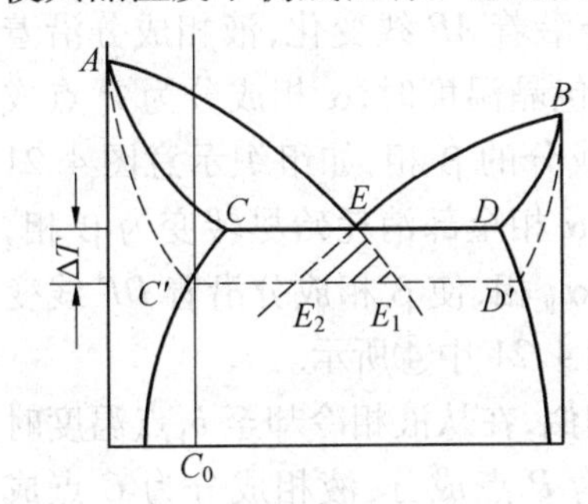

图 4.19 共晶系统非平衡结晶时伪共晶的形成

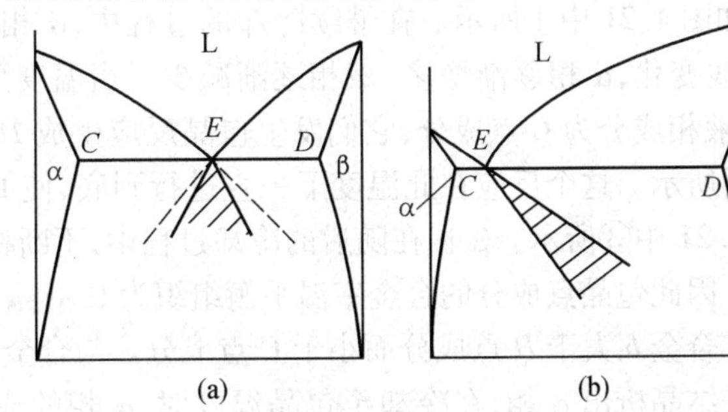

图 4.20 共晶组元的熔点对于伪共晶区的影响

4.3.3 液态完全互溶、固态有限互溶的二元包晶相图

在前述的二元共晶系中，2 个固溶体的凝固温度都随着溶质浓度的增加而降低，故系统有一最低的熔点，但在另一些情况下，如果其中一个固溶体的凝固温度随着溶质浓度的增加而升高时，有可能形成如图 4.21 所示的二元相图。图 4.21 为 Pt-Ag 二元相图及包金合金组织转变示意图。Pt 的熔点较高为 1 769 ℃，但随着 Ag 的加入合金的熔点不断降低，如液相线 AC 所示。Ag 的熔点较低，为 961.93 ℃，而随着 Pt 的加入熔点不断提高，如液相线 BC 所示。在液相线 AC 与 BC 的交点 C 所在的温度下，液相 L 与固相 α 反应生成另一固相 β，这种由一个液相与一个固相作用生成另一固相的反应称为包晶反应，该温度称为包晶温度。在包晶温度下，L、α、β 三相共存，自由度为零，因此包晶反应同样是一个等温转变，且反应前后各相的成分不变，分别为 C、P、D 点成分，包晶反应记作

$$L_C+\alpha_P \longrightarrow \beta_D$$

其中 D 为包晶点，Pt-Ag 系包晶点成分为 $w(\text{Ag})=44.7\%$，温度为 1 186 ℃。在包晶相图中，$APDB$ 为固相线，PE 和 DF 分别为 α 与 β 的溶解度曲线。图 4.21 中有 L、α 和 β 三个单相区，L+α、L+β 和 α+β 三个两相区，在水平线 PDC 上三相共存。现以 a、b、c 三个

有代表性的铂银合金为例来分析包晶系合金的平衡结晶过程。

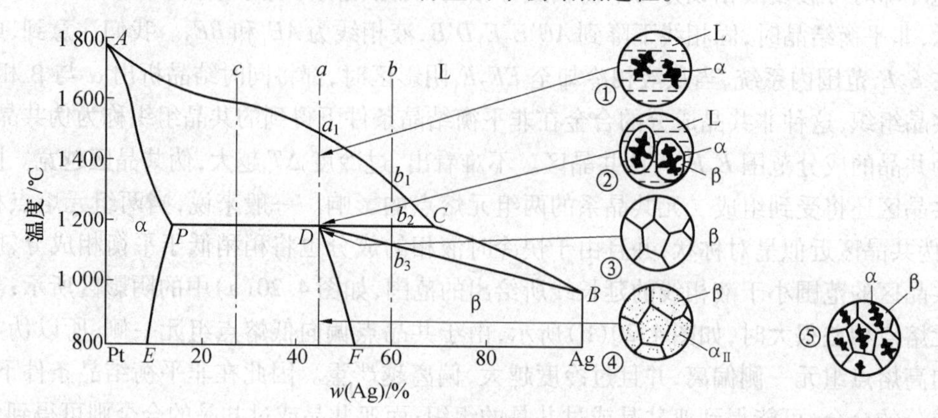

图 4.21 Pt-Ag 二元相图及包晶合金组织转变示意图

合金 a 的成分位于包晶点 D，当合金熔体冷却至液相线 a_1 点温度时，开始结晶析出 α，如图 4.21 中①所示。在继续冷却的过程中，α 相成分沿着 AP 线变化，液相成分沿着 AC 线变化，α 相逐渐增多，液相逐渐减少。当温度降至包晶温度时，α 相成分为 P 点成分，液相成分为 C 点成分，它们发生包晶反应生成 D 点成分的 β 相，如组织示意图 4.21 中②所示。这个反应在此温度下一直进行到底，使 L 和 α 相全部消耗殆尽转变为 β 相，如 4.21 中③所示。β 相在随后的冷却过程中，不断析出 α_{II} 相，使 β 相成分沿着 DF 线变化。因此包晶点成分的合金室温平衡组织为 $\beta+\alpha_{\mathrm{II}}$，如图 4.21 中④所示。

合金 b 大于 D 点成分而小于 C 点成分。与合金 a 相似，在从液相冷却至 b_1 点温度时首先结晶析出 α 相，在冷却至包晶温度时，α 相的成分为 P 点成分，液相成分为 C 点成分，但与合金 a 不同的是，此时合金中液相的相对量要大一些，因此在包晶反应结束后仍有一部分未耗尽的液相 L_C 与反应生成的 β_D 共存，按杠杆定律，二者的质量之比为

$$\frac{W_{L_C}}{W_{\beta_D}}=\frac{Db_2}{b_2C}$$

残留液相在随后的降温过程中，成分沿着 CB 线变化，继续结晶形成 α 相，当达到 b_3 点温度时，结晶完成，β 相一直保持至室温。

c 合金小于 D 点成分而大于 P 点成分。该合金从液相冷却至包晶温度的过程与前两种合金相似，所不同的是，在包晶温度下，合金 c 的固相 α_P 要多一些，因此包晶反应结束后，还剩下一部分 β_P 与反应生成的 β_D 共存。在随后的降温过程中，α 相中不断析出 β_{II}，同时，由 β 相中不断析出 α_{II}。合金的室温平衡组织为 $\alpha+\beta+\alpha_{\mathrm{II}}+\beta_{\mathrm{II}}$。

凡能够发生包晶反应的合金在平衡结晶过程中，首先都要析出初生相 α。在发生包晶反应时，为减小形核功，生成的新相 β 多依附于已存在的 α 晶粒表面形核，这样生成的 β 相把 α 相包围起来，包晶也由此得名。在 Pt-Ag 系中，β 相的生长是通过 Pt 从 α 相穿过 β 相向 L 相中的扩散以及 Ag 从 L 相穿过 β 相向 α 相的扩散来实现的。由于 β 相的长大所需要的 Pt 和 Ag 的成分扩散都需要通过 β 相，而固相中的扩散是比校困难的，因此包晶反应进行的速度是十分缓慢的。在一般的冷却条件下，当反应刚刚开始，生成的 β 相把 α 相包围后，包晶反应立即停止，剩余的液相只有在继续降温的过程中形成 β 相，而未

转变的 α 相就保留在 β 相的中间。因此对于成分在 *PDC* 线范围内的所有合金来说,非平衡组织均为先析出的枝晶 α 与基体 β 共存,如图 4.21 中⑤所示。

包晶组织和共晶组织尽管最后得到的都是两相混合物,但其组织形貌是大不相同的。共晶组织是两相高度弥散的混合体,这是因为共晶组织中的两相是同时从液相中析出的;而包晶组织中,其中的一相为初生相,不可能与另一相弥散地混合在一起。

4.3.4 两组元形成化合物的相图

当两组元间存在着较强的相互吸引作用时,容易形成化合物。在多数的二元相图中都会出现一个或多个化合物相,这些化合物按其熔化特征分为熔解式和分解式化合物。图 4.22 为 Al-Ni 二元相图,该系统可形成 Al_3Ni、Al_3Ni_2、AlNi、Al_3Ni_5 和 $AlNi_3$ 等化合物相。其中 AlNi 化合物相的熔化特征与纯物质相同,即存在一个固定的熔点,在熔点温度下液相与固相成分相同,这样的化合物相称溶解式化合物。溶解式化合物的液相线有一最高点,这就是说任何一组元加入到化合物中只会降低它的熔点。正因为如此,溶解式化合物的两侧必有共晶反应或包晶反应,在分析相图时可以将这种化合物作为一个纯组元看待。Al_3Ni、Al_3Ni_2、Al_3Ni_5 和 $AlNi_3$ 均为分解式化合物。分解式化合物的特点是:化合物在加热到熔化之前,分解成为两相。例如,具有 Al_3Ni 成分的液相在平衡结晶时,首先在液相线温度开始析出 Al_3Ni_2,继续冷却至包晶温度,通过液相与 Al_3Ni_2 的包晶反应形成 Al_3Ni。大部分的分解式化合物都是通过包晶反应得到的,因此也可以将其看作是包晶反应的一种极限情形。

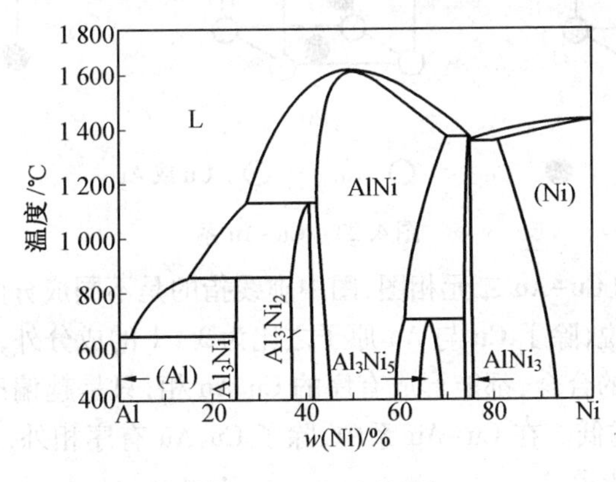

图 4.22 Al-Ni 相图

4.3.5 有固态转变的相图

在此之前的相图讨论都是由液态向固态转变的情况,实际上固态也可以发生与上述过程相似的转变。例如,液态时有共晶、包晶反应,同样地,固态也可以发生共析、包析反应。

1. 共析反应

共晶反应是由一种液相同时生成两种固相,而共析反应则是由一种固相同时生成两种新的固相。典型的共析反应见于 Fe-C 系统,即 $\gamma \longrightarrow \alpha + Fe_3C$,下一节将详细介绍这一反应。

2. 包析反应

包析反应是由两种固相反应生成一种新的固相的过程，例如 Fe-B 二元系，在 912 ℃时发生包析反应，即 $\gamma_{0.0021}+Fe_2B \longrightarrow \alpha_{0.0081}$。参照包晶反应的情形，包析反应一定是十分缓慢的。因为新相 α 必定是在 γ 和 Fe_2B 的界面上生成，反应生成的 α 层给继续反应造成困难，加之在较低的温度下，固相中原子的扩散速率很低，包析反应是很难完成的。

3. 有序-无序反应

有序-无序反应是只有在固态中才发生的一种反应，在固溶体中，若不同的原子按照一定的规律占据着固溶体点阵中的一定位置，我们说此时原子为有序态。显然只有在两种原子数目之间呈一定的比例时，才能够形成完全有序。如图 4.23 所示，在 Cu-Au 二元系中，当 Cu 与 Au 的原子数之比为 3 : 1 时，在 390 ℃以下形成有序的 Cu_3Au 结构，该结构为面心立方晶格，Cu 原子占据立方体的面心位置，Au 原子占据角顶位置，如图 4.23(a)所示。随着温度的提高，原子的热运动加剧，原子趋于无序排列，因此在 390 ℃以上温度，有序结构消失，Cu、Au 原子在面心立方点阵中无规排列，为无序态，如图 4.23(b)所示。在 390 ℃时，这种由有序态向无序态的转变称为有序-无序转变，发生有序-无序转变的温度也称临界温度。

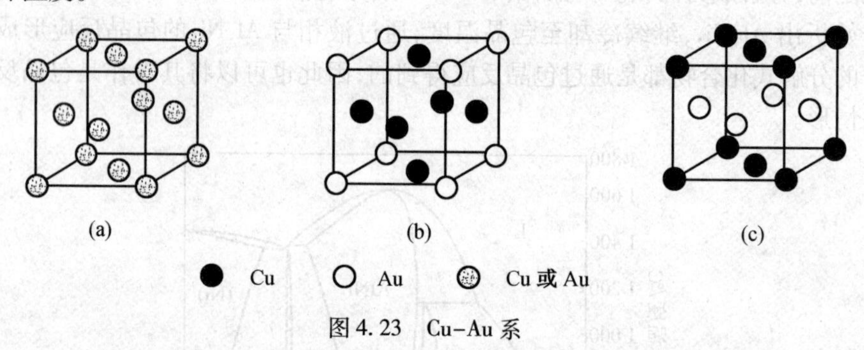

图 4.23 Cu-Au 系

图 4.24 为部分的 Cu-Au 二元相图，图中虚线指的是不同成分的铜金合金的有序-无序转变温度。也就是说，除了 Cu 与 Au 原子之比为 3 : 1 的成分外，那些成分在 $w(Au)=25\%$ 附近一定范围内的合金，都能形成有序的 Cu_3Au 相，只是越偏离 $w(Au)=25\%$ 成分，有序-无序转变温度越低。在 Cu-Au 系中，除了 Cu_3Au 有序相外，还有 CuAu 有序相，其原子结构如 4.23(c)所示。

4. 固溶体的脱溶分解

实际上在前述的相图中我们已经接触到固溶体的脱溶分解这种反应，例如，在二元共晶系统中(图4.15)，由于固溶体的溶解度普遍随着温度的降低而减小，因此成分在 *CED* 范围内的系统，在共晶温度以下的冷却过程中，从 α 相中不断析出 β_{II} 相，同时从 β 相中不断析出 α_{II} 相，这种由一种固溶体中析出新相的过程称为固溶体的脱溶分解。

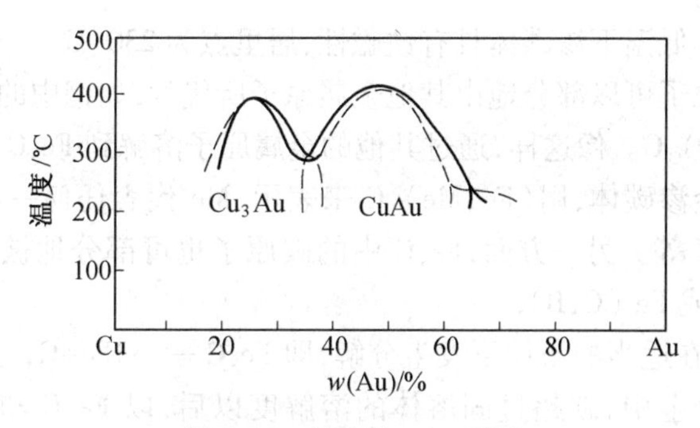

图 4.24　部分 Cu-Au 相图

4.4　铁碳相图

钢铁是目前人类社会中最主要应用的金属材料，一般的钢铁可以说是铁与碳的合金，各种合金钢也是在铁与碳的基础上，为了具有某些特殊的性能而添加一些合金元素，因此铁碳相图是十分重要的平衡图。

由于通常我们使用的铁碳相图的成分横轴均为质量分数，所以这一节介绍的浓度均指质量分数“*w*”，在此简略为“%”。

4.4.1　铁与铁碳合金相

1. 纯铁

化学元素铁的原子序数是 26。图 4.25 为纯铁液态冷却至室温的平衡冷却曲线，该曲线在 1 538 ℃、1 394 ℃、912 ℃和 769 ℃出现 4 个平台，说明在冷却过程中纯铁经历了 4 个等温转变。首先纯铁由液态冷却至 1 538 ℃时，液相结晶形成体心立方结构的 δ-Fe，因此 1 538 ℃为铁的熔点或称结晶点；继续冷却至 1 394 ℃时，发生同素异形转变，δ-Fe 转变成为面心立方结构的 γ-Fe；当温度降至 912 ℃时，再次发生同素异形转变，γ-Fe 转变成为体心立方结构的 α-Fe；此后继续降温，虽然铁的结构不再发生变化，但在 769 ℃发生磁性转变，由高温的顺磁态变为低温的铁磁性状态，这一磁性转变温度也称为铁的居里点。

2. 铁碳合金相

碳是原子半径较小的非金属元素，碳与铁通过相互作用可形成铁素体和奥氏体两种间隙式固溶体及化合物 Fe_3C（Fe_3C 也称渗碳体）。

铁素体是碳原子作为间隙式溶质溶入到体心立方晶体铁的间隙形成的间隙式固溶体。碳在体心立方晶体中的溶解度是十分有限的，727 ℃时，C 在 α-Fe 中有最大溶解度，为 0.022%；1 493 ℃时，C 在 δ-Fe 中有最大溶解度，为 0.09%。

奥氏体是碳原子作为间隙式溶质溶入到 γ-Fe 中的间隙形成的间隙式固溶体。由于面心立方晶体中的八面体间隙较大，有利于碳的溶入，因此 γ-Fe 的溶碳能力较高。1 147 ℃时，碳在 γ-Fe 中有最大溶解度，为 2.14%。

渗碳体是铁与碳组成的化合物。渗碳体具有复杂的斜方晶格，硬度高，塑性差，是一个硬而脆的化合物。低温下渗碳体具有铁磁性，居里点为 230 ℃。

渗碳体中的铁原子可以部分地由其他金属原子所代替，如钢中的 Cr 部分地代替Fe_3C中的 Fe，形成$(Fe,Cr)_3C$。像这样，通过其他的金属原子溶解到 Fe_3C 中，形成以渗碳体为基的固溶体称为合金渗碳体，用$(Fe,Me)_3C$ 来表示，Me 代表任何一种溶于 Fe_3C 中的金属元素，如 Cr、Mn、W 等。另一方面，Fe_3C 中的碳原子也可部分地被 N 原子或 B 原子取代，形成 $Fe_3(C, N)$或 $Fe_3(C,B)$。

渗碳体不稳定，在适当的条件下发生分解，即 $Fe_3C \longrightarrow 3Fe+C$，分解出来的单质 C 为石墨。因此在铁碳合金中，碳超过固溶体的溶解度以后，以 Fe_3C 和石墨 C 两种形式存在，且以 Fe_3C 形式为主，故铁碳相图有 Fe-Fe_3C 和 Fe-C 两种，而通常所指的是 Fe-Fe_3C 相图。图 4.26 是将两种相图绘在一起构成二重相图，由于石墨 C 的稳定性大于 Fe_3C，所以Fe-Fe_3C图为亚稳平衡相图，Fe-C 图为稳定平衡相图。以下我们只介绍 Fe-Fe_3C 亚稳平衡相图。

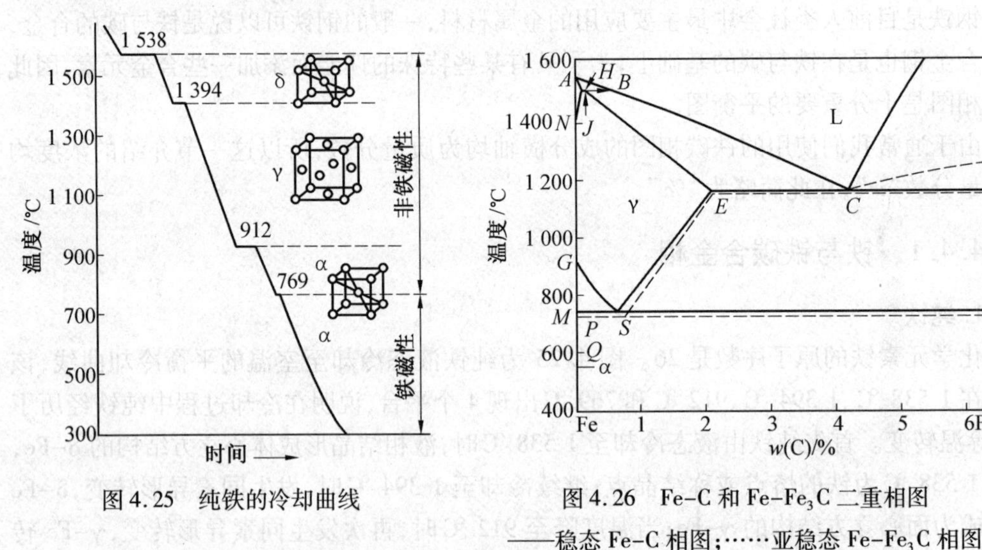

图 4.25 纯铁的冷却曲线

图 4.26 Fe-C 和 Fe-Fe_3C 二重相图
——稳态 Fe-C 相图；……亚稳态 Fe-Fe_3C 相图

4.4.2 Fe-Fe_3C 相图分析

铁碳合金中由于含碳质量分数超过 6.69% 的部分没有实际意义，在此不予介绍。Fe-Fe_3C图（图 4.26）中各特性点的温度、成分和物理意义见于表 4.1。

表 4.1 Fe-Fe_3C 相图中的特性点

符号	温度/℃	w(C)/%	说　明
A	1 538	0	纯铁的熔点
B	1 493	0.53	包晶转变时液态合金的成分
C	1 147	4.30	共晶点
D	1 252	6.69	渗碳体的熔点
E	1 147	2.14	碳在 γ-Fe 中最大溶解度
F	1 147	6.69	共晶反应生成的渗碳体
G	912	0	α-Fe ⟷ γ-Fe 转变温度(A_1)

续表 4.1

符号	温度/℃	w(C)/%	说　明
H	1 493	0.09	碳在 δ-Fe 中的最大溶解度
J	1 493	0.16	包晶点
K	727	6.69	共析反应生成的渗碳体
M	770	0	纯铁的磁性转变点
N	1 394	0	γ-Fe ⟷ δ-Fe 转变温度(A_1)
O	770	~0.5	w(C)≈0.5%合金的磁性转变点
P	727	0.022	碳在 α-Fe 中的最大溶解度
S	727	0.76	共析点(A_1)
Q	600	0.005 7	600 ℃时碳在 α-Fe 中的溶解度

相图中有 L、δ、γ、α 和 Fe_3C 5 个单相区，两个单相区所夹的区域为双相区，分别为 L+δ、L+γ、L+Fe_3C、δ+γ、γ+Fe_3C、γ+α 和 α+Fe_3C 7 个两相区。

图4.26 中 *ABCD* 为液相线，*AHJECF* 为固相线。*ES* 是碳在奥氏体中的溶解度曲线。*E* 点温度为 1 147 ℃，此时碳在奥氏体中的溶解度最大，为 2.14%；*S* 点温度为 727 ℃，对应的碳的溶解度为 0.76%。因此 *E* 点成分的奥氏体在从 1 147 ℃冷却至 727 ℃的过程中，将从奥氏体中析出渗碳体，这种渗碳体称为二次渗碳体，记作 Fe_3C_{II}。

PQ 线是碳在 α 铁素体中的溶解度曲线。*P* 点温度为 727 ℃，此时碳在铁素体中有最大溶解度，为 0.022%，降至 600 ℃时，溶解度仅为 0.005 7。所以 *P* 点成分的铁素体自 727 ℃冷却到室温的过程中，将从铁素体中析出渗碳体，此渗碳体为三次渗碳体，记作 Fe_3C_{III}。

GS 线是冷却时从奥氏体中开始析出铁素体的转变曲线，*GP* 线是加热时从铁素体中开始析出奥氏体的转变曲线。此外图 4.26 中还有 3 条水平线，即 *HJB*、*ECF* 和 *PSK*，分别代表三个恒温转变，它们是：

①1 493 ℃时为包晶转变(*HJB* 包晶转变线)，*B* 点成分的液相和 *H* 点成分的 δ 铁素体进行包晶反应生成 *J* 点成分的奥氏体，即 $L_B+\delta_H \longrightarrow \gamma_J$。

②1 147 ℃时为共晶转变(*ECF* 共晶转变线)，*C* 点成分的液相通过共晶转变生成 *E* 点成分的奥氏体相和渗碳体，即 $L_C \longrightarrow \gamma_E+Fe_3C$。反应得到的共晶体($\gamma_E+Fe_3C$)称为莱氏体，用字母“Ld”表示。莱氏体继续冷却至 727 ℃时，莱氏体中的奥氏体要发生相变，相变后的莱氏体称为低温莱氏体，用“Ld′”表示。

③727 ℃时为共析转变(*PSK* 共析转变线)，*S* 点成分的奥氏体共析分解为 *P* 点成分的 α 铁素体和渗碳体，即 $\gamma_S \longrightarrow \alpha_P+Fe_3C$。所得到的共析组织($\alpha_P+Fe_3C$)称为珠光体。共析温度常以 A_1 表示，*PSK* 线又称 A_1 线。

4.4.3 铁碳合金的平衡结晶及组织变化过程

铁碳合金按含碳量及组织的不同,分为 3 大类,即:

工业纯铁:w(C)<0.022%的铁碳合金称工业纯铁,它的特点是冷却过程中不发生共析反应。

钢:w(C)=0.022%~2.14%的铁碳合金称为钢。其特点是结晶过程中不发生共晶反应。根据室温组织的不同,钢又分为:

共析钢:w(C)=0.76%;

亚共析钢:w(C)<0.76%;

过共析钢:w(C)>0.76%。

铸铁:w(C)在2.14%~6.69%(Fe_3C)之间的铁碳合金称为铸铁,又称白口铁。白口铁的特点是结晶过程中均发生共晶转变,因而有较好的铸造性能,但渗碳体量很多,质脆,不能锻造。根据室温组织的不同,白口铁又分为

共晶白口铁:w(C)=4.30%;

亚共晶白口铁:w(C)<4.30%;

过共晶白口铁:w(C)>4.30%。

下面以7种具有代表性的合金为例,说明上述不同类型的铁碳合金的平衡结晶和组织变化过程。

(1)工业纯铁

图4.27为工业纯铁合金 a 冷却过程中组织变化示意图。工业纯铁在从高温液相开始冷却时,首先在 a_1 点温度开始从液相中结晶出 δ 铁素体,结晶完毕后形成单相 δ(a_2)。冷却至 a_3 点温度时开始从 δ 相中析出 γ 相,并且如图4.27所示,γ 相往往在 δ 相的晶界上形核。在 a_4 点温度,δ 相全部转化为 γ 相。继续冷却至 a_5 点温度,在 γ 相的晶界上开始有 α 铁素体形核,至 a_6 点温度,γ 相全部转变为 α 铁素体。在 a_7 点温度,α 铁素体中的碳达到饱和,继续冷却时将从 α 铁素体中析出三次渗碳体 $Fe_3C_{Ⅲ}$,并且 $Fe_3C_{Ⅲ}$ 经常分布于 α 的晶界上。因此,工业纯铁室温下的平衡组织为 α 铁素体和分布于 α 晶界上的 $Fe_3C_{Ⅲ}$。

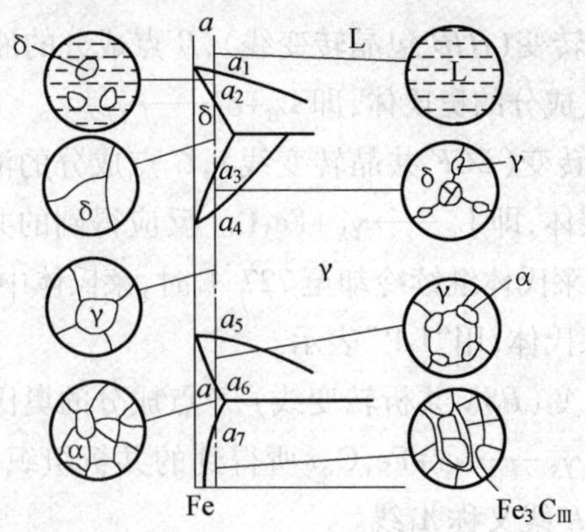

图4.27 合金 a 冷却过程中组织变化示意图

(2)共析钢

图4.28(a)为共析钢合金 b 冷却过程中组织变化示意图及室温金相组织。共析钢从液相开始冷却时,首先在 b_1 点温度开始从液相中结晶析出 γ 相,在 b_2 点温度 γ 相结晶完毕。单相 γ 冷却至 b_3 点温度,即共析温度时,发生共析转变,得到珠光体组织。

在继续冷却过程中,珠光体中的铁素体成分沿 PQ 线变化,因此随着温度的降低将从铁素体中不断析出 $Fe_3C_{Ⅲ}$,只是 $Fe_3C_{Ⅲ}$ 析出量较少,可以忽略,所以共析钢室温平衡组织为珠光体。如图4.28(b)所示,珠光体是由交替排列的片层铁素体和渗碳体构成的。

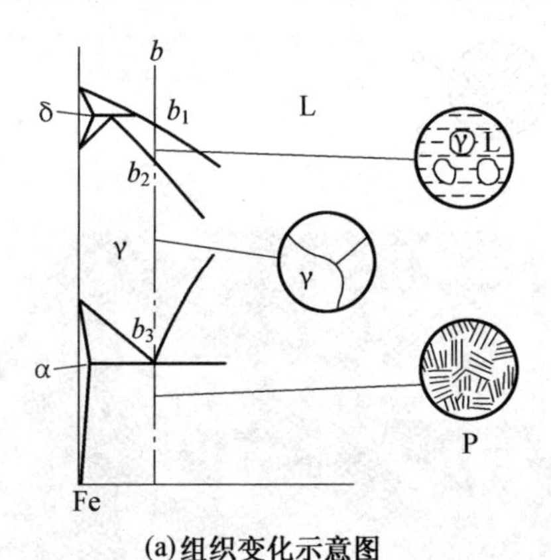

(a)组织变化示意图

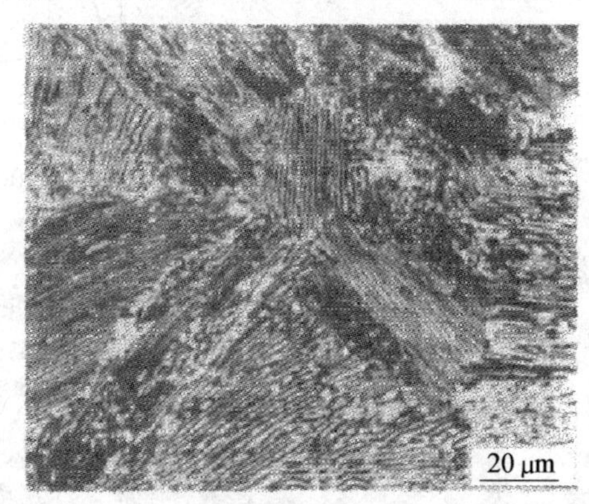

(b)室温金相组织

图4.28 共析钢冷却过程中组织变化示意及室温金相组织

(3)亚共析钢

4.29(a)为合金 c 冷却过程组织变化示意图。该合金从液相开始冷却时,首先在 c_1 点温度开始结晶出 δ 铁素体,冷却至 c_2 点温度,即包晶反应温度。包晶反应结束后,δ 相消失,为 L+γ 两相组织。在继续冷却的过程中,剩余的液相结晶形成 γ 相,在 c_3 点温度结晶全部结束,得到单相 γ。γ 相冷却至 c_4 点温度,开始在晶界位置处有 α 铁素体形核。继续降低温度 α 铁素体的量不断增多,在 c_5 点温度,即共析转变温度,γ 相成分变到 S 点,α 相成分变到 P 点,此时 S 点成分的奥氏体发生共析分解,形成珠光体。共析反应结束后的组织为 α 铁素体和珠光体,通常把在共析反应前从奥氏体中析出的铁素体称为先共析铁素体。

继续冷却时,从先共析铁素体和珠光体中的铁素体中都有三次渗碳体 $Fe_3C_{Ⅲ}$ 的析出,只不过析出量很少且附着在共析渗碳体上,对组织没有明显影响,因此亚共析钢室温平衡组织为先共析铁素体 α 和珠光体。

亚共析钢中的先共析铁素体可能呈现不同的形态,先共析铁素体在奥氏体晶界上形核后,可形成沿原奥氏体晶界的网状先共析铁素体,如图4.29(b)所示;也可以沿着奥氏体晶内某特定晶面生在成相平行的片状,如图4.29(c)所示的魏氏组织,图中黑色的为珠光体,白色的为先共析铁素体。

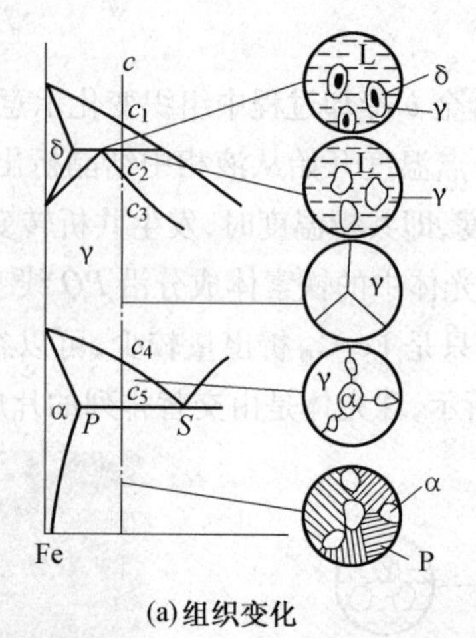

(a)组织变化

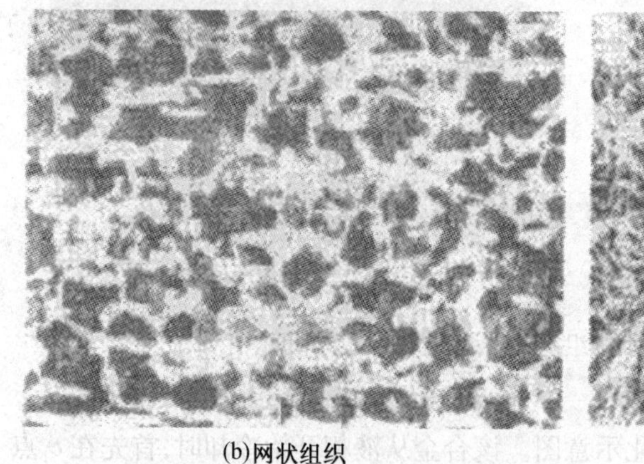

(b)网状组织

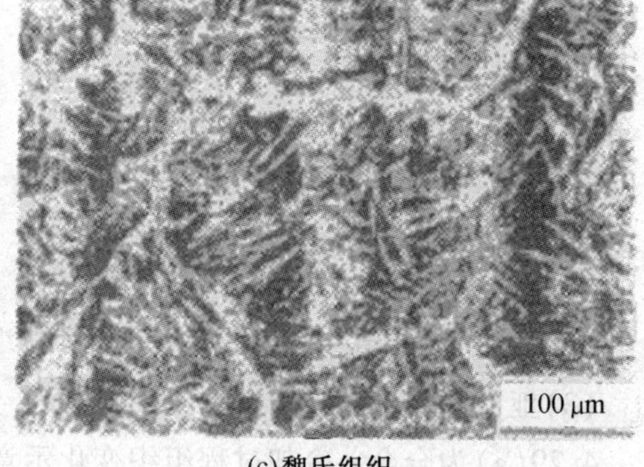

(c)魏氏组织

图 4.29 亚共析钢冷却过程组织变化及室温下的网状组织和魏氏组织

(4)过共析钢

4.30(a)为过共析钢冷却过程组织变化示意图。合金 d 从液相开始冷却时,首先在 d_1点温度开始结晶出 γ 相,在 d_2点温度结晶结束,得到单相 γ。在 d_3点温度奥氏体中的碳达到饱和,继续冷却时,奥氏体中析出二次渗碳体 Fe_3C_{II},且 Fe_3C_{II} 通常呈网状沿奥氏体晶界析出。冷却至 d_4点温度,即共析转变温度,奥氏体成分变化到 S 点,此时 S 点成分的奥氏体发生分析分解,形成珠光体。

自共析温度继续冷却,珠光体中的铁素体会析出三次渗碳体,同样因为析出量少而可以忽略,所以过共析钢室温平衡组织为 Fe_3C_{II} 和珠光体。图 4.30(b)为过共析钢的室温组织,黑白交替的区域为珠光体,白色网状组织为碳化物。

过共析钢中的网状碳化物随钢中含碳量的增多而增加,网状碳化物对钢的性能有极恶劣的影响,特别是造成钢的塑性和冲击韧性的大幅度将低,因此在实际生产中一定要避免或消除这种网状碳化物。

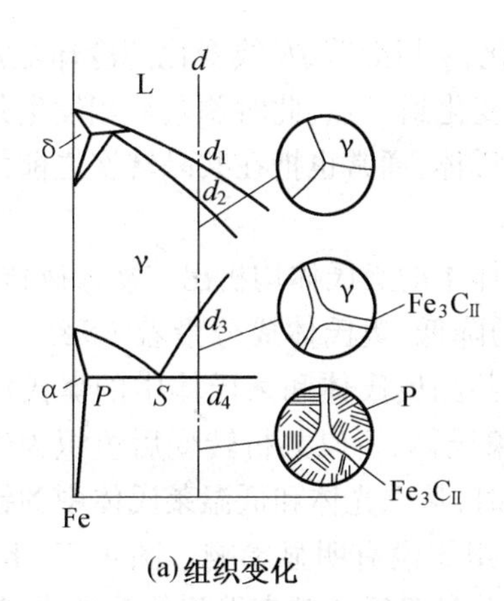

(a)组织变化

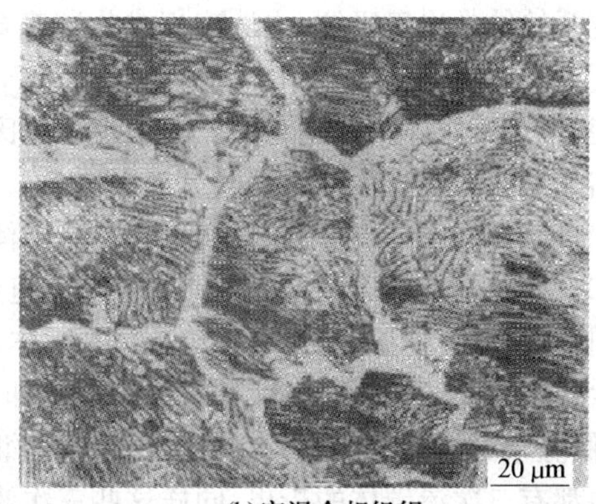

(b)室温金相组织

图 4.30 过共析钢冷却过程组织变化及室温金相组织

(5)共晶白口铁

图 4.31(a)为共晶白口铁冷却时的组织变化示意图。合金 e 自液相冷却时,首先达到共晶温度,全部发生共晶转变,形成莱氏体。

莱氏体在共晶温度以下继续冷却时,渗碳体不再发生变化,而莱氏体中的奥氏体成分沿 ES 线变化,从奥氏体中析出 Fe_3C_{II},但这种二次渗碳体附着在共晶渗碳体上,金相观察时很难分辨。继续冷却至共析温度时,奥氏体成分变到 S 点,莱氏体中的奥氏体发生共析分解形成珠光体,这种经过共析转变后的莱氏体称为低温莱氏体。低温莱氏体在自共析温度继续冷却时,还将从珠光体中的铁素体中析出三次渗碳体,同样这种三次渗碳体也是很难分辨的。所以共晶白口铁室温组织为低温莱氏体。图 4.31(b)为共晶白口铁的室温组织,黑色的为低温莱氏体中的珠光体,白色的为渗碳体。如上所述,虽然低温莱氏体中既有共晶渗碳体,又有二次渗碳体和三次渗碳体,但在金相组织中是无法将它们分辨开的。

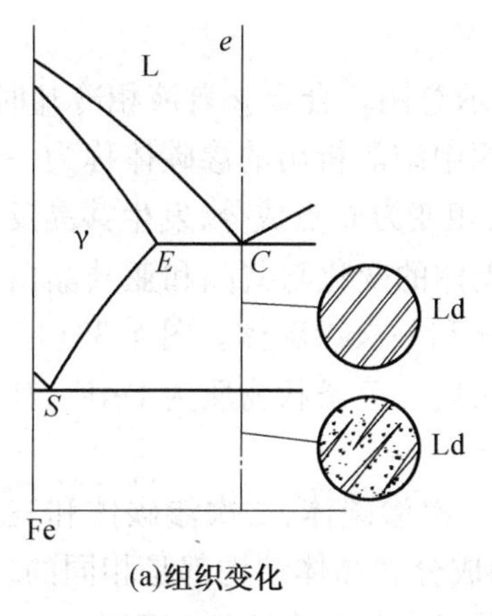

(a)组织变化

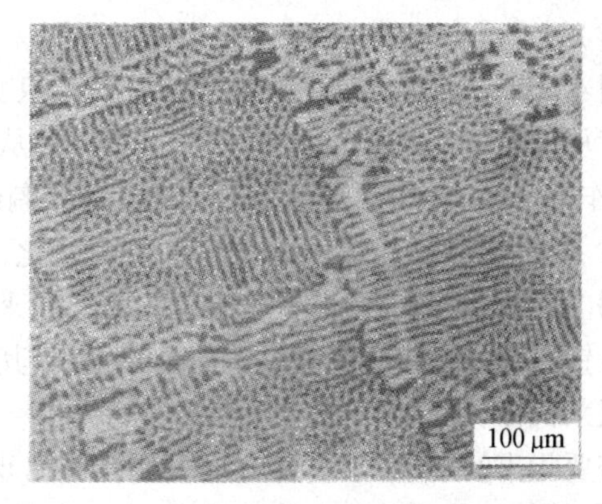

(b)室温金相组织

图 4.31 晶白口铁冷却过程组织变化及室温金相组织

(6)亚共晶白口铁

图 4.32(a)为亚共晶白口铁冷却时的组织变化示意图。合金 f 自液相冷却时,在 f_1 点

温度开始结晶出奥氏体，之后液相成分沿着 BC 线变化，γ 相沿着 JE 线变化。冷却至 f_2 点温度，即共晶温度时，液相成分变化到 C 点，γ 相成分变化到 E 点，此时剩余液相发生共晶转变，形成莱氏体。共晶转变后的组织为奥氏体和莱氏体，通常也把在共晶转变之前由液相结晶形成的奥氏体称为先共晶奥氏体。

自共晶温度继续降温时，从先共晶奥氏体和莱氏体中的奥氏体均析出二次渗碳体，且 Fe_3C_{II} 沿先共晶奥氏体晶界呈网状析出。随着温度的降低，奥氏体成分沿着 ES 线变化，达到 f_3 点，即共析温度时，S 点成分的奥氏体，包括先共晶奥氏体和莱氏体中的奥氏体均发生共析转变，形成珠光体，这时的莱氏体即为低温莱氏体，所以共析转变后组织为珠光体、低温莱氏体和 Fe_3C_{II}。共析转变后温度继续降低时，从珠光体和低温莱氏体中的铁素体中都有三次渗碳体的析出，同样这些三次渗碳体对组织没有明显影响。图 4.32(b) 为亚共晶白口铁的室温组织，图中黑色树枝状的是由先共晶奥氏体转变得到的珠光体，其周围是白色的二次渗碳体，其余部分为低温莱氏体。

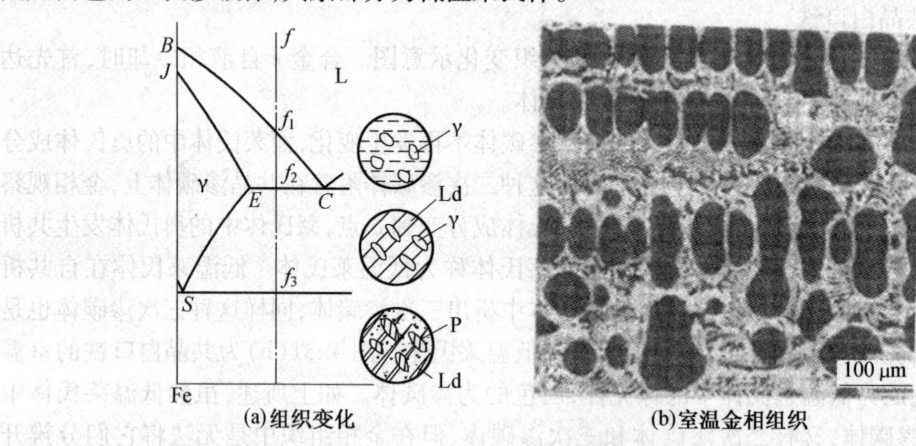

(a)组织变化　　(b)室温金相组织

图 4.32　亚共晶白口铁冷却过程组织变化及室温金相组织

(7)过共晶白口铁

图 4.33(a)为过共晶白口铁冷却时的组织变化示意图。合金 g 自液相冷却时，在 g_1 点温度从液相中开始结晶出渗碳体，这种直接从液相中结晶析出的渗碳体称为一次渗碳体，记作 Fe_3C_I。冷却至 g_2 点，即共晶温度时，剩余液相变为 C 点成分，发生共晶反应得到莱氏体。在继续冷却过程中，Fe_3C_I 不发生变化，莱氏体的变化与共晶和亚共晶白口铁中的相同。因此，过共晶白口铁室温组织为低温莱氏体和一次渗碳体。图 4.33(b) 为过共晶白口铁冷却过程组织变化的室温金相组织，其中大块白色条状物质为 Fe_3C_I，其余部分为低温莱氏体。

需要指出的是，在上述合金组织变化中出现了一次渗碳体、二次渗碳体和三次渗碳体，加之共晶和共析组织中的渗碳体，这些渗碳体的成分和晶体结构都是相同的，属同一相。不同的名称说明它们析出的母相不同，析出的顺序和存在的状态也不同。

另外，从 Fe-Fe_3C 相图可知，铁碳合金室温下相组成物均为铁素体和渗碳体，并且随含碳量的增加，渗碳体含量不断增多。而相比之下，室温组织组成物却有 α、Fe_3C_{III}、P、Fe_3C_{II}、Ld′和 Fe_3C_I 6 种，含碳量对铁碳合金组织的影响也很复杂。图 4.34 为不同铁碳合金的金相组织图。

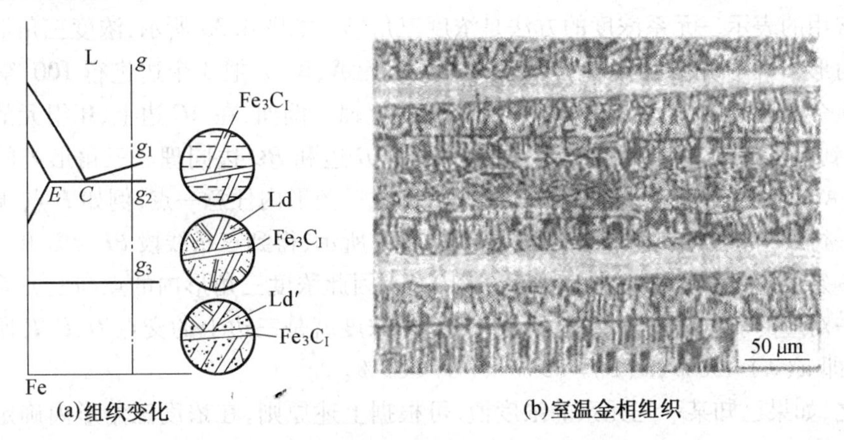

(a)组织变化 (b)室温金相组织

图 4.33 过共晶白口铁冷却过程组织变化及室温金相组织

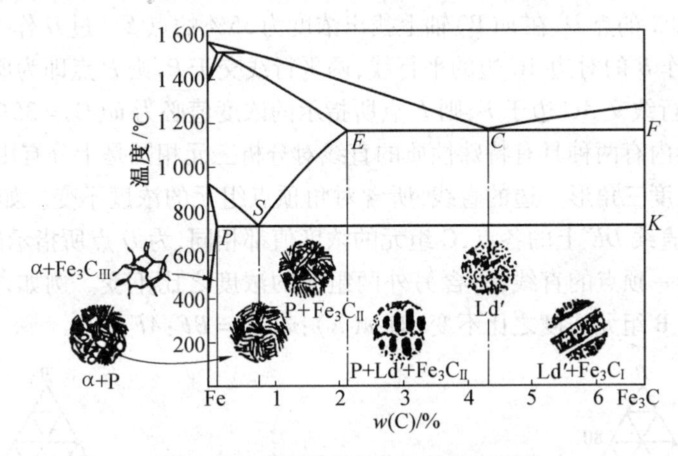

图 4.34 不同铁碳合金的金相组织图

4.5 三元相图

由于工业上使用的材料绝大多数是二元系或三元系,并且这些材料都或多或少地加入或带入某些微量元素,所以多元系的应用也是十分广泛的。对于多元系来说,一般材料的性质主要决定于其中的二三个组元,下面着重分析这些二元系和三元系的相变、相组织等问题,而把含量较少的组元作为影响因素来考虑,就使问题简化了。所以除了二元相图之外,三元相图也是非常重要的。

4.5.1 三元相图基础

三元系 $c=3$,根据相律,在恒压下,自由度 $f=4-\phi$。因为相数 ϕ 至少为 1,所以三元系中自由度的最大值为 3,即温度和系统中两个组元的浓度。三元恒压相图是一个三维的立体图形,通常以水平面上的图形表示三元系的成分,垂直轴表示温度。

1. 三元系浓度的表示方法

最常用的表示三元系浓度的方法是浓度三角形。如图 4.35 所示，浓度三角形是一个等边三角形，3 个顶角分别代表三元系的 3 个组元 A、B、C，把 3 个边进行 100 等分，则 3 个边是 3 个二元系 A-B、B-C 和 C-A 的成分变化轴。例如，在 AC 边上，B 组元的含量为零，从 A 到 C，C 组元的浓度由 0 变化到 100%，AB 边和 BC 边同理。三角形内的任意一点，代表 A-B-C 三元系的一个成分。这是因为过三角形内任意一点，例如 P 点，顺次作 3 个边的平行线与 3 边分别交于 D、E、F，如图 4.35 所示，得到三条线段 PD、PE 和 PF，可以证明这 3 条线段之和等于一边的长度，即 100%，因此浓度三角形内的点与三元系成分之间是一一对应的。浓度三角形内 P 点所代表的浓度就是三边上的交点 D、E、F 所指示的浓度值，即 $w(\mathrm{A})=30\%$，$w(\mathrm{B})=35\%$，$w(\mathrm{C})=35\%$。

反之，如果已知某一三元系的浓度值，可根据上述原则，在浓度三角形内确定对应的成分点。例如，已知 $w(\mathrm{A})=30\%$，$w(\mathrm{B})=35\%$，$w(\mathrm{C})=35\%$，如图 4.35 所示，在 $w(\mathrm{A})$ 轴上找出浓度为 30% 的点 D，在 $w(\mathrm{B})$ 轴上找出浓度为 35% 的点 E。过 D 作 A 的对边 BC 边的平行线，过 E 作 B 的对边 AC 边的平行线，两平行线交于 P，则 P 点即为所求。并且过 P 点作 AB 边的平行线交 AC 边于 F，则 F 点所指示的浓度值必为 $w(\mathrm{C})=35\%$。

浓度三角形内有两种具有特殊性质的直线对分析三元相图是十分有用的，它们是：

①平行于浓度三角形一边的直线，所含对角顶点组元的浓度不变。如图 4.36 所示，平行于 AB 边的直线 DE 上的各点，C 组元的浓度值都相同，为 D 点所指示的浓度值。

②过三角形一顶点的直线，所含另外两组元的浓度之比不变。例如，过 C 点的直线 CF 上的各点，A、B 组元浓度之比不变，即 $w(\mathrm{A}):w(\mathrm{B})=BF:AF$。

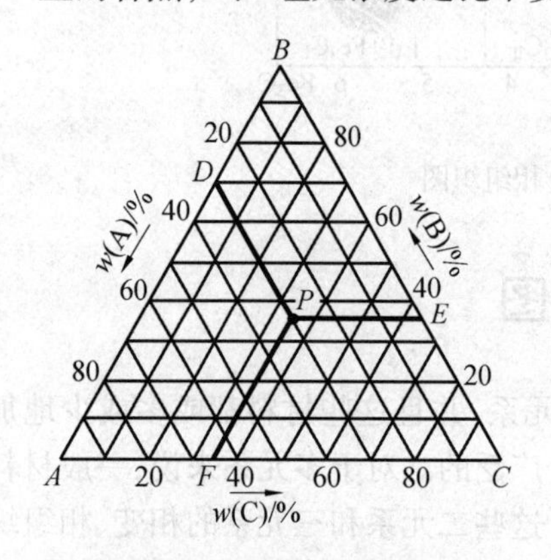

图 4.35　浓度三角形

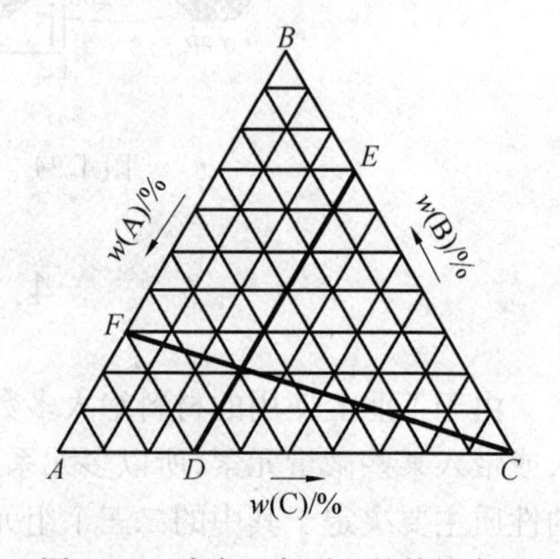

图 4.36　浓度三角形上的特性直线

浓度三角形是三元系浓度的最常用的表示方法，除此之外，在某些特殊的情况下，也使用等腰三角形或直角三角形表示法。

若三元系中某一组元的含量很少，例如 A-B-C 三元系中 C 组元的含量极少，那也在浓度三角形中，该成分点将距 AB 边很近，对于相图分析很不方便。为此令 AB 边不变，为 100%。将 AC、BC 边放大作为 $w(\mathrm{C})/\%$ 轴，就得到等腰三角形。如图 4.37 所示，取等腰三角形靠近底边的部分，成分点 P 的读取方法是：过 P 点作两腰的平行线分别交底边于 D、E，则 AD 段表示 B 组元的浓度，BE 段表示 A 组元的浓度，DE 段表示 C 组元的浓度。

若三元系中以某一组元为主，另外两组元含量都很少时，例如，$w(\mathrm{A})=96\%$，$w(\mathrm{B})=2\%$，$w(\mathrm{C})=2\%$，则浓度三角形中对应的成分点 P 位于角顶 A 附近。在这种情况下，为了更清楚地表示成分点附近的图形，使用如图 4.38 所示的直角三角形。其中 2 个直角边分别为 2 个含量极少的组元的成分轴，即 $w(\mathrm{B})$ 和 $w(\mathrm{C})$ 轴，这样就可以作出对应的成分点 P。需要注意，从直角三角形上不能直接读取 A 的浓度，而要根据 $w(\mathrm{A})=100-w(\mathrm{B})-w(\mathrm{C})$ 来确定。

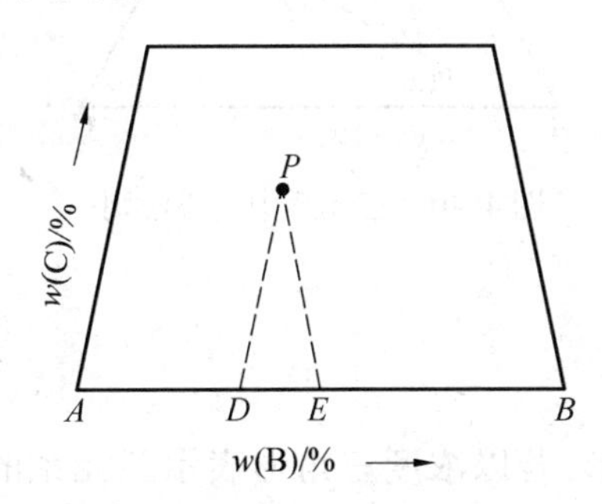

图 4.37 用等腰三角形表示三元系成分

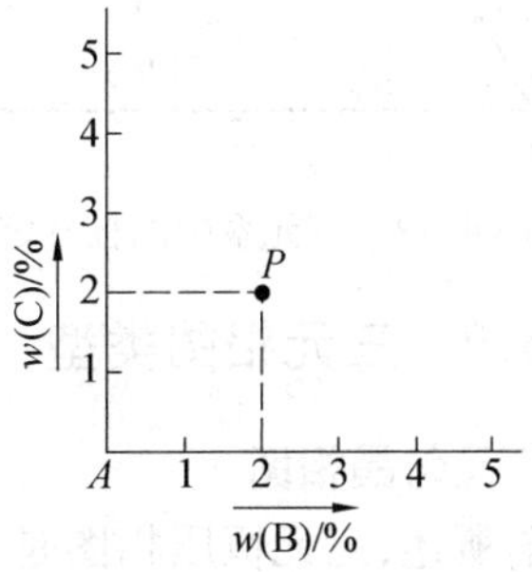

图 4.38 三元系成分的直角表示

2. 三元系中的杠杆定律和重心法则

(1)杠杆定律

如果有两个 A-B-C 三元合金 P 和 Q，质量分别为 W_P 和 W_Q，将它们熔化成一个新的三元合金 S，那么在浓度三角形中，新合金 S 的成分点必落在 PQ 连线上，并且 $P_\mathrm{S}/S_\mathrm{Q}=W_\mathrm{Q}/W_\mathrm{P}$，如图 4.39 所示。

反之，如果已知三元系统的成分 S 和质量 W_S，并且该系统在一定条件下为 α、β 两相平衡，两相的成分点分别为 P 和 Q，则 PQ 连线必过 S 点，且根据杠杆定律，α、β 两相的质量分别为

$$W_\alpha=\frac{QS}{PQ}\times W_\mathrm{S},\quad W_\beta=\frac{SP}{PQ}\times W_\mathrm{S}$$

(2)重心法则

如果将 3 个 A-B-C 三元合金 P、Q 和 R 熔化成一个新合金 S，则成分点 S 的求法分两步考虑：第一步，取合金 P 和 Q，求 P、Q 熔化后得到的 R′合金的成分。如图 4.40 所示，按杠杆定律，R' 点在 PQ 线上，且 $QR'/R'P=W_\mathrm{P}/W_\mathrm{Q}$，$R'$ 合金的质量 $W_{\mathrm{R}'}=W_\mathrm{P}+W_\mathrm{Q}$；第二步，将 R′合金与 R 合金熔化得到 S 合金。同理 S 点在 $R'R$ 线上，且 $R'S/SR=W_\mathrm{R}/W_{\mathrm{R}'}$。$S$ 点称 ΔPQR 的质量重心，也就是说，P、Q、R 合金熔化得到的新合金 S 的成分点在 ΔPQR 的质量重心上，这就是重心法则。显然重心法则是杠杆定律在 3 个体系混合情况下的应用，这种方法也可以推广到确定 3 个以上体系混合后的成分。

重心法则也可以求三相平衡时各相的质量。例如，已知三元系统的成分 S 和质量 W_S，在一定条件下该合金存在着 α、β、γ 相三相平衡，三相成分点分别为 P、Q 和 R，PS、QS 和 RS 连线延长交 ΔPQR 各边分别于 P'、Q' 和 R'，则 α、β、γ 相的质量分别为：$W_\alpha=\frac{SP'}{PP'}\times W_\mathrm{S}$，$W_\beta=\frac{SQ'}{QQ'}\times W_\mathrm{S}$，$W_\gamma=\frac{SR'}{RR'}\times W_\mathrm{S}$。

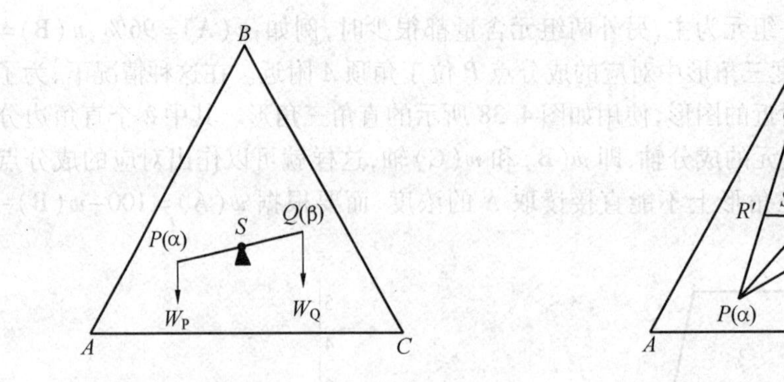

图 4.39　三元系中的杠杆定律

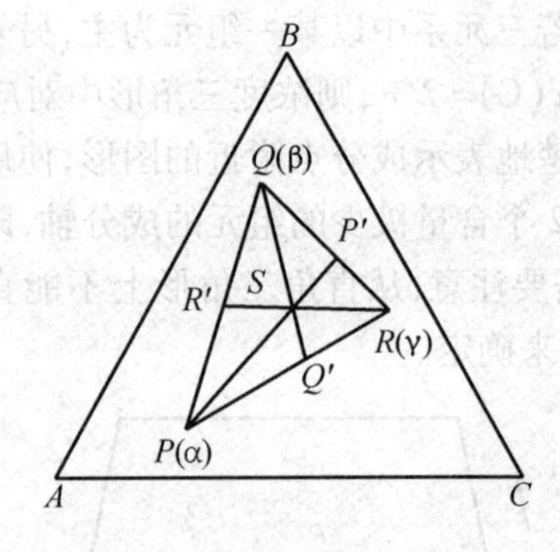

图 4.40　三元系中重心法则

4.5.2　三元相图类型

1. 三元匀晶相图

如前所述，三元恒压相图是一个三维的立体图形，若以浓度三角形表示三元系的成分，则三元恒压相图是一个正三棱柱，如图 4.41(a)所示为三元匀晶相图，图中三棱柱的底平面是浓度三角形 ABC，垂直于此浓度三角形的竖轴表示温度，3 个棱柱 AA'、BB'、CC' 分别表示 3 个纯组元 A、B、C 的状态随温度的变化，3 个柱面是 3 个组元两两组成的二元系，即 A-B、B-C、C-A 二元系相图，通常也称上述 3 个二元系为边二元系。

三元匀晶相图的特点是 3 个边二元系均为二元匀晶系统，因此图中 $A'B'C'$构成的上凸曲面为液相面，构成的下凹曲面为固相面。与二元匀晶系相似，三元匀晶系统存在着液相区 L 和固相区 α 两个单相区，一个 L+α 两相区。应用这个相图可以解释三元匀晶系统冷却时的相变过程。设某三元系统的成分点为 O，过点 O 作浓度三角形的垂线分别交液相面和固相面于点 O_1 和点 O_2。该合金在 O_1 温度以上处于液相区，根据相律，三元系单相区的自由度等于 3，说明可以在一定范围内任意改变温度和两个组元的浓度而不改变合金单相的性质。当冷却至 O_1 点温度，从液相中开始结晶出 α 相，合金进入两相区。三元系处于两相平衡时，描述体系状态性质的变量有温度 T 和两个相的成分 x_i^{L}、x_i^{α}(i=A、B、C)。根据相律，三元系两相平衡时的自由度为 2，因此两相平衡时有 2 个独立变量。例如，温度和液相的成分 $x_{\mathrm{A}}^{\mathrm{L}}$ 一旦确定，则 $x_{\mathrm{B}}^{\mathrm{L}}$、$x_{\mathrm{C}}^{\mathrm{L}}$ 和 x_i^{α}(i=A、B、C)也就被确定了。这个结论在接下来将要介绍的等温截面图中还会得到更清楚的解释。合金 O 继续冷却至 O_2 温度，结晶结束，得到均匀的 α 固溶体，该固溶体一直保持至室温。

由于三元相图是一个立体图，应用很不方便，因此常使用三元相图的截面图，截面图包括水平截面图和垂直截面图，水平截面图也称等温截面图，它用来表示在某一确定的温度下，三元系的相、相平衡及平衡相成分。在某一指定温度 t 下作平行于水平面的平面截三元立体图形，得到如图 4.41(b)所示的等温截面图。对照完整的三元相图可知，图 4.41(b)中 Bs_1s_2 为 α 固相区，l_1ACl_2 为液相区，$s_1l_1l_2s_2$ 为 L+α 两相区。在等温截面图上，系统成分点处在哪个相区，说明在此温度下系统平衡状态为哪些相。例如，合金 O 的成分点落在两相区，说明在此温度下合金 O 为液、固两相平衡共存，并且液相的平衡成分一定会落在 l_1l_2 线上，设为 l 点，α 相的平衡相成分一定落在 s_1s_2 线上，设为 s 点，连接 l 与 s

的线 ls 一定过系统成分点 O。像 ls 这样，连接两个相互平衡的相成分点的直线称为共轭线。在等温截面图上，两相区可以看作是由一系列共轭线所组成的区域。

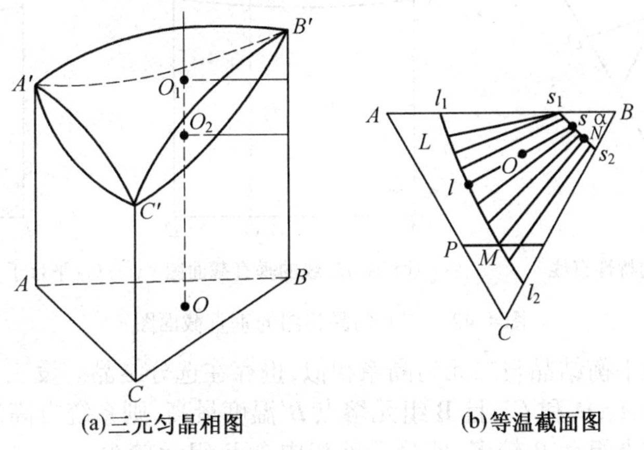

(a)三元匀晶相图　　(b)等温截面图

图 4.41　三元匀晶相图及其等温截面图

需要注意的是，三元系中两相平衡时，一旦其中一个相的成分确定了，则与之平衡的另一个相的成分也就确定了，因此这条共轭线也被唯一地确定了，它同时也说明共轭线之间是不能相交的。根据以上分析，不难解释三元系两相平衡时的自由度问题。在等温条件下，三元系两相平衡时的自由度为 1，因此只要其中一个相一个组元的含量确定后，其他变量就都被确定了。例如，假定 L 相的 C 组元含量为 P，如图 4.41(b) 所示，过 P 点作平行于 AB 边的直线交 l_1l_2 于 M 点，则成分点 M 即为 L 相的平衡相成分。当 M 点确定后，过 M 点所作的共轭线 MN 是唯一的，因此液相的平衡相成分点 N 也就确定了。

在两相区，根据共轭线可以确定两相平衡体系中相的相对含量，如图 4.41(b) 中的合金 O，在 t 温度下 L 和 α 相的相对含量为

$$L\% = \frac{Os}{ls} \times 100\%, \quad \alpha\% = \frac{Ol}{ls} \times 100\%$$

等温截面图是三元相图研究中最常用的表示方法，利用等温截面图可以分析在特定温度下，系统的相组成、相平衡成分和相的相对量。通常对于复杂的三元相图，往往给出多个等温截面图。例如，大多数的三元相图集都提供一定温度间隔的等温截面图，配合完整的三元立体图形，更直接更清楚地表达三元系的相平衡关系。

垂直截面图主要用来分析温度变化时合金的相变过程，通常截面的截取位置有两种，一种是垂直于浓度三角形并过其一个顶点的截面，如图 4.42(b) 所示为过顶点 A 的垂直截面图，截面上 B、C 组元浓度之比不变；另一种是垂直于浓度三角形且平行于浓度三角形一边的截面，如图 4.42(c) 所示为平行于 AB 边的垂直截面图，截面上 C 组元含量不变。

从图 4.42 中可以看到，含金 O 在 O_1 温度以上为均匀的液相 L，从 O_1 温度开始结晶出 α，在 O_2 温度结晶结束，在 O_2 温度以下为均匀的 α 相。垂直截面图与二元相图有很多相似之处，但与二元相图不同的是，垂直截面图上的相区分界线是垂直截面与三元立体相图相区分界面的交线，并不是平衡相成分随温度的变化曲线，因此不能用来确定平衡相成分，也不能在垂直截面图上使用杠杆定律计算两相的相对量。

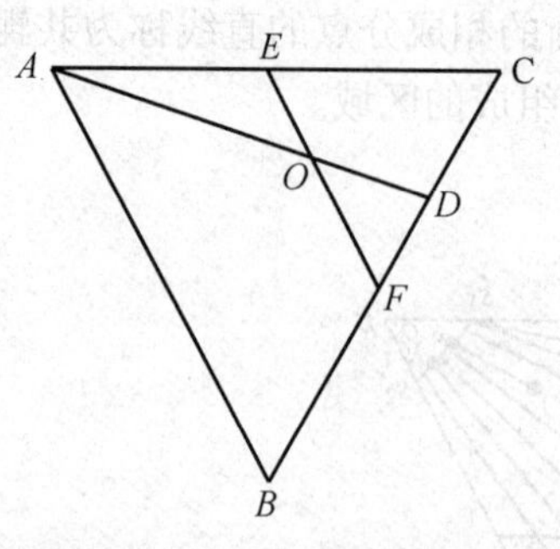

(a) 浓渡三角形上的特性直线

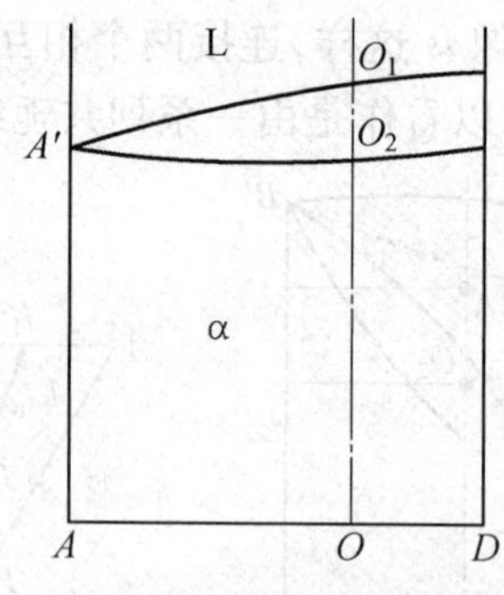

(b) 沿 AD 线的垂直截面图

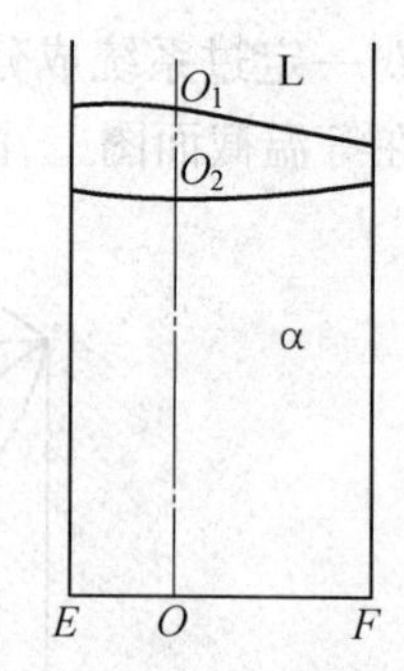

(c) 平行于 AB 边的垂直截面图

图 4.42 三元匀晶相图的垂直截面图

三元匀晶系的平衡结晶与二元匀晶系相似，也存在选分结晶。设三元系中纯组元 A、B、C 的熔点分别为 A'、B'和 C'，且 B 组元熔点 B'温度最高，则系统自高温液相冷却时，先结晶的固相含高熔点组元 B 较多，使最后液相中含 B 组元较少，平衡结晶过程如图4.43所示。设合金 O 自液相缓慢冷却时，在 T_1温度与液相面相遇，开始结晶出成分为 α_1 固溶体。从 T_1开始，温度不断降低，直到 T_4温度，合金 O 与固相面相遇。在这个过程中，α 相的相对量不断增加，液相的相对量减少，并且 α 相的成分沿固相面变化，依照 $\alpha_1\alpha_2\alpha_3\alpha_4$ 轨迹逐渐趋于成分点 O；液相的成分沿液相面变化，依照 $L_1L_2L_3L_4$ 轨迹逐渐远离成分点 O。其中 L_1和点 α_4成分相间，与合金成分 O 相等。在 T_1 与 T_4 温度之间，根据杠杆定律，共轭线均通过 O 点，因此不同温度下的共轭线方向是不同的。从图 4.43(b)浓度三角形上的投影可以看出，共轭线两端点变化轨迹的投影呈蝶形变化，先结晶的 α 相成分 α_1与合金成分相差很大，距顶点 B 很近，而最后结晶的液相 L_4也与合金成分差别较大，距顶点 B 最远。

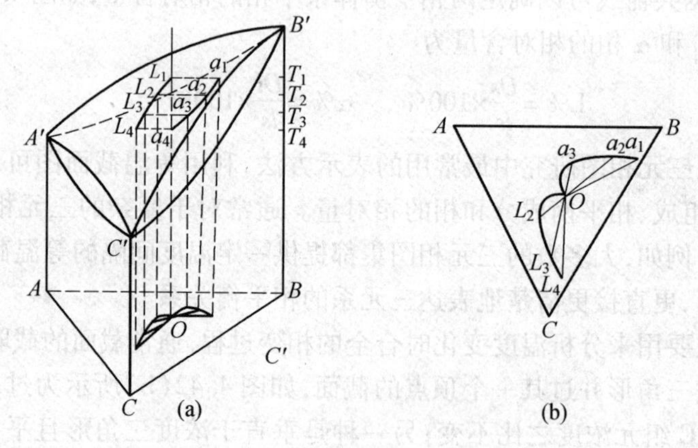

图 4.43 三元匀晶系的平衡结晶过程

2. 具有三相平衡的三元相图

根据相律，三元系三相平衡时的自由度为 1，因此在三相平衡区域，即三相区只能任意地改变温度和成分之中的一个变量。温度变化时，三相区都伴随有三相反应发生。三相反应有两类，一类是共晶型反应，即随着温度的降低发生由一相分解成两相的反应，共晶、偏晶、熔晶和共析都属于这一类反应；另一类是包晶型反应，即随着温度的降低，发生由两相转变成一相的反应，包晶、合晶和包析属于这一类反应，现分别介绍如下。

(1)具有共晶型三相区的三元相图

最简单的具有共晶型三相区的相图如图 4.44(a)所示,其边二元系 A-B、A-C 为两个二元共晶系统,共晶温度分别为 E_1 和 E_2,且 $E_1>E_2$。边二元系 B-C 为二元匀晶系统,B、C 两个组元形成的无限固溶体为 β 固溶体,同时在富 A 角,B、C 组元溶解在以 A 为溶剂的固溶体中形成 α 固溶体。相图中存在着 L、α 和 β 3 个单相区,L+α、L+β 和 α+β 3 个两相区和 1 个 L+α+β 共晶型三相区。

共晶型三相区是一个三棱柱,如图 4.44(b)所示,三棱柱上起自 A-B 二元系的共晶线 mE_1n,下止于 A-C 二元系的共晶线 pE_2q,因此三相区的上限温度为 E_1,下限温度为 E_2。三棱柱的 3 个侧面为曲面 mE_1nqE_2p、mE_1E_2p、nE_1E_2q,这 3 个侧面同时也分别是 α+β、L+α、L+β 两相区的边界面,因此在 3 个侧面上分别存在着 α-β、L-α 和 L-β 两相平衡,换言之,三棱柱 3 个侧面均是由一系列的共轭线所组成的。

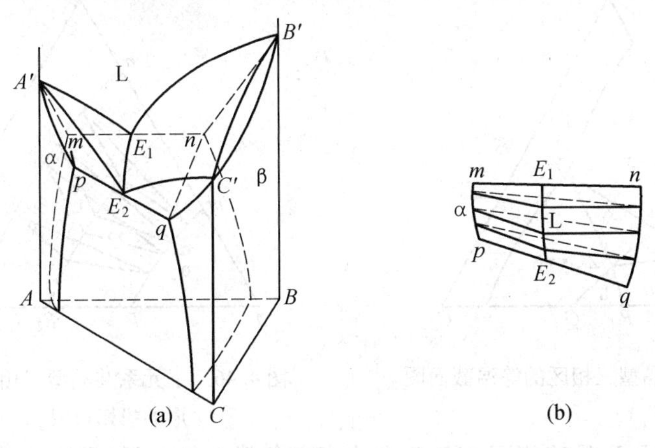

图 4.44 具有共晶型三相区的三元相图及共晶型三相区

图 4.45 为在 E_1 和 E_2 之间某一温度 t 所作的上述三元系(图 4.44)的等温截面图,L+α+β 三相区为三角形 XYZ。在三元等温截面图上,三相区均为三角形,称此三角形为共轭三角形。共轭三角形具有如下特点:

①共轭三角形的 3 条边与 3 个两相区相接触,如图 4.45 中的 XY 边与 α+β 两相区接触,XZ 边与 L+α 两相区接触,YZ 边与 L+α 两相区接触。再进一步说,XY 边实质上是 α+β 两相区在 t 温度下的一条特殊共轭线,同理 XZ 与 YZ 分别是 L+α 和 L+β 两相区的共轭线。由于共轭三角形的 3 条边均是共轭线,所以共轭三角形为直边三角形。

②共轭三角形的 3 个顶点分别与 3 个单相区相连接,如图 4.45 中的 X 与 α 相区接触,Y 与 β 相区接触,Z 与 L 相区接触。如果一个系统的成分落在共轭三角形 XYZ 范围内,表明在该温度下,系统处于 α、β、L 三相平衡,并且 α、β、L 三相的平衡相成分点就是 X、Y、Z 三点。这也正说明三元系三相区自由度为 1,一旦温度确定,3 个相的平衡相成分就确定了。

③在共轭三角形内,若已知系统成分,可应用重心法则计算此温度下三相平衡时各相的相对含量。

在等温截面图上,共轭三角形顶点处相交的 2 条单相区和两相区的分界线,如图4.45

中的 MX 与 NX,它们的延伸线可都进入两相区内,如 MX 延伸线进入 L+α 相区内,NX 延伸线进入 α+β 相区内;或者 2 条分界线的延伸线都进入三相区内,如图 4.45 中的 PZ 和 QZ,但不可能一条伸入两相区而另一条伸入三相区,也不可能 1 或 2 条延伸入单相区。

正如两相区是由一系列的共轭线所组成的一样,三相区也可以看作是由一系列的共轭三角形所组成的。在三相区的上限温度 E_1,共轭三角形缩扁为一直线 mE_1n;在下限温度 E_2,共轭三角形亦缩扁为一直线 pE_2q。在 E_1 与 E_2 温度之间,将不同温度下的共轭三角形投影到浓度三角形上,就得到如图 4.46 所示的投影图。可以看出,随着温度的降低,三相平衡时 α 相的平衡相成分沿着 mp 线变化,α 相的平衡相成分沿着 nq 线变化,液相的平衡相成分沿着 E_1E_2 线变化,而共轭三角形则沿着图中箭头所示的降温方向平移,移动时三角形的顶点朝前,与箭头方向一致。

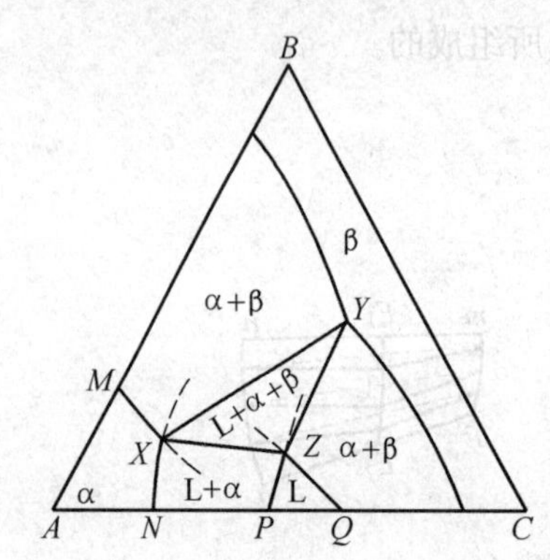

图 4.45 具有共晶型三相区的等温截面图($E_2<t<E_1$)

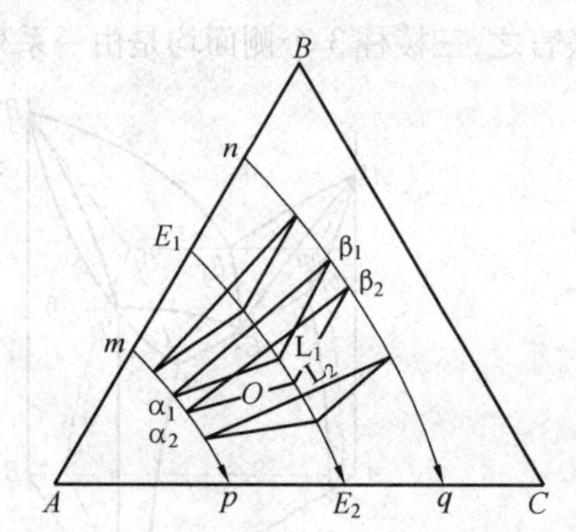

图 4.46 三元系共晶型三相区的浓度三角形的投影($t>E_2$)

在投影图中,AE_1E_2 是液相面 $A'E_1E_2$ 在浓度三角形上的投影(图 4.44),BE_1E_2C 是液相面 $B'E_1E_2C'$ 的投影,Amp 是固相面 $A'mp$ 的投影,$BnqC$ 是固相面 $B'nqC'$ 的投影。显然成分位于 mE_1nqE_2p 范围内的系统,自液相冷却时都一定经历三相区,发生三相共晶反应,即 L ⟶α+β。例如,合金 O,由于成分点落在 AE_1E_2 范围内,因此冷却时首先与液相面 $A'E_1E_2$ 相遇,结晶出 α 相,从而进入 L+α 两相区。继续冷却至某一温度,设为 t_1 温度,合金 O 在冷却时与三相区相遇,表现在投影图上,O 点刚好落在 t_1 温度所对应的共轭三角形 $\alpha_1L_1\beta_1$ 共轭三角形的一边 α_1L_1 上,此时合金仍为 α、L 两相共存,两相的相对含量为

$$\alpha\% = \frac{OL_1}{\alpha_1L_1}\times100\%,\quad L\% = \frac{\alpha_1O}{\alpha_1L_1}\times100\%$$

自 t_1 温度继续冷却,剩余的液相开始发生共晶反应,生成 α 和 β,从而进入三相区,并且随着温度的继续降低,液相的相对量逐渐减少。冷却至 t_2 温度,成分点 O 刚好落在共轭三角形 $\alpha_2L_2\beta_2$ 的一边 $\alpha_2\beta_2$ 上,液相消失,共晶反应结束,合金 O 将离开三相区而进入α+β 两相区,此时 α、β 两相的相对含量为

$$\alpha\% = \frac{O\beta_2}{\alpha_2\beta_2}\times100\%,\quad \beta\% = \frac{\alpha_2O}{\alpha_2\beta_2}\times100\%$$

(2)具有包晶型三相区的三元相图

如果把图 4.44(a)中的 2 个二元共晶系换成 2 个二元包晶系,就得到如图 4.47(a)所

示的具有包晶型三相区的三元相图。与图4.44(a)相比,相区数目不变,差别仅在于三相区的形状发生了变化。如图4.47(b)所示,包晶型三相区也是一个三棱柱,三棱柱上起自A-B二元系的包晶线 mE_1n,下止于A-C二元系的包晶线 pE_2q,因此三相区的上限温度同样是 E_1 温度,下限温度是 E_2 温度。在 E_1 与 E_2 温度之间,随着温度的降低,三相平衡时α相的平衡相成分沿着 mp 线变化,液相的平衡相应成分沿着 nq 线变化,α相的平衡相成分沿着 E_1E_2 线变化,且 E_1E_2 线在三相区的背面,因此在如图4.48所示的等温截面图上包晶型共轭三角形的顶点是向后的。

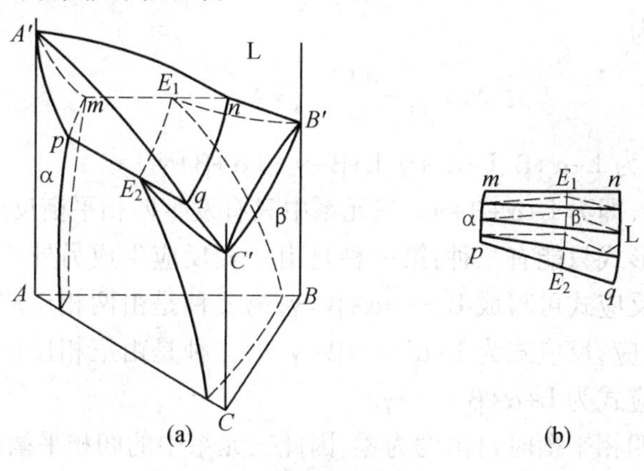

图4.47 具有包晶型三相区的三元相图

图4.49为在 E_1 与 E_2 温度之间一系列共轭三角形在浓度三角形上的投影图。随着温度的降低,共轭三角形沿着图中箭头所指示的降温方向平移,并且在移动时三角形的顶点朝后,与箭头方向相反,由此可以区别共晶型和包晶型三相反应。

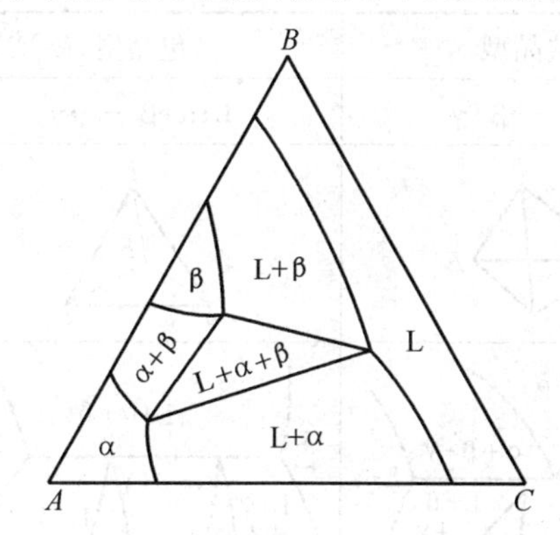

图4.48 具有包晶型三相区的三元系等温截面图($E_2<t<E_1$)

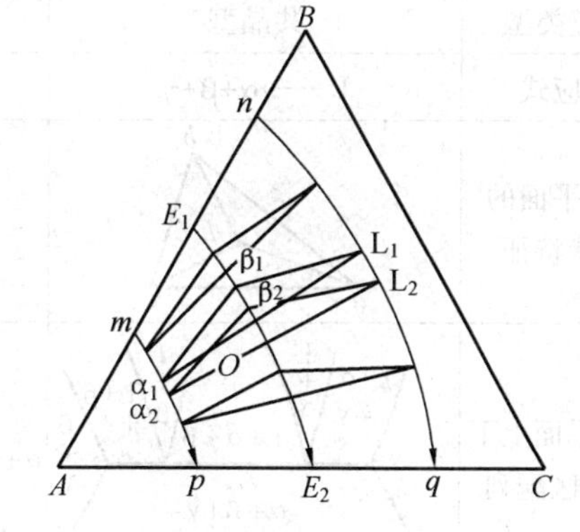

图4.49 三元系包晶型三相区在浓度三角形上的投影($t>E_2$)

在图4.49的投影图中,显然成分位于 mE_1nqE_2p 范围内的系统,例如成分点为 O 的系统,自液相冷却时一定经历三相区,发生三相包晶反应,即 $L+\alpha \longrightarrow \beta$。与三相共晶反应不同的是,成分点 O 首先与共轭三角形 $\alpha_1\beta_1L_1$ 的底边 α_1L_1 相遇而开始进入三相区,当温度降低,三相包晶反应结束时,成分点 O 与共轭三角形 $\alpha_2\beta_2L_2$ 的一边 $\alpha_2\beta_2$ 相遇而离开三相区。冷却过程中相的相对含量计算与三相共晶反应基本相同。

3. 三元相图中的四相平衡

设 A–B–C 三元系中存在着以 A、B、C 3 个组元为溶剂的 α、β、γ 3 个单相区和 1 个液相区，这 4 个相之间相互结合形成的各类相区如下：

①二相区，其数目为

$$N_2=\frac{4!}{2!\ (4-2)!}=6$$

这 6 个二相区分别为 L+α、L+β、L+γ、α+β、β+γ 和 α+γ。

②三相区，其数目为

$$N_3=\frac{4!}{3!\ (4-3)!}=4$$

这 4 个三相区分别为 L+α+β、L+α +γ、L+β+γ 和 α+β+γ。

③四相区只有一个，即为 L+α+β+γ。三元系中只有发生四相平衡反应时才出现四相区，而四相平衡反应的形式只能有三种：第一种是由一相反应生成另外三相，这种反应称共晶型四相平衡反应，反应式可写成 L ⟶α+β+γ；第二种是由两相反应生成另外两相，称包共晶型四相平衡反应，反应式为 L+α ⟶β+γ；第三种是由三相反应生成一相，称包晶型四相平衡反应，反应式为 L+α+β ⟶γ。

根据相律，三元系四相平衡时自由度为零，因此三元系中的四相平衡反应是一个不变反应，反应前后的温度及各相的成分不变，三元系中的四相区为一平面，称四相反应平面。

表 4. 2 是上述三元四相反应的反应类型、四相反应平面形状以及与三相区、两相区的接触情况和液相单变量线的降温走向特征。

表 4. 2　三元系各类四相反应的特征

反应类型	共晶型	包共晶型	包晶型
反应式	L ⟶α+β+γ	L+α ⟶β+γ	L+α+β ⟶γ
四相平面的形状特征	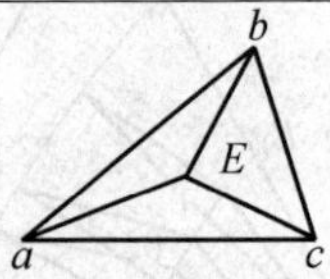 b E a c	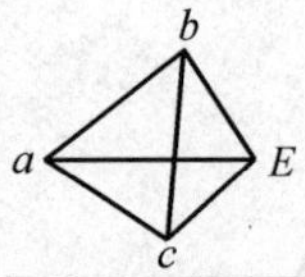 b a E c	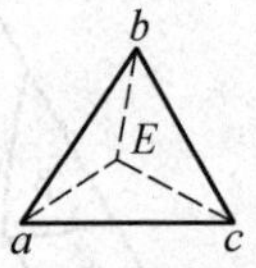 b E a c
四相平面上下的相区配列	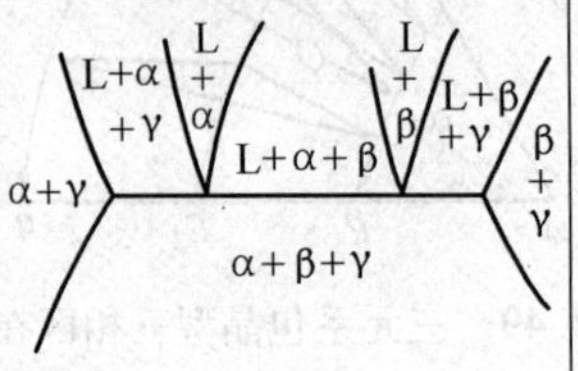 L+α +γ　L + α　L + β　L+β +γ　α+γ　L+α+β　β + γ　α+β+γ	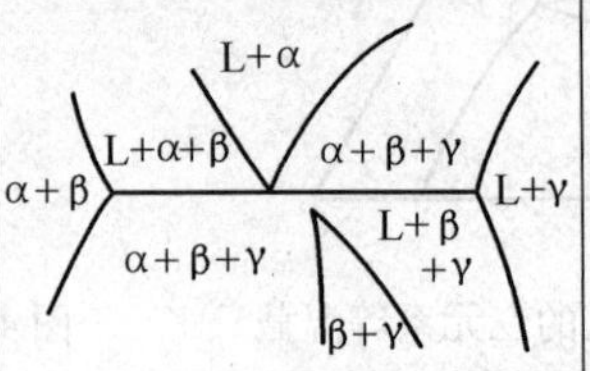 L+α　L+α+β　α+β+γ　α+β　L+γ　α+β+γ　L+β +γ　β+γ	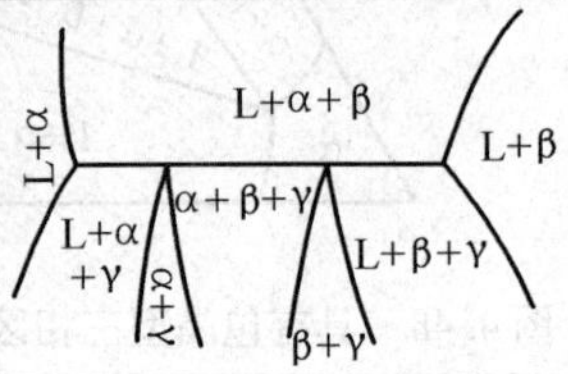 L+α　L+α+β　L+β　α+β+γ　L+α +γ　α+γ　L+β+γ　β+γ
液相单变量线的降温走向	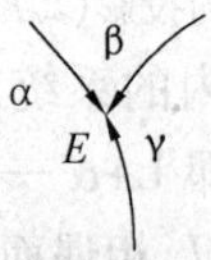 β α E γ	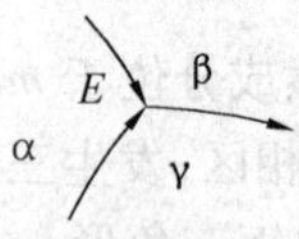 E β α γ	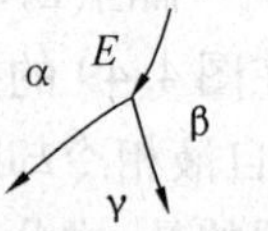 E α β γ

四相反应平面上均有 4 个三相区、6 个二相区和 4 个单相区与之相联系，其中三相区与四相区之间以界面相接触，二相区与四相区之间以线接触，单相区与四相区之间以点接触，这种规律正是相区空间的接触法则，即当 2 个相邻相区相数之差等于 1 时，以分界面

接触;相数之差等于 2 或 0 时,以分界线接触;相数之差等于 3 时,以点接触。

4. 出现化合物的三元相图

三元系中的化合物也有稳定和不稳定化合物之分,对于不稳定化合物,熔化前即发生分解,属于基本类型相图,在此不予讨论。对于熔化前不发生分解的稳定化合物,可将其当作一个“组元”来考虑,这样原三元相图被划分为成 2 个或若干个基本类型的三元相图。

(1)出现二元稳定化合物的三元相图

三元系中由 2 个组元组成的化合物为二元化合物,如图 4.50 所示为出现二元稳定化合物的三元相图投影图。把二元化合物 A_mB_n 作为一个“组元”,则 A_mB_n–C 线把原三元相图划分成 A–A_mB_n–C 和 B–A_mB_n–C 两个伪三元相图。从投影图的分析可以看出,这 2 个伪三元相图都是固态互不溶解的三元共晶相图,成分处在 A–A_mB_n–C 范围内的系统,自液相冷却时,在 E_1温度下发生四相共晶反应 $L_{E1} \longrightarrow A_mB_n+A+C$;成分处在 B–$A_mB_n$–C 范围内的系统冷却时则在 E_2温度下发生四相共晶反应 $L_{E_2} \longrightarrow A_mB_n+B+C$。

若三元系中出现 A_mB_n和 B_pC_q 2 个稳定的二元化合物,如图 4.51 所示,相图的划分方法有 2 种,显然只有一种是符合实际的。因为若 2 种方法都成立,则图中交叉点处的合金 O 将总是四相共存,这是违背规律的。究竟哪种方法合理,要通过实验来确定。把合金 O 均匀化退火,若退火后存在着 A_mB_n,证明按 C–A_mB_n划分相图是正确的,否则应按 A–B_pC_q 划分相图。

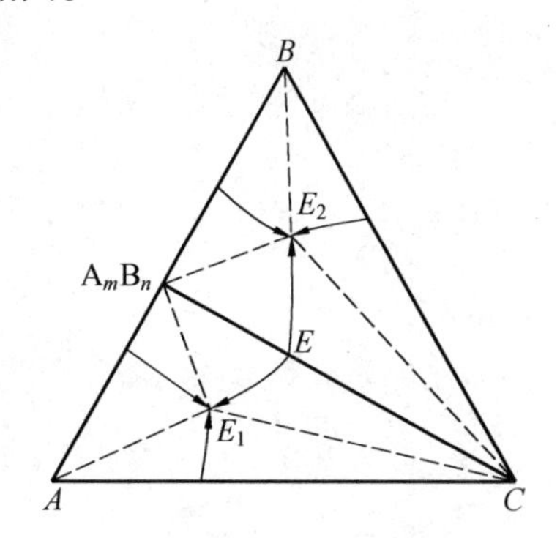

图 4.50 出现二元稳定化合物的三元相图投影图

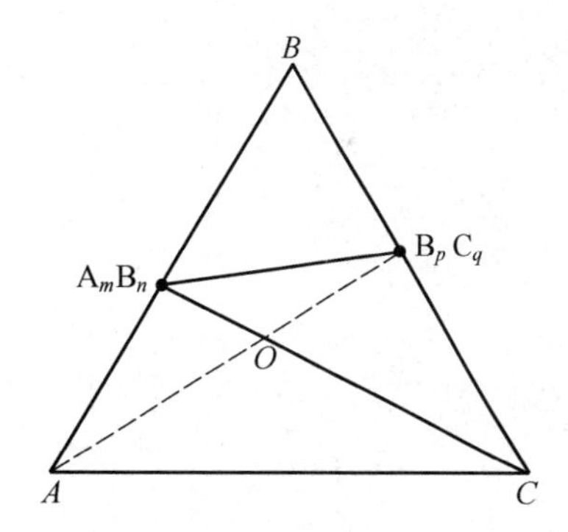

图 4.51 出现 2 个二元稳定化合物相图的划分

若三元系中存在着几个二元稳定化合物,则原三元相图划分成若干个基本类型的三元相图,同样划分线不能相交。可以推出,当二元稳定化合物的数目为 n 时,可划分的基本类型相图数目为 $x=n+l$。

(2)出现三元稳定化合物的三元相图

由 3 个组元组成的化合物为三元化合物。同样地将三元化合物当作一个“组元”,它与纯组元 A、B、C 形成 3 个伪三元系,使原三元相图划分为 3 个基本类型的三元相图。若三元系中出现几个稳定的三元化合物,同样,划分线亦不能交叉,要通过实验来确定正确的划分方法。

若三元系中存在着 m 个稳定的三元化合物,则原三元相图划分成基本类型相图的数目为 $y=2m+1$;若可以推出,当三元系中同时存在着 n 个二元稳定化合物和 m 个三元稳定化合物，则相图划分成基本类型三元相图的数目为 $z=n+2m+1$。

习 题

1. 应用相律，说明在常温常压下，一元、二元和三元系统中最大相数是多少？

2. 图 4.22 为 Al-Ni 二元相图，填写其中各二相区的组成相，写出各恒温转变的反应式及其转变类型，说明：$x(\mathrm{Ni})=70\%$，$x(\mathrm{Al})=30\%$ 的合金平衡结晶过程。

3. 在 Pb-Sb 二元共晶系统中（图 4.15），251.7 ℃发生二元共晶反应 $\mathrm{L}(w(\mathrm{Sb})=12\%)\longrightarrow \mathrm{Pb}(w(\mathrm{Sb})=4\%)+\mathrm{Sb}(w(\mathrm{Sb})=98\%)$，试求 $w(\mathrm{Sb})=50\%$ 的合金在共晶温度下完全结晶后，初晶 Sb 与共晶体的质量百分比，Pb 与 Sb 相的质量百分比，共晶体中 Pb 与 Sb 相的质量百分比。

4. $w(\mathrm{C})=3.5\%$ 的亚共晶白口铁，计算其平衡冷却后组织组成物和相组成物的相对含量。

第5章　金属的凝固

金属由液体转变为固态的过程称为凝固，由于凝固后的固态金属通常是晶体，所以又将这一转变过程称为结晶。在凝固过程中，有时会产生固态的、树枝形状的组织称为枝晶。枝晶以及铸锭的不均匀组织对合金的性能影响很大，不仅影响加工工艺，也影响了使用性能和使用寿命。因此，研究和控制金属的结晶过程，对于提高材料的工艺性能和使用性能有重要意义。

5.1　液态金属结晶的经典理论

5.1.1　金属的结晶过程

通过热分析法测定纯金属从液态冷却到固态的温度与时间曲线，如图5.1所示，从而得出金属结晶过程的两个宏观特征：过冷度和结晶潜热。

当液态金属冷却到理论结晶温度 T_m 时，并没有结晶，而是在低于 T_m 的温度 T 才开始结晶，两者之差称为过冷度。过冷度越大，实际结晶温度越低。对于特定的金属而言，过冷度有一最小值，如果过冷度小于此值，结晶过程就停止。过冷度与金属的种类、纯度以及冷却速度有关。

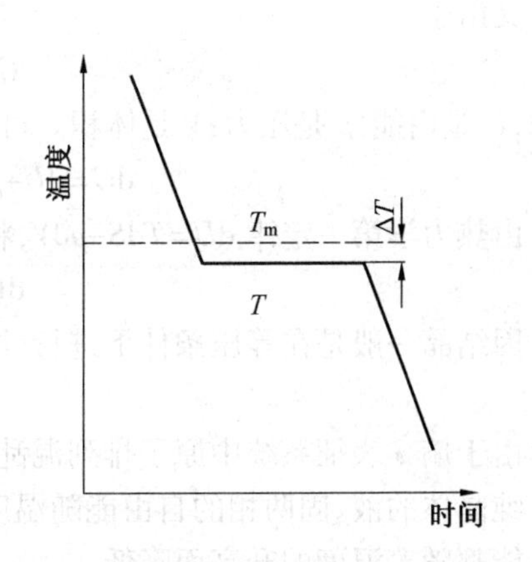

图5.1　纯金属结晶时的冷却曲线示意图

结晶潜热是指1 mol物质从一个相变化到另一相时放出或吸收的热量。金属从固态转变为液态所吸收的能量称为熔化潜热；而从液态转变为固态所放出的能量称为结晶潜热。如图5.1所示，当液态金属冷却到 T 时，释放出结晶潜热，补偿了散失到周围的热量，因此在冷却曲线上出现平台。当平台结束也标志着结晶过程的结束。

从微观上来看，液态金属的结晶过程是晶核的形核及核长大的过程。小体积的液态金属的形核、长大过程如图5.2所示。当液态金属缓慢地冷却到结晶温度以后，经过一定时间，开始出现了晶核，并随时间推移而不断长大。同时，在液态中又不断形成新的晶核并逐渐长大，直到液体全部消失为止。由晶核长成的小晶体称为晶粒。晶粒之间的界面称为晶界。总而言之，金属的结晶过程是由形核和长大交错重叠在一起的。但对于单个晶粒而言，分为形核和长大两个阶段。

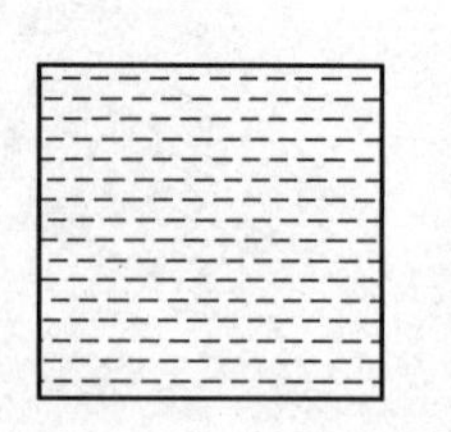
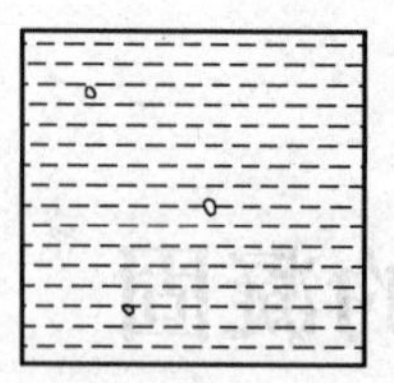
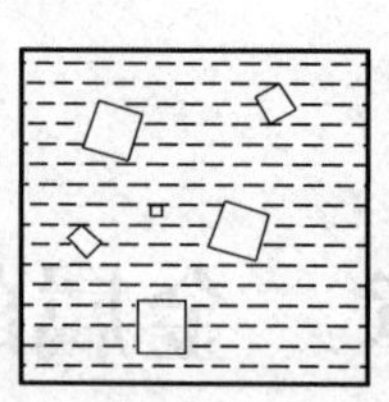

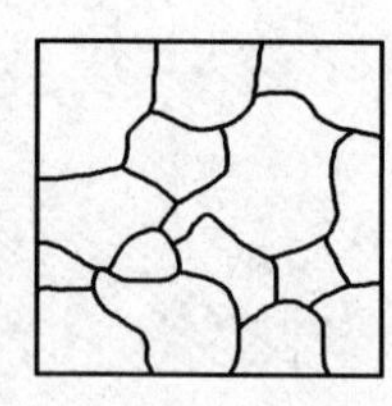

图 5.2　纯金属结晶过程示意图

5.1.2　金属结晶的热力学条件与结构条件

在结晶过程中,结晶能否发生取决于固相的自由能是否低于液相的自由能。即结晶的驱动力是液相金属和固相金属的自由能之差。

按热力学第二定律,在等温等压下,过程自发进行的方向是体系自由能降低的方向。自由能 G 可表示为

$$G=H-TS \tag{5.1}$$

式中,H 是焓;T 是热力学温度;S 是熵。

又由于

$$G=U+pV-TS \tag{5.2}$$

式中,U 是内能;p 是压力;V 是体积。可得自由能 G 的微分为

$$\mathrm{d}G=\mathrm{d}U+p\mathrm{d}V+V\mathrm{d}p-T\mathrm{d}S-S\mathrm{d}T \tag{5.3}$$

由热力学第一定律 $\mathrm{d}U=T\mathrm{d}S-p\mathrm{d}V$,将其代入式(5.3)可得

$$\mathrm{d}G=V\mathrm{d}p-S\mathrm{d}T \tag{5.4}$$

因结晶一般是在等压条件下进行,即 $\mathrm{d}p=0$,因此式(5.4)可写为

$$\mathrm{d}G=-S\mathrm{d}T \tag{5.5}$$

由于熵 S 表征系统中原子排列混乱程度,其值为正,所以自由能随温度增高而减小。

纯晶体的液、固两相的自由能随温度变化规律如图 5.3 所示。可见,金属液、固两相自由能都随着温度的升高而降低。

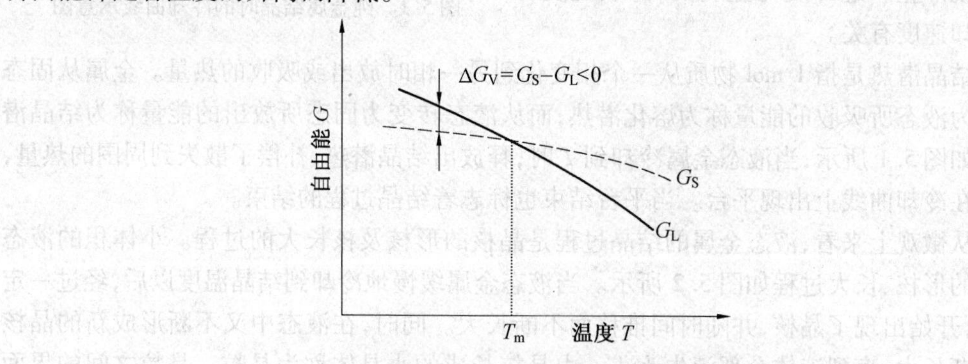

图 5.3　液相和固相自由能随温度变化的示意图

由于晶体熔化破坏了晶态原子排列的长程有序,使原子空间混乱程度增加,增加了组态熵;同时,原子振动振幅增大,振动熵也略有增加,这就导致液态熵 S_L 大于固态熵 S_S,即液相的自由能随温度变化曲线的斜率较大。这样两条斜率不同的曲线必然相交于一点,

该点表示液、固两相的自由能相等,液固两相处于平衡而共存,此温度即为理论凝固温度,也就是晶体的熔点 T_m。体系要发生结晶,温度必须降至低于 T_m 温度,而发生熔化则必须高于 T_m。

当液相向固相转变时,其体系自由能变化 ΔG 为 $\Delta G_V = G_S - G_L$,由式(5.1)可知

$$\Delta G_V = H_S - TS_S - H_L + TS_L = -(H_L - H_S) - T\Delta S = -\Delta H_f - T\Delta S \tag{5.6}$$

式中,$H_L - H_S = \Delta H_f > 0$,为熔化潜热。

当结晶温度 $T = T_m$ 时,$\Delta G_V = 0$,即

$$\Delta H_f = -T_m \Delta S \tag{5.7}$$

当结晶温度 $T < T_m$ 时,由于 ΔS 的变化很小,可看作常数。由式(5.6)和式(5.7)可得

$$\Delta G_V = -\Delta H_f + T\frac{\Delta H_f}{T_m} = -\Delta H_f\left(\frac{T_m - T}{T_m}\right) = -\Delta H_f\frac{\Delta T}{T_m} \tag{5.8}$$

式中,ΔT 为过冷度,是熔点 T_m 与实际凝固温度 T 之差。

由式(5.8)可知,要使 $\Delta G_V < 0$,必须使 $\Delta T > 0$,即 $T < T_m$。晶体凝固的热力学条件表明,实际凝固温度应低于熔点 T_m,即需要有过冷度。过冷度越大,固液两相的自由能差值越大,即相变驱动力越大,结晶速度也越快。

金属的结晶除了需要热力学条件外,还需结构条件。前面已经述及金属的结晶过程是晶核的形核和长大的过程。晶核是由晶胚生成的,晶胚的生成就涉及结构条件。

通过现代液体金属结构理论认为,液体中原子堆积是密集的,但排列不很规律。从大范围看,原子排列是不规则的,但从局部微小区域来看,原子可以偶然地在某一瞬间内出现规则的排列,然后又散开,一直处于这种动态变化,如图5.4所示。这些微小范围的紧密接触有序排列的原子集团称为短程有序。短程有序的原子集团总是此消彼长,瞬息万变,尺寸不稳定,这种不断变化的短程有序原子集团称为“结构起伏”或“相起伏”,区别于晶体的长程有序的稳定结构。当温度越低,结构起伏尺寸也就越大。这些短程有序的原子集团就是晶胚。在具备一定条件时,大于一定尺寸的晶胚就会成为可以长大的晶核。

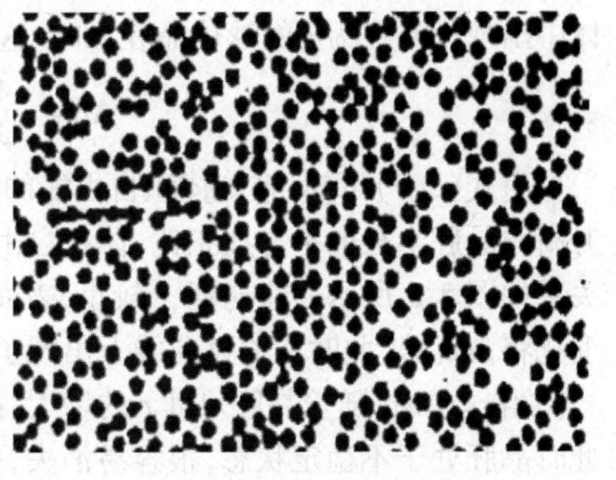

图5.4 液态金属的结构

存在结构起伏是液态金属的一个重要结构特点,除此之外,液态金属也有其他的特点,如液态中原子间的平均距离比固体中略大;液体中原子的配位数比密排结构晶体的配位数小,这两点均导致熔化时体积略为增加。但对非密排结构的晶体如 Sb、Bi、Ga、Ge 等,则液态时配位数反而增大,故熔化时体积略为收缩。

5.1.3 形核

晶体的凝固是通过形核与长大两个过程进行的,即固相核心的形成与晶核长大至液相耗尽为止,形核方式可以分为两类:

①均匀形核。新相晶核在母相中均匀地生成,即晶核由液相中的一些原子团直接形

成，不受杂质粒子或外表面的影响。

②非均匀（异质）形核。新相优先在母相中存在的异质处形核，即依附于液相中的杂质或外来表面形核。

在实际溶液中总是或多或少地存在杂质和外表面（例如容器表面），晶胚易依附于这些杂质和表面形核，因而实际金属的凝固方式主要是非均匀形核。由于非均匀形核的基本原理是建立在均匀形核的基础上的，因此首先研究均匀形核。

1. 均匀形核

(1)形核时的能量变化

前面已经提及在一定过冷度下，固态的吉布斯自由能低于液态的自由能，液相中存在时聚时散的结构起伏，并产生晶胚。此时系统的能量包括两部分：一部分是晶胚中的原子由液体转变为固态使系统的吉布斯能量降低，这部分能量是形核的驱动力；另一部分是形成晶胚时会产生新的界面，形成表面能使系统的吉布斯自由能升高，这部分能量是形核的阻力。在液固相变中体积应变能的变化可以忽略。产生一个晶胚时引起系统自由能变化可表示为

$$\Delta G=-\Delta G_V V+\sigma S$$

式中，ΔG_V 为固液两相单位体积自由能差；V 为晶胚的体积；σ 为固液两相单位面积表面自由能，也称表面张力；S 为晶胚新增表面积；负号表示使体系自由能降低。假设过冷液体中出现一半径为 r 的球体晶胚，那么这一球体晶胚引起系统自由能的变化为

$$\Delta G=-\frac{4}{3}\pi r^3\Delta G_V+4\pi r^2\sigma \tag{5.9}$$

由式(5.9)可知，系统体积自由能的降低与晶胚半径的立方成正比，而表面自由能的升高与晶胚半径的平方成正比，体积自由能的变化比表面自由能快。它们与晶胚的变化关系如图5.5所示。在初期，r 较小，表面自由能占优势；当 r 增加到 r^* 后，体积自由能的变化将占优势，此时在关系曲线上出现了一个极大值 ΔG^*。

当 $r<r^*$ 时，随着晶胚尺寸 r 的增大，系统的自由能增加，显然这个过程不能自发进行，此时晶胚处于不稳定状态，很容易消失，变化很快，即时聚时散现象。当 $r>r^*$ 时，随着晶胚尺寸 r 的增大，系统的自由能降低，这个过程可以自发进行，此时晶胚逐渐长大并形成稳定的晶核。当 $r=r^*$ 时，晶胚既可能消失也可能长大成晶核，因此将 r^* 称为临界晶核半径。由此可见，在过冷液体($T<T_m$)中，不是所有的晶胚都能成为稳定的晶核，只有达到临界半径的晶胚时才能实现。临界半径 r^* 可通过求极值得到，由 $\frac{d\Delta G}{dr}$ 求得

$$r^*=\frac{-2\sigma}{\Delta G_V} \tag{5.10}$$

将式(5.8)代入式(5.10)，得

$$r^*=\frac{2\sigma T_m}{\Delta H_f\cdot\Delta T} \tag{5.11}$$

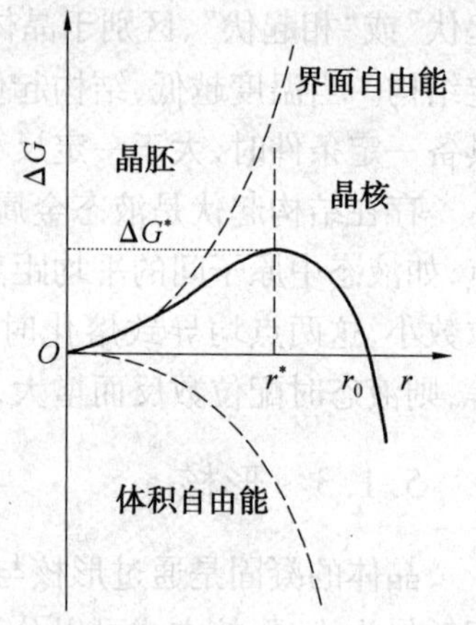

图5.5　晶粒半径与 ΔG 直接的关系

由式(5.6)可知,ΔG_v 与过冷度相关。由于 σ 随温度的变化较小,可视为定值,所以由式(5.11)可知,临界半径由过冷度 ΔT 决定,过冷度越大,临界半径 r^* 越小,则形核的几率增大,晶核的数目也增多。当液相处于熔点 T_m时,即 $\Delta T=0$,由式(5.11)得 $r^*=\infty$,故任何晶胚都不能成为晶核,凝固不能发生。

(2)形核功

在图5.5中,当晶核半径在 $r^* \sim r_0$时,系统的自由能仍大于零,其晶核的表面自由能大于体积自由能,阻力大于驱动力,此时如果要判定晶核是否稳定,可通过计算晶核半径在 $r^* \sim r_0$时的 ΔG 极大值 ΔG^*。将式(5.10)代入式(5.9),得

$$\Delta G^* = \frac{16\pi\sigma^3}{3(\Delta G_V)^2} = \frac{4\pi\sigma(r^*)^2}{3} = \frac{1}{3}A^*G \tag{5.12}$$

式中,A^* 为临界晶核表面积,$A^*=4\pi(r^*)^2$。形成临界晶核时自由能仍是增高的($\Delta G^*>0$),其增值相当于其表面能的1/3,即固、液之间的体积自由能差值只能补偿形成临界晶核表面所需能量的2/3,而不足的1/3则需依靠液相中存在的能量起伏来补齐。

均匀形核的形成条件是:液相必须处在一定的过冷条件,液相中的结构起伏和能量起伏是促成均匀形核的必要因素。

再将式(5.11)代入式(5.12),得

$$\Delta G^* = \frac{16\pi\sigma^3 T_m^2}{3(\Delta H_f \Delta T)^2} \tag{5.13}$$

式中,ΔG^* 为形成临界晶核所需的功,简称形核功,它与$(\Delta T)^2$ 成反比,过冷度越大,所需的形核功越小,越有利于结晶。

(3)形核率

形核率是指单位时间、单位体积的液体中形成晶核的数目,用 N 来表示,单位是 $cm^{-3}s^{-1}$。从热力学角度分析,过冷度越大,晶核的临界半径越小,临界晶核的形核功 ΔG^* 越小,稳定的晶核越容易形成,即形核率越高。从动力学角度分析,临界晶核的形成需要原子扩散到晶胚上形成稳定的晶核。但过冷度越大,原子的热运动越弱,那么原子扩散到晶胚上的几率就越小,形核率越低。可见,当温度低于 T_m 时,形核率受两个因素控制,即形核功因子 $\exp\left(\frac{-\Delta G^*}{kT}\right)$ 和原子扩散的几率因子 $\exp\left(\frac{-Q}{kT}\right)$,因此形核率可表示为

$$N = K\exp\left(\frac{-\Delta G^*}{kT}\right) \cdot \exp\left(\frac{-Q}{kT}\right) \tag{5.14}$$

式中,K 为比例常数;ΔG^* 为形核功;Q 为原子越过液、固相界面的扩散激活能;k 为玻尔兹曼常数;T 为热力学温度。

结晶时,形核率与温度之间的关系如图5.6(a)所示。随着温度的降低,即过冷度增大时,形核功因子 $\exp\left(\frac{-\Delta G^*}{kT}\right)$ 起主导作用,形核率升高;而原子扩散的几率因子$\exp\left(\frac{-Q}{kT}\right)$ 因原子的热运动减弱而很快减少,形核率相应减小;当温度达到极值后,原子扩散的几率因子占主导作用,形核率下降,形核率是两者的综合作用。均匀形核所需的过冷度很大,随着过冷度的增加,形核率明显增加时所对应的过冷度称为有效形核过冷度,其值约为

$0.2T_m$，如图 5.6(b) 所示。

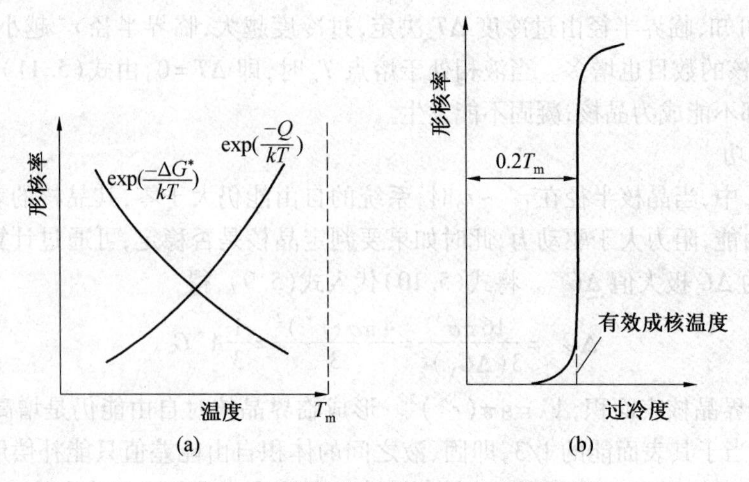

图 5.6　形核率与温度及过冷度的关系

2. 非均质形核

非均质形核也称异质形核，是晶核依附于液体中某些现成的固体表面而形成。为了计算方便，假设熔体中存在固体质点，新相能润湿质点表面，则金属有可能在固体表面形核。假设是球冠形晶胚与液相之间的表面能为 $\sigma_{\alpha L}$，晶胚与基底之间的表面能为 $\sigma_{\alpha B}$，接触角（也称为润湿角）为 θ，如图 5.7 所示。液体与基底之间的表面能为 σ_{LB}。当晶核稳定存在时，它们之间存在以下关系

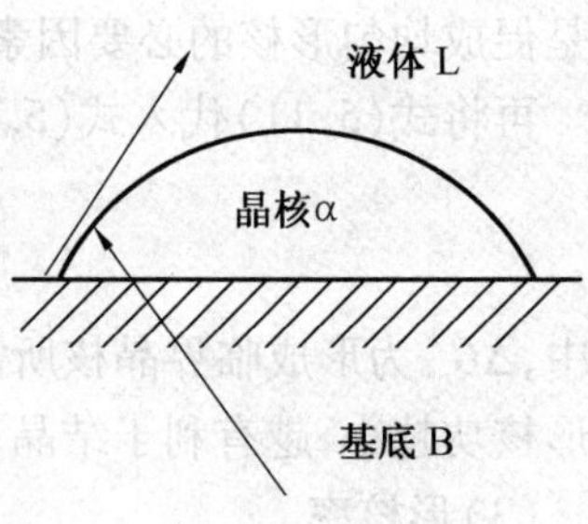

图 5.7　非均质形核示意图

$$\sigma_{LB}=\sigma_{\alpha B}+\sigma_{\alpha L}\cos\theta \tag{5.15}$$

当质点上形成固相后，自由能的变化值为

$$\Delta G=V\Delta G_V+\Delta G_S \tag{5.16}$$

式中，V 是球冠体积，可表示为

$$V=\frac{\pi r^3}{3}(2-3\cos\theta+\cos^3\theta) \tag{5.17}$$

ΔG_S 为表面能增加值，由三部分组成，即晶核球冠面上的表面能 $\sigma_{\alpha L}S_1$，晶核底面上的表面能 $\sigma_{\alpha B}S_2$，已经消失的原来基底底面上的表面能 $\sigma_{LB}S_2$，可得

$$\Delta G_S=\sigma_{\alpha L}S_1+\sigma_{\alpha B}S_2-\sigma_{LB}S_2 \tag{5.18}$$

将式(5.15)、(5.16)和(5.17)代入式(5.13)可得

$$\Delta G=\left(\frac{4\pi r^3}{3}\Delta G_V+4\pi r^2\sigma_{\alpha L}\right)\left(\frac{2-3\cos\theta+\cos^3\theta}{4}\right) \tag{5.19}$$

令 $\frac{d\Delta G}{dr}=0$，便可求出非均匀形核的临界晶核半径 r_u^*，即

$$r_u^*=-\frac{2\sigma_{\alpha L}}{\Delta G_V}=\frac{2\sigma_{\alpha L}T_m}{\Delta H_f\Delta T} \tag{5.20}$$

将式(5.20)代入式(5.19)，可求出非均质形核的形核功 ΔG_u^*，即

$$\Delta G_{\mathrm{u}}^{*}=\frac{1}{3}(4\pi r_{\mathrm{u}}^{*2})\sigma_{\alpha\mathrm{L}}\left(\frac{2-3\cos\theta+\cos^{3}\theta}{4}\right) \tag{5.21}$$

与均质形核相比,可得出非均质形核的临界球冠半径与均质形核的临界半径是相等的。当 $\theta=0$ 时,非均质形核的球冠体积等于零,如图 5.8(a)所示,$\Delta G_{\mathrm{u}}^{*}=0$,表明完全润湿,不需形核功即可结晶长大;当 $\theta=180°$时,非均质形核的晶核为一球体,如图 5.8(b)所示,$\Delta G_{\mathrm{u}}^{*}=\Delta G^{*}$,非均质形核功与均质形核功相等,非均质形核不能进行。这两种情况都是极端条件,可见,非均质形核的重要条件是润湿角 θ。一般而言,θ 在 0~180°之间变化,如图 5.8(c)所示,非均质形核功比均质形核功小,因此非均质形核比均质形核更易进行。

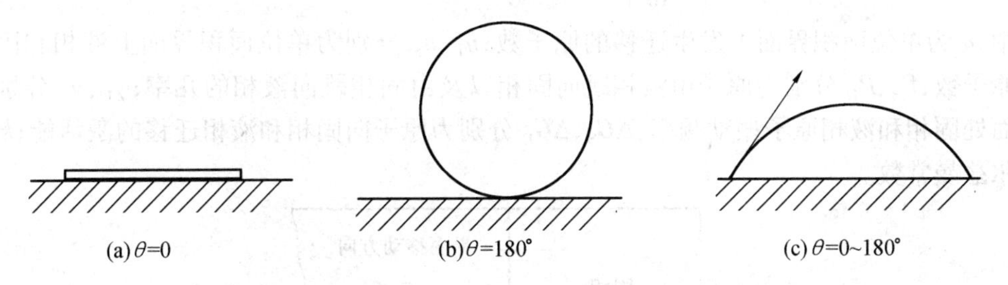

图 5.8 不同润湿角的晶核形状

液态金属中一般不会出现均质形核,除了在特殊的试验条件下。这是由于液态金属或易流动的化合物均质形核所需的过冷度很大,约为 $0.2T_{\mathrm{m}}$,而金属凝固形核的过冷度一般不超过 20 ℃,其原因在于外界因素如杂质颗粒或铸型内壁等促进了非均质结晶晶核的形成。依附于这些已存在的表面可使形核界面能降低,因而形核可在较小的过冷度下发生。图 5.9 是非均质形核和均质形核率随过冷度变化的示意图。可见,最主要的差异在于非均质形核功小于均质形核功,非均质形核在过冷度约为 $0.02T_{\mathrm{m}}$时,形核率已达到最大值。

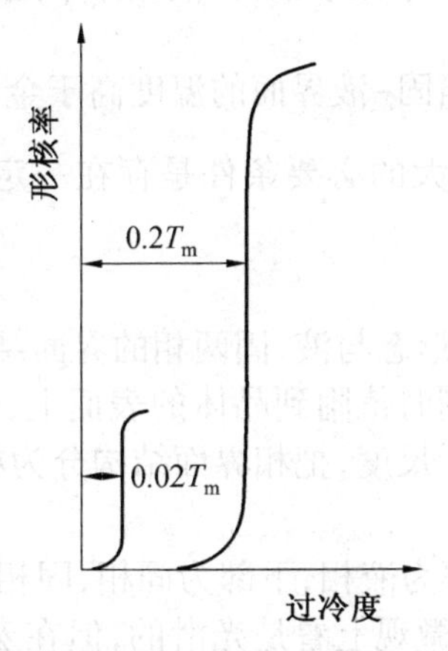

图 5.9 均质形核率和非均质形核率随过冷度变化的示意图

5.1.4 晶核长大

液相中出现稳定晶核后,晶核就开始长大。晶核长大的实质是液态金属中的原子向晶核表面堆砌的过程,并按点阵排列规律要求占据点阵并结合起来;从宏观上看是晶体的界面向液相中逐步推进的过程。晶体长大方式和长大速度主要取决于晶核的界面结构和界面前沿液体的温度梯度,并决定了晶体的形态。

如图 5.10 所示,在固-液界面处,原子既可以由液相向固相方向运动,也可以从固相向液相方向运动,其运动是双向的。迁移速度可表示为

$$\left(\frac{\mathrm{d}n}{\mathrm{d}t}\right)_{\mathrm{S}}=n_{\mathrm{L}}P_{\mathrm{S}}\gamma_{\mathrm{L}}\exp(-\Delta G_{\mathrm{S}}/kT) \tag{5.22}$$

$$\left(\frac{\mathrm{d}n}{\mathrm{d}t}\right)_{\mathrm{L}}=n_{\mathrm{S}}P_{\mathrm{L}}\gamma_{\mathrm{S}}\exp(-\Delta G_{\mathrm{L}}/kT) \tag{5.23}$$

式中,n 为单位面积界面上发生迁移的原子数;n_{L}、n_{S} 分别为单位面积界面上液相和固相的原子数;P_{S}、P_{L} 分别为原子由液相跳向固相以及由固相跳向液相的几率;γ_{L}、γ_{S} 分别为界面处固相和液相原子振动频率;ΔG_{S}、ΔG_{L} 分别为原子向固相和液相迁移的激活能;k 为玻尔兹曼常数。

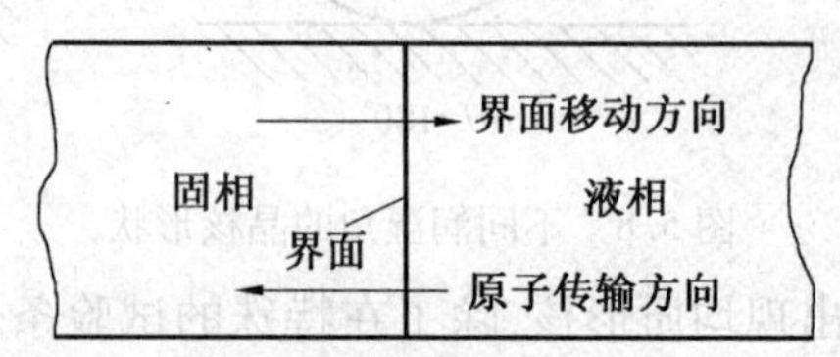

图 5.10 固-液界面处原子迁移示意图

当固-液界面的温度等于金属熔点温度时,$\left(\frac{\mathrm{d}n}{\mathrm{d}t}\right)_{\mathrm{S}}=\left(\frac{\mathrm{d}n}{\mathrm{d}t}\right)_{\mathrm{L}}$,固-液界面处于平衡状态,晶核不能长大;当固-液界面的温度低于金属熔点温度时,存在过冷度,此时$\left(\frac{\mathrm{d}n}{\mathrm{d}t}\right)_{\mathrm{S}}=\left(\frac{\mathrm{d}n}{\mathrm{d}t}\right)_{\mathrm{L}}$,固相中原子数目大于液相中原子数目,液相原子迁入固相原子的速度大,固-液界面向液相一侧移动,晶核长大;当固-液界面的温度高于金属熔点温度时,$\left(\frac{\mathrm{d}n}{\mathrm{d}t}\right)_{\mathrm{S}}=\left(\frac{\mathrm{d}n}{\mathrm{d}t}\right)_{\mathrm{L}}$,固相熔化成液相。可见,晶核长大的必要条件是存在一定的过冷度,也称为动力学过冷度。

1. 界面的微观结构

经典理论认为,晶体长大的形态与液、固两相的界面结构有关。晶体的长大是通过与液体中单个原子或若干个原子同时依附到晶体的表面上,并按照晶面原子排列的要求与晶体表面原子结合起来。按原子尺度,把相界面结构分为粗糙界面和光滑界面两类,如图 5.11 所示。

在光滑界面图 5.11(a)上部为液相,下部为固相,固相的表面为基本完整的原子密排面,液、固两相截然分开,所以从微观上看是光滑的,但在宏观上它是不平整的,往往由不同位向的小平面所组成,这类界面也称为小平面界面,原子难以堆砌,晶核长大速度较慢。一般非金属元素和亚金属元素具有光滑界面。

图 5.11(b)为粗糙界面,在几个原子层厚度的过渡层上,固、液两相之间的原子交错排列,高低不平,原子较易堆砌,因此晶核易长大。从宏观来看,界面显得平直,不出现曲折的小平面。绝大多数金属元素属于粗糙界面生长。

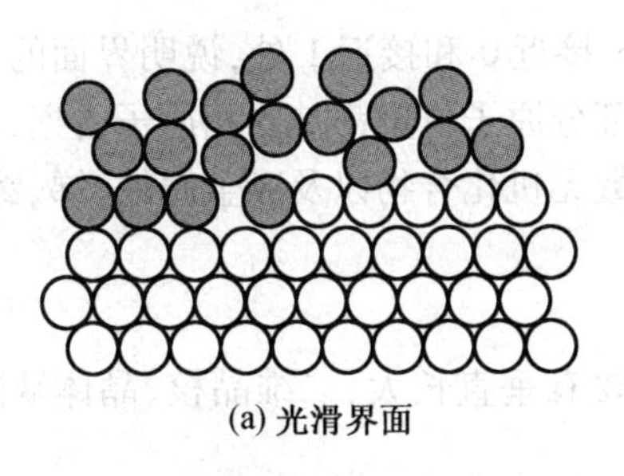
(a) 光滑界面

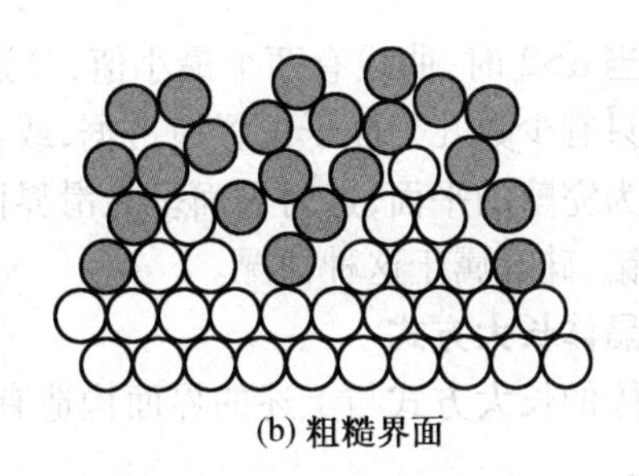
(b) 粗糙界面

图 5.11 固-液界面的微观结构

关于固-液界面微观结构及其粗糙程度判定的著名模型是由杰克逊(K. A. jackson)提出的。假设液、固两相在界面处于局部平衡,其界面处于界面能最低的状态。向光滑界面随机增加 N 个原子,那么具有 N_T 个原子位置的固-液界面其界面自由能的相对变化 ΔG_S 为

$$\frac{\Delta G_S}{N_T k T_m}=ax(1-x)+x\ln x+(1-x)\ln(1-x) \tag{5.24}$$

式中,k 是玻尔兹曼常数;T_m 是熔点;x 是界面上被固相原子占据位置的分数;α 是杰克逊因子。

图 5.12 为式(5.24)中当 α 取不同的值时,$\frac{\Delta G_S}{N_T k T_m}$ 与 x 的关系曲线图,由此得到如下的结论:

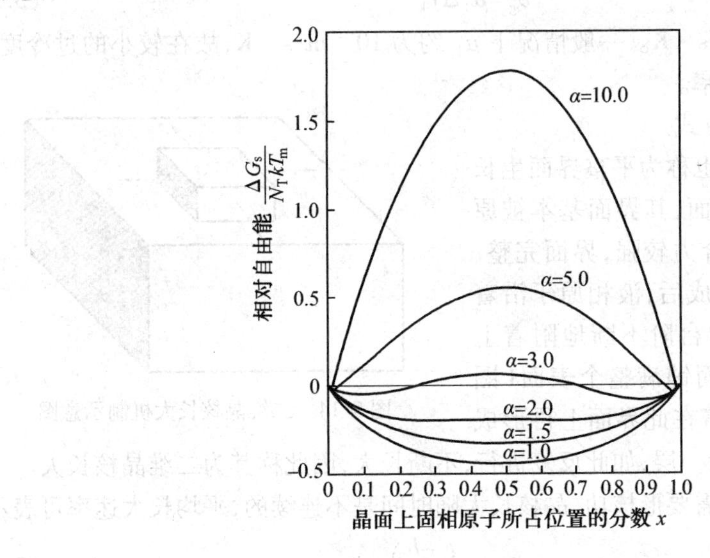

图 5.12 当 α 取不同值时,$\frac{\Delta G_S}{N_T k T_m}$ 与 x 的关系曲线图

①当 $\alpha \leqslant 2$ 时,在 $x=0.5$ 处界面能具有极小值,即界面的平衡结构约有一半的原子被固相原子占据,而另一半原子位置空着,这时界面为微观粗糙界面。大多数金属和某些低熔化熵的有机化合物属于此类界面。

②当 $\alpha>2$ 时，曲线有两个最小值，分别位于 x 接近 0 和接近 1 处，说明界面的平衡结构应是只有少数几个原子位置被占据，或者极大部分原子位置都被固相原子占据，即界面基本上为完整的平面，这时界面呈光滑界面。多数无机化合物以及亚金属铋、锑、镓、砷和半导体锗、硅等属于这种情况。

2. 晶体长大方式

晶体的长大方式与上述的界面构造有关，主要有垂直长大、二维晶核、晶体缺陷长大等方式。

(1)垂直长大方式

粗糙界面上约有一半的原子位置空着，存在着大量的空位，液相中的原子可以连续地、无序地并垂直地进入这些位置与晶体结合起来，使得界面连续向液相中生长，这种长大方式为垂直生长，其示意图如图 5.13 所示。

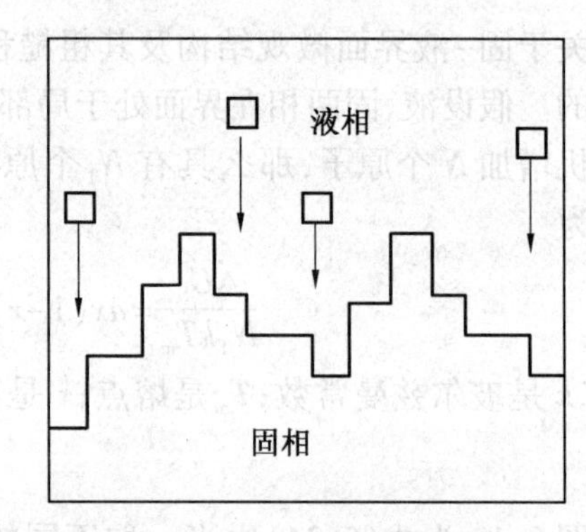

图 5.13 垂直长大方式示意图

过冷度是晶核长大的必要条件，当动态过冷度 ΔT_k(液-固界面向液相移动时所需的过冷度，称为动态过冷度)增大时，平均长大速率 v_g 初始呈线性增大，可表示为

$$v_g=\mu_1\Delta T_k \tag{5.25}$$

式中，μ_1 为比例常数，m/s · K。一般情况下 μ_1 约为 10^{-2} m/s · K，故在较小的过冷度下，即可获得较大的长大速率。

(2)二维晶核长大方式

二维晶核长大方式也称为平整界面生长方式。若界面为光滑界面，其界面基本被原子充满，且原子间的结合力较强，界面完整。二维晶核在相界面上形成后，液相原子沿着二维晶核侧边所形成的台阶不断地附着上去，使此薄层很快扩散而铺满整个表面(图 5.14)，这时生长中断，需在此界面上再形成二维晶核，又很快地长满一层，如此反复进行，不断长大，因此称其为二维晶核长大。

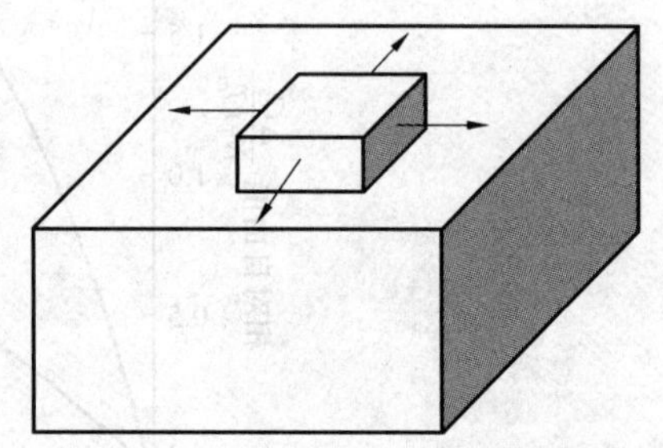
图 5.14 二维晶核长大机制示意图

每个晶核的形成都需要形核功，晶核长大随时间是不连续的，平均长大速率可表示为

$$v_g=\mu_2\exp\left(\frac{-b}{\Delta T_k}\right) \tag{5.26}$$

式中，μ_2 和 b 均为常数。当 ΔT_k 很小时，v_g 非常小，这是因为二维晶核心形核功较大，二维晶核也需达到一定临界尺寸后才能进一步扩展，故这种长大方式实际上很少见到。

(3)晶体缺陷生长方式

晶体中的缺陷，如位错、孪晶等都能提供原子堆砌的台阶，加速晶体的生长过程，这种长大方式称为晶体缺陷长大方式，属于非完整界面长大方式。假设光滑界面上存在螺型位错时，垂直于位错线的表面呈现螺旋形的台阶，且不会消失。台阶是原子容易堆砌的场所，当一个面的台阶被原子填充后，又出现了螺旋形的台阶。台阶绕着位错线旋转，每旋转一周就生长了一个原子层。因为在最接近位错处，只需要填充少量原子就完成一周，而离位错较远处需填充较多的原子，这样就使晶体表面呈现由螺旋形台阶形成的蜷线，如图5.15所示。这种长大方式的平均长大速率为

$$v_g = \mu_3 \Delta T_k^2 \tag{5.27}$$

式中，μ_3 为比例常数。由于界面上所提供的缺陷有限，即添加原子的位置有限，故长大速率小，即 $\mu_3 \leqslant \mu_1$。在一些非金属晶体上观察到螺型位错回旋生长的蜷线，表明了螺型位错长大机制是可行的，这种生长方式比二维晶核生长方式容易实现。

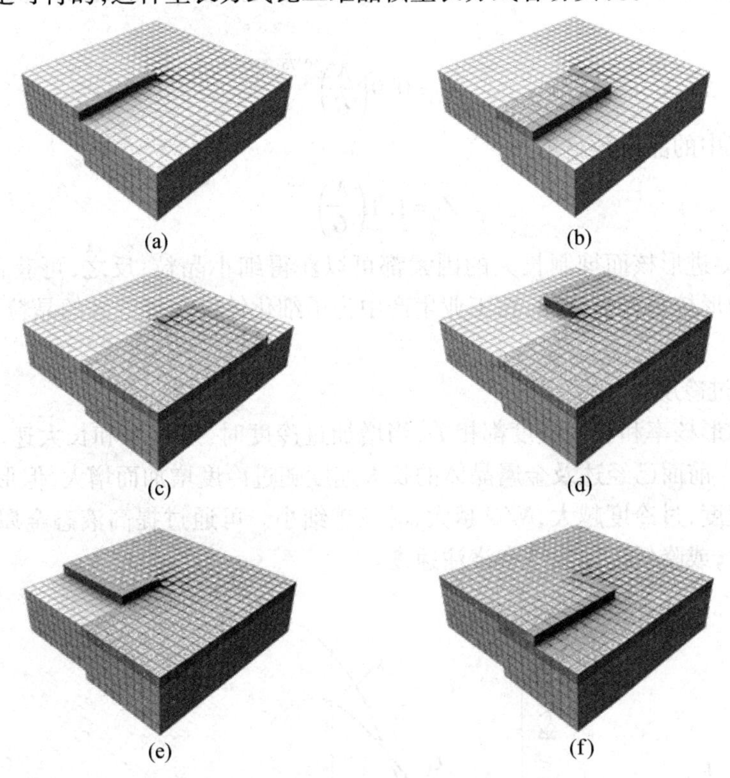

图5.15　螺型位错台阶长大机制示意图

3. 长大速度

单位时间内晶核的长大的线速度称为长大速度或长大速率，与生长机制和界面结构有关。如果界面为光滑界面，当以二维晶核机制长大时，其生长速度很小。当以缺陷机制长大时，虽然生长速度比二维晶核机制长大得要快，但由于能添加原子的位置有限，其生长速度也较小。而粗糙界面是连续长大机制，其生长速度最快。大多数金属晶体具有粗糙界面并以枝晶方式长大。晶体的长大速率与过冷度有关。当过冷度较小时，结晶驱动力小，长大速度也小；当过冷度大时，长大速度也大，并逐渐达到峰值；若过冷度进一步增大，由于温度过低，原子迁移困难，长大速度就减小。因此随着过冷度逐渐增大，晶体的长大速度先增后减。但对于大部分金属而言，在达到峰值前，结晶过程已经结束。

4. 晶粒大小的控制

金属结晶后是由很多晶粒组成的多晶体，这些晶粒的大小对金属的性能有很大影响，例如强度、韧性和塑性等。晶粒细化是能够得到高强度和韧性的最有效的方法。除了钢铁等少数金属外，大部分金属不能通过热处理改变晶粒大小，而只能通过控制铸造时的结晶条件来控制晶粒的大小。

晶粒是由晶核长大而成，因此其大小取决于形核率和长大速度的相对大小。形核率越大，晶粒越细小；生长速度越小，形核的晶核数目会越多，晶粒也会细小。反之，形核率越小，生长速度越大时，晶粒会粗大。晶粒的大小称为晶粒度，一般用单位体积或单位面积内晶粒的数目来表示。单位体积中的晶粒数目 Z_V 与形核率 N 和长大速度 G 之间的关系如下

$$Z_V = 0.9\left(\frac{N}{G}\right)^{0.75}$$

单位面积中的晶粒数目为

$$Z_S = 1.1\left(\frac{N}{G}\right)^{0.5}$$

可见，能促进形核而抑制长大的因素都可以获得细小晶粒；反之，可获得粗大晶粒。根据结晶时的形核和长大规律，在工业生产中为了细化铸锭和焊缝区的晶粒，常采用以下几种方法。

(1)增加过冷度

过冷度与形核率和长大速度都相关，当增加过冷度时，形核率和长大速度都增加，如图 5.16 所示。前面已经述及金属晶体的长大速度随过冷度增加而增大，但形核率的增长率大于长大速度，过冷度越大，N/G 越大，晶粒越细小。可通过提高液态金属的冷却速度来提高过冷度，或降低浇注温度和浇注速度。

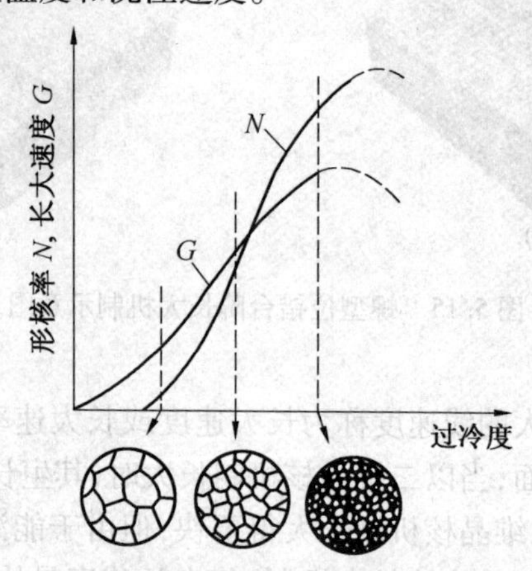

图 5.16 过冷度对形核率和长大速度的影响

(2)变质处理

变质处理是在浇注前向液态金属中加入形核剂(也称变质剂、孕育剂)，促使形成大量的非均质晶核来细化晶粒。例如，在铝合金中加入钛和硼，在钢中加入硼、锆、钛等变质剂。另外一种形核剂，称为长大抑制剂，虽然不能提供结晶核心，但能抑制晶粒长大。

(3)振动、搅拌

对即将凝固的金属进行振动和搅拌,一方面可以依靠外界输入能量促进晶核完成;另一方面可以使成长中的枝晶破碎,增加晶核数目,从而细化晶粒。附加振动或搅拌是一种有效的细化晶粒的手段。常用的有机械振动、超声振动以及电磁铸造等。

5.2 纯金属凝固时的生长形态

纯金属的凝固是最简单的凝固,无论在平衡和非平衡条件下,都不会出现成分的偏析现象。纯金属在凝固时生长形态不仅与液-固界面的微观结构有关,而且取决于界面前沿液相中的温度分布情况,温度分布可有两种情况:正的温度梯度和负的温度梯度,如图5.17所示。正温度梯度是指温度随着离开界面的距离增加而提高;反之,为负温度梯度。在不同条件下凝固,其值也不同。

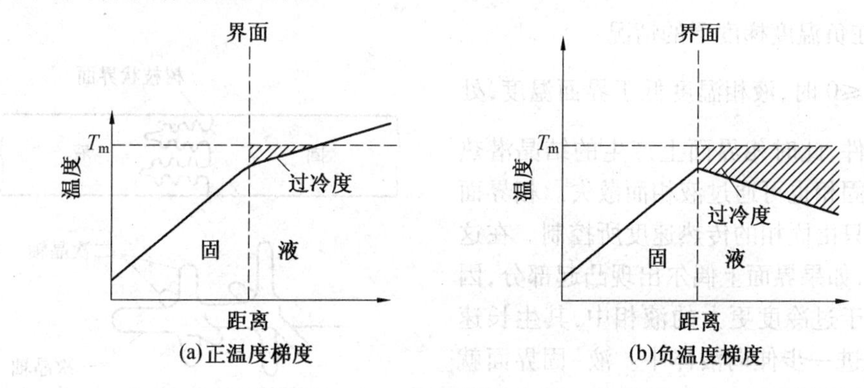

图5.17 两种温度梯度分布方式

(1)正温度梯度与界面特征

当金属发生凝固时,若固-液界面前方液相的温度梯度为$\frac{dT}{dz}$,液相温度高于界面温度,因相界面的推移速度受固相传热速率控制,晶体的生长以接近平面状向前推移。这是由于$\frac{dT}{dz}>0$,即使界面上偶尔出现凸起部分,因这部分处于温度较高的液体中,它的生长速率会减缓,而周围部分的过冷度较凸起部分大,因此会赶上来,从而使凸起部分消失,使液-固界面保持稳定的平面状态。其固-液界面具有如下特征:

①若是光滑界面结构的晶体,其生长形态呈台阶状,组成台阶的平面是晶体的晶体学晶面。如图5.18(a)所示,液-固界面自左向右推移,虽与等温面平行,但小平面却与溶液等温面呈一定的角度。

②若是粗糙界面结构的晶体,其生长形态呈平面状,界面与液相等温而平行,使其具有平面状长大形态,如图5.18(b)所示。

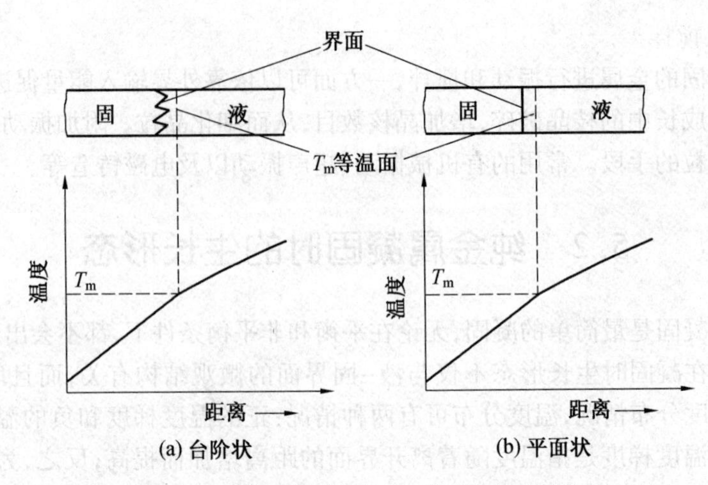

图 5.18 正温度梯度下两种界面形态示意图

(2)在负温度梯度下的情况

当$\frac{dT}{dz}\leqslant 0$时,液相温度低于界面温度,处于过冷条件,此时相界面上产生的结晶潜热既可通过固相也可通过液相而散失。相界面的推移不只由固相的传热速度所控制。在这种情况下,如果界面上偶尔出现凸起部分,因这部分处于过冷度更大的液相中,其生长速率增大而进一步伸向液体中。液-固界面就不能保持平面状而会形成许多沿一定晶向轴伸向液体的分支,在这些晶枝上又可能会长出二次晶枝,在二次晶枝上再长出三次晶枝,这就是枝晶,这种生长方式称为树枝状生长或树枝状结晶,如图 5.19 所示。

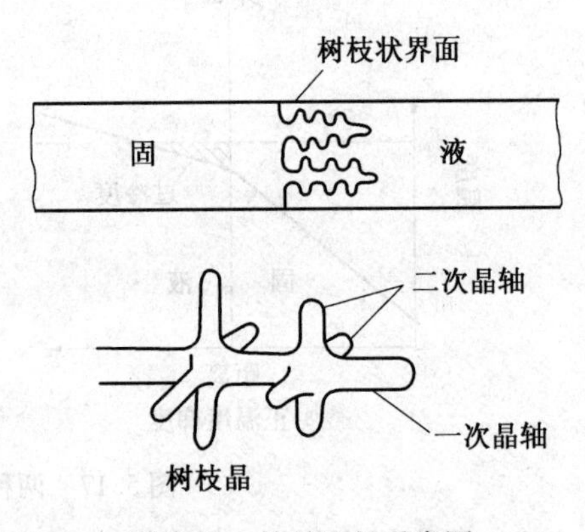

图 5.19 枝晶生长示意图

在这种条件下,固-液界面的特征是:

①界面不稳定,易产生枝晶。

②界面前的过冷度随离开界面的距离的增加而提高。

5.3 单相合金的凝固

5.3.1 单相合金的凝固特点与溶质再分配

在固溶体中的合金元素的原子以间隙或者置换的方式存在于基体原子的点阵中。如图 5.20 所示,成分为 C_0的合金为例,此合金在凝固时,当温度稍低于 T_0便开始析出固相,其成分为 C'_S;在任一温度 T 时,固相成分为 C_S,而液体成分为 C_L。因为固体成分都小于 C_0,在凝固时固相中不能容纳的 B 原子被排挤出来,富集在界面前沿一侧,然后逐渐向熔体内扩散均匀化。这种成分分离的现象,称为溶质原子的再分配。这就是单相合金凝固过程中的特点。

合金凝固时,溶质原子的再分配是不同的,表示溶质原子在相图中液相线和固相线之间分离过程的参数,称为分配系数,以 k_0 表示,即

$$k_0=\frac{\text{在某温度 }T\text{ 时固相中溶质浓度}}{\text{在同一温度下液相中溶质浓度}}=C_S/C_L$$

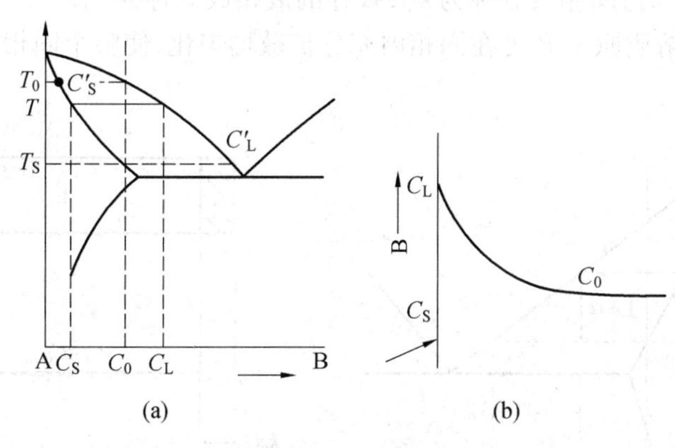

图 5.20 合金凝固时溶质原子的再分配

在处理实际问题时,一般将合金的液相线和固相线近似看作直线,因此可以将每种合金的 k_0 视为常数。当 $C_S<C_L$ 时,$k_0<1$;当 $C_S>C_L$ 时,$k_0>1$。以此,将合金分为两类,如图 5.21所示,即溶质元素使合金熔点降低者,$k_0<1$;反之,$k_0>1$。对于 $k_0<1$ 的情况,成分为 C_0 的合金,在 T_0 时析出的固相成分为 k_0C_0,在 T_1 时残留的液相成分为 C_0/k_0。

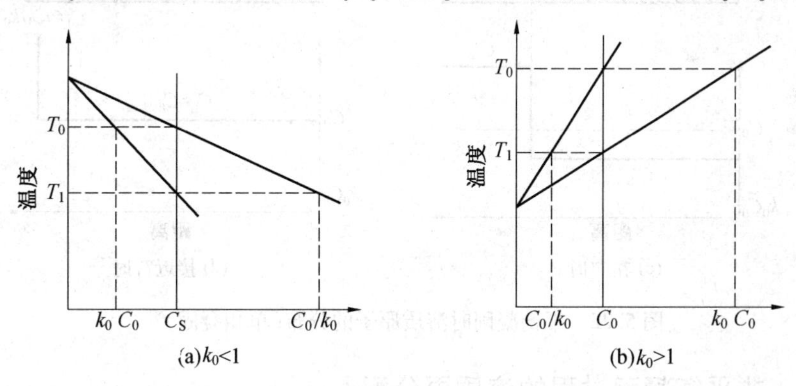

图 5.21 两类合金相图的一角

5.3.2 平衡凝固过程的溶质再分配

合金在凝固中,存在溶质再分配现象,但是假设合金凝固极缓慢,液相和固相的成分有充分时间进行扩散均匀化,随时都可能达到平衡状态,从而实现平衡凝固,就不会产生溶质重新分配问题。

假定有某一合金从左向右单向凝固,固相以平面方式向液相推进,如图 5.22 所示。当 C_0 成分的合金冷却到 T_0 时,便开始析出少量 α 固相,其成分为 k_0C_0,在界面上缓慢排出的溶质原子 B 能被充分扩散到液体中去,使液体的成分稍高于 C_0。由于 α 相析出量

很少,$C_L \approx C_S$,在继续冷却过程中,由于固相不断地生长,其成分按固相线变化,而液相不断减少,其成分按液相线变化。当温度达到 T'时,固相成分为 C'_S,液相成分为 C'_L,固相和液相比例可按杠杆定律确定,固相和液相的质量分数 f_S、f_L间存在如下关系

$$C'_S f_S + C'_L f_L = C_0 \tag{5.28}$$

当温度接近 T_1时,固相成分称为 C_0,残存的液相成分称为 C_0/k_0;当凝固终了时,残存的液体全部凝固,溶质原子 B 可在固相内充分扩散均匀化,使整个固相的成分为 C_0。

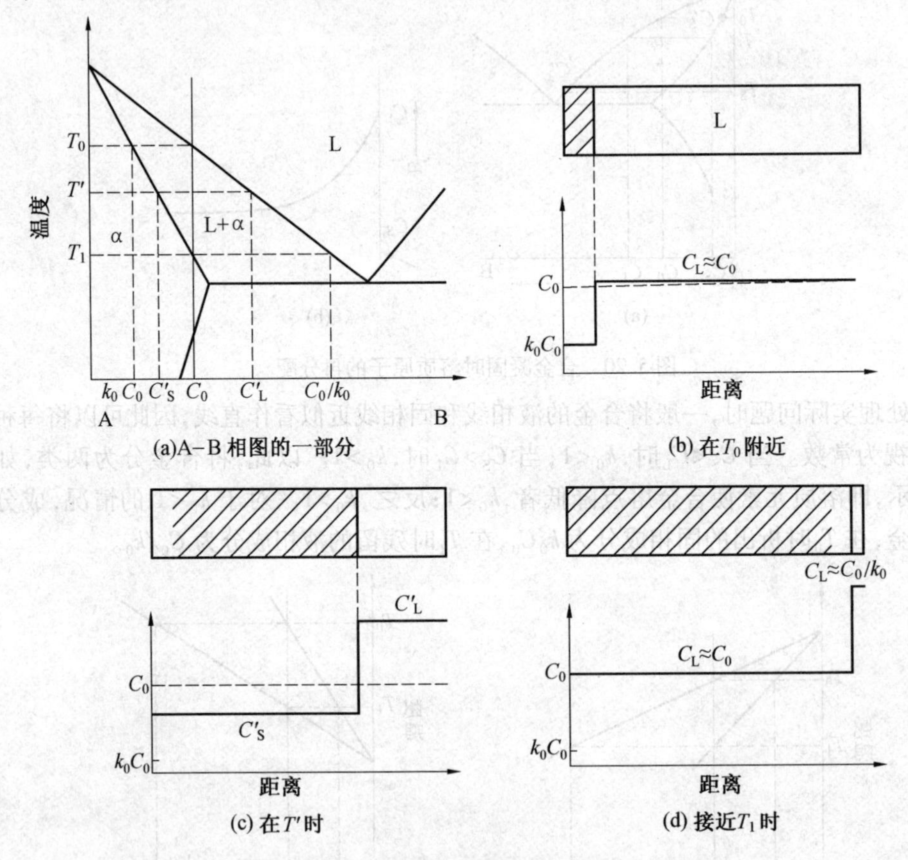

图 5.22 平衡凝固时溶质原子的分布(单相凝固)

5.3.3 非平衡凝固过程的溶质再分配

合金在凝固条件下,热扩散率一般为 10^{-6} m²/s 数量级,但溶质原子在液态中的扩散系数仅为 10^{-12} m²/s 数量级,说明溶质扩散过程大大落后于凝固过程,所以实现平衡凝固十分困难。实际合金凝固过程都是非平衡过程,界面绝大多数是连续生长的粗糙界面,晶体生长主要取决于热的传输和质的传递。在分析凝固过程时,常常是不计溶质在固相内的扩散,只考虑固-液界面前沿液相中的溶质传输以及界面前沿液相一侧溶质分布情况。因为对凝固过程的影响主要是界面前沿的溶质浓度场。溶质再分配规律主要取决于液相的传质条件,根据不同的传质条件,取 $k_0<1$ 的合金将溶质再分配归纳为以下三种情况进行分析。

(1)固相无扩散、液相均匀混合时的溶质再分配

在固相无扩散、液相均匀混合时的传质条件下,溶质的分布规律如图5.23所示。

当凝固过程较为缓慢且液相受到充分对流搅拌时,液相在任一温度下都能保证溶质浓度完全均匀。合金的原始成分为C_0,其相图如图5.23(a)所示。当合金左端冷却到温度T_1且凝固从左断开时,此时,固相成分为k_0C_0,而液相成分接近于C_0,如图5.23(b)所示。当界面温度冷却到T^*时,此时界面已推进到某一距离,这是界面的液相一侧的溶质浓度为C_L^*,而界面的固相一侧溶质浓度为C_S^*,如图5.23(c)所示。若在k_0C_0与C_S^*之间取其平均值$\overline{C_S}$,则固相的平均成分将沿着虚线下降到温度T_E时,固相成分低于原始成分C_0,残余液相的成分为C_E,这部分残余液体最后将凝固成为共晶体,如图5.23(d)所示。由此可知,虽然合金液的原始成分C_0远离共晶成分C_E,但因为非平衡凝固,必然有一些共晶体在合金中析出。对这一溶质再分配规律的方程可作如下推导。

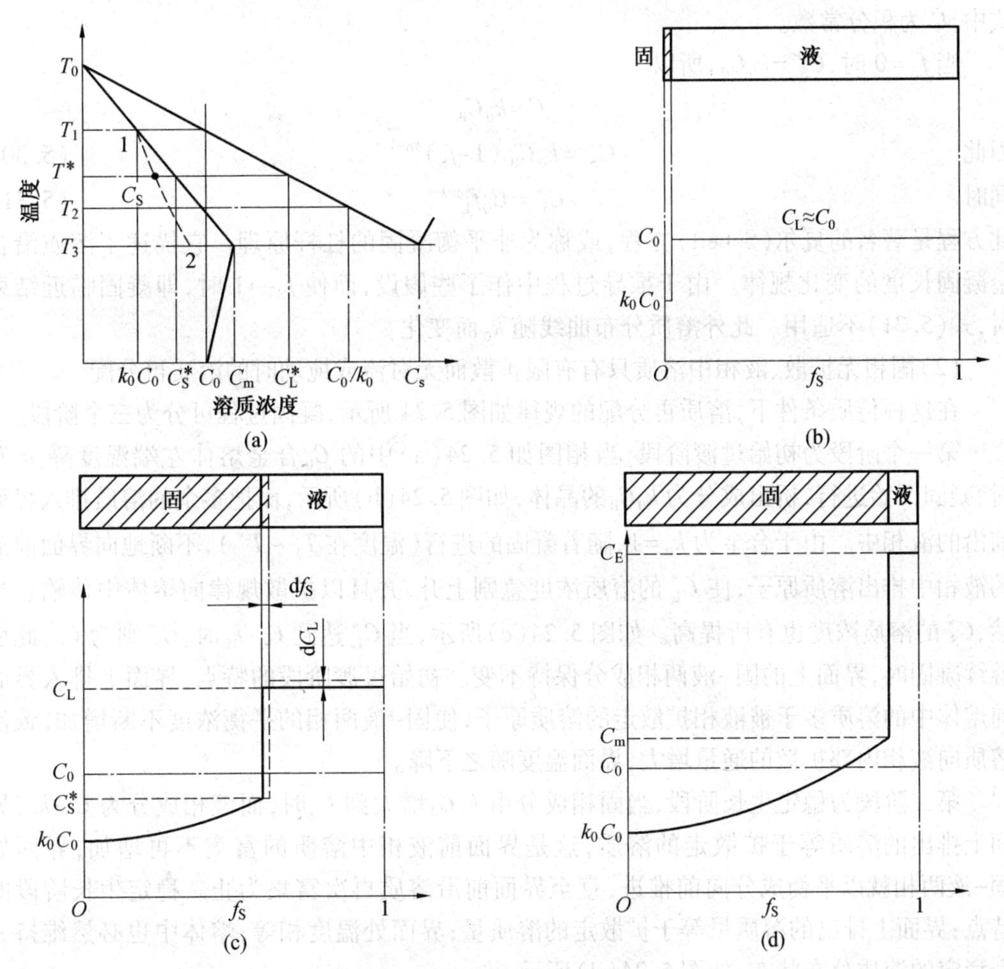

图5.23 溶质在液相中均匀混合时的溶质再分配过程

设凝固过程的某一时刻,如图5.23(c)所示,界面上的固-液两相成分各为C_S^*和C_L^*,相应的质量分数为f_S和f_L,当界面处固相增量为$\mathrm{d}f_S$时,有$(C_L^*-C_S^*)\mathrm{d}f_S$的溶质被排除,而

剩余液相$(1-f_S)$的浓度升高 dC_L^*，则有以下质量平衡关系：

$$(C_L^* - C_S^*)\,d f_S = (1-f_S)\,dC_L^* \tag{5.29}$$

由于

$$C_L^* = C_S^* / k_0$$

上式可写成

$$\frac{(1-k_0)\,C_S^*\,df_S}{k_0} = \frac{(1-f_S)\,dC_L^*}{k_0}$$

即

$$dC_S^* / C_S^* = \frac{(1-k_0)\,df_S}{(1-f_S)}$$

经积分

$$\int_{k_0C_0^*}^{C_S^*} \frac{dC_S^*}{C_S^*} = (1-k_0)\int_0^{f_S} \frac{df_S}{(1-f_S)}$$

得

$$\ln C_S^* = (k_0-1)\ln(1-f_S) + \ln C$$

式中，C 为积分常数。

当 $f_S = 0$ 时，$C_S^* = k_0C_0$，所以

$$C = k_0C_0$$

因此

$$C_S^* = k_0C_0\,(1-f_S)^{k_0-1} \tag{5.30}$$

同时

$$C_L^* = C_0 f_L^{k_0-1} \tag{5.31}$$

此方程是著名的夏尔(Scheil)方程，或称为非平衡凝固的杠杆原理。它描述了溶质沿合金凝固长度的变化规律。由于推导过程中作了些假设，而使 $f_S \to 1$ 时，即凝固临近结束时，式(5.31)不适用。此外溶质分布曲线随 k_0而变化。

(2)固相无扩散、液相中溶质只有有限扩散而无对流或搅动时的溶质再分配

在这种传质条件下，溶质再分配的规律如图 5.24 所示，凝固过程可分为三个阶段。

第一个阶段为初始过渡阶段，当相图如 5.24(a)中的 C_0合金熔体左端温度降至 T_1时，凝固开始进行，析出成分为 k_0C_0的晶体，如图 5.24(b)所示，而把多余的溶质排入界面前沿的液相中。由于合金为 $k_0 = 1$，随着凝固的进行(温度在 $T_1 \sim T^*$)，不断地向界面前沿的液相中排出溶质原子，使 C_L^* 的溶质浓度急剧上升，并且以扩散规律向熔体中传输。当然，C_S^* 的溶质浓度也有所提高。如图 5.24(c)所示，当 C_L^* 达到 C_0/k_0时，C_S^* 则为 C_0，此后继续凝固时，界面上的固-液两相成分保持不变。初始过渡阶段的特点：界面上排入界面前熔体中的溶质多于被液相扩散走的溶质原子，使固-液两相的平衡浓度不断增加，致使溶质向液相内部扩散的通量增大，界面温度随之下降。

第二阶段为稳定生长阶段，当固相成分由 k_0C_0增大到 C_0时，而液相成分为 C_0/k_0，界面上排出的溶质等于扩散走的溶质，这是界面前液相中溶质的富集不再增加，界面处固-液两相就以平衡成分向前推进，直至界面前沿溶质再次富集为止。稳定生长阶段的特点：界面上排出的溶质量等于扩散走的溶质量；界面处温度相等；熔体中也必然维持一个稳定的溶质分布状态，如图 5.24(d)所示。

第三阶段为最后过渡阶段，当凝固临近结束时，界面前沿溶质又进一步富集，界面处固-液两相的平衡浓度又进一步上升，形成了晶体生长的最后阶段。凝固完成之后的固相浓度分布曲线如图 5.24(e)所示。溶质在边界层内富集($k_0<1$)对晶体生长具有重要影

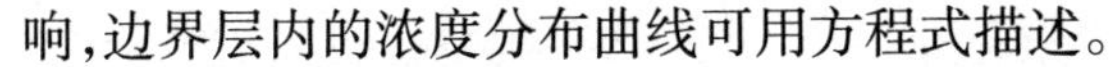
响,边界层内的浓度分布曲线可用方程式描述。

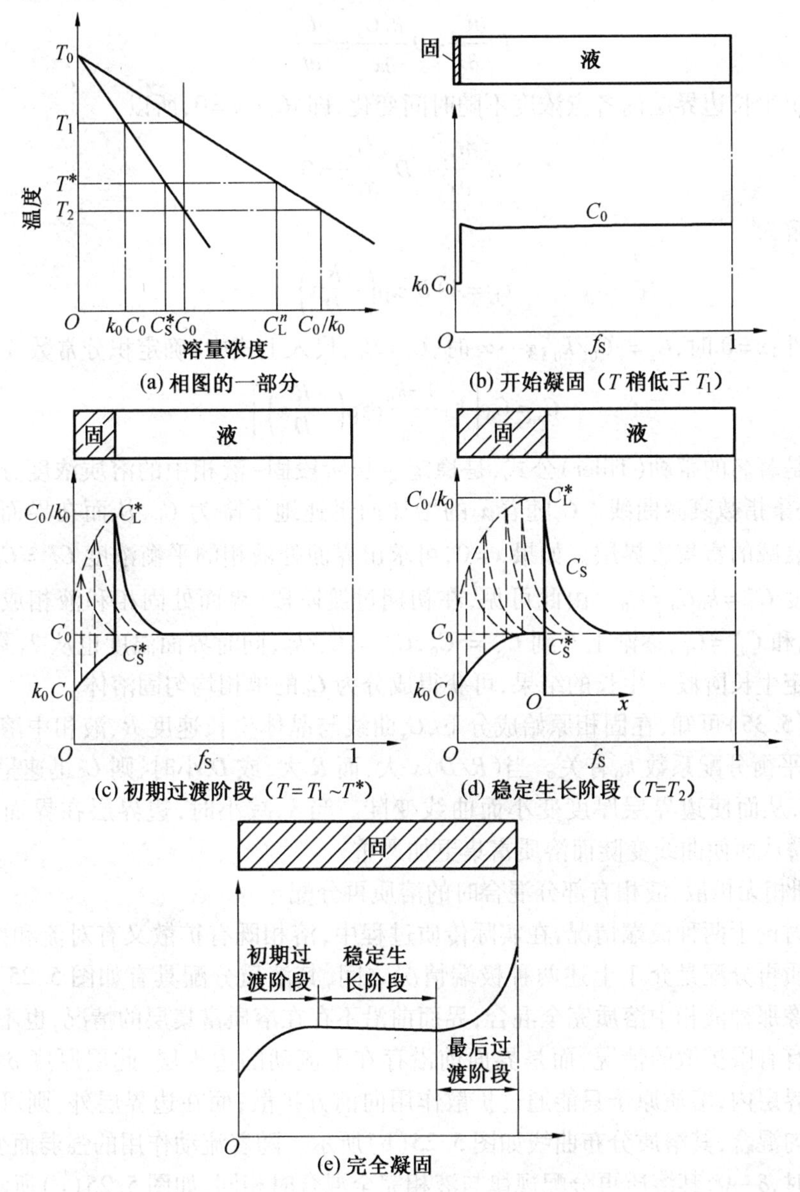

图 5.24 固相中无扩散,液相中只有有限扩散时的溶质再分配

取固-液界面作为参考点,坐标系随界面自左向右推移,其推移速度就是凝固速度,用 R 表示。设离界面 x 处的液相浓度为 C_x,则当界面以速度为 R 向右推移时,将有 $-RC_x$ 的溶质通量输入边界层(负号表示通量方向与生长速度 R 方向相反),与此同时,将有扩散系数为 D,浓度梯度为 $\partial C_x/\partial x$ 的溶质从边界层中向外扩散出来,其扩散通量为 $-D\dfrac{\partial C_x}{\partial x}$(负号表示通量方向与梯度相反),总通量为两者的代数和,即

$$J=-RC_x-D\frac{\partial C_x}{\partial x} \tag{5.32}$$

根据扩散第二方程

$$R\frac{\partial C_x}{\partial x}+D\frac{\partial^2 C_x}{\partial x^2}=\frac{\partial C_x}{\partial t} \tag{5.33}$$

因稳定生长边界层内各点浓度不随时间变化，即$\partial C_x/\partial t=0$，所以

$$R\frac{\partial C_x}{\partial x}+D\frac{\partial^2 C_x}{\partial x^2}=0 \tag{5.34}$$

此方程通解为

$$C_x=A+B\exp\left(-\frac{R}{D}x\right)$$

将边界条件：$x=0$ 时，$C_x=C_0/k_0$；$x\to\infty$ 时，$C_x=C_0$，代入上式中，确定积分常数 A、B 后，得

$$C_x=C_0\left[1+\frac{1-k_0}{k_0}\exp\left(-\frac{R}{D}x\right)\right] \tag{5.35}$$

这就是著名的蒂勒(Tiller)公式，是稳定生长阶段固-液相中的溶质浓度分布规律曲线，它是一条指数衰减曲线。C_x随着 x 的增加而迅速地下降为 C_0，从而在界面前方形成一个急剧衰减的富集边界层。如果 $x=0$，可求出界面处液相的平衡浓度 $C_L^*=C_0/k_0$，固相的平衡浓度 $C_S^*=k_0C_0=C_0$。由此可见，在初期过渡阶段，界面处固相和液相成分分别由 $C_S^*=C_0/k_0$和 $C_L^*=C_0$，逐渐上升到 $C_S^*=C_0$，$C_L^*=C_0/k_0$，同时界面温度也从 T_1降至 T_2，然后进入稳定生长阶段。生长的结果，可获得成分为 C_0的单相均匀固溶体。

由式(5.35)可知，在固相原始成分下，C_x曲线与晶体生长速度 R、液相中溶质扩散系数 D 以及平衡分配系数 k_0有关。当$(R/D)x$ 大，而 R 大，或 D 小时，则 C_x迅速呈指数关系衰减至 C_0，从而使边界层厚度变小而曲线变陡。当 k_0减小时，边界层在界面上的浓度 C_0/k_0增大，从而使曲线变陡而溶质富集更加严重。

(3)固相无扩散、液相有部分混合时的溶质再分配

前面讨论了两种极端情况，在实际传质过程中，溶相既有扩散又有对流和搅拌，因而实际的溶质再分配是介于上述两种极端情况之间，其溶质分配具有如图 5.25 所示的特点。它不像那种液相中溶质完全混合，界面前沿不存在溶质富集层的情况，也不同于液相中溶质仅有有限扩散的情况，而是界面前沿存在不流动的边界层，此层厚度 δ 起重要作用。在边界层内，溶质原子只能通过扩散作用向前方扩散；而在边界层外，则可借助对流而达到均匀混合，其溶质分布曲线如图 5.25(b)所示。随着流动作用的强弱而变化，当流动非常强时，$\delta\to0$，其溶质再分配规律与液相完全混合时相同，如图 5.25(c)所示；当流动作用极弱时，$\delta\to\infty$，其溶质再分配规律近似液相仅有有限传质，如图 5.25(a)所示。由于一般情况下溶质再分配规律比较复杂，边界层厚度 δ 还与凝固速度 R、扩散系数 D 及平衡分配系数 k_0等参数有关。

合金在实际凝固时，由于溶质富集层总是存在，此时，平衡分配系数已不能表示液相中所分配的溶质含量，故引入有效分配系数 k_e来代替 k_0。有效分配系数的定义为：凝固过程中界面上固相浓度 C_S^* 与此时边界层外液相的平均浓度 $\overline{C}_L$ 之比，即 $k_e=C_S^*/\overline{C}_L$。

根据以上分析，当进入稳定生长后，k_e为常数，与晶体生长速率 R(界面推进速度)、液体在边界层中的扩散系数 D，边界层厚度 δ 以及平衡分配系数 k_0之间存在如下关系

$$k_e = \frac{k_0}{k_0 + (1-k_0)\exp\left(-\frac{R\delta}{D}\right)} \tag{5.36}$$

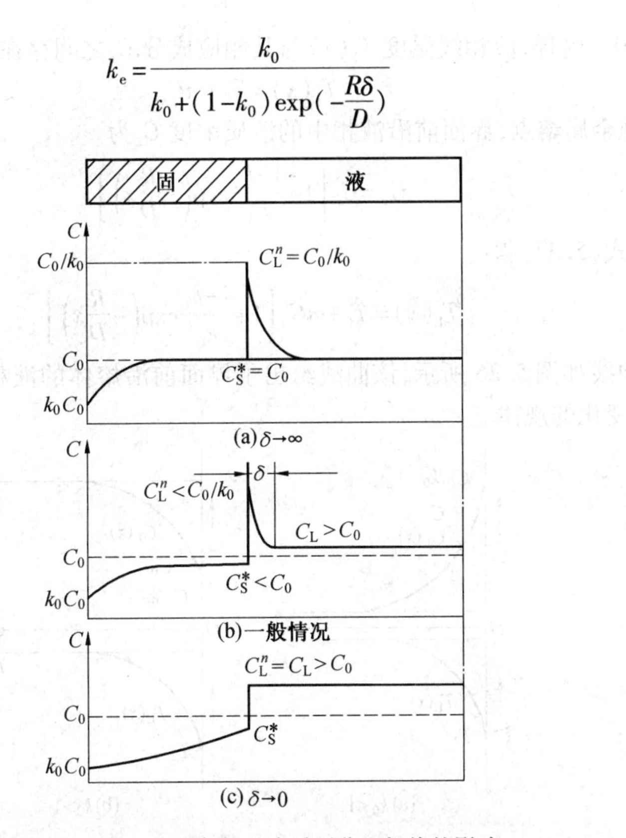

图 5.25 液相传质条件对溶质再分配规律的影响

从而可得出如下结论：

①当 $\exp\left(-\frac{R\delta}{D}\right)$ 时，$k_e=1$，$C_S^*=C_0$，此时仅有有限扩散而无对流混合情况，边界层厚度通常为 1 cm。

②当 $\exp\left(-\frac{R\delta}{D}\right)$ 时，$k_e=k_0$，不存在溶质富集层，此即液相充分混合情况。

③当存在富集层时，k_e 大于 k_0，而小于 1，约为 1 mm。

5.4 合金凝固过程中的成分过冷

在合金凝固过程中，由于溶质的再分配，固-液界面前沿的溶质浓度与远离界面的溶质浓度常常是有差异的，它对凝固过程和界面的生长方式及凝固后的组织形态具有重要影响。

5.4.1 成分过冷的形成条件

由于合金的液相线温度随成分变化而变，所以界面前方液相一侧溶质分布不均匀，这必然引起熔体各部分液相线温度的不同。假如把液相线和固相线近似地看成直线，则其斜率 m 应为常数，并且规定（此规定为习惯性用法与数学规定相反）：当 $k_0<1$ 时，$m<0$；当

$k_0>1$ 时,$m>0$。这样,液相线温度 $T_L(x)$ 与其相应成分 C_x 之间存在如下关系

$$T_L(x)=T_0+mC_x \tag{5.37}$$

式中,T_0 为纯金属熔点,界面前沿液相中的溶质浓度 C_x 为

$$C_x=C_0\left[1+\frac{1-k_0}{k_0}\exp\left(-\frac{R}{D}x\right)\right]$$

将上式代入式(5.37)得

$$T_L(x)=T_0+mC_0\left[1+\frac{1-k_0}{k_0}\exp\left(-\frac{R}{D}x\right)\right] \tag{5.38}$$

$T_L(x)$ 曲线如图 5.26 所示,该曲线给出了界面前沿熔体的液相线温度随其溶质浓度而沿 x 方向变化的规律。

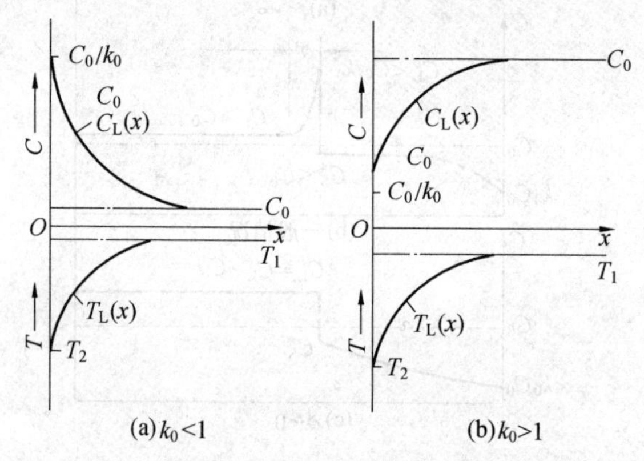

图 5.26　界面前沿熔体液相线温度的变化规律

由图 5.26 可见,当 $x=0$ 时,$C_L=C_0/k_0$,则

$$T_L(0)=T_0+mC_0/k_0=T_2 \tag{5.39}$$

当 $x\to\infty$ 时,$C_L=C_0$,则

$$T_L(\infty)=T_0+mC_0=T_1 \tag{5.40}$$

所以 $T_L(x)$ 的变化范围是 $T_1\sim T_2$ 之间,也就是合金的平衡温度范围。

图 5.26(a)是指 $k_0<1$ 的合金,5.26(b)是指 $k_0>1$ 的合金。前者的界面前沿溶质富集;后者的界面前沿是溶质贫化,但两者的液相线变化规律是相同的。对于这种在界面前方有成分(浓度)差别的液相线而言,在一定温度梯度下所形成的过冷度称为成分过冷或浓度过冷。图 5.27 表明成分过冷的极限条件是温度梯度 G 与界面前方平衡凝固温度曲线在界面处恰好相切。而在更大的温度梯度下,则不会出现成分过冷。所以成分过冷的条件是

$$G<\left(\frac{\mathrm{d}T}{\mathrm{d}x}\right)_{x=0}$$

利用公式

$$T_L(x)=T_0-mC_0\left[1+\frac{1-k_0}{k_0}\exp\left(-\frac{R}{D}x\right)\right]$$

可证明其条件为

$$\frac{G}{R}<\frac{mC_0(1-k_0)}{D \quad k_0} \tag{5.41}$$

式(5.41)为著名的成分过冷判据,它给出了成分过冷产生的临界条件。当判据条件成立时,界面前方必然存在成分过冷,否则不存在成分过冷。在式(5.41)的左边是长大的参数,式(5.41)的右边是材料和系统的参数。由此可分析出成分过冷的有利条件:

①在液相中有小的温度梯度 G,大的长大速度 R;

②高的合金含量,大的液相线斜率 m;

③在液相中有小的扩散系数 D;

④对于 $k_0<1$ 的合金,k_0值很低。对于 $k_0>1$ 的合金,k_0值很高。

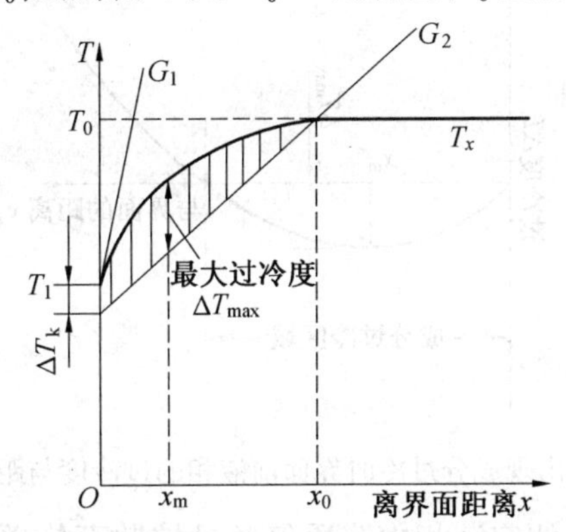

图5.27 界面前方引起成分过冷的区域

G_1时无成分过冷;G_2时形成成分过冷

5.4.2 成分过冷的过冷度

存在成分过冷时,过冷度等于平衡凝固温度与实际温度之差,即

$$\Delta T=T_L(x)-T_x$$

其中,$T_L(x)$由式(5.38)求得;T_x为液相中实际温度,即

$$T_x=T_i+Gx \tag{5.42}$$

式中,T_i为界面平衡凝固温度,$T_i=T_0+mC_0/k_0$;G为界面前方液相中的温度梯度;x为离开界面的距离。

温度梯度由凝固条件决定,在某些特定温度梯度下,于界面前方一定范围内的液相实际温度低于相应的平衡凝固温度,如图5.28所示,在界面前出现一个成分过冷区域。

将式(5.38)和式(5.42)代入式(5.39),得

$$\Delta T=\frac{mC_0(1-k_0)}{k_0}\left[1-\exp\left(-\frac{R}{D}x\right)\right]-Gx \tag{5.43}$$

图5.28所示为出现成分过冷时,在界面前方不同位置上成分过冷的过冷度与离开界面距离的关系。由图5.28可知:

①在界面上过冷度为零;

②在离开界面一定位置处,出现最大的成分过冷度。

通过 ΔT 对 x 求微分,并使导数等于零,可求出最大过冷度所在处的位置 x_m,即

$$x_m=\frac{D}{R}\ln\left[\frac{mC_0(1-k_0)R}{DGk_0}\right] \tag{5.44}$$

将式(5.44)代入式(5.43),可求出最大成分过冷度 ΔT_{max},即

$$\Delta T_{max}=\frac{mC_0(1-k_0)}{k_0}-\frac{GD}{R}\left\{1+\ln\frac{mC_0(1-k_0)R}{DGk_0}\right\} \tag{5.45}$$

③出现最大的成分过冷的过冷度之后,随着离开界面距离 x 的增加,液相中的过冷度又逐渐降低。

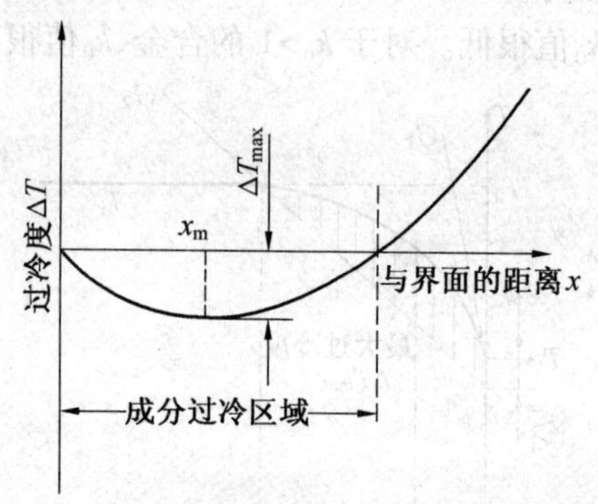

图 5.28 出现成分过冷时界面前液相的过冷度与距离的关系

应该指出,以上分析是假定液相中溶质仅通过扩散而传递的前提下进行的。对于液相中溶质出现部分混合时,对上述公式和曲线均应修正后才能应用。但是,在这些情况下仍然会出现宏观偏析。

5.4.3 成分过冷对晶体生长的影响

界面前沿的成分过冷与生长界面有密切的关系。成分过冷的决定因素是合金的原始成分 C_0、凝固速率 R 和界面前沿的液相温度梯度 G_L,这 3 个因素不仅影响界面的形态,而且也决定晶体形态。界面的基本生长方式有 4 种,即平面生长、胞状生长、枝晶生长、内生长。

(1)平面生长

如图 5.29(a)所示,当界面前沿熔体中的 G_L很大,晶体生长速率 R 很小时,界面前沿无成分过冷,相界面始终保持为平面,如固体上偶然出现凸出部分;都将凸出到过热的熔体中,如图 5.29(b)所示,将被重新熔化,界面仍为平面,如图 5.29(c)所示。

晶体平面生长,应满足条件

$$G_L/R\geqslant\frac{mC_0(1-k_0)}{Dk_0}\left(或\geqslant\frac{T_L-T_S}{D}\right) \tag{5.46}$$

在此条件下,界面前沿无成分过冷,即为界面稳定性生长条件。晶体生长的结果是获得无偏析的柱状晶,如果开始只有一个晶粒,则可获得单晶。

由此可见,对于特定的合金,控制 G_L/R 值,就可控制成分过冷的大小,因此,G_L/R 是控制凝固过程的重要工艺参数。

(2)胞状生长

当界面前沿熔体中 G_L较大,界面前存在一个较窄的成分过冷区域,平的界面开始不稳定,出现很多凸起,伸入到成分过冷区内,但凸出的距离很小,不会产生侧向分支,晶体也以条状向熔体内生长,如图 5.30 所示。由于凸出部分在生长中排出的溶质(k_0<1 合金)向周围熔体中扩散,提高了周围熔体中溶质的含量,降低该处液相线温度,使凸出的晶体端部横向生长受到抑制,这样,就在原来平界面上形成了由高浓度、低熔点的熔体组成网状沟槽。如果把生长界面前的熔体迅速倾出,可看到生长界面的胞状结构。

$$G_L/R \leqslant \frac{mC_0(1-k_0)}{Dk_0}\left(\text{或} \leqslant \frac{T_L-T_S}{D}\right) \tag{5.47}$$

晶体生长的结果,根据成分过冷度的大小不同,呈现不同的形态,有不规则的形状、条状和规则的六角形。

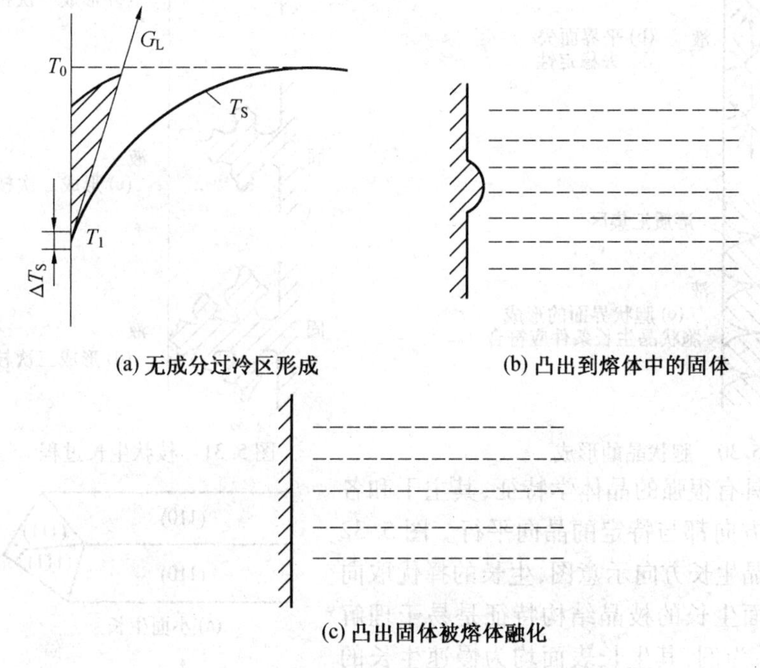

(a) 无成分过冷区形成

(b) 凸出到熔体中的固体

(c) 凸出固体被熔体融化

图 5.29 界面前无成分过冷时平面生长

(3)枝晶生长

当界面前沿熔体中的温度梯度 G_L较小时,界面前存在一个较宽的过冷区,如图 5.31(a)所示。

界面上原来凸起的部分伸入到熔体中更远的距离,获得更大的过冷度,形成一次枝晶,如图 5.31(b)所示。在一次枝晶的侧面也面临着成分过冷,所以侧面也长出分支,称为二次枝晶(图 5.31(c))。如果成分过冷足够大,还能形成三次枝晶(图 5.31(d)),使固-液界面成为枝晶状,此称为枝晶柱状生长,所获得的晶体呈树枝状,称为枝晶。

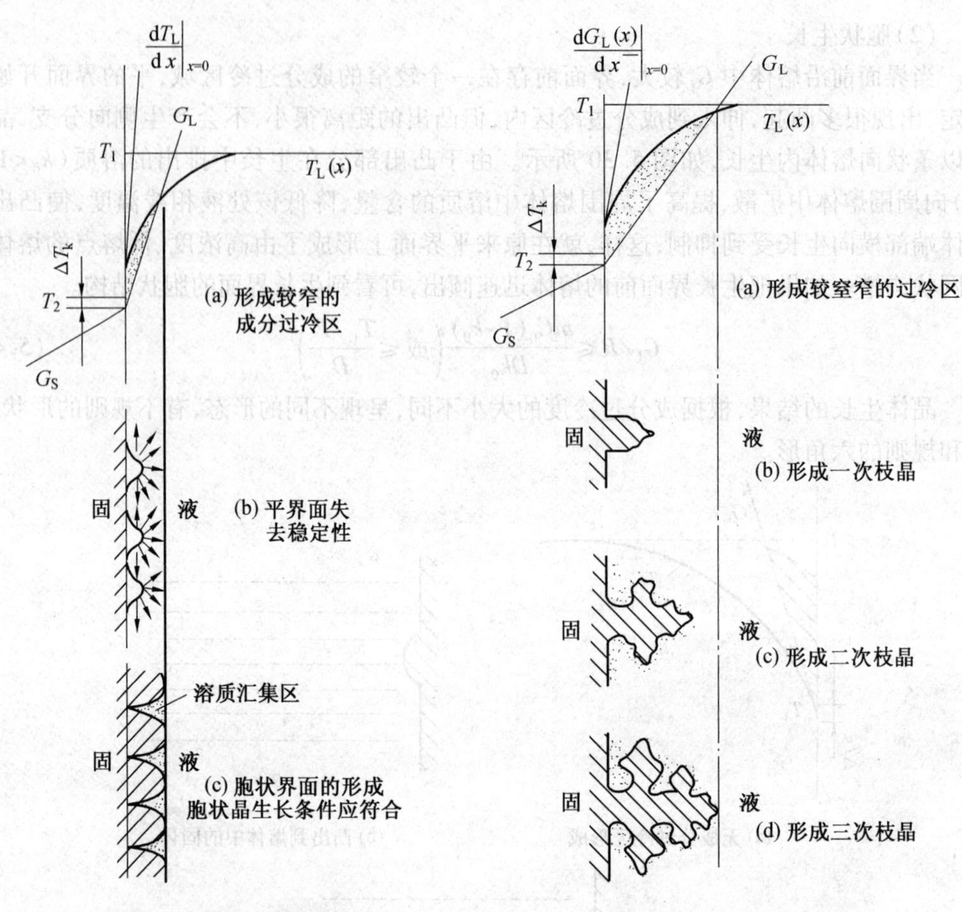

图 5.30　胞状晶的形成

图 5.31　枝状生长过程

枝晶生长具有很强的晶体学特征，其主干和各次分支的生长方向都与特定的晶向平行。图 5.32 是立方晶系枝晶生长方向示意图，生长的择优取向为<100>。小面生长的枝晶结构特征是易于理解的，以立方晶系为例，其生长表面均为慢速生长的密排面{111}所包围，由 4 个{111}面相交而成的锥体尖顶所指的方向就是枝晶生长方向。目前，还没有完善的理论可以把非小面生长的粗糙金属界面的晶体学性质与枝晶生长的晶体学特征联系起来。

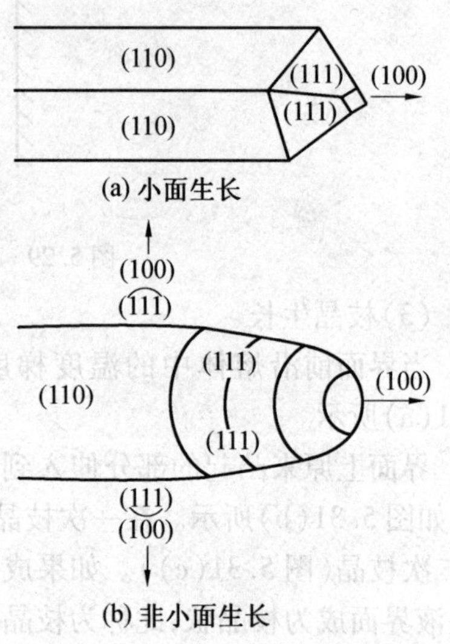

图 5.32　立方晶系枝晶的生长方向

平面生长、胞状生长和柱状枝晶生长都是在单相散热和单相凝固条件下进行的，液相是系统中最热的部分，热流通过固相排出，热流量方向与生长方向相反，称此为强制性生长。枝晶主干前端的生长速度受到等温面(固-液界面)前进速率的人为限制。柱状枝晶的主干互相平行，各种性能指标表现出强烈的各向异性。

(4)内生生长

当界面前熔体中的温度梯度 G_L 很小时,成分过冷的极大值 ΔT_{max} 大于熔体中非均质生核所需的有效过冷度 T^*,$\Delta T_{max} \geqslant \Delta T^*$。在这部分熔体中便能生核并能长大,如图 5.33 所示。

在这个系统中,温度最高部分是晶体,而晶体的周围是过冷的熔体,因此,热流和结晶(凝固)潜热只能通过熔体排出,其生长方向与热通量方向一致。它的生长恰与枝晶生长情况相反,也称为自由生长。

内生生长还称为等轴(径)枝晶生长,生长的结果是所形成的晶体呈颗粒状,内部可显示出各方向等轴(径)的枝晶组织,称为等轴(径)晶。

图 5.34 是凝固温度范围为 50 K 的某种典型合金的凝固过程,在不同的温度梯度 G_L 和生长速度 R 的凝固条件下,能得到各种不同结构形态和不同组织细化过程的晶体。图 5.34 中 G_L/R 的数值从右下方向左上方逐次递增,晶体形态也逐渐地从平面前沿的柱状晶变化到枝状晶与等轴(径)晶;与此同时,G_LR 值从左下方向向上方逐次增加,晶体组织由粗变细,但形态不变。在定向结晶区中,单独改变 G_L 和 R,可以获得各种不同结构形态和粗细程度不同的晶体组织。

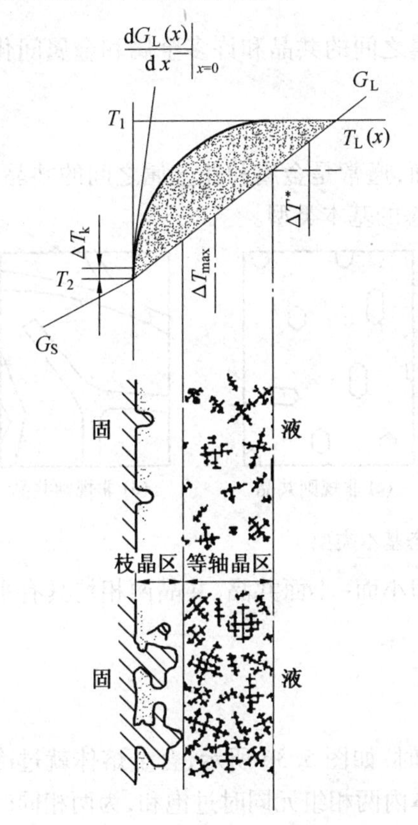

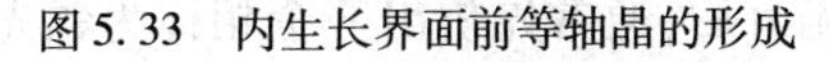

图 5.33 内生长界面前等轴晶的形成

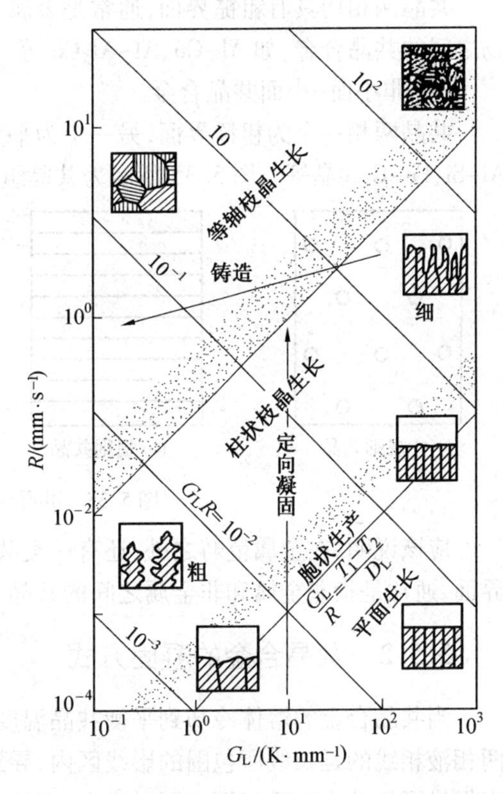

图 5.34 工艺参数 G_L 和 R 对单相合金凝固形态的影响

在常规凝固条件下，G_L/R 和 G_LR 受合金和铸型热物理性质的制约，其组织特征只能在图示范围内变化。冷却速度快，有利于晶体组织细化，但是高的温度梯度不利于等轴晶的形成；冷却速度慢易于形成粗大的等轴晶。定向凝固涡轮叶片的生长条件是在图5.34中垂直线的上部；单晶半导体硅的生产条件则是该垂直线的下部。应该指出，熔体的对流等运动对结晶形态和组织细化都有重要影响，不可忽视。

5.5　共晶合金的凝固

5.5.1　共晶组织的特点与分类

共晶组织的形态与凝固条件及组成相之间的体积比有关。从宏观结构分析，共晶体的形状与分布的形成原因与单相合金相似，并随凝固条件的变化，同样也有从平面状生长、胞状生长到枝晶生长，同时也有柱状晶到等轴（径）晶的变化。从微观形态分析，共晶体内两相析出物的形态与分布，在很大程度上取决于固-液界面的微观结构和两相之间的体积比。根据界面的微观结构，共晶合金分为规则共晶和不规则共晶两大类，前者为非小面-非小面结构（即粗糙界面），后者为小面-非小面结构。

（1）非小面-非小面共晶合金

共晶两相均具有粗糙界面，通常是金属与金属之间的共晶和许多金属和金属间化合物之间的共晶合金，如 Al-Cu、Al-Al_3Cu 等。

（2）非小面-小面共晶合金

共晶两相一个为粗糙界面，另一个为平整界面，通常是金属和非金属之间的共晶，如 Al-Si、Fe-C 共晶等。图5.35所示为共晶组织形态的基本类型。

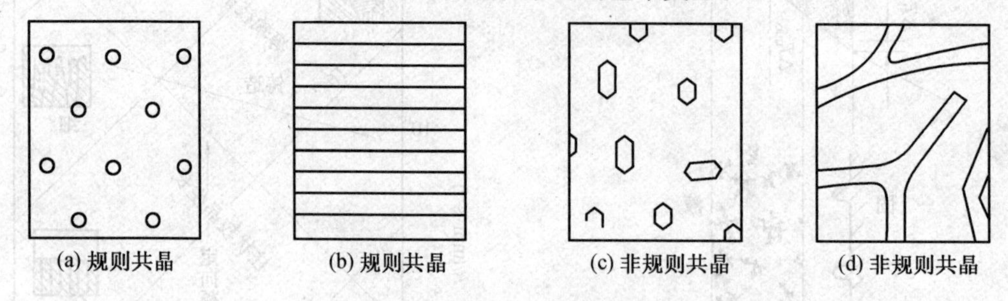

图5.35　共晶组织形态基本类型

应该说明，在金属范畴之外，还有一类共晶，即小面-小面共晶、共晶两相均具有平整界面，通常是指非金属和非金属之间的共晶。

5.5.2　共晶合金的凝固方式

当共晶合金的熔体冷却到平衡共晶温度以下时，如图5.36所示，合金熔体就过冷到两相液相线的延长线所包围的影线区内，导致熔体内两相组元同时过饱和，为两相同时析出提供了驱动力。两相倾向同时析出，但是总有先有后，通常先析出一个相称为领先相，而另一相则在领先相表面析出，然后两相竞向析出。由于两相生长速率不一致，以及由此所导致的两相在分布状况的不同,可将共晶合金的凝固过程分为共生生长和离异生长两种方式。

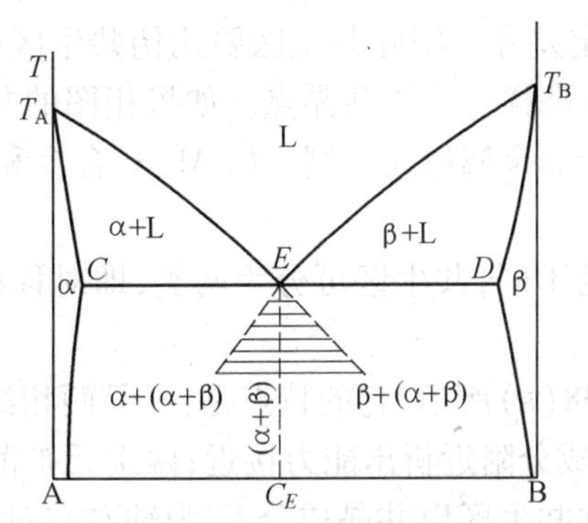

图 5.36 共晶合金的过冷共生区

(1)共晶合金的共生生长方式

共晶合金的生长过程大多数是按照共生生长方式。共生生长是指凝固时后析出的相依附于领先相表面析出,形成具有两相共同生长界面,然后依靠溶质原子在界面前沿两相间横向扩散,互相为相邻的另一相提供所需的组元,使两相彼此共同向前生长。两相共同生长的固液界面称为界面。形成共生界面的过程是共生共晶的形核过程;两相彼此共同合作向前生长称为共生生长,也是共生共晶生长过程。生长的结果形成两相交叠,紧密掺和的共晶体。如领先相独立生核,并在自由生长条件下长大,其共晶体具有球团形辐射状结构,称为共晶团;如果领先相是初生相的一部分,则共晶团将以近似于扇形的半辐射状结构;如果在有约束条件下形成的共晶体,可能得到被称为共晶群体的柱状共晶体组织,如图 5.37 所示。

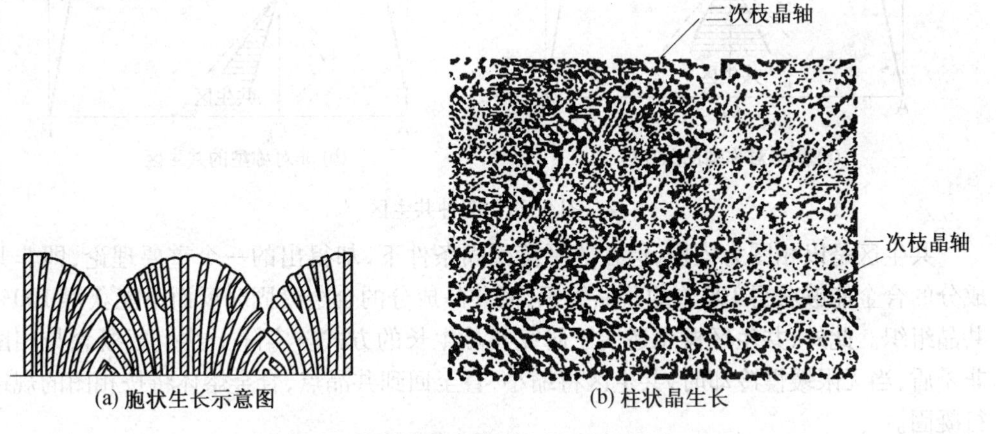

(a) 胞状生长示意图 (b) 柱状晶生长

图 5.37 共晶合金的胞状生长和柱晶生长

共晶合金的生长必须满足两个基本条件,首先,共晶两相的析出能力要相近,且后析出相要容易在领先相的表面形核并长大;其次,界面前沿两相溶质原子横向传输能保证共晶两相的等速生长需要。实验证明,这两个条件只能在合金过冷到一定温度和处在一定成分范围内才能达到。这个范围就是图 5.36 所示的影线区,影线区内就是所谓的共生区。凡处在共生区内,合金熔体都有可能成为100%的共晶组织。以上所述为共晶生长的热力学条件,然后共生共晶还受到力学条件制约,因此,实际共晶共生区与相图上所示的共生区(伪共生区)有一定差异。实际共生区要比伪共生区小,而且对于金属-非金属的共生区,通常不像图5.36那样对称于共晶点。如果相图的共晶点靠近金属组元一方,则实际共生区通常要偏向于非金属组元一侧。如Al-Si合金和Fe-C合金的实际共生区就属此类。

根据共生区偏离程度的不同,共生区可分为两类,即对称型共生区和非对称型共生区。

对称型共生区如图5.38(a)所示,它的特点是:共晶两相组元熔点相近,两条液相线形状彼此对称;两相在共晶成分附近析出能力接近;两组元扩散能力相当,易于形成共生界面并保持等速生长。对称共生区以共晶成分 C_E 为轴左右对称。过冷度越大共生区越宽。绝大部分非小面-非小面共晶合金的共晶区属此类。

非对称型共生区如图5.38(b)所示,其特点是:共晶两相的组元熔点相差较大;两条液相线形状不对称;共晶点通常偏向低熔点组元一侧;在非平衡条件下,两相在共晶成分附近低熔点相较高熔点相易于析出,生长速度也快。为了满足共生生长所需的条件,而需要合金熔体中有更多的高熔点组元成分进行共晶转变,因而共生区就失去了对称性而偏向高熔点组元一侧。两相差别越大,偏离就越大。绝大部分非小面-小面合金属此类。

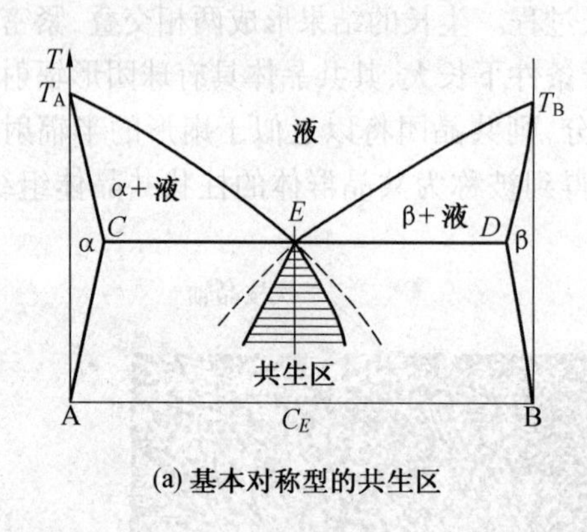

(a) 基本对称型的共生区

(b) 非对称型的共生区

图5.38　两种共生区

共生区是以相图为依据,但在非平衡凝固条件下,却得出的一个重要理论,即非共晶成分的合金能够获得100%的共晶组织,而共晶成分的合金凝固时反而不能获得100%的共晶组织。此外,共生区概念还便于研究共晶生长的方式。实际上共生区概念与相图并非矛盾,当无限缓慢冷却时,共生区将缩小,直至回到共晶点,合金熔体将按相图的规律进行凝固。

(2)共晶合金离异生长方式

共生生长只有当合金熔体的温度和成分进入共生区的条件下才能实现。担忧的共晶合金在共晶转变中不进入共生区,共晶体的两相没有共同的生长界面,两相以不同的生长速度而独立生长。两相的析出在时间与空间上都是分离的,因而形成的组织没有共生共晶的特征,这种两相不是以共同界面的生长方式,称为离异生长,所形成的组织如图5.39

所示,称为离异共晶体。

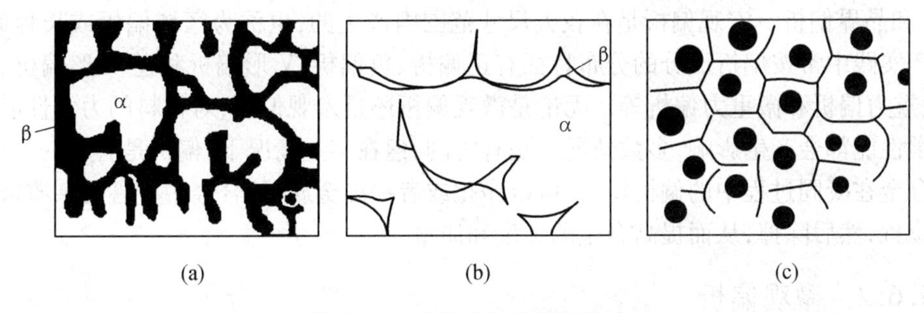

图 5.39 几种离异共晶组织

根据离异共晶的形状不同,一般将离异共晶体分为晶间偏析型和领先相呈团球形两种。

当合金成分偏离共晶点很远,初生相长得很大,共晶转变时,残留熔体很少,呈薄膜状分布在晶间,因此,共晶转变时一相就在初生相的枝晶上继续长出,而另一相只能单独留在枝晶间,如图 5.39(a)所示,其源于另一相生核困难。

当领先相呈球状,而后析出相只能围绕领先相表面生长,这种离异共晶体具有"牛眼"状,或者形成镶边状的外围层,如图 5.39(c)所示。对"牛眼"的成因目前存在不同的看法,但一般认为是由于两相在生核能力和生长速度上的差异所致。图 5.40 所示为两种常见的"牛眼组织"。

(a) 不完整的"牛眼组织"

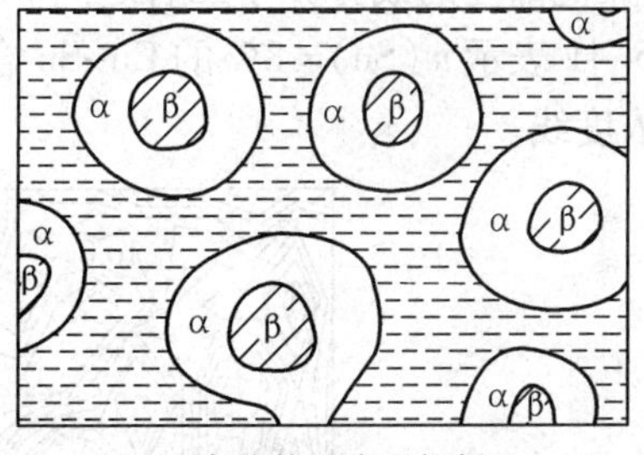

(b) 完整的"牛眼组织"

图 5.40 两种离异共晶的"牛眼组织"

5.6 合金凝固过程中化学成分的不均匀性

5.6.1 偏析的产生与分类

合金在凝固过程中得到化学成分完全均匀的铸件是非常困难的。一般来说,合金凝固之后,截面上位置不同,化学成分都存在不均匀的现象,这种不均匀现象产生的原因是由于合金在凝固过程中存在溶质的再分配。在凝固中,液相和固相内以及液-固相之间的扩散,往往来不及使各相随时达到相应温度下的平衡浓度,使初始析出的固相与液相浓度不同,先析出的固相与后析出的固相化学成分不同,甚至在一个晶粒内各个微区因凝固先后不同,其化学成分也有差异,这种化学成分的不均匀性称为偏析。

偏析分为两大类，即微观偏析和宏观偏析。微观偏析包括胞状偏析、晶内偏析（枝晶偏析）和晶界偏析。宏观偏析是在较大尺寸范围内产生的，也称为区域偏析或长程偏析。在生产实践中常按偏析成分的分布特征有正偏析、负偏析、V 形偏析和逆 V 形偏析、带状偏析、重力偏析和微重力偏析等。无论是微观偏析还是宏观偏析，对材料的力学性能和物理化学性能都会产生影响，多数情况下是有害的，但在某些情况下，偏析是有利的。例如，借助合金在凝固过程中的偏析特点，可以净化或者提纯金属，使合金中有害的杂质偏析到预定位置，然后除掉，从而提高合金的纯度和质量。

5.6.2　微观偏析

1. 枝晶偏析

在合金凝固过程中，由于溶质原子的扩散系数只是热扩散率的$\frac{1}{10^3}$~$\frac{1}{10^5}$，在这种冷却条件下的凝固是非平衡凝固，冷却速度快，固相中的溶质没有完全扩散。由于合金液体温度没有完全下降，固-液界面向前推进，新凝固出的固相与已凝固出的固相成分有差异，这种存在于晶粒内部的成分不均匀性，称为晶内偏析。由于熔体合金多以支晶方式生长，分支本身（内外层）以及分支与分支之间的成分也不均匀，故称为枝晶偏析。在枝晶偏析区内，各组元的分布规律是：凡是使合金熔点升高的组元都是富集在分支中心和枝干上；凡是使合金熔点降低的组元都富集在分支的外层或分支之间，甚至在分支间出现不平衡第二相，其他部位的成分介于二者之间。

图 5.41 表示 $w(\mathrm{Sn})=8\%$ 的 Cu-Sn 合金凝固时，铸态组织中 Sn 元素在枝晶横截面分布的等浓度线。

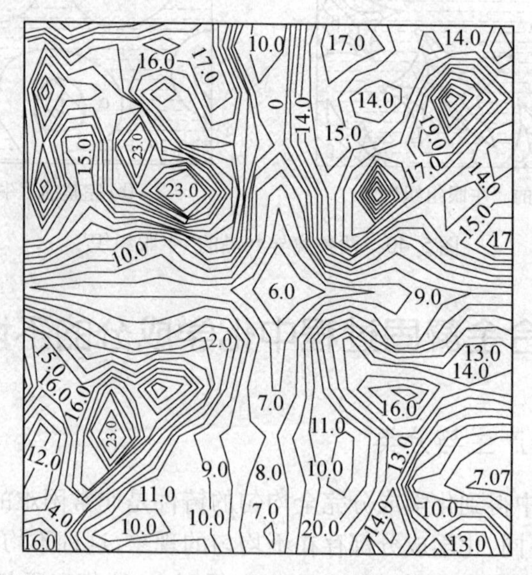

图 5.41　$w(\mathrm{Sn})=8\%$ 的 Cu-Sn 合金枝晶偏析的 Sn 的等浓度线

由图 5.41 可见，在枝干中心 Sn 的浓度最低，只有 6%，而在枝晶间 Sn 的浓度高达 23%，分布极不均匀。已知该合金平衡分配系数 $k_0C_0 \approx 0.36$，假设在固相中无扩散、枝干

中心的浓度为 $k_0C_0\approx 2.9\%$，远远低于6%，说明溶质在固相中的扩散也不可忽视。

通常条件下，合金是非平衡结晶过程进行凝固的，对 $k_0<1$ 的合金晶粒中心和主干部分因最先凝固，而含溶质量为最低，其分支与分支之间为晶粒的外层部分，因最后凝固，而溶质含量逐渐增高，可见凝固后，晶粒内外存在成分差异。如果 k_0 与 1 偏离越远，则偏析就越严重。通常用 $|1-k_0|$ 衡量溶质的偏析程度，称为偏析系数。

2. 晶界偏析

在合金凝固过程中产生晶界偏析有两种情况：

第一种是晶界与晶粒生长方向平行，晶粒按柱状晶生长时，柱状晶界面之间存在明显的晶界偏析，如图 5.42 所示。

第二种是两个晶粒相对生长，彼此相遇形成晶界（图 5.43），各晶粒在生长时，把排出的溶质（$k_0<1$）或者其他杂质推到界面，最后凝固，在晶界处形成偏析。

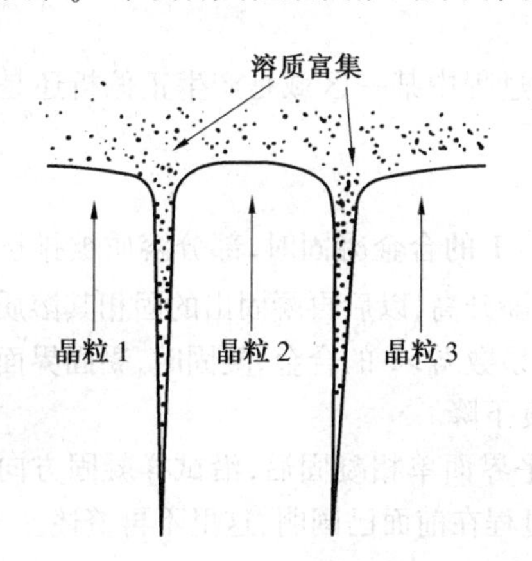

图 5.42 晶界平行于生长方向形成的晶界偏析

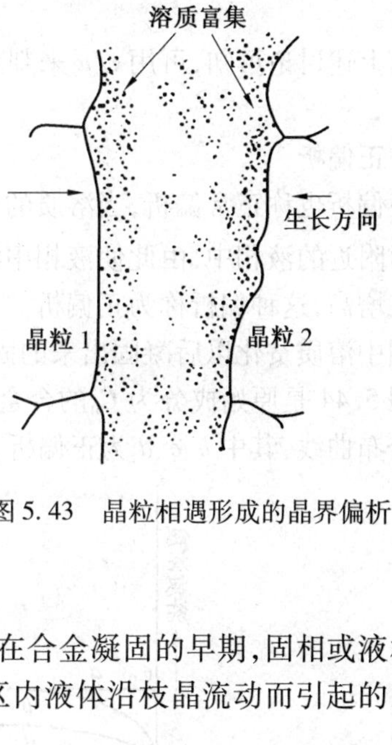

图 5.43 晶粒相遇形成的晶界偏析

5.6.3 宏观偏析

在实际生产中，产生宏观偏析的途径有两个：①在合金凝固的早期，固相或液相的上浮、下沉运动而引起的区域性偏析；②在固-液两相区内液体沿枝晶流动而引起的区域性偏析。

在合金凝固过程中存在温差，在同一时间内，合金未凝固液相的数量是不同的。一般情况下，冷却快的区域未凝固的液相量较少，并且平均溶质浓度较冷却慢的区域高（$k_0<1$）。当枝晶间存在液体流动时，假如液体从冷却快的区域流向冷却慢的区域，则降低该区域的溶质浓度，使该区域 C_S 降低，产生负偏析。反之，液体从冷却快的区域流向冷却慢的区域，使 C_S 升高，产生正偏析。

若考虑枝晶间存在液体流动时，枝晶的溶质分布可表示为

$$C_S^*=k_0C_0\ (1-f_S)^{(k_0-1)/q} \tag{5.48}$$

$$q=(1-\beta)\left(1-\frac{u}{v}\right),q>0 \tag{5.49}$$

式中，β 为凝固收缩率；u 为等温线移动速度；v 为液体沿 u 方向的流动分速度；C_S^* 为固-液界面上固相的溶质浓度；k_0 为平衡分配系数；f_S 为固相分数。

由式(5.48)可知,枝晶的溶质分布随 q 值的变化而变化,进而使凝固区域平均成分发生变化。由式(5.49)可知,在合金成分一定时,q 值的大小取决于 u 和 v,因此 u 和 v 是影响宏观偏析的主要因素。

当 $q=1$ 时,$\frac{v}{u}=-\frac{\beta}{1-\beta}$,式(5.48)与夏尔公式(5.30)完全相同,因此,该区域的平均成分 $\overline{C}_S=C_0$,没有偏析存在。

当 $q<1$ 时,$\frac{v}{u}>-\frac{\beta}{1-\beta}$,对于 $k_0<1$ 的合金,由式(5.48)可知,C_S^* 值变大,所以该区域的平均成分 $\overline{C}_S>C_0$,产生正偏析。

当 $q>1$ 时,$\frac{v}{u}<-\frac{\beta}{1-\beta}$,对于 $k_0<1$ 的合金,C_S^* 值变小,使该区域的平均成分 $\overline{C}_S<C_0$,产生负偏析。

由上述讨论可知,可用 v/u 来判断合金凝固过程中某一区域是产生正偏析还是负偏析。

1. 正偏析

正偏析也称正常偏析,当溶质的分配系数 $k_0<1$ 的合金凝固时,部分溶质被排挤到凝固界面附近的液相中,由此使液相中溶质浓度逐渐升高,以后再凝固出的固相其溶质浓度就随之增高,这种偏析称为正偏析。对溶质分配系数 $k_0>1$ 的合金,凝固时,凝固界面附近的液相中溶质贫化以后凝固出来的固相溶质浓度下降。

图5.44是原始成分为 C_0 的合金($k_0<1$)以平界面单相凝固后,沿试样凝固方向上的溶质分布曲线,其中 b、c、d 为正偏析,它的形成过程在前面已阐明,这里不再赘述。

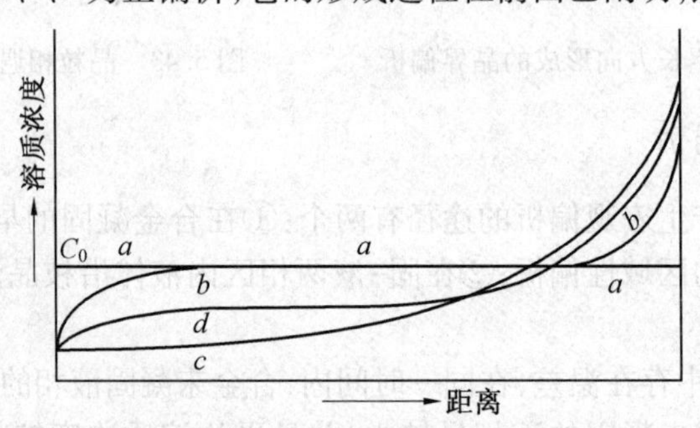

图5.44　单向凝固时合金内溶质分布

a—平衡凝固时;b—固相无扩散而液相中有溶质扩散;

c—固相无扩散而液相完全混合时;d—固相有有限扩散而液相部分混合时

图5.45为厚壁钢锭内溶质元素C、S、P的分布规律。在铸钢锭表面细晶粒区1内,钢液来不及在宏观范围内选择结晶,其平均溶质浓度为原始成分 C_0。在柱状晶区2,由于铸钢锭由外向内依次凝固,先凝固部分溶质浓度较低,将“多余”的溶质排斥在周围的熔体中,使未凝固的熔体溶质浓度增高,凝固温度也相应降低。当铸钢锭中心降至凝固温度时,会长成粗大的等轴晶,这时含溶质较高的熔体被阻滞在柱状晶区2和粗大等轴晶区4之间,所以在3处含有C、S、P量较高,但中心粗大等轴晶区的平均成分也为 C_0,可见宏观

偏析的产生与合金的凝固特点紧密相连。

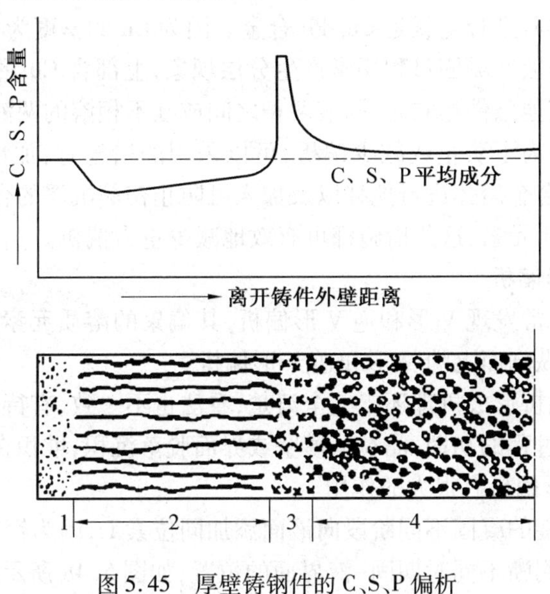

图5.45 厚壁铸钢件的C、S、P偏析

2. 负偏析

负偏析也称为逆偏析,它是指 k_0<1 的合金,在凝固过程中,虽然也是由外层向内层逐渐进行,但是外层在一定范围内溶质的浓度却由外向内逐步降低,恰好与正偏析相反,也称为反常偏析。Al-Cu 合金是产生负偏析的典型合金,如图 5.46 所示。产生负偏析的共同特点:首先是凝固区域宽,或温度梯度小;其次是树枝晶粗大;第三是凝固收缩率大。这些特点使合金在凝固后期,内部溶质浓度含量高的熔体在收缩压力作用下,通过粗大枝晶间的通道流向外层,从而提高了合金外层的溶质浓度,造成负偏析。

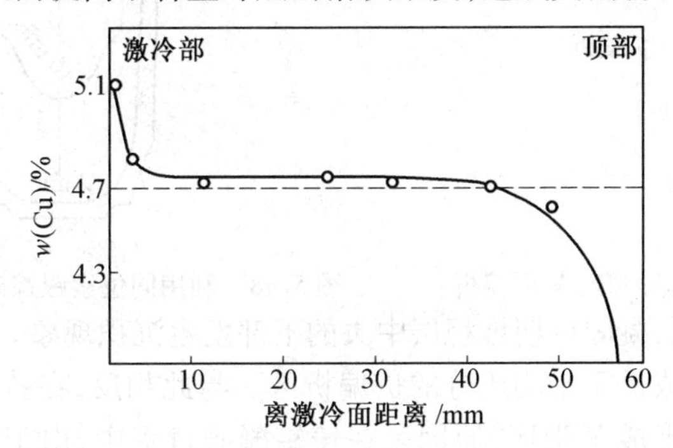

图5.46 $w(Cu)=4.7\%$ 的 Al-Cu 合金铸件的逆偏析

负偏析对合金的力学性能和耐压性、气密性以及加工性能等均有较大影响,所以在生产中要严加控制。常用的防止与减少负偏析的途径有:增大温度梯度;在合金中加入晶粒细化剂;减少合金在凝固过程中的收缩压力(主要是减少合金的含气量)。

3. 重力偏析

重力偏析的产生主要是由于合金在凝固过程中析出的固相与周围的熔体之间存在密度差,或者存在两种互不相容的密度差较大的熔体,它们在重力作用下产生迁动,造成化学成分的不均匀性,这种由重力而引起化学成分的不均匀,称为重力偏析或比重偏析。

产生重力偏析的典型合金就是 Cu-Pb 合金。因为 Cu 的密度为 8.24 g/cm^3,而 Pb 的密度为 10.04 g/cm^3,故在凝固过程中常产生分层现象,上部含 Cu 量高,下部含 Pb 量高,形成重力偏析。在其他条件相同时,固液两相之间或互不相溶的两液相之间密度差越大,重力偏析就越严重。为了防止或减少偏析,可以采用的措施有:加快冷却以提高凝固速率;在凝固过程中对合金熔体进行搅拌以及加入可防止初晶沉浮的合金元素,如在 Cu-Pb 合金中加入少量的 Ni 元素,这些措施都可有效地减少重力偏析。

4. V 形和逆 V 形偏析

在镇静钢锭中常常发现 V 形和逆 V 形偏析,其偏聚的溶质元素主要是 C、P 和 S 等。图 5.47 为镇静钢锭纵剖面上的 V 形和逆 V 形偏析。

关于这种类型偏析形成机理还未完全清楚,看法也不一致,有待进一步研究探索。一般认为,在钢锭凝固过程的初期,晶粒从模壁或界面脱落沉积,堆积在下部,而后期堆积层收缩下沉对形成 V 形偏析有很大的作用。

实验证明,在钢锭的凝固不同阶段向液面添加同位素 Ir,因为钢锭在凝固过程中有晶粒沉积,借助同位素判断不同时期固-液界面的位置,如图 5.48 所示。

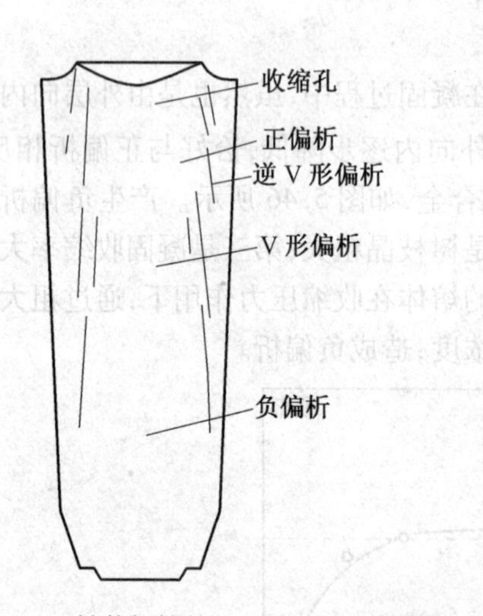

图 5.47 镇静钢锭的 V 形和逆 V 形偏析

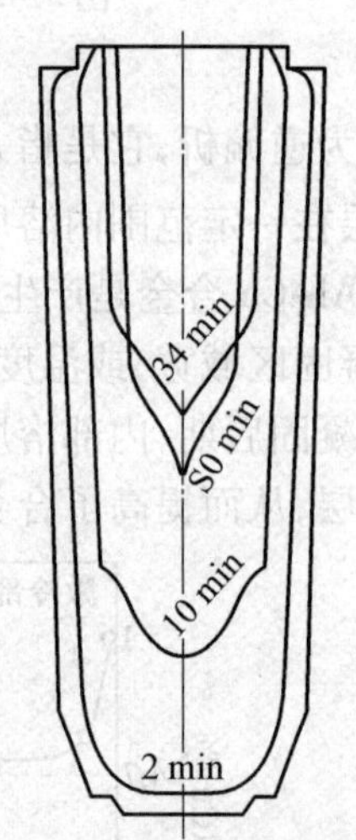

图 5.48 利用同位素跟踪确定钢锭凝固界面

由图 5.47 可看到,凝固后期堆积层中央的下部发生沉积现象。由于凝固过程中晶粒沉淀在铸锭的下部形成低于平均成分的负偏析区。与此相反,在铸锭的上部形成高于平均成分的正偏析区。形成 V 形区,原因是在铸锭凝固过程中,由于结晶堆积层的中央下部收缩下沉,而上部不能同时下沉,因此在堆积层上方产生 V 形裂缝,该裂缝被低熔点的溶质所充填,便形成了 V 形偏析。它出现在铸锭中心的等轴晶位置。

对于逆 V 形偏析的形成说法不一致,有人认为逆 V 形偏析的形成是由于密度小的溶质浓化液在固液两相区内上升而引起的。例如,在凝固钢锭的残余熔体内富集有 C、P、S 等溶质元素,它们密度小,熔点低,这种溶质沿枝晶间上升,形成逆 V 形偏析。也有人认为,在钢锭的凝固过程中,当钢锭中央部分在凝固过程中下沉时,侧面向斜下方产生拉力,这样在上部便形成逆 V 形裂缝,它被低熔点的溶质充填,而形成逆 V 形偏析带。它多出接近和平行与柱状晶区的末端区域。

5. 带状偏析

带状偏析是铸锭中常见的偏析之一，它的特征是偏析带与固-液界面平行。借助图5.49说明带状偏析的形成机理。

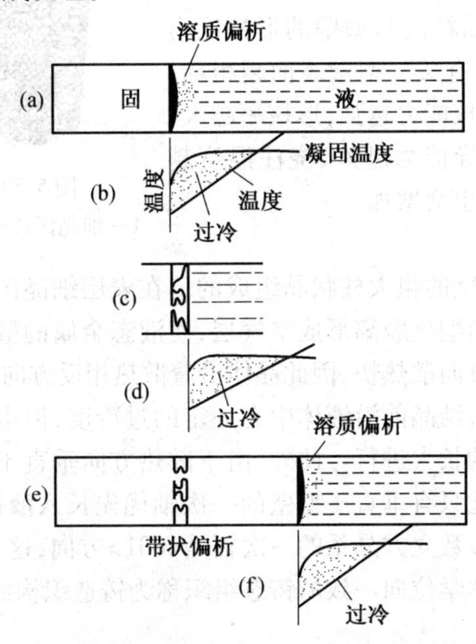

图5.49 带状偏析形成过程示意图

当溶质在液相中的扩散速度比固体的成长速度慢时，溶质将在固-液界面前富集(5.49(a))产生偏析。图5.49(b)是由于溶质富集而在固-液界面前液相中过冷将会降低，就会阻碍固体像原来那样向前推进，因此，凝固将在固-液界面前方过冷较大的部分优先生长，优先凝固部分长出分支，进而长成树枝状，溶质浓化液将被树枝状的枝晶所捕捉。此时枝晶的成长将与邻近的枝晶连在一起，再度形成宏观的平界面，此时固-液界面的过冷度下降，如图5.49(d)所示，此后由于溶质的富集，固-液界面过冷降低，如图5.49(e)、(f)所示，凝固前沿的成长又会出现新的停滞，如此重复，在铸锭中就会出现带状偏析。影响带状偏析的因素除界面前溶质富集面外，还有晶体生长速度，固液界面前方的对流或搅拌等。若使界面前溶质均匀化，将可避免带状偏析的产生。

5.6.4 金属铸锭的宏观组织

金属在铸锭模或铸型中凝固后，由于铸锭或铸件冷却条件较复杂，使得铸态组织的特点也变得复杂。铸态组织包括晶粒的大小、形状和取向，合金元素和杂质的分布以及铸锭中的缺陷(缩孔和气孔)等对铸锭的性能影响较大。

纯金属铸锭的宏观组织一般由三晶区组成：外表层的细晶区、中间的柱状晶区和心部的等轴晶区，如图5.50所示。浇注条件不同，三区的数目和相对厚度可改变。

(1)细晶区

当液态金属倒入铸锭后，金属从型壁处开始结晶，靠近型壁处的一薄层液体具有很大的过冷度,而且型壁可以作为非均质形核的基底,因此这一薄层液体会产生大量晶核,向各个方向生长。由于晶核数目很大,临近的晶粒很快相遇阻碍彼此的生长,这样就会在型壁处形成很细的薄层等轴晶粒区,又称激冷区。等轴晶粒区与型壁的形核能力以及型壁能达到的过冷度有关。型壁表面越粗糙、微裂纹、小孔等越多,其形核能力越强,形核率越大;铸型表面温度越低、热传导能力越好、浇注温度越低,过冷度就越大,形核率也会增加。

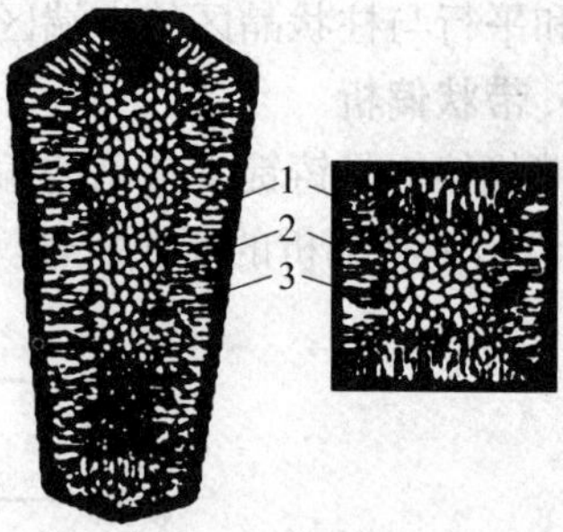

图 5.50　铸锭组织示意图
1—细晶区;2—柱状晶区;3—等轴晶区

(2)柱状晶区

柱状晶区是垂直于型壁的粗大柱状晶组成的。在表层细晶区形成的同时,由于型壁的温度逐渐升高,金属壳与型模脱离形成空气层,使液态金属的散热较慢,减少了结晶前沿过冷度,沿垂直于型壁方向散热快,因此晶体沿着散热相反方向择优生长形成柱状晶粒区。在表层细晶区形成后,结晶前沿液体中有一定的过冷度,但由于稍远处液体温度高,无法再形核,只能靠晶粒的长大进行。此外,由于散热方向垂直于型壁方向最快,一次晶轴方向长大速度最大,因此只有垂直于型壁的一次轴优先长入液体形成柱状晶。柱状晶的位向都是一次晶轴,大多数立方晶系的一次轴是<001>方向,这样柱状晶在性能上就显示出了各向异性,这种晶体学位向一致的铸态组织称为铸造织构或结晶织构。

(3)等轴区

随着凝固过程的进行,散热方向性已不明显,铸锭中心的液态金属的温度全部降到熔点以下,此外加上液态金属中的杂质等因素,满足了形核对过冷度的要求,整个剩余液相中的形核条件相当,晶核在各方向的长大速度也差不多,因此在铸锭中心区域就形成了比较粗大的等轴晶。等轴晶中各晶粒取向没有方向性,但枝晶较多,对性能影响不大。

由于凝固条件的复杂性,在实际结晶过程中并不是同时具有 3 个晶区的。因 3 个晶区的性能不同,可以根据实际生产需要,通过控制结晶条件,来获得所需的晶区或提高所需晶区的比例。

如前所述,细晶区虽然组织致密、晶粒细小、性能优越,但由于只是很薄的一层,对性能影响很小,没有实际应用意义。

柱状晶区组织致密、性能具有方向性,铜、铝等有色合金铸锭希望有大量的致密柱状晶。在生产中可以采用导热性能好和热容量大的铸型材料,并提高浇注温度以增大温度梯度,从而提高柱状晶区的比例。也可以提高熔化温度,减少非均匀形核数目,从而减少柱状晶前沿液体中形核的可能性,促进柱状晶的生长。

等轴晶区因其没有明显的脆弱面,性能也没有各向异性,对于钢铁材料来说,希望得到尽可能多的等轴晶。可以通过增加液相金属中的形核率、降低浇注温度和浇注速度以及其他一些细化晶粒的方法,来促进等轴晶粒的形成,限制柱状晶的发展。

5.6.5 金属铸锭的缺陷

1. 缩孔

金属凝固过程中,由于液态金属的密度低于固态金属的密度,在液态金属凝固后,如果没有继续填充液态金属,就会收缩出现孔隙,称为缩孔。缩孔破坏了铸锭的完整性,周围杂质较多,会使有效承载面积减少,导致应力集中,可能成为裂纹源,一旦出现应予以切除。可以通过改变结晶时的冷却条件和铸锭的形状来控制缩孔出现的部位和分布形状。金属在凝固过程中会形成枝晶,枝晶相互穿插,导致部分液体孤立于枝晶间,在凝固后收缩形成孔隙,这些孔隙分散地分布于枝晶间,称为疏松。疏松对金属的加工性能和力学性能都有影响。

2. 气孔

液态金属中一般溶入少量的气体,主要是氢、氧和氮等,因气体在固体中的溶解度比液体中小很多,在凝固时溶解于液态金属中的气体逐渐聚集于固液界面前沿液体中,形成气泡进而长大并上浮,如果来不及逸出就会留在铸锭中,形成气孔或气泡。在铸锭内部的气孔在进行压力加工时可焊合,而在表层的气孔则可能由于被氧化不能焊合,在机械加工过程中造成应力集中,产生裂纹,影响金属的使用性能。

3. 夹杂物

铸锭中的夹杂物一般指非金属夹杂物,例如硫化物、氧化物等。夹杂物可能是浇注过程中炉料带入的耐火材料,也可能是液态金属冷却过程中反应形成的金属化合物。这些夹杂物易造成应力集中,产生裂纹扩展源,影响铸锭的性能。

习 题

1. 请解释下列术语:凝固、晶粒度、过冷度、均匀形核、非均匀形核、临界形核半径、临界形核功、光滑界面、粗糙界面、枝晶、三晶区。

2. 金属结晶时为什么需要过冷度?影响过冷度的因素有什么?

3. 比较均匀形核与非均匀形核的异同点。

4. 三晶区形成的原因及其特点是什么?

5. 试证明在均匀形核时,形成球状晶粒的临界形核功 ΔG_k 与体积 V 之间的关系为 $\Delta G_k = \dfrac{V}{2}\Delta G_V$。

6. 判定这句话是否正确:正温度梯度时,界面总是稳定的;负温度梯度时,界面总是不稳定的。

7. 控制晶粒大小和细化晶粒的途径主要有哪些?

第6章 固态相变

固态相变是材料科学中的一个重要课题。许多材料在不同外界条件下具有不同的结构,当外界条件变化时,这些材料便发生结构和性能的变化。在生产中对金属材料实施的热处理,主要就是利用材料能够发生固态相变的性质,通过加热、冷却的工艺措施来改变其组织,进而获得所需的性能。因此,了解和掌握固态材料相变的特点与规律,对于开发和研制新材料、充分发挥现有材料的潜力无疑都非常重要。

6.1 固态相变的分类与特征

6.1.1 固态相变的分类

固态相变种类繁多,特征各异,因此只能从不同角度对其进行归类,这里仅介绍几种常见的分类。

1. 按热力学分类

从热力学角度对固态相变进行分类的依据是相变前后化学位的变化。相变过程中新、旧两相的化学位相等,但化学位的一次偏微商不等,这种相变称为一级相变,其数学表达式为

$$\mu^{\alpha}=\mu^{\beta}\ \left(\frac{\partial\mu^{\alpha}}{\partial T}\right)_{p}\neq\left(\frac{\partial\mu^{\beta}}{\partial T}\right)_{p},\quad\left(\frac{\partial\mu^{\alpha}}{\partial p}\right)_{T}\neq\left(\frac{\partial\mu^{\beta}}{\partial p}\right)_{T}\tag{6.1}$$

由于$\left(\frac{\partial\mu}{\partial p}\right)_{T}=V,\left(\frac{\partial\mu}{\partial T}\right)_{p}=-S$,因此有

$$S^{\alpha}\neq S^{\beta},\quad V^{\alpha}\neq V^{\beta}\tag{6.2}$$

这表明一级相变时发生体积和熵的突变,其熵的突变又意味着相变时有潜热发生。

若相变时两相的化学位相等,一次偏微商也相等,但二次偏微商不等,这样的相变称为二级相变,数学表达式为

$$\mu^{\alpha}=\mu^{\beta},\quad\left(\frac{\partial\mu^{\alpha}}{\partial T}\right)_{p}=\left(\frac{\partial\mu^{\beta}}{\partial T}\right)_{p},\quad\left(\frac{\partial\mu^{\alpha}}{\partial p}\right)_{T}=\left(\frac{\partial\mu^{\beta}}{\partial p}\right)_{T}$$

$$\left(\frac{\partial^{2}\mu^{\alpha}}{\partial p^{2}}\right)_{T}\neq\left(\frac{\partial^{2}\mu^{\beta}}{\partial p^{2}}\right)_{T},\quad\left(\frac{\partial^{2}\mu^{\alpha}}{\partial T^{2}}\right)_{p}\neq\left(\frac{\partial^{2}\mu^{\beta}}{\partial T^{2}}\right)_{p},\quad\frac{\partial^{2}\mu^{\alpha}}{\partial p\partial T}\neq\frac{\partial^{2}\mu^{\beta}}{\partial p\partial T}\tag{6.3}$$

由热力学知

$$\left(\frac{\partial^{2}\mu}{\partial T^{2}}\right)_{p}=-\left(\frac{\partial S}{\partial T}\right)_{p}=-\frac{C_{p}}{T},\quad\left(\frac{\partial^{2}\mu}{\partial p^{2}}\right)_{T}=\left(\frac{\partial V}{\partial p}\right)_{T}=V\cdot K,\quad\frac{\partial^{2}\mu}{\partial p\partial T}=\left(\frac{\partial V}{\partial T}\right)_{p}=V\cdot\alpha$$

故对于二级相变有

$$S^{\alpha}=S^{\beta},\quad V^{\alpha}=V^{\beta},\quad C_{p}^{\alpha}\neq C_{p}^{\beta},\quad K^{\alpha}\neq K^{\beta},\quad\alpha^{\alpha}\neq\alpha^{\beta}$$

式中，C_p 为热容，$C_p=T\left(\frac{\partial S}{\partial T}\right)_p$；$K$ 为压缩系数，$K=\frac{1}{V}\left(\frac{\partial V}{\partial p}\right)_T$；$\alpha$ 为膨胀系数，$\alpha=\frac{1}{V}\left(\frac{\partial V}{\partial T}\right)_p$。这表明二级相变时熵和体积不发生改变，相变过程中不伴有潜热发生，但热容、压缩系数及膨胀系数均发生不连续变化。一级相变和二级相变时两相自由能 G、熵 S 及体积 V 的变化如图 6.1 所示。

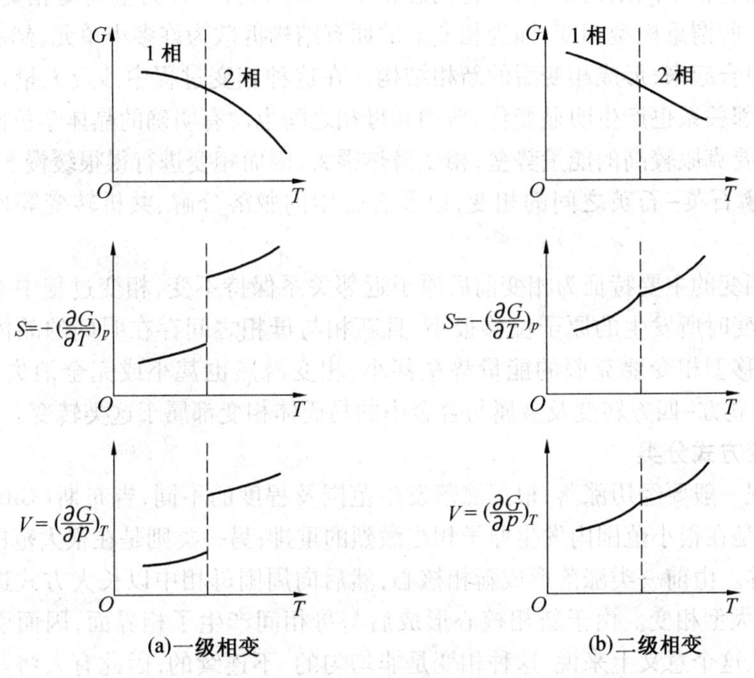

图 6.1 一级相变和二级相变时 G、S、V 的变化

二级相变与一级相变在相图上表现出不同的规律性。在二元相图中，一级相变时通常两个单相区之间应被含有这两个相的两相区分开，只有存在极大点或极小点时，两个平衡相才有相同的成分，如图 6.2(a)所示。对于二级相变，两个单相区之间仅以一条单线所分隔。即在任一平衡温度下，处于平衡的两个相成分相同，如图 6.2(b)所示。

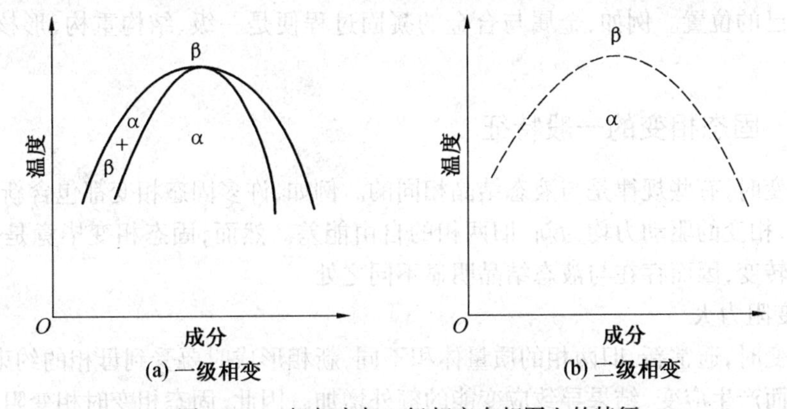

图 6.2 一级相变与二级相变在相图上的特征

根据一级相变与二级相变的定义可以类推出三级或更高级相变，即当化学位的(n-

1)阶偏微商相等,而 n 阶偏微商不等时的相变称为 n 级相变。

大多数的固态相变是一级相变,磁性转变、超导态转变及一部分有序-无序转变为二级相变,三级以上相变则很少见到。

2. 按结构变化分类

根据相变过程中的结构变化,可将固态相变分为两类,一种为重构型相变,另一种为位移型相变。所谓重构型相变,即为相变前的原有结构拆散为许多小单元,然后再将这些小单元重新组合起来,形成相变后的新相结构。在这种相变过程中涉及大量化学键的破坏,原子间近邻关系也产生明显变化,新相和母相之间也没有明确的晶体学位向关系。此外,这类相变要克服较高的能量势垒,相变潜热很大,因而相变进行得很缓慢。例如,方石英-鳞石英、鳞石英-石英之间的相变,以及合金中的脱溶分解、共析转变等均为这种相变。

位移型相变的主要特征为相变前后原子近邻关系保持不变,相变过程中不涉及化学键的破坏,相变时所发生的原子位移很小,且新相与母相之间存在明确的晶体学位向关系。此外,位移型相变要克服的能量势垒甚小,相变潜热也甚小或完全消失。$SrTiO_3$ 在 100 K 发生的立方-四方转变及金属与合金中的马氏体相变都属于这类转变。

3. 按相变方式分类

相变过程一般要经历涨落,根据涨落发生范围及程度的不同,吉布斯(Gibbs)将其分为两类:一类是在很小范围内发生原子相当激烈的重排;另一类则是在很大范围内原子发生轻微的重排。由前一类涨落形成新相核心,然后向周围母相中以长大方式进行的相变称为形核-长大型相变。由于新相核心形成后与母相间产生了相界面,因而引入了不连续的区域。从这个意义上来说,这种相变是非均匀的、不连续的,因此有人将其称为非均匀或不连续相变。但由于非均匀和不连续两词通常还用于其他场合(如非均匀形核、不连续脱溶),因此这种名称一般不被采用,以免引起混乱。当相变的起始状态和最终状态之间存在一系列连续状态时,可以由上述的后一种涨落连续的长大成新相,这种相变称为连续型相变。

以上从不同角度对固态材料的相变进行了分类。可以看到,每种相变在各种分类中都会有它自己的位置。例如,金属与合金的凝固过程便是一级、结构重构、形核-长大型相变。

6.1.2 固态相变的一般特征

固态相变时,有些规律是与液态结晶相同的。例如,许多固态相变都包含新相的形核与长大过程,相变的驱动力均为新、旧两相的自由能差。然而,固态相变毕竟是一种由固相到固相的转变,因而存在与液态结晶明显不同之处。

(1)相变阻力大

固态相变时,通常新、旧两相的质量体积不同,新相形成时要受到母相的约束,使其不能自由胀缩而产生应变,结果导致应变能的额外增加。因此,固态相变时相变阻力除界面能一项外,又增加了一项应变能,而液态结晶时其相变阻力仅含表面能一项。应当指出的是,应变能的大小除与新、旧两相质量体积差有关外,还与新相的几何形状有关,以后将对此详细讨论。

(2)惯析面和位向关系

固态相变时新相往往沿母相的一定晶面优先形成,该晶面被称为惯析面。在铁基合金和一些有色合金中都可看到沿惯析面析出的新相。例如,在亚共析钢中,先共析铁素体往往优先在粗大的奥氏体的{111}晶面呈针片状析出,该晶面就是先共析铁素体的惯析面。

固态相变过程中,为了减少界面能,相邻接的新、旧两晶体之间的晶面和相对晶向往往形成一定的晶体学关系。例如,面心立方奥氏体向体心立方铁素体转变时,两者之间便存在$\{111\}_\gamma // \{110\}_\alpha$,$\langle \bar{1}01 \rangle_\gamma // \langle 11\bar{1} \rangle_\alpha$的晶体学关系。新、旧两相的界面结构与其晶体学关系相关联。当界面为共格或半共格时,新、旧两相间必有一定的晶体学位向关系。如果两相之间没有确定的晶体学位向关系,则其界面一定是非共格界面。

(3)母相中晶体缺陷的作用

固态相变时母相中的晶体缺陷对相变起促进作用。晶界、位错、层错、空位等缺陷往往是新相形核的有利位置。这是由于在缺陷处存在晶格畸变,自由能较高,因而晶核容易在这些地方形成。实验表明,母相的晶粒越细,晶内缺陷越多,则相变速度越快。

(4)过渡相

过渡相是指成分或结构,或两者都处于新、旧两相之间的一种亚稳相。固态相变的一个很重要的特点就是容易先析出亚稳相,然后再向平衡相过渡。但有些固态相变可能由于动力学条件的限制,始终都是亚稳相的形成过程,而不产生平衡相。

(5)相变时的热滞与压滞

一级相变需一定的驱动力,因而相变时显示出一定的热滞。在两相自由能相等的T_0温度相变并不发生,加热时发生相变的温度要高于T_0,而冷却时发生相变的温度要低于T_0。例如,将再结晶后的多晶钴冷却至390 ℃开始由β相转变为α相,而重新加热时需加热到430 ℃才由α相逆转变为β相。在加热、冷却相变过程中形成热滞迴线,如图6.3所示。

与温度改变时出现热滞的情况类似,当压强改变发生可逆相变时会产生压滞。图6.4为30 ℃条件下,Ag_2O在增压和减压时产生的压滞迴线。

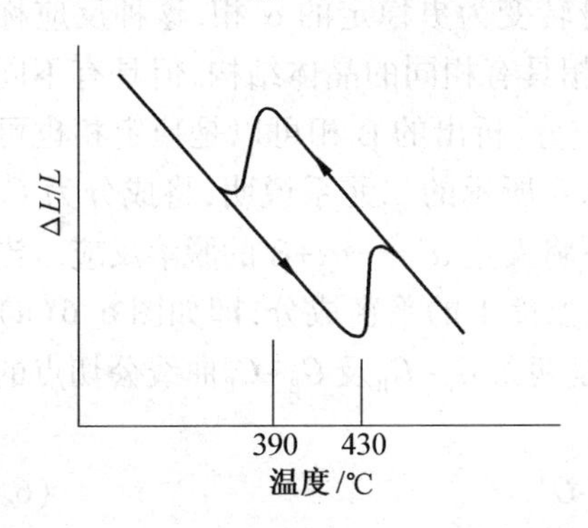

图6.3 钴的加热和冷却相变的热滞迴线图

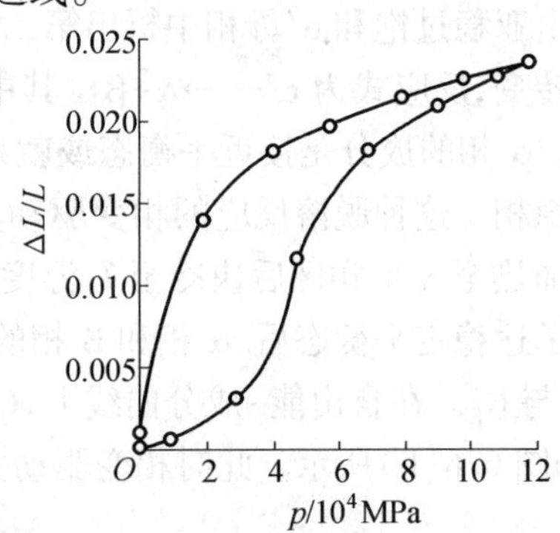

图6.4 Ag_2O在30 ℃时的压滞迴线

6.2 相变驱动力与形核驱动力

6.2.1 相变驱动力

与液态金属结晶相似,固态相变也需要驱动力。在恒温、恒压下,相变驱动力通常指吉布斯自由能的净降低量。

对于具有 $\alpha \leftrightarrows \beta$ 同素异形转变的纯组元,在恒压下两相自由能随温度的变化如图6.5所示。在 T_0 时,两相自由能相等,相变驱动力为零。要使母相 α 向 β 相转变,必须将其过冷到 T_0 温度以下。当过冷度为 ΔT 时,相变驱动力为

$$\Delta G^{\alpha\to\beta}=G^{\beta}-G^{\alpha} \tag{6.4}$$

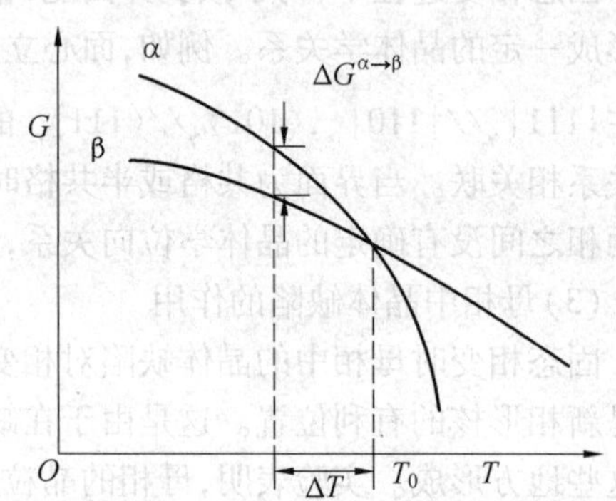

图 6.5 纯组元相变驱动力示意图

式中,G^{α} 和 G^{β} 分别为相变温度下 α 和 β 的摩尔自由能。由于 $G^{\alpha}=H^{\alpha}-TS^{\alpha}$,$G^{\beta}=H^{\beta}-TS^{\beta}$,式(6.4)又可写为

$$\Delta G^{\alpha\to\beta}=\Delta H^{\alpha\to\beta}-T\Delta S^{\alpha\to\beta} \tag{6.5}$$

式中,$\Delta H^{\alpha\to\beta}$ 与 $\Delta S^{\alpha\to\beta}$ 分别表示每摩尔 α 相转变为 β 相焓和熵的变化。

在 $T=T_0$ 时,$\Delta G^{\alpha\to\beta}=0$,由式(6.5)得 $\Delta S^{\alpha\to\beta}=\Delta H^{\alpha\to\beta}/T_0$。由于过冷度不大时 ΔH 和 ΔS 均可视为常数,因此可以把 $T=T_0$ 时 ΔH 和 ΔS 之间的关系式代入式(6.4),从而得到在 ΔT 过冷度下相变的驱动力为

$$\Delta G^{\alpha\to\beta}=\Delta H^{\alpha\to\beta}\frac{\Delta T}{T_0} \tag{6.6}$$

由此式(6.6)可见,相变驱动力随过冷度的增大呈线性增加。

若过冷度较大,ΔH 和 ΔS 不能看作常数,此时应按照标准的热力学方法求出相变驱动力 ΔG。

由亚稳过饱和 α′母相中析出第二相 β,而自身转变为更稳定的 α 相,这种反应称为脱溶转变,反应式为 $\alpha'\longrightarrow\alpha+\beta$。其中 α′相与 α 相具有相同的晶体结构,但具有不同的成分。α 相的成分是接近平衡态或就是平衡态的成分,析出的 β 相可以是稳定相也可以是亚稳相。这种脱溶反应的相变驱动力,可由图 6.6 所示的二元系说明,将成分为 C_0 的合金加热至 α 单相区后快冷至 T_1 温度,在该温度下将发生 $\alpha'\longrightarrow\alpha+\beta$ 的脱溶反应。当相变终了达稳定平衡态后,α 相和 β 相的成分均为该温度下的平衡成分,即如图 6.6(a)中的 C_α 与 C_β。在自由能-成分曲线上,C_α 与 C_β 分别是两条 $G_\alpha-C_B$ 及 $G_\beta-C_B$ 曲线公切点的成分,如图 6.6(b)所示。此时相变驱动力为

$$\Delta G^{\alpha'\to\alpha+\beta}=G^{\alpha+\beta}-G^{\alpha'} \tag{6.7}$$

式中,$G^{\alpha+\beta}$ 是转变后混合相(α+β)的自由能;$G^{\alpha'}$ 是转变前母相 α′的自由能。从热力学角度很容易证明,$\Delta G^{\alpha'\to\alpha+\beta}$ 的大小相当于图 6.6(b)中 DC 线段的长度。

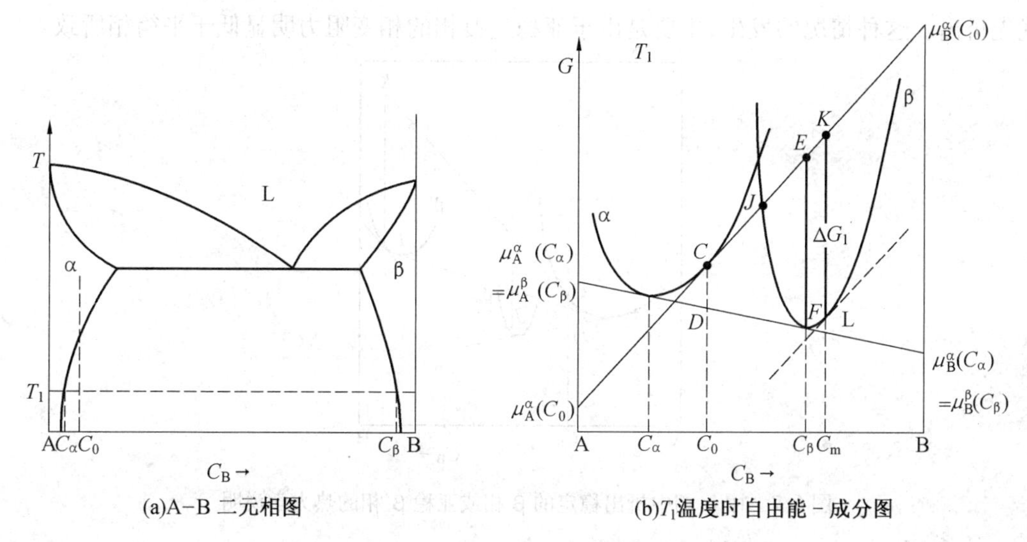

图 6.6　二元系脱溶反应驱动力的示意图说明

6.2.2　形核驱动力

大多数固态相变都经历形核和生长过程。形核时,由于新相的量很少,此时的自由能变化并不能用图 6.6(b)中的 *DC* 长度来量度。对于这种从大量母相中析出少量新相的情况,自由能的变化(即形核驱动力)可通过母相自由能-成分曲线上该母相成分点的切线与析出相自由能-成分曲线之间的距离来量度。按照这种求法,不同成分的核心形核率将不同。由图 6.6(b),C_0成分的 α 相析出的 β 相核心成分只有大于 *J* 点成分时才可能有形核驱动力,并且随着析出相成分的不同,形核驱动力也不同。为了确定具有最大形核驱动力核心的成分,可在 β 相自由能-成分曲线上做一条如图 6.6(b)中所示的切线,使之与 α 相曲线上过 *C* 点的切线相平行。显然,图 6.6(b)中 *KL* 即为最大形核驱动力,所对应的析出相核心成分为 C_m。

前面已经提到,固态相变特征之一是有亚稳平衡过渡相的析出,现在从相变驱动力和形核驱动力角度对此加以说明。

图 6.7 是 A-B 二元系在某一温度下的自由能-成分曲线,图中 β 与 β′分别是与 α 相平衡的稳定相与亚稳相。成分为 C_0的 α 相,在 *T* 温度析出 β 相并达到平衡时,自由能的降低为 *CD*。若析出相为亚稳的 β 相,则两者达到平衡时系统自由能的降低为 *CE*。可见,由 α 相中析出稳定相 β 的相变驱动力远比析出亚稳相 β′大。从相变总体来看,相变应以转变为最稳定的 α+β 结束,然而,从形核驱动力来看,两者却截然不同。按照前面所述的确定形核驱动力的方法可以求得,在 *T* 温度下由成分为 C_0的 α 相中析出 β 相时最大形核驱动力为 *IJ*,而析出亚稳 β′相的形核驱动力为 *KL*。显然,形成亚稳 β′核心的驱动力比形成稳定 β 相核心的驱动力大。因而在析出稳定平衡相之前,可优先析出 β′亚稳相。但 β′亚稳相只是在转变为平衡相之前的一种过渡性产物,从总的平衡趋势看,这种亚稳过渡相将为平衡相所取代。

当亚稳相的相变驱动力和形核驱动力均低于平衡相时,在相变过程中亚稳相也可能优先析出。这种情况的发生，主要是由于亚稳过渡相的相变阻力明显低于平衡相所致。

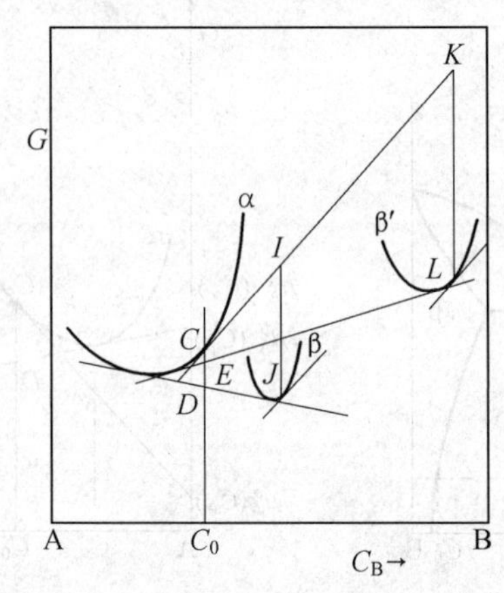

图 6.7 由 α 相中析出稳定的 β 相或亚稳 β′相的热力学说明

6.3 固态相变的形核与长大

多数固态相变属于形核-长大型相变，其形核过程可以是扩散形核也可能是非扩散形核，本节仅介绍扩散形核。

与液态金属结晶的形核方式类似，固态相变的扩散形核也有均质形核和非均质形核两种方式。但固态相变的特点决定了多数为非均质形核，均质形核较少见到。然而，基于均质形核过程简单、便于分析，故首先还是介绍均质形核。

6.3.1 固态相变的形核

1. 均质形核

固态相变时的均质形核可参考凝固时的均质形核作类似的处理，但要考虑固态相变时所增加的应变能。为此，形成一个新相晶核时系统的自由能变化可以写为

$$\Delta G=n\Delta G_V+\eta n^{\frac{2}{3}}\sigma+n\varepsilon_V \tag{6.8}$$

式中，n 为晶胚中的原子数；ΔG_V为新、旧两相每个原子的自由能差；η 为形状因子；$\eta n^{2/3}$等于晶核的表面积；σ 为平均界面能；ε_V为晶核中每个原子引起的应变能。

式(6.8)中的 ΔG_V为负值，ε_V为正值。显然，只有当$|\Delta G_V|>\varepsilon_V$时才有可能形核，应变能的出现实质上减少了形核时的驱动力。

将式(6.8)对 n 求导，并令其为零，可求得临界晶核中的原子数 n^*，再将 n^* 代入式(6.8)后可得临界晶核形核功为

$$\Delta G^*=\frac{4}{27}\frac{\eta^3\sigma^3}{(\Delta G_V+\varepsilon_V)^2} \tag{6.9}$$

式(6.9)表明，增大界面能及增大应变能都将使形核功增大，形核困难。

固态相变时，新相核心和母相之间不同取向的匹配导致界面能和应变能不同，因此晶核将倾向于形成某种形状，以力求降低界面能与应变能。究竟析出相取什么形状，要视新

相形成时 ε_V 和 σ 的相对大小来确定。当新相与母相共格时,相变阻力主要是应变能,界面能可以忽略。对于非共格析出相,应变能可以忽略不计,相变阻力主要是界面能。若新相呈圆盘状,其半径为 r,厚度为 t,在与母相共格条件下应变能为 $\left(\frac{3}{2}E\delta^2\right)\cdot\pi(At)^2t$,其中 $A=r/t$,称为半径与厚度比。在非共格条件下,这种形状析出相的界面能为 $\sigma[2\pi(At)^2+2\pi(At)t]$。由上可以看出,共格晶核的形核阻力与 t^3 成正比,而非共格晶核的形核阻力与 t^2 成正比。图 6.8 定性地给出了上述两种情况下相变阻力与片厚之间的关系。当 t 值小时,由于 $t^3<t^2$,新相以共格方式形成时相变阻力较小;当 t 值较大时,$t^3>t^2$,新相呈非共格存在时相变阻力较小。图 6.8 中两条曲线相交时的 t 值称为临界厚度,以 t_C 表示,其大小为

$$t_C=\frac{4}{3}\frac{\sigma}{E\delta^2}\left(1+\frac{1}{A}\right) \tag{6.10}$$

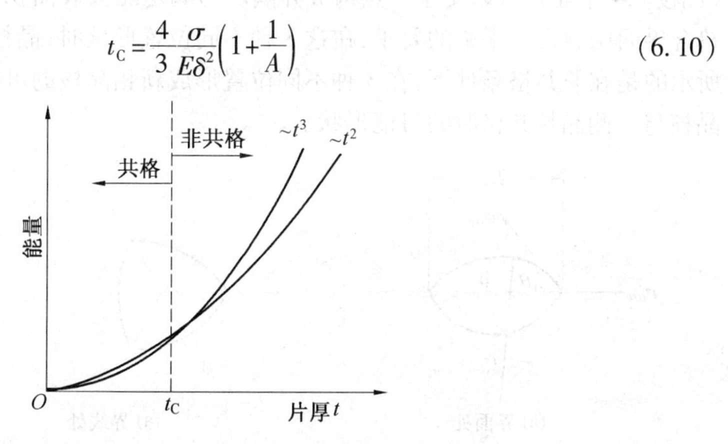

图 6.8 共格与非共格析出相的能量与厚度之间的关系

由上面讨论可见,具有低界面能、高应变能的共格界面晶核,其形状倾向于盘状或片状;而具有高界面能、低应变能的非共格晶核,往往呈球状,但当体积胀缩引起的应变能较大或界面能各向异性显著时,也可能呈针状或片状。

下面介绍均质形核时的形核率。以 N_V 表示单位体积母相中能够形成新相核心的原子位置数,以 N^* 表示均质形核时单位体积中具有临界尺寸晶核的个数,根据统计力学,两者之间应有如下关系

$$N^*=N_V\exp\left(-\frac{\Delta G^*}{kT}\right) \tag{6.11}$$

式中,ΔG^* 为临界晶核形核功;k 为玻耳兹曼常数。对于临界晶核,只要再加上一个原子,它就可以稳定长大。令 A^* 表示临界晶核表面能够接受原子的位置数,靠近晶核表面的原子能够跳到晶核上的频率为 $v\exp(-\Delta G_m/kT)$,则单位时间在单位体积中形成的晶核个数,即形核率可以写为

$$I=N_VA^*v\exp\left(-\frac{\Delta G_m}{kT}\right)\exp\left(-\frac{\Delta G^*}{kT}\right) \tag{6.12}$$

式中,v 为原子的振动频率;ΔG_m 为原子迁移激活能。

当临界晶核长大后,其数量就要减少。通常,新的临界晶核数目总是不足以补偿由于长大而减少的数目,所以实际存在的临界晶核数目总是少于平衡数目 N^*。实际形核率

的大小应是将式(6.12)再乘上一个约为0.05的修正因子。

由于ΔG^*随过冷度的增大急剧减小,而ΔG_m几乎不随温度变化,所以固态相变的均质形核率也表现出随过冷度增加,开始时急剧增大,而当过冷度大到一定程度之后又重新降低的规律。

2. 非均质形核

实际晶体材料中含有大量缺陷,如晶界面、晶粒棱边、角隅、位错、堆垛层错等,在这些位置形核将抵消部分缺陷,从而使形核功降低。因此,在这些缺陷处形核要比均质形核容易得多。由于这类形核位置不是完全随机分布,这种形核称为非均质形核,

多晶体材料中,2个相邻晶粒的边界是一个界面,3个晶粒的共同交界构成一条直线(晶棱),4个晶粒可以交于一点构成界隅。为满足晶核表面积与体积之比(S/V)最小,并符合界面张力力学平衡的要求,在这3种不同位置形核时,晶核应取不同的形状。图6.9所示的是在非共格条件下,在3种不同位置形成新相晶核的可能形状。图6.10所示表示晶核与一侧晶粒共格时的可能形状。

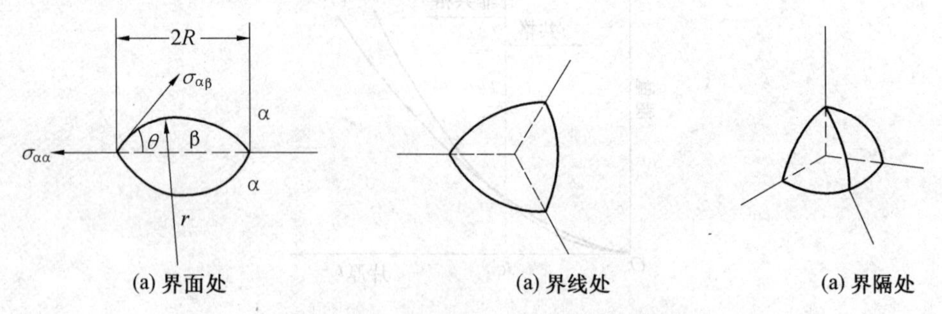

图6.9 在非共格条件下晶界形核时的形状

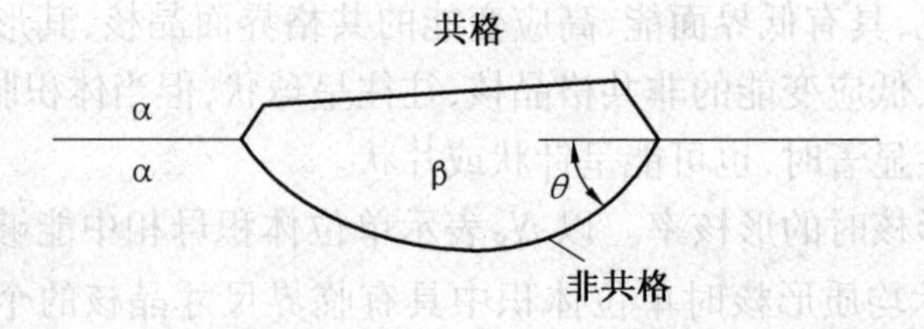

图6.10 与一个晶粒共格,与另一个晶粒非共格的晶核形状

(1)在晶界上形核

若β相以与母相α相非共格方式在晶界形成,其晶核呈图6.9(a)所示的双凸透镜状。图6.9中$\sigma_{\alpha\alpha}$表示母相的晶界能,$\sigma_{\alpha\beta}$表示母相与新相间的界面能,r表示凸曲面的半径。

在核心与母相交界处的界面张力平衡条件为

$$\sigma_{\alpha\alpha}=2\sigma_{\alpha\beta}\cos\theta \tag{6.13}$$

析出相β的表面积和体积分别为$S_\beta=4\pi r^2(1-\cos\theta)$和$V_\beta=\frac{2}{3}\pi r^3(2-3\cos\theta+\cos^3\theta)$。

非共格形核时忽略应变能ε后,形成一个这样晶核的自由能变化为

$$\Delta G=n\Delta G_V+\eta n^{\frac{2}{3}}\sigma=\frac{\Delta G_V}{V_P}V_\beta+(\sigma_{\alpha\beta}S_\beta-\sigma_{\alpha\alpha}S_\alpha) \tag{6.14}$$

式中，$S_{\alpha}=\pi r^2(1-\cos^2\theta)$为晶核形成时被消除的α相界面积；$V_P$为原子体积。将$V_{\beta}$、$S_{\beta}$代入式(6.4)，再利用式(6.13)经过运算整理得

$$\Delta G=\left[2\pi r^2\sigma_{\alpha\beta}+\frac{2}{3}\pi r^3\frac{\Delta G_V}{V_P}\right](2-3\cos\theta+\cos^3\theta) \tag{6.15}$$

令$\frac{\partial\Delta G}{\partial r}=0$，求得$r^*$后，得形核功为

$$[\Delta G^*]=\frac{8}{3}\pi\frac{\sigma_{\alpha\beta}^3V_P^2}{\Delta G_V^2}(2-3\cos\theta+\cos^3\theta) \tag{6.16}$$

若$\sigma_{\alpha\alpha}=\sigma_{\alpha\beta}$，$\cos\theta=\sigma_{\alpha\alpha}/\sigma_{\alpha\beta}=1/2$，$\theta=60°$，则形核功为

$$[\Delta G^*]=\frac{5}{3}\pi\frac{\sigma_{\alpha\beta}^3V_P^2}{\Delta G_V^2} \tag{6.17}$$

如果在晶内形成一个形状完全一样的非共格晶格，只要使式(6.14)中的$\sigma_{\alpha\alpha}S_{\alpha}=0$，即可求出此种条件下的均质形核功$\Delta G^*$。两者相比，$\Delta G^*$要比$[\Delta G^*]$高出3倍多，所以非共格晶核往往优先在晶界上形成。

对于新相与母相共格的情况，可以求得晶界形核的形核功$[\Delta G^*]$与晶内共格形核时的形核功ΔG^*相当。这表明共格形核时，晶界对形核并无多大的促进作用。

晶界形核时，形核功按界面、晶棱和角隅递减，因而在角隅处形核应最容易。但由于在这样的位置上所能提供的原子数目不多，对总的形核率贡献并不大。

(2)在位错上形核

固态相变时新相晶核往往也在位错线上优先形成，位错这种促进形核的作用可以从以下几个方面来理解。首先，新相在位错上形核可松弛一部分位错的弹性应变能，从而使新相的形核功降低。其次，位错附近存在溶质原子气团，并且位错又是溶质原子的高速扩散通道，这就为富溶质原子核心的形成提供了有利条件。下面仍以非共格界面为例，对位错形核进行具体讨论。

假定在单位长度位错线上形成一圆柱形新相核心，如图6.11所示。在非共格时忽略应变能后，形成一个β相晶核引起的自由能变化为

$$\Delta G=\frac{\Delta G_V}{V_P}\pi r^2+\sigma_{\alpha\beta}\cdot 2\pi r-A\ln r \tag{6.19}$$

式中，对于刃位错，$A=Gb^2/4\pi(1-\nu)$；对于螺位错，$A=Gb^2/4\pi$；G为切变模量；ν为泊松比；b是位错柏氏矢量的大小；ΔG_V、V_P、$\sigma_{\alpha\beta}$的意义同前。

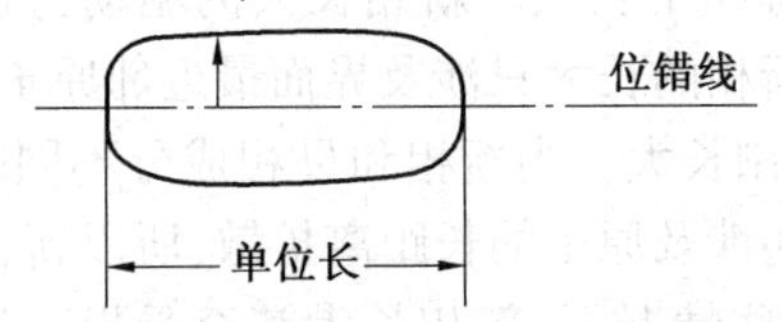

图6.11 在位错线上形核示意图

将式(6.19)对r求导，并令$\partial\Delta G/\partial r=0$，得

$$r^*=\frac{\sigma_{\alpha\beta}V_P}{2\Delta G_V}\left[-1\pm\sqrt{1+\frac{2A\Delta G_V}{\pi\sigma_{\alpha\beta}^2\cdot V_P}}\right]=\frac{\sigma_{\alpha\beta}V_P}{2\Delta G_V}\left[-1\pm\sqrt{1+Z}\right] \tag{6.20}$$

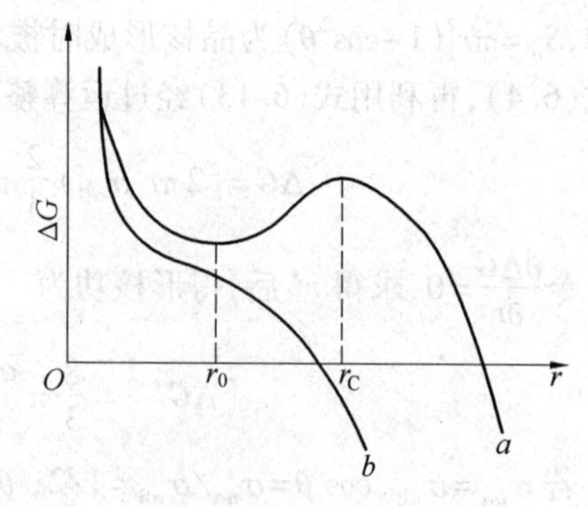

图 6.12　位错线上形核时 ΔG 与 r 的关系

式中，$Z=\dfrac{2A\Delta G_V}{\pi\sigma_{\alpha\beta}^2\cdot V_P}$。由于 ΔG_V 为负值，当 $|Z|<1$ 时，r^* 有实根，当 $|Z|>1$ 时，无实根。图 6.12 是位错线上形核时 ΔG–r 曲线，其中 a 曲线是 $|Z|<1$ 时的情况，b 曲线是 $|Z|>1$ 的情况。当驱动力不是很大(过冷度或过饱和度不很大)时，在 ΔG–r 曲线上出现两个极值点。在 $r=r_0$ 处，沿位错线形成大小为 r_0 的原子偏聚区。由于能垒相隔，这种原子偏聚区不能自发长大到 r_C，但对形成不同成分的新相晶核有催化作用。当 $r=r_C$ 时，ΔG 达到极大值，该形核势垒相当于形核功，r_C 即为临界晶核半径。

当驱动力很大时，在 $\Delta G=f(r)$ 曲线上不出现形核势垒，此时任何尺寸的原子集团在位错线上都可能成为晶核。

应当指出，尽管过冷度不大时在位错上形核需要一定的形核功，但其大小不仅远低于均质形核，而且也低于晶界形核，因此固态相变时位错形核比晶界形核更为容易。据此，通过塑性变形增加晶体中的位错密度，便可促进析出相在晶内位错线处形核，避免在晶界集中析出，从而可以改变析出相的分布状态。

(3)在层错上形核

固态相变时层错往往也是新相形核的有利场所。例如，在 fcc 晶体中，若层错能较低，全位错会分解为扩展位错。扩展位错中的层错区实际上便是 hcp 晶体的密排面，这就为在 fcc 母相中析出 hcp 新相准备了结构条件。倘若在层错区有铃木气团，则又为新相的析出准备了成分条件，所以层错是新相形核的潜在位置。对层错形核，新相和母相之间应有如下的位向关系：

$$\{111\}_{\text{fcc}}//\{0001\}_{\text{hcp}}$$
$$\langle 1\bar{1}0\rangle_{\text{fcc}}//\langle 11\bar{2}0\rangle_{\text{hcp}}$$

这种位向关系导致新相与母相间形成低能的共格或半共格界面，使形核容易发生。

6.3.2　固态相变的新相长大

新相晶核形成后，将向母相中长大。新相长大的驱动力也是两者之间的自由能差。当新相和母相成分相同时，新相的长大只涉及界面最近邻原子的迁移过程，这种方式的新相长大一般称为界面过程控制长大。当新相和母相成分不同时，新相的长大除需要上述的界面近邻原子的迁移外，还涉及原子的长距离扩散，所以新相的长大可能受扩散过程控制或受界面过程控制。在某些情况下，新相长大甚至受界面过程和扩散过程同时控制。下面介绍界面过程控制和扩散过程控制两种情况。

1. 界面过程控制的新相长大

根据界面两侧原子在界面推移过程的迁动方式不同，将界面过程分为非热激活与热激活两种。

(1)非热激活界面过程控制的新相长大

新相长大时,原子从母相迁移到新相不需要跳离原来位置,也不改变相邻的排列次序,而是靠切变方式使母相转变为新相。该过程不需热激活,因此是一种非热激活长大。

对于某些半共格界面,可以通过界面位错的滑动引起界面向母相中迁移,这种界面一般称为滑动界面。由滑动界面的迁移所导致的新相长大也是一种非热激活长大。如图6.13所示,在fcc结构和hcp结构间有一组由肖克莱位错构成的可滑动半共格界面。这种界面从宏观上看可以是任意面,但从微观结构看,界面由一组台阶构成。台阶高度是两个密排面的厚度,台阶的宽面保持完全共格。由这种界面的特征可见,界面位错的滑移面在fcc结构和hcp结构中是连续的,位错的柏氏矢量与宏观界面成一定角度。当这组位错向fcc一侧推进时,将引起fcc→hcp转变;反之,导致hcp→fcc转变。

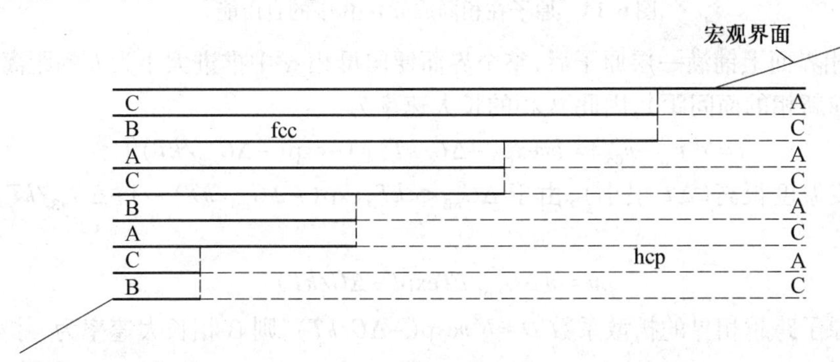

图6.13 由一组肖克莱位错构成的fcc与hcp间可滑动界面

对于上述滑动界面,倘若界面位错为同一种位错,界面移动(即新相长大)时晶体会发生很大的宏观变形,从而引起很大的应变能。为了减少应变能,在界面上一般包含fcc结构中滑移面上的3种肖克莱位错。例如,对于(111)面,3种位错的柏氏矢量分别为$\frac{a}{6}[11\bar{2}]$、$\frac{a}{6}[1\bar{2}1]$、$\frac{a}{6}[\bar{2}11]$,具有这种结构的界面滑动后不会发生大的宏观变形。

(2)热激活界面过程控制的新相长大

这种新相的长大是靠单个原子随机地独立跳越界面而进行的。所谓热激活是指原子在跳水界面时要克服一定的势垒,需要热激活的帮助。对于一些无成分变化的转变,如块状转变,有序-无序转变等,新相长大便受这种激活界面过程控制。

若以α代表母相,β代表新相,两者在某一温度下的自由能如图6.14所示。图6.14中ΔG为原子由母相α跳到新相β所需要的激活能,$\Delta G_{\alpha\beta}$为两相的自由能差,即新相长大的驱动力。新相β长大过程中,母相α中原子不断地跨越界面到达β,新相中的原子也不断反向跳到α上,但两者的迁移频率是不同的,其差值便促使新相β长大。设v为原子的振动频率,则从α相越过相界面到达β的频率$v_{\alpha\beta}$为

$$v_{\alpha\beta}=v\exp(-\Delta G/kT) \tag{6.21}$$

其反向过程——原子从β相跨越相界面跳向α相的频率$v_{\beta\alpha}$为

$$v_{\beta\alpha}=v\exp[-(\Delta G+\Delta G_{\alpha\beta})/kT] \tag{6.22}$$

由式(6.21)和式(6.22)得原子从α相转入β相的净迁移频率为

$$v_{\alpha\beta}-v_{\beta\alpha}=v\exp(-\Delta G/kT)[1-\exp(-\Delta G_{\alpha\beta}/kT)] \tag{6.23}$$

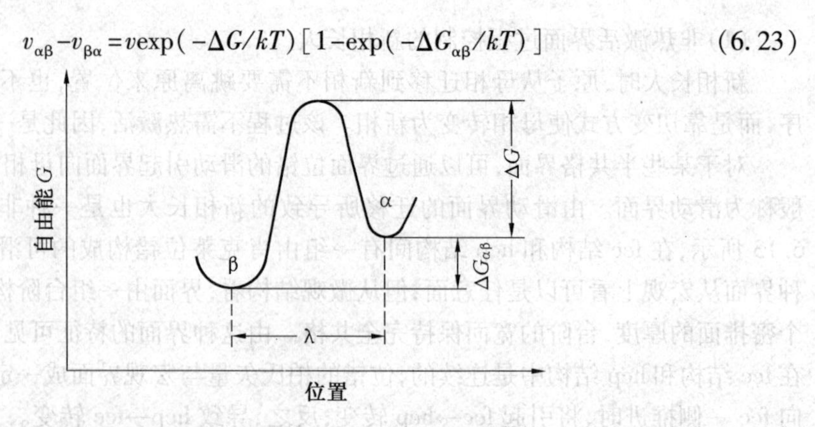

图 6.14 原子在相同成分 α、β 中的自由能

当 β 相界面上铺满一层原子后，整个界面便向母相 α 中推进大小为 b 的距离（b 为界面法线方向新相的面间距），因此 β 相的长大速率为

$$u=b(v_{\alpha\beta}-v_{\beta\alpha})=bv\exp(-\Delta G/kT)[1-\exp(-\Delta G_{\alpha\beta}/kT)] \tag{6.24}$$

当相变温度很高（ΔT 很小），由于 $\Delta G_{\alpha\beta}<<kT$，$\exp(-\Delta G_{\alpha\beta}/kT)\approx 1-\Delta G_{\alpha\beta}/kT$，于是可得

$$u=bv\Delta G_{\alpha\beta}/kT\exp(-\Delta G/kT) \tag{6.25}$$

如果原子跨越相界的扩散系数 $D\approx b^2v\exp(-\Delta G/kT)$，则 β 相长大速率为

$$u=\frac{D}{b}\cdot\frac{\Delta G_{\alpha\beta}}{kT} \tag{6.26}$$

由式(6.26)可见，当 ΔT 很小时，新相长大速率正比于两相的自由能差，并且随着温度的降低而增大。

当转变温度很低，ΔT 很大时，由于 $\Delta G_{\alpha\beta}>>kT$，$\exp(-\Delta G_{\alpha\beta}/kT)\approx 0$，所以有

$$u=bv\exp(-\Delta G/kT)\approx\frac{D}{b} \tag{6.27}$$

显然，随着转变温度的下降，长大速率明显降低。由式(6.26)和式(6.27)还可看出新相长大具有如下特点：

①在相变的温度范围内，总会存在某个温度，在该温度下新相长大速率达最大值；

②当转变在恒温下进行时，由于 $\Delta G_{\alpha\beta}$ 和 D 均为常数，新相将以恒速长大；

③由于长大速率与时间无关，新相的线性尺寸与长大时间成正比。

当新相与母相完全共格时，单个原子随机地从母相跳到新相会增加长大的能量，只有多个原子同时转移到新相才有可能被新相接收，但是，按这种机制长大时其长大速率将是很低的。为此，具有共格界面新相的长大通常是按台阶机制。如图 6.15 所示，AB、CD、EF 是共格界面，BC、DE 面是长大台阶，台阶面是非共格的。因此，原子容易被台阶面接收而使台阶侧向移动。当一个台阶扫过之后，便使界面沿法线方向移动了一个台阶厚的距离。新相按这种机制长大时，一个很重要的问题就是长大过程中应不断地产生新的台阶。台阶的形成与侧向伸展相比，形成新台阶是困难的，因而台阶机制长大往往被共格宽面上产生新台阶的过程所控制。

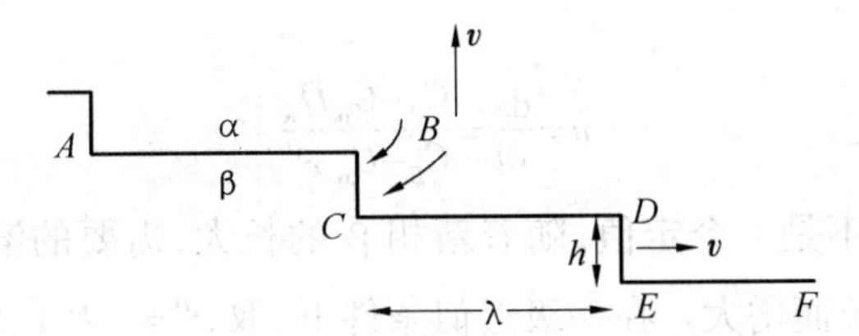

图6.15 台阶长大机制示意图

应当指出，当界面按台阶机制迁移时，式(6.26)所示的长大速度与驱动力的关系不再成立。对于一些简单情况，长大速度与驱动力的平方成正比。对于复杂情况，两者间关系更为复杂。

2. 长程扩散控制的新相长大

当新相与母相成分不同，且新相长大受控于原子长程扩散或者受界面过程与扩散过程同时控制时，新相长大速度一般通过母相与新相界面上的扩散通量来计算。

(1)具有非共格平直界面的新相长大

如图6.16所示，母相α的初始浓度为C_0，析出相β的浓度为C_β。当β相由α相中析出时，界面处α相中的浓度为C_α。由于$C_\alpha<C_0$，所以在母相中将产生浓度梯度$\partial C/\partial x$。根据扩散第一定律，可求得在dt时间内，由母相通过单位面积界面进入β相中的溶质原子数为$D_\alpha(\partial C/\partial x)\cdot \mathrm{d}t$。与此同时β相向α相内推进了d$x$距离，净输运给β相的溶质原子数为$(C_\beta-C_\alpha)\mathrm{d}x$。上面从两个不同角度获得的溶质原子净迁移量具有相同的意义，所以有

$$D_\alpha(\partial C/\partial x)\cdot \mathrm{d}t=(C_\beta-C_\alpha)\mathrm{d}x \tag{6.28}$$

由此得长大速率为

$$u=\frac{\mathrm{d}x}{\mathrm{d}t}=\frac{D_\alpha}{(C_\beta-C_\alpha)}\frac{\partial C}{\partial x} \tag{6.29}$$

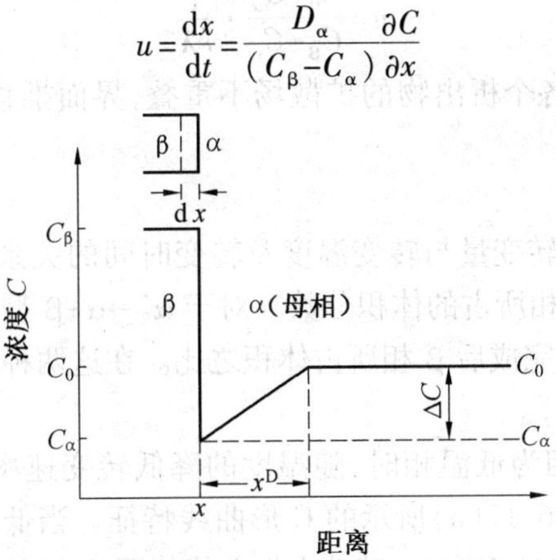

图6.16 具有平直界面析出相长大时溶质分布

由式(6.29)可见，新相β的长大速率与溶质原子在母相α中的扩散系数D_α及界面处α相中的浓度梯度$\partial C/\partial x$成正比，与两相的成分差成反比。对于图6.16中所示的溶质浓度分布情况，其浓度梯度$\frac{\partial C}{\partial x}\approx \Delta C/x^D$，其中$\Delta C=C_0-C_\alpha$，$x^D$为有效扩散距离，将此关系代

入式(6.29)得

$$u=\frac{\mathrm{d}x}{\mathrm{d}t}=\frac{C_0-C_\alpha}{C_\beta-C_\alpha}\frac{D_\alpha}{x^D} \tag{6.30}$$

式(6.30)中的 x^D 不是一个定值,随着新相β的长大,需要的溶质原子数增加,为此 $x^D\sqrt{D_\alpha t}$ 将随着时间增长而增大。在一级近似条件下,取 $x^D=\sqrt{D_\alpha t}$,将此代入式(6.30)后得

$$u=\frac{\mathrm{d}x}{\mathrm{d}t}=\frac{C_0-C_\alpha}{C_\beta-C_\alpha}\sqrt{\frac{D_\alpha}{t}} \tag{6.31}$$

将式(6.31)积分后得到新相的线性尺寸 x 与时间 t 之间的关系为

$$x=2\left(\frac{C_0-C_\alpha}{C_\beta-C_\alpha}\right)\cdot(D_\alpha t)^{1/2} \tag{6.32}$$

显然,当扩散系数为常数时,新相的大小与时间的平方根成正比。

(2)具有台阶界面的新相长大

前面已介绍过的台阶长大是针对长大前后无成分变化的情况。若界面共格,且相变过程中伴有成分改变时,新相亦可按台阶机制长大,但此时非共格的台阶面侧向移动时要伴有溶质原子的长程扩散。在这种情况下,精确地解扩散方程求台阶附近的浓度场是比较复杂的,常用式(6.30)来近似估算台阶侧向移动速度。令有效扩散距离 $x^D=kh$,其中 k 是常数,h 是台阶高度,台阶侧向移动速度 v 可表示为

$$v=\frac{C_0-C_\alpha}{C_\beta-C_\alpha}\cdot\frac{D_\alpha}{kh} \tag{6.33}$$

如果台阶宽面的宽度为 λ,则新相界面的推移速度为

$$u=\frac{C_0-C_\alpha}{C_\beta-C_\alpha}\cdot\frac{1}{k\lambda} \tag{6.34}$$

式(6.34)表明,只要各个析出物的扩散场不重叠,界面推移速度便反比于台阶宽面的宽度,即台阶间距 λ。

(3)相变动力学

本节介绍固态相变时转变量与转变温度及转变时间的关系。对于 $\alpha\to\beta$ 型转变,转变量 f 是指在某一时间β相所占的体积分数。对于 $\alpha'\to\alpha+\beta$ 型的脱溶转变,f 则定义为 t 时刻β相所占体积和转变完成后β相所占体积之比。在这两种情况下 f 都是从转变开始时的0变为转变终了时的1。

当母相为高温相,新相为低温相时,随温度的降低转变速率先是增加,而后又降低。转变动力学曲线具有如图6.17(a)所示的C形曲线特征。当低温相向高温相转变时,通常随反应温度的升高,相变速率增加,其动力学曲线如图6.17(b)所示。

固态相变时,转变量与温度、时间的关系亦遵守 Avrami 方程,即

$$f=1-\exp(-Kt^n) \tag{6.35}$$

对于不同类型的形核与长大过程,n 值不同,其值在1~4之间变化。对于界面过程控制长大的情况,形核率为恒值时,$n=4$;若形核率随时间增加,$n>4$;形核率随时间减少,$n<4$。在晶界形核并且形核饱和后,$n=1$;在晶棱边形核并饱和后,$n=2$。对于扩散控制长

大的情况，其 n 值也是根据形核率的变化及长大方式不同而不同，各种条件下的 n 值可参照表 6.1。应当指出，只要形核机制不发生变化，n 值便与温度无关。由于 K 值与形核和长大速度均有关，因而该值明显受温度的影响。

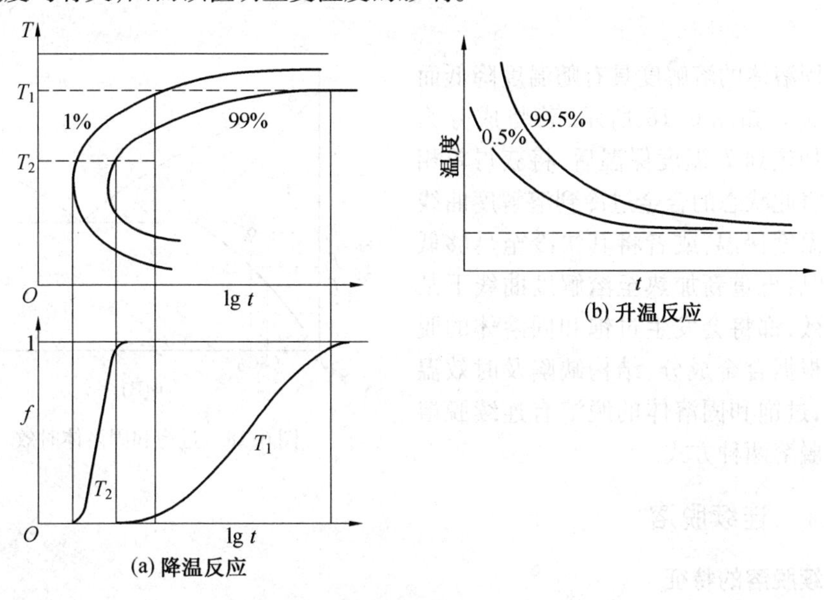

图 6.17 固态相变的综合动力学曲线

表 6.1 Avrami 方程中的 n 值

情　况	n 值
(a) 多形性相变：非连续脱落、共析分解、界面控制长大等	
形核率增加	>4
形核率为恒定值	4
形核率减小	3 ~ 4
零形核率	3
界面形核（饱和后）	1
晶粒棱边形核（饱和后）	2
(b) 扩散控制长大	
新相由小尺寸长大，形核率增加	>2.5
新相由小尺寸长大，形核率为恒值	2.5
新相由小尺寸长大，形核率减小	1.5 ~ 2.5
新相由小尺寸长大，零形核率	1.5
新相具有相当尺寸长大	1 ~ 1.5
针状、片状新相具有限长度，两相远离	1
长柱体（针）的加厚（端际完全相遇）	1
很大片状新相加厚（边际完全相遇）	0.5
薄膜	1
丝	2
位错上沉淀（很早期）	约 0.5

6.4　过饱和固溶体的脱溶

许多固溶体的溶解度具有随温度降低而减小的特征。如图 6.18 所示，若将成分为 C_0 的合金加热到 T_1 温度保温后，将获得单相固溶体。将此状态的合金过冷到溶解度曲线以下某一温度保温，或者将其快冷至足够低的温度，然后再重新加热至溶解度曲线下某一温度时效，都将会发生过饱和固溶体的脱溶反应。根据合金成分、结构缺陷及时效温度的不同，过饱和固溶体的脱溶有连续脱溶和不连续脱溶两种方式。

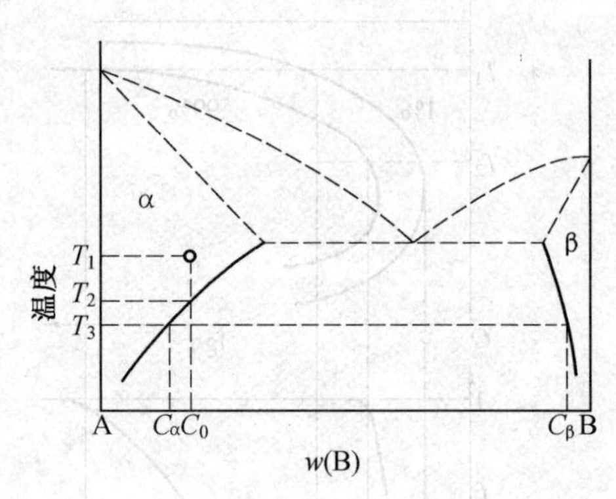

图 6.18　过饱和固溶体时效

6.4.1　连续脱溶

1. 连续脱溶的特征

过饱和母相在连续脱溶过程中，往往在平衡脱溶相出现之前会出现一个、两个或多个亚稳脱溶相，其典型的反应式为

$$\alpha(C_0)\rightarrow\alpha(C)+\beta'(\text{亚稳相})$$

新相通常以分散、孤立的小颗粒形核，然后向母相中生长。当脱溶相与母相的结构和点阵常数都很接近时，两者可以保持共格，此时新相呈圆盘状或片状、针状析出。当脱溶相与母相的结构相差悬殊时，两者之间形成非共格界面，此时新相呈等轴状析出。对于这种连续型脱溶转变，最终将剩有一定数量的母相 α，并且这些 α 的晶粒外形及位向关系均不发生改变。β′相的析出将导致剩余 α 相中的成分发生改变，但这种成分变化是连续的。由于连续脱溶过程中的成分变化需要原子的长程扩散，因而这种脱溶反应的速率几乎被原子的扩散速率所控制。

2. 脱溶序列

过饱和固溶体时效处理时，往往在平衡相之前会出现亚稳相，时效温度越低，出现的亚稳相越多，通常会形成一个析出序列。

如图 6.19 所示的 Al-Cu 相图，考虑 w(Cu)= 4.5% 的 Al-Cu 合金，将其加热至 550 ℃保温一定时间后淬冷到室温，得到过饱和的 α′固溶体。此后再将过饱和的 α′相重新加热至 130 ℃时效处理，则随着时间的增长，脱溶相将按如下序列出现

$$\text{G.P 区}\rightarrow\theta''\rightarrow\theta'\rightarrow\theta$$

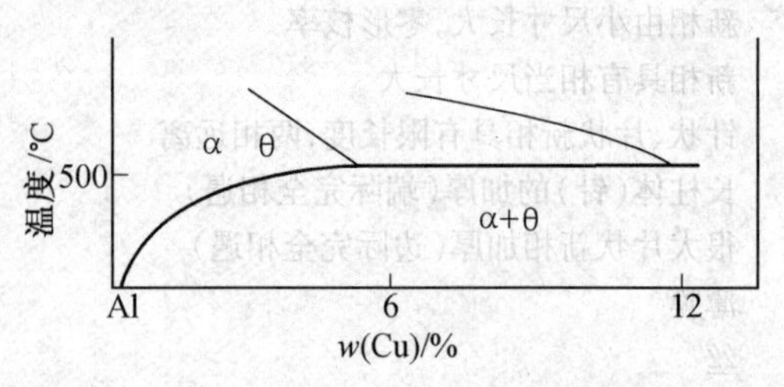

图 6.19　Al-Cu 部分相图

其中，θ 为平衡脱溶相，其余 3 个为互不相同的脱溶物均为亚稳相。

G. P 区：这种亚稳相是溶质原子的偏聚区，其平均成分 $w(\mathrm{Cu})\approx90\%$。电子显微观察表明，G. P 区具有圆盘形的轮廓，直径约为 8 nm，厚度约为 0.3～0.6 nm。它们与母相 α 具有相同的结构，并且具有完全共格的界面。在 α 基体中 G. P 区均匀分布，密度约为 10^{18} 个/cm^3。这种微小富 Cu 的脱溶相是在 1930 年最先由纪尼埃(Guinier, A)和普雷斯顿(Preston, G. D.)各自独立发现的，故简称为 G. P 区。

θ″相：θ″相成分接近 $\mathrm{CuAl_2}$，具有正方点阵 $a=b=0.404$ nm，$c=0.768$ nm，其形貌也呈与 G. P 区相似的圆盘状，厚度约为 2 nm，直径约为 30 nm。θ″相在母相中均匀形核，形核方式可能是在 G. P 区溶解后重新形核，也可能是由 G. P 区转化而成。该相与母相间也具有共格界面，取向关系 $\{001\}_{\theta''}//\{001\}_{\alpha}$、$[001]_{\theta''}//[001]_{\alpha}$。为了保持共格，在界面区域将产生很大的点阵畸变，这种共格应变是合金强化的重要原因。

θ′相：θ′相是 Al-Cu 合金时效过程中析出的又一过渡相，成分为 $\mathrm{Cu_2Al_{3.6}}$。它的尺寸达 100 nm 以上，在光学显微镜下便可被观察到。θ′相也为正方结构，$a=b=0.404$ nnm，$c=0.58$ nm，与母相半共格，取向关系为 $\{100\}_{\theta'}//\{100\}_{\alpha}$，时效过程中 θ′相往往在位错线和亚组织边界形核，并且随着该相的析出合金的硬度降低。

θ 相：θ 相为平衡相，成分为 $\mathrm{CuAl_2}$，具有正方结构，$a=b=0.606$ nm，$c=0.487$ nm，在晶界上非均匀形核，与母相间形成非共格界面。

在脱溶序列中，后三种脱溶相是从前一种脱溶相转化而来还是直接由母相中产生，现尚无肯定的结论，但现在已有一定实验证据表明最可能是由母相中直接形成的。

图 6.20 是几种不同成分的 Al-Cu 合金在 130 ℃时效时硬度随时间变化曲线。由图 6.20 可见，最佳的强化效应是在 θ′相形成之前。这表明主要的强化作用是来自位错及很小的共格 G. P 区及 θ″相之间的相互作用。θ′相的出现，逐渐使合金硬度降低，特别是 θ 相形成后，合金显著软化。

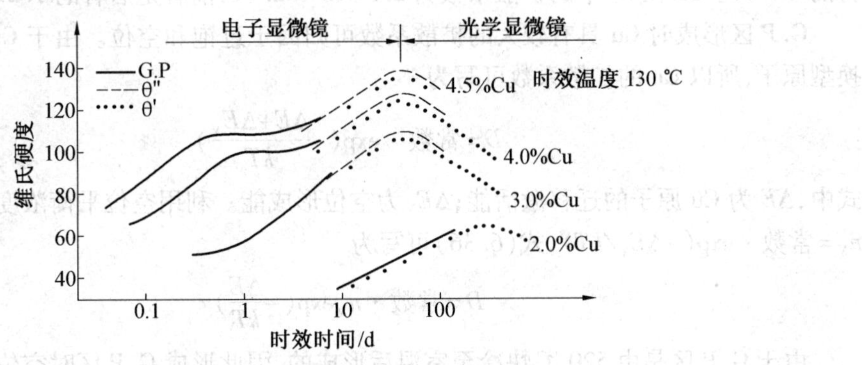

图 6.20 Al-Cu 合金的时效硬化曲线

在许多其他时效硬化型合金中也存在与 Al-Cu 合金类似的脱溶序列。表 6.2 列出在 10 种合金系中观察到的脱溶序列。由表 6.2 可见，G. P 区和过渡相并不是在所有时效硬化合金中都能同时出现。一般来说，只有当溶质与溶剂原子半径相差小于 12%，并且平衡析出相的成分或结构与基体差异较大时，才会出现 G. P 区和过渡相。G. P 区的形状除圆盘状外，还有杆状和球状。当溶质原子与溶剂原子半径差小于 3% 时，G. P 区易呈球状。

表 6.2 几种合金的脱溶序列

基体	合金	析出序列	平衡析出相
铝	Al-Ag	G.P(球)⟶γ′(片)⟶	$\gamma(Ag_2Al)$
	Al-Cu	G.P(盘)⟶θ″(盘)⟶θ′⟶	$\theta(CuAl_2)$
	Al-Zn-Mg	G.P(球)⟶η′(片)⟶	$\eta(MgZn_2)$
	Al-Mg-Si	G.P(杆)⟶β′⟶	$\beta(Mg_2Si)$
	Al-Mg-Cu	G.P(杆,球)⟶S′⟶	$S(Al_2CuMg)$
铜	Cu-Be	G.P(盘)⟶γ′⟶	γ(CuBe)
	Cu-Co	G.P(球)⟶	β(Co)
铁	Fe-C	ε 碳化物(盘)⟶	Fe_3C(条)
	Fe-N	α″(盘)⟶	Fe_4N
镍	Ni-Cr-Ti-Al	γ′(方)⟶	$\gamma(Ni_3Ti,Al)$

除上述类型的合金外,还有些合金脱溶过程中不析出 G.P 区和过渡相,时效过程中直接析出平衡相。这种平衡相一旦析出,只要时效温度不变就不会溶解。直接析出平衡相有两种情况:一是析出相与基体界面上具有低界面能;二是析出相的晶体对称性与基体不同。例如,Ni-Al 高温合金中的时效脱溶属于前一种情况,而在立方点阵中析出正方点阵的脱溶相则属于后一种情况。

3. 空位在脱溶过程中的作用

时效型合金经高温加热及快速冷却后,在获得过饱和固溶体的同时,也获得了相当数量的过饱和空位。这些过饱和空位的存在,极大地加速了原子的扩散,从而加速脱溶相的析出过程。例如,$w(Al)=2\%$ 的 Al-Cu 合金经 520 ℃淬火,然后在室温(27 ℃)时效,根据 G.P 区形成时间估算出 Cu 在 Al 中的扩散系数为 $2.8\times10^{-22}\ m^2/s$,而采用常规方法测得的 27 ℃时 Cu 在 Al 中的扩散系数为 $2.3\times10^{-29}\ m^2/s$,前者是后者的 1.2×10^{7} 倍。

G.P 区形成时 Cu 具有较大的扩散系数可归因于过饱和空位。由于 Cu 在 Al 中是置换型原子,所以 Cu 的扩散系数可写为

$$D=常数\cdot\exp\left(-\frac{\Delta E+\Delta E_V}{kT}\right) \tag{6.36}$$

式中,ΔE 为 Cu 原子的迁移激活能;ΔE_V 为空位形成能。利用空位平衡浓度与温度的关系 $n_V=常数\cdot\exp(-\Delta E_V/kT)$,式(6.36)可写为

$$D=常数\cdot n_V\exp\left(-\frac{\Delta E}{kT}\right) \tag{6.37}$$

由于 G.P 区是由 520 ℃快冷至室温后形成的,因此形成 G.P 区时空位浓度近似等于 520 ℃时的空位平衡浓度。根据式(6.37),上述两种情况下的扩散系数比值可以写为

$$\frac{n_V\ (520\ ℃)}{n_V(27\ ℃)}=\exp\left[-\frac{\Delta E_V}{k}\frac{793-300}{793\times300}\right] \tag{6.38}$$

将实测的 $\Delta E_V=9.623\times10^{5}$ J/mol 代入式(6.38)得这一比值约为 10^{10}。考虑到实际淬冷过程中将有一部分空位散失,合金经 520 ℃淬冷至 27 ℃时铜的扩散系数比 27 ℃时的平衡值高出 1.2×10^{7} 倍是合理的。

合金时效过程中无脱溶物区域(PFZ)的出现,可进一步说明时效过程中空位的作用。

我们知道,位错、晶界等晶体缺陷都是过饱和空位的阱。由于空位扩散较快,在合金淬冷过程中不可避免地要有部分空位逸散到晶界上,因此,在晶界附近造成一个低空位浓度区,当该区域内过饱和空位浓度达不到脱溶相析出要求时,便无脱溶相析出。根据上述分析,PFZ 的宽度应由空位浓度分布来确定。冷却速度越快,低空位浓度区越窄,因而形成的 PFZ 宽度应越窄。图 6.21(a)、(b)分别是晶界附近空位浓度的分布和 PFZ 宽度与临界空位浓度、冷速之间的关系。

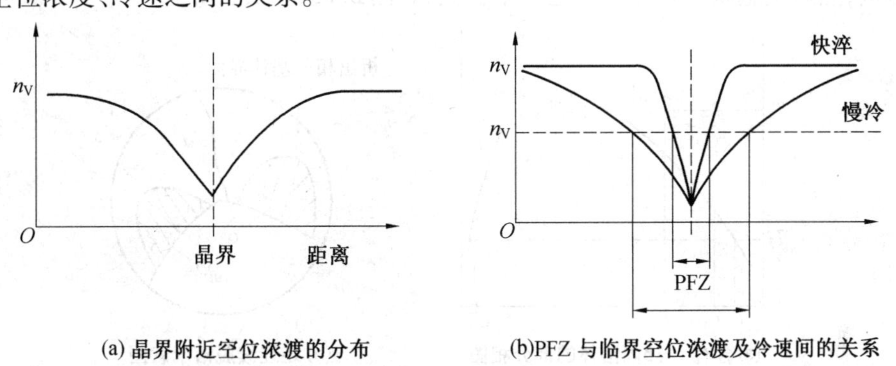

(a) 晶界附近空位浓渡的分布　　(b)PFZ 与临界空位浓渡及冷速间的关系

图 6.21　晶界附近空位浓度对 PFZ 宽度的影响

4. **脱溶物粗化——Ostwald 熟化**

在脱溶后期,脱溶相已为平衡相,尽管其成分与相对量已接近平衡态的数值,但由于分散细小的颗粒使系统有很高的界面能。为了减小总的界面能,高密度的细小脱溶物倾向于粗化成具有较小总界面、低密度分布的较大颗粒,即发生颗粒的粗化。Ostwald 在 1900 年首先研究了颗粒粗化问题,文献中把这种颗粒粗化称为 Ostwald 粗化或 Ostwald 熟化。

在任一沉淀硬化试样中,因形核与长大速度的不同,脱溶物总会存在一个尺寸范围。如图 6.22 所示为分散在 α 相中的两个相邻、但大小不同($r_1 > r_2$)的球形 β 脱溶相颗粒。由于吉布斯-汤姆逊效应,与小颗粒处于亚平衡的 α 相浓度 $C(r_2)$将明显高于与大颗粒处于亚平衡的 α 相浓度 $C(r_1)$,该浓度差将引起在 α 相中小颗粒周围的溶质原子向大颗粒周围扩散。扩散一旦发生后,原有的亚平衡被破坏。为了维持脱溶相与基体界面处的浓度平衡,必将发生小颗粒溶解变小和大颗粒的不断长大,最终导致颗粒粗化。

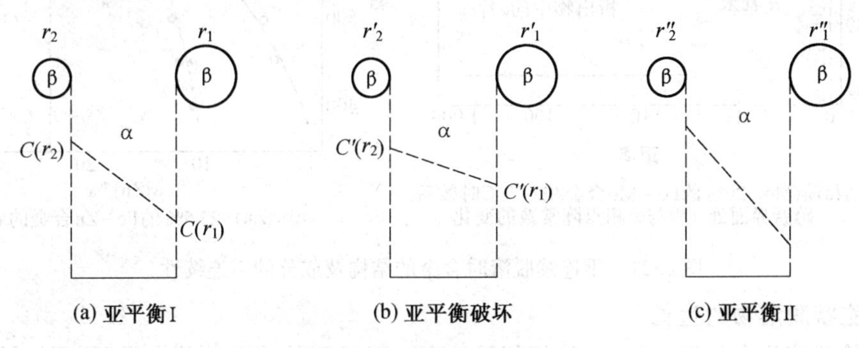

(a) 亚平衡Ⅰ　　(b) 亚平衡破坏　　(c) 亚平衡Ⅱ

图 6.22　颗粒粗化示意图

6.4.2 不连续脱溶

1. 不连续脱溶的特征

如图 6.23(a)所示,成分为 C_0的合金从 T_1温度快冷至 T_2温度保温,会发生过饱和固溶体的不连续脱溶。其脱溶产物为交替排列的 α 与 β 两相混合物,它们通常在母相 α 的晶界形核,然后呈胞状向相邻晶粒之一中长大,如图 6.23(b)所示。

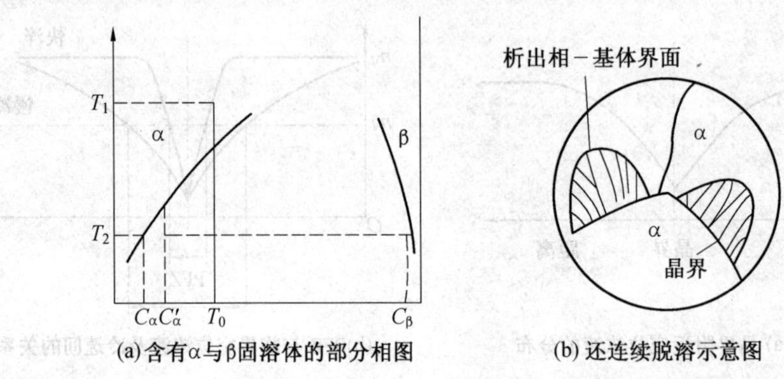

(a)含有α与β固溶体的部分相图　　(b) 还连续脱溶示意图

图 6.23　不连续脱溶

不连续脱溶反应式可以写为 $\alpha(C_\alpha \longrightarrow \alpha'(C_{\alpha'})+\beta(C_\beta)$。β 相为晶体结构、成分均与母相不同的平衡相,$\alpha'(C_{\alpha'})$相的结构与母相相同,但成分与母相不同。其溶质含量明显低于 C_0,但比平衡值 C_α 稍高。

不连续脱溶的重要特征是,脱溶胞中的两相均与母相存在成分与结构的不连续性,即在 $\alpha'(C_{\alpha'})/\alpha(C_0)$、$\beta(C_\beta)/\alpha(C_0)$的界面上,不仅成分突变,而且晶体位向也突然变化。图 6.24 是 Fe-Mo 及 Fe-Zn 合金在 600 ℃时效时的成分及点阵常数随位置的变化,从中可清楚地看到跨越界面时结构及成分的不连续性。

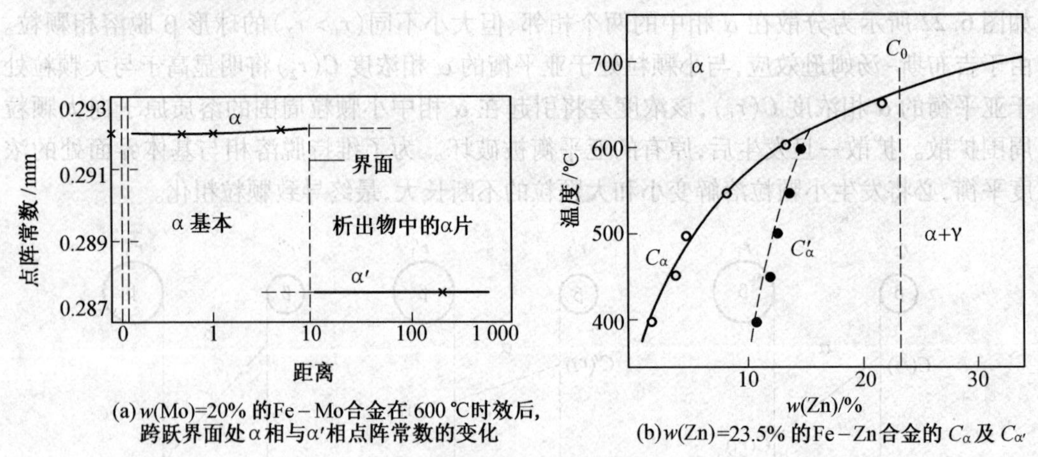

(a) w(Mo)=20% 的Fe－Mo合金在 600 ℃时效后,跨跃界面处α相与α′相点阵常数的变化　　(b) w(Zn)=23.5% 的Fe－Zn合金的 C_α 及 $C_{\alpha'}$

图 6.24　不连续脱溶时合金的结构及成分的不连续性

2. 胞状脱溶物的生长

胞状脱溶物在晶界形核时,与相邻晶粒之一形成不易移动的共格界面,而与另一晶粒间形成可动的非共格界面,因此这种脱溶物仅向一侧长大,如图 6.23(b)所示。在生长方式上，不连续脱溶与共析反应颇为相似，其脱溶物片层的端向延伸及侧向扩展都是以两相相协的方式来完成的。

不连续脱溶通常发生在代位固溶体中，胞状脱溶物的长大常被晶界扩散所控制。与连续脱溶相比，不连续脱溶溶质的扩散距离很短，仅为 1 μm 左右，相当于片层间距的数量级。

如图 6.25 所示，脱溶物与基体的边界是一个具有 λ 厚的平面。脱溶物长大时，该界面向前推进导致成分为 C_0的母相转变为 $\alpha'(C_{\alpha'})$与 $\beta(C_\beta)$片层相间的混合物。由于这种转变的溶质扩散是在 λ 厚的界面内完成的，因而可以由此出发求得脱溶区向母相中的长大速度。

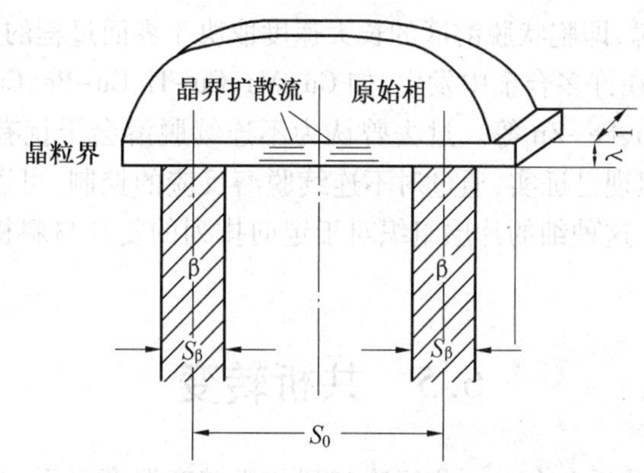

图 6.25 不连续脱溶区生长示意图

在 λ 厚的边界内，一个 β 相片层单位时间内摄取溶质原子的量为

$$J_{\text{摄取}}=\frac{1}{S_\beta\cdot 1}\frac{\mathrm{d}m}{\mathrm{d}t}=R(C_\beta-C_0) \tag{6.39}$$

式中，R 为界面向基体中推进的速度；$C_\beta-C_0$为基体 α 转变为 β 相时溶质的增量。β 相所摄取的这些溶质原子是通过它们在边界的扩散来完成的，单位时间通过该边界从$\alpha'(C_{\alpha'})$前沿扩散到 $\beta(C_\beta)$前沿溶质原子的量为

$$J_{\text{扩散}}=\frac{1}{2(\lambda\cdot 1)}\frac{\mathrm{d}m}{\mathrm{d}t}=D_\mathrm{b}\frac{C_0-C_\alpha}{S_0/2}$$

式中，D_b为溶质原子在晶界的扩散系数；$S_0/2$ 为扩散距离（之所以取该值，是因为相对于 $\alpha'(C_{\alpha'})$来说，β 片很小）。在 α 片的中心处界面上，成分取为 C_0。在 $\beta/\alpha(C_0)$界面处与 $\beta(C_\beta)$局部平衡的基体浓度为 C_α，因此$(C_0-C_\alpha)/(S_0/2)$即为沿界面驱动溶质原子扩散的浓度梯度。

当脱溶物处于稳态生长时，$J_{\text{摄取}}=J_{\text{扩散}}$，因此有

$$R=\frac{4D_\mathrm{b}\lambda}{S_\beta\cdot S_0}\cdot\frac{C_0-C_\alpha}{C_\beta-C_0} \tag{6.40}$$

式中，S_β和 S_0是两个相关的参数，利用质量平衡

$$C_0(S_0\cdot\lambda\cdot 1)=C_\beta(S_\beta\cdot\lambda\cdot 1)+C_{\alpha'}[(S_0-S_\beta)\cdot\lambda\cdot 1]$$

可求得两者关系为

$$S_{\beta}=\frac{C_0-C_{\alpha'}}{C_{\beta}-C_{\alpha'}}\cdot S_0 \tag{6.41}$$

将式(6.41)代入式(6.40)中得

$$R=\frac{4D_{\mathrm{b}}\lambda}{QS_0^2}\left(\frac{C_{\beta}-C_{\alpha'}}{C_{\beta}-C_0}\right) \tag{6.42}$$

式中,$Q=(C_0-C_{\alpha'})/(C_0-C_{\alpha})$。考虑到 $C_{\alpha'}\ll C_{\beta}$,$C_0\ll C_{\beta}$,式(6.42)可以近似写为

$$R=\frac{4D_{\mathrm{b}}\lambda}{QS_0^2} \tag{6.43}$$

当合金成分 C_0 和析出温度一定时,Q 为常数,λ 通常取 0.5 nm,因此界面向基体中推进的速度正比于 D_{b}/S_0^2,即胞状脱溶区的长大速度取决于界面过程的速率。

不连续脱溶可能在许多合金中发生,如 Cu-Mg、Cu-Ti、Cu-Be、Cu-Sb、Cu-Sn、Cu-In、Cu-Cd、Cu-Ag、Fe-Mo、Fe-Zn 等。过去曾认为不连续脱溶会干扰有利于强化的连续脱溶,所以应当避免。但现已证实,通过对不连续脱溶反应的控制,可以获得比共晶合金组织细得多的片层组织,这种细的片层组织对于定向排列的复合材料机械性能及电磁性能都是有利的。

6.5 共析转变

如图 6.26 所示,共析合金由 γ 相区冷却到共析转变温度以下,亚共析合金和过共析合金过冷到影线区域时,均会发生 γ ⟶α+β 的共析转变。和共晶转变相似,这种转变也是新相的形核长大过程,但由于这种转变是在固态下进行的,原子扩散缓慢,因而其转变速率远低于共晶转变。

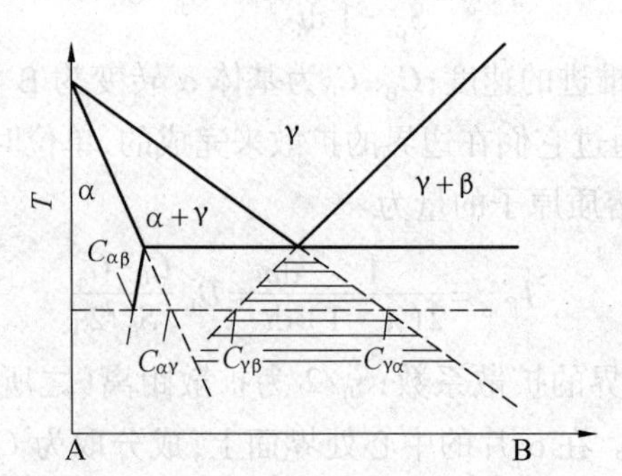

图 6.26 含 γ→α+β 共析反应的相图

6.5.1 共析转变的形核

共析转变时,新相常在母相的晶界处形核。根据 γ 相晶界结构和成分的不同,领先形核的相可能是 α 相也可能是 β 相。领先相形成时通常与相邻晶粒之一有一定的位向关系,而与另一晶粒无特定位向关系。现假定 α 为领先相,当其与 γ_1 晶粒共格领先形核后(图6.27(a)),它周围的 γ 相中将富集 B 组元,这就为 α 相的形核创造了条件。α 相的晶核可能在靠近 α 晶核的 γ_1-γ_2 晶界上形核,也可能在 α-γ_2 界面上形核(图 6.27(b))。

在 $\gamma_1-\gamma_2$ 晶界形核时，β 相也与 γ_1 晶粒有特定取向关系。当其在 $\alpha-\gamma_2$ 界面上形核时，α 相、β 相与 γ_2 相均无共格关系，而 α 相与 β 相间则保持半共格，这种形核方式称为诱发形核。

相邻接的 α 相和 β 相晶核出现后，便开始生长。两个新相的核心一方面以配对方式向前沿的 γ_2 晶粒内生长，一方面又通过搭接或交替形成新片的方式进行侧向扩展（图 6.27(c)），最后长成团状的共析体团域，如图 6.27(d) 所示。

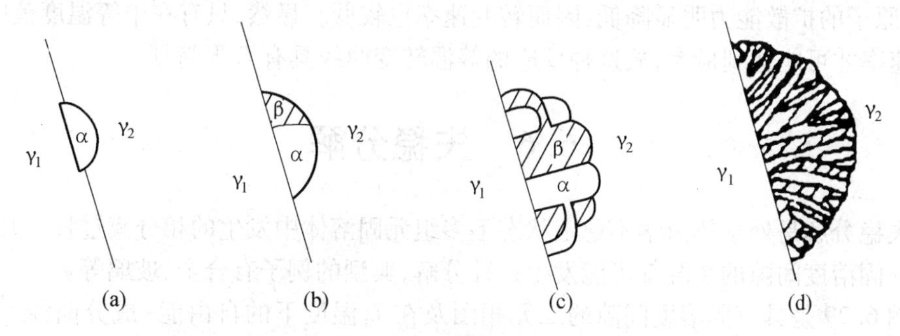

图 6.27 共析转变形核和生长示意图

6.5.2 共析体的生长

在共析晶核长大过程中，交替相邻的 α 相和 β 相的前沿分别排出 A 和 B 组元原子，两种原子的交互扩散将导致两相的同时长大（图 6.28）。溶质原子可能在 γ 相、α 相、β 相中进行体积扩散，也可能沿 α 相、β 相与 γ 相的界面进行扩散。然而，对合金中共析反应速率的定量测定结果表明，若扩散按体积扩散的方式进行时，共析转变的速率不可能达到实测值那么高，由此断定共析转变时原子的扩散可能是沿新相与母相间的界面进行的，至少相界扩散应当起到不可忽视的作用。

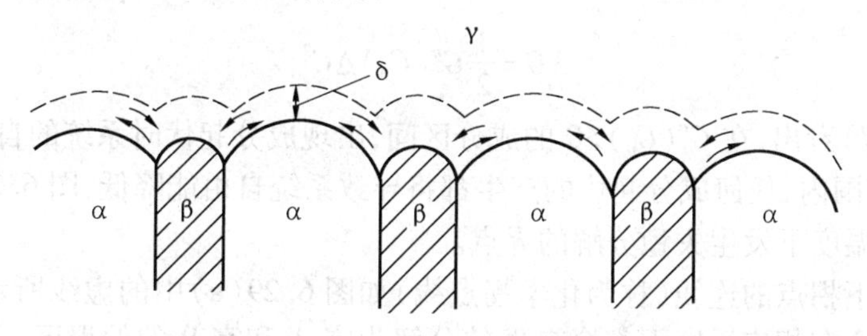

图 6.28 共析体生长时溶质原子的扩散模型

共析体中片间距 S 是一个很重要的参数，它的大小主要取决于共析转变温度。转变温度越低，片间距越小。在恒温转变时片间距基本保持恒定，这种片间距与转变温度的关系可以通过考查共析转变时系统自由能的变化求得。共析转变时，形成单位体积共析体团域系统自由能的变化为

$$\Delta G=-\Delta G_V+A\sigma \tag{6.44}$$

式中，ΔG_V 为体积自由能；A 为单位体积共析体中 α/β 间总界面面积；σ 为 α/β 间的界面能。由于单位体积共析领域中的层片数为 $1/S$，每层片有两个界面，因此有 $A=2/S$。当 $\Delta G=0$ 时，共析领域将停止生长，设此时的片间距为 S_m，则

$$S_m=\frac{2\sigma}{\Delta G_V} \tag{6.45}$$

由于过冷度 ΔT 增大时 ΔG_V 增大，所以 S_m 随转变温度的降低而减小，即共析组织随过冷度的增大而变得细密。

共析转变的速率也明显地受转变温度的影响。转变温度高时，尽管原子有很强的扩散能力，但由于转变驱动力小，因而转变速率较低。当转变温度低时，虽然转变驱动力很大，但原子的扩散能力明显降低，因而转变速率也较低。显然，只有在中等温度范围内，其转变速率才可能达到最大，故这种反应的等温转变曲线具有 C 形特征。

6.6　失稳分解

失稳分解是处于热力学不稳定状态下多组元固溶体中发生的相分离过程。凡其相图中存在固溶度间隙的系统都可能发生这种分解，典型的例子有合金、玻璃等。

图 6.29 是具有固溶度间隙的二元相图及在 T_1 温度下的自由能-成分曲线。现考虑一个速冷到 T_1 温度的均匀体系产生成分起伏时自由能的变化。设此均匀体系的平均成分为 C_0，摩尔自由能为 $G(C_0)$，当体系产生 ΔC 成分起伏时自由能变化为

$$\Delta G=\frac{1}{2}[G(C_0+\Delta C)+G(C_0-\Delta C)]-G(C_0) \tag{6.46}$$

由于

$$G(C_0+\Delta C)=G(C_0)+\Delta CG'(C_0)+\frac{\Delta C^2}{2}G''(C_0)+\cdots$$

$$G(C_0-\Delta C)=G(C_0)+\Delta CG'(C_0)+\frac{\Delta C^2}{2}G''(C_0)-\cdots$$

因此有

$$\Delta G=\frac{1}{2}G''(C_0)\Delta C^2 \tag{6.47}$$

由式(6.47)看出，在 $G''(C_0)>0$ 的成分区间，出现成分起伏时系统的自由能增高。在 $G''<0$ 的成分范围内，任何成分起伏的产生都将导致系统自由能降低，图 6.29(b)中 $G''=0$ 的拐点即为该温度下发生失稳分解的界点。

不同温度下拐点的连线(称为化学拐点线)如图 6.29(a)中的虚线所示，凡成分位于拐点线内的合金在相应温度下都会自发的分解为富 A 和富 B 的偏聚区。这种母相的失稳分解一般不经历形核阶段，不产生另一种晶体结构，也不存在明显的界面。在原子扩散方面，母相的失稳分解与形核分解有着明显的不同，后者溶质原子经历下坡扩散，新相与母相间的成分不连续变化，前者溶质原子发生上坡扩散，并且在分解的初期成分连续变化。形核分解与失稳分解时的成分变化如图 6.30 所示。

失稳分解发生后，固溶体中将产生成分梯度，这将引起固溶体的点阵常数及化学键发生变化，从而导致系统能量的增高。由点阵常数变化所增加的能量称为应变能，由化学键变化增加的能量称为梯度能，两者均对失稳分解起阻碍作用。显然，考虑了这两部分能量之后，发生失稳分解的条件已不是简单的 $\Delta G<0$，而是要求 ΔG 的绝对值大于上述两种能量

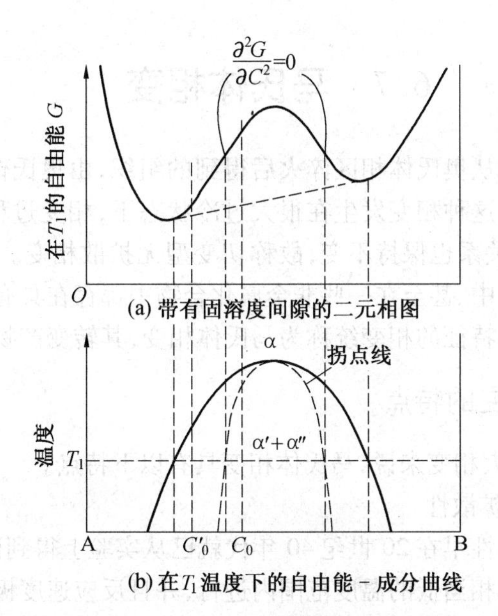

(b) 在T_1温度下的自由能-成分曲线

图 6.29　带有固溶度间隙的二元相图及在 T_1 温度下的自由能-成分曲线

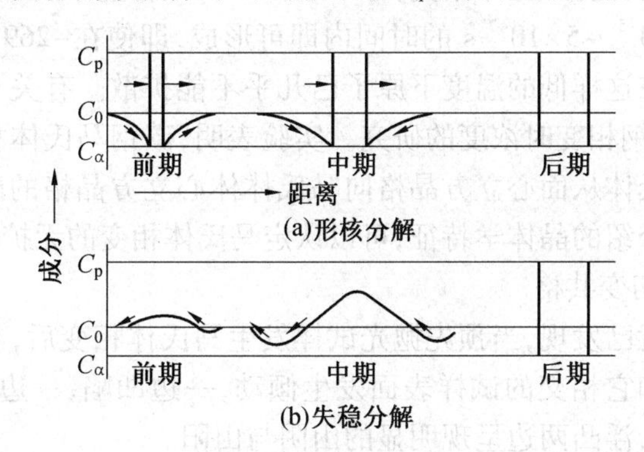

图 6.30　形核分解与失稳分解的成分变化

之和。

应变能对失稳分解有明显的影响,即使在忽略梯度能的情况下,由于它的作用,实际能发生失稳分解的界线已不再是 $G''=0$ 的化学拐点线,而是在此线之下由 $G''+2\eta^2 Y=0$ 决定的共格拐点线。式中 $\eta=\frac{1}{a_0}\frac{\mathrm{d}a}{\mathrm{d}t}$($a_0$为成分均匀时固溶体的点阵常数)。$Y=E/(1-\nu)$,($E$ 为弹性模量,ν 为泊松比)。由此可知,实际发生失稳分解的温度要低于由化学拐点线所确定的分解温度。例如,对于固溶度间隙很大的 Au-Ni 合金系,其失稳分解温度要比化学拐点温度低 400~800 ℃。

通常,梯度能对失稳分解的影响较小,仅在原子扩散距离小时(即溶质富集区与贫瘠区尺寸较小)影响比较明显;当扩散距离较大时,它的影响可以忽略。

6.7　马氏体相变

马氏体最初只是指钢从奥氏体相区淬火后得到的组织,由奥氏体向马氏体的相变过程称为马氏体相变。由于这种相变发生在很大过冷状态下,相变过程中不发生碳原子的扩散,铁原子之间的相邻关系也保持不变,故称切变型无扩散相变。后来又陆续发现,在一些有色金属及许多合金中、甚至在一些非金属化合物中都存在具有上述特征的相变,因而现在已把具有这种转变特征的相变统称为马氏体相变,其转变产物统称为马氏体。

6.7.1　马氏体相变的特点

较之扩散型形核-长大相变来说,马氏体相变具有以下特点。

(1)马氏体相变的无扩散性

马氏体相变的无扩散性早在20世纪40年代就已从实验上得到证实。一个极有力的证据是马氏体相变可以在相当低的温度范围内进行,并且反应速度极快。例如,Li-Mg合金可在-200 ℃的低温发生马氏体相变。Fe-C和Fe-Ni合金中,在-20 ~ -196 ℃之间每个马氏体片约在5×10^{-5} ~ 5×10^{-7} s的时间内即可形成,即使在-269 ℃的温度下,其形成速度也很高。显然,在这样低的温度下原子已几乎不能扩散。有关马氏体相变无扩散的另一证据来自于对碳钢相变时浓度的研究。实验表明,碳钢马氏体相变时碳浓度不发生变化,仅发生母相奥氏体从面心立方晶格向马氏体体心立方晶格的改变。基于上述实验事实,再结合下面要介绍的晶体学特征,可以认定马氏体相变的无扩散性。

(2)表面浮凸与切变共格

早在20世纪初就已发现,当预先抛光试样发生马氏体相变后,会在抛光表面出现浮凸,即马氏体形成时和它相交的试样表面发生倾动,一边凹陷,一边凸起(图6.31(a))。在显微镜光线照射下,浮凸两边呈现明显的山阴与山阳。

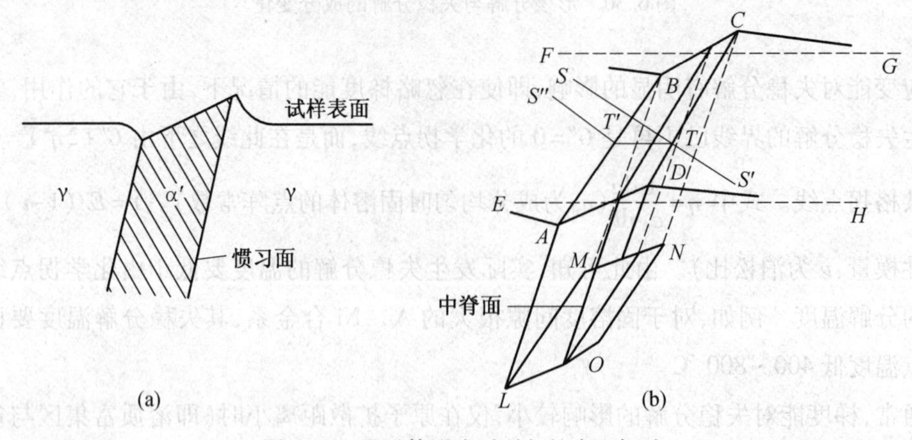

图6.31　马氏体形成时引起的表面倾动

倘若在原抛光面上刻一直线划痕(图6.31(b)中的STS'),浮凸产生后,直线划痕被折成几段折线($S''T'T\,S'$),并且这些折线在母相与马氏体的界面处保持连续。这一实验结果表明,马氏体相变是以切变方式进行的,并且相变过程中母相和马氏体界面保持着切变共格关系。

(3)惯析面及位向关系

马氏体相变时,马氏体总是在母相的一定晶面开始形成,这一定晶面即为惯析面。马氏体长大时,惯析面就成为两相的交界面。因为马氏体转变是以共格切变方式进行的,所以惯析面为近似的不畸变平面,即惯析面在相变过程中既不发生应变,也不发生转动。

不同材料马氏体相变时具有不同的惯析面。钢中已测出的惯析面有$\{111\}_\gamma$、$\{225\}_\gamma$、$\{259\}_\gamma$。当$w(C)<0.6\%$时,惯析面为$\{111\}_\gamma$;当$w(C)=0.6\%\sim1.4\%$时,为$\{225\}_\gamma$;当$w(C)>1.4\%$时,为$\{259\}_\gamma$。在有色合金中,惯析面通常为高指数面。例如,Cu-Zn 合金中马氏体的惯析面为$\{21112\}_\beta$,钛合金的马氏体的惯析面为$\{344\}_{\beta_1'}$,Cu-Sn 合金中β′马氏体的惯析面为$\{133\}_\beta$。

马氏体相变时,新相和母相之间通常存在一定的晶体学位向关系。对于铁基合金的γ→α′马氏体相变,已观察到的位向关系有3种,即:

①*K-S* 关系,$\{111\}_\gamma//\{011\}_{\alpha'}$,$(101)_\gamma//(111)_{\alpha'}$;

②西山关系,$\{111\}_\gamma//\{110\}_{\alpha'}$,$(211)_\gamma//(110)_{\alpha'}$;

③*G-T* 关系,$\{111\}_\gamma//\{110\}_{\alpha'}$差1°,$(110)_\gamma//(111)_{\alpha'}$差2°。

对于面心立方向六方马氏体的转变,已观察到的位向关系为$\{111\}_\gamma//\{00001\}_\varepsilon$,$\langle110\rangle_\gamma//\langle11\bar{2}0\rangle_\varepsilon$

(4)马氏体相变的可逆性

马氏体相变具有可逆性,对于某些合金,冷却时高温母相转变为马氏体,重新加热时已形成的马氏体又可以逆转变为高温母相。冷却时的马氏体转变及重新加热时的马氏体逆转变通常都是在一个温度范围内完成的。冷却时马氏体开始形成温度记为M_s,转变终了温度记为M_f。逆转变时开始温度记为A_s,终了温度记为A_f。通常,A_s温度要比M_s温度高。

(5)马氏体的显微形貌与亚结构

在铁基合金中,通常可以观察到两种不同的马氏体形貌,一种称为板条马氏体,另一种称为片状马氏体。对于 Fe-C 合金,当$w(C)<0.6\%$时,主要是板条马氏体;当$w(C)>0.6\%$时主要是片状马氏体。在光学显微镜下以高倍(500~1 000×)观察板条马氏体时,可以看到它具有很细和绒毛状的外貌,如图6.32(a)所示。图中能够清楚区别开的最小结构单元称为束,这些束块通常表现为平行的条状,在透射电镜下可以看到每个束块是由近于平行的板条状亚晶粒组成,而每个板条内通常又有非常高的位错密度,其数量级约为$5.0\times10^{15}\ m^2$。

图6.32(b)是典型的片状马氏体形貌,可以看出,片状马氏体在大小上存在明显差异,较大的片不仅长度长,宽度也宽。此外还可看到,马氏体片之间具有明显的角度,这是和板条马氏体截然不同的。片状马氏体的亚结构为成叠的孪晶,在铁基合金中这些孪晶很细,需要在电镜下才能观察到,但在 Au-Cd 等合金中,马氏体中的孪晶较宽,在光学显微镜下就可看到。

除上述两种常见马氏体之外,还观察到了一些其他形貌的马氏体。例如,在少数合金钢中观察到的薄板状马氏体就是其中一种。这种马氏体片极薄,以至其亚结构在电子显微镜下也未能显示或只能显示很少一部分。

(a) 淬火 Fe-0.2% 钢中的板条马氏体，100×

(b) 淬火 Fe-1.85%Mn-1.28%C 钢中的片状马氏体，400×

图 6.32　马氏体的显微形貌

6.7.2　马氏体相变的热力学

和其他相变一样，马氏体相变的驱动力也是新相与母相的自由能之差，同一成分合金的马氏体与母相的自由能随温度的变化如图 6.33 所示。图 6.33 中 T_0 是两相热力学平衡温度，在该温度下马氏体自由能 G^M 与母相自由能 G^A 相等，而在其他温度下两者均不相等。若以 $\Delta G^{A\to M}$ 表示马氏体与母相的自由能差，则有

$$\Delta G^{A\to M}=G^M-G^A$$

当 $\Delta G^{A\to M}>0$ 时，马氏体的自由能高于母相自由能，不会发生母相向马氏体的转变。$\Delta G^{A-M}<0$ 时，马氏体比母相稳定，母相有向马氏体转变的趋势，故 $\Delta G^{A\to M}$ 为母相向马氏体转变的驱动力。由图 6.33 还可看到，马氏体相变的开始温度 M_s 是处于 T_0 以下的某一温度。这表明，只有当温度达 M_s 以下时，才有足够的驱动力促使马氏体相变发生，在 $M_s \sim T_0$ 之间的温度，尽管有一定的驱动力，但还不足以使相变发生，马氏体重新加热时的逆转变可采用类似的方法处理。以 $\Delta G^{M\to A}$ 表示母相与马氏体的自由能之差，当 $T>T_0$ 时，$\Delta G^{M\to A}<0$，即有逆转变的驱动力，当温度达 A_s 以上时其驱动力便可大到促使马氏体逆转变发生。

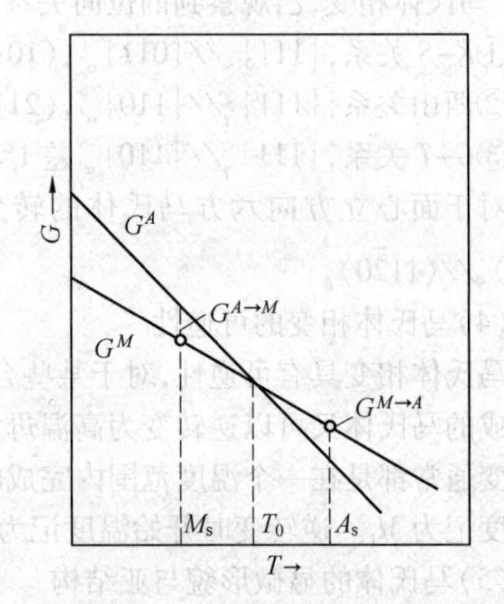

图 6.33　母相和马氏体的自由能与温度的关系示意图

对于同一合金系，T_0、M_s、M_f、A_s、A_f 均为浓度的函数，随着合金浓度的增大，这些参数均向低温一侧移动，如图 6.34 所示。应当指出的是，虽然马氏体的逆转变开始温度（A_s）都高于马氏体开始转变温度（M_s），但对于不同类型的合金，A_s 与 M_s 之间的温差却有较大的差异。例如，对于 In-Tl 合金，两者仅差 2 ℃左右，而在 Fe-Ni 合金中 A_s 约比 M_s 高出 420 ℃。

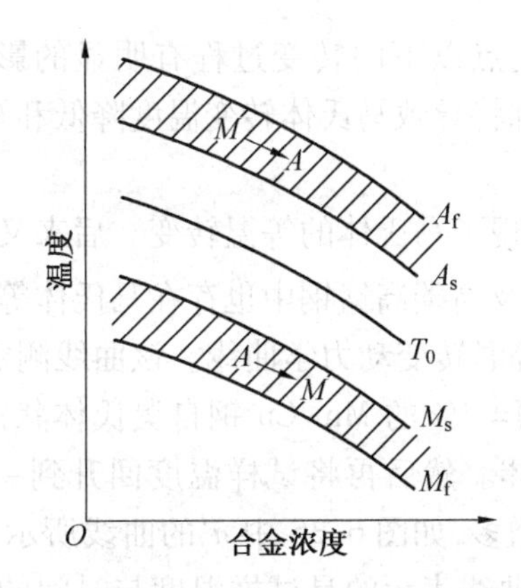

图 6.34　T_0、M_s、M_f、A_s、A_f与合金成分的关系

实验发现，合金经塑性变形后会使马氏体相变开始点与逆转变开始点之间的温差减小。即若在 M_s以上温度对母相施加塑性变形，会诱发马氏体转变而引起 M_s点上升达到 M_d点。同样，在 A_s以下塑性变形也可使 A_s点下降到 A_d点。M_d和 A_d分别被称为形变马氏体点和形变奥氏体点（假定母相为奥氏体）。相应地，经形变诱发相变产生的马氏体称为形变马氏体，经形变诱发马氏体逆转变产生的奥氏体称为形变奥氏体。

点 M_d的物理意义是可获得形变马氏体的最高温度，而点 A_d则代表获得形变奥氏体的最低温度。在 M_d以上温度或在 A_d以下温度塑性变形，会失去诱发马氏体转变或马氏体逆转变的作用。按马氏体相变的热力学条件，M_d点的上限温度为 T_0，而 A_d的下限温度亦为 T_0。

6.7.3　马氏体相变的动力学

马氏体相变按其动力学特征不同可分为 4 种：①碳钢和低合金钢中的降温转变；②某些 Fe-Ni-Mn、Fe-Ni-Cr 合金低于室温的等温转变；③Fe-Ni、Fe-Ni-C 合金在室温以下的爆发式转变；④表面转变。

1. 马氏体的降温形成

马氏体的降温形成是碳钢及低合金钢中常见的马氏体转变，其主要特征是转变量取决于冷却时所达到的温度。随温度降低，转变量增大，当温度保持不变时，转变不再进行。通常降温转变时马氏体的形成速度极快，以至无法测定其孕育期。这是由于转变通常是在很大的过冷度下发生，相变驱动力很大。同时，马氏体在长大过程中其共格界面存在弹性应力使势垒降低，而且原子迁动距离不超过 1 个原子间距，这就使得马氏体长大激活能很小。大的相变驱动力与小的长大激活能，导致马氏体长大速度极快。马氏体降温形成时，通常在形核后 $10^{-4}\sim10^{-7}$ s 时间内便长到极限尺寸。例如，Fe-Ni-C 合金中马氏体在 $-20\sim-196$ ℃内线生长速度为 10^3 m/s，约为声速的$\frac{1}{3}$，形成一片马氏体所需的时间约为 10^{-7} s。由此可见，对于这类马氏体相变，马氏体转变量的增加主要是靠降温过程中新的马氏体片的不断形成，而不是由于已形成的马氏体片的长大。

应当指出，冷却速度对 M_s 点以下的转变过程有明显的影响。在马氏体相变完成之前，若冷却中断或冷却缓慢，都将导致马氏体转变温度降低和马氏体转变量减少。

2. 马氏体的等温转变

最初是在 Mn-Cu 钢中发现了马氏体的等温转变。后来又发现一些 M_s 点在 0 ℃以下的 Fe-Ni-Mn、Fe-Ni-Cr 合金及高碳高锰钢中也存在马氏体等温转变。

图 6.35 是 Mn-Cu 钢的等温转变动力学曲线。该曲线测定的条件是，首先把 $w(C)=0.7\%$，$w(Mn)=6.5\%$，$w(Cu)=2\%$ 的 Mn-Cu 钢自奥氏体状态迅速淬入液氮（-196 ℃）中，以获得 100% 的过冷奥氏体。然后再将试样温度回升到 -159 ℃等温停留，结果发现马氏体转变量随时间增长而增多，如图 6.35 中 α' 的曲线所示。图 6.35 中同时画出了一条标有 $t=-159$ ℃的曲线，该曲线表示的是试样温度与时间的关系。图 6.36 是 $w(Ni)=23.2\%$，$w(Mn)=3.62\%$ 的 Fe-Ni-Mn 合金马氏体转变的时间-温度-转变量的关系曲线，曲线呈明显的 C 形。由图 6.36 可见，马氏体的等温转变有明显的孕育期，这表明转变需要通过热激活才能形核，所以可称为热学性转变。通常这种转变都不能进行到底，完成一定的转变量后即停止。这是由于随等温转变的进行，马氏体的体积变化必然引起母相的变形，从而使未转变的母相向马氏体转变时的切变阻力增大。在这种情况下，只有再增大过冷度，才能使转变继续进行。

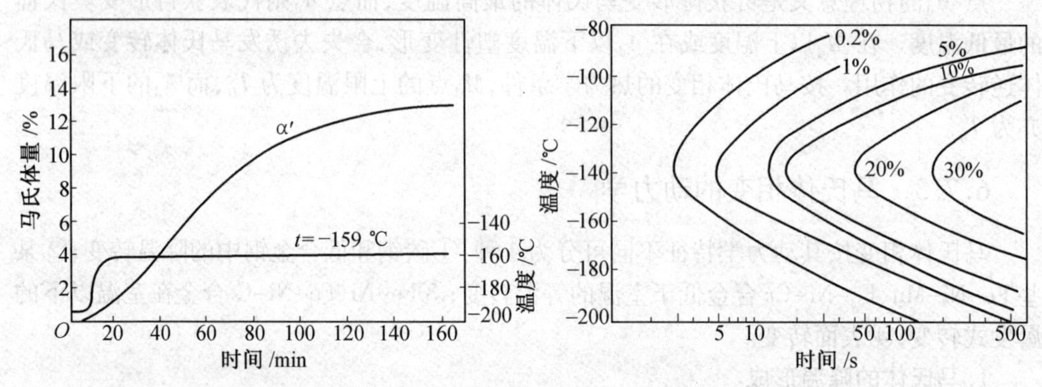

图 6.35 Mn-Cu 钢的马氏体等温转变动力学曲线　　图 6.36 Fe-Ni-Mn 合金的马氏体等温转变 C 曲线

3. 马氏体的爆发转变

一些 M_s 温度低于 0 ℃的合金冷至 M_s 以下某一温度 M_b 时，会在瞬间（约几分之一秒内）急剧地形成大量马氏体，这种马氏体的形成方式称为爆发型转变。图 6.37 是 4 种不同成分的 Fe-Ni-C 合金马氏体转变量与温度的关系。图 6.37 中各曲线的竖直部分即为爆发型转变，斜线部分是后续的正常降温转变。

爆发型转变形成马氏体的数量（也称爆发量）和爆发转变温度有关，而爆发转变温度 M_b 取决于合金成分、冷却速度及母相晶粒的大小。对于图 6.37 示的 Fe-Ni-C 合金，随含镍量的升高，M_b 降低，爆发量增大，当 M_b 降至很低温度时爆发量反而减少。但在 Fe-Ni 合金中却未发现爆发转变量在低温下又重新下降的现象，直至镍含量高致使奥氏体完全稳定化之前，爆发转变量始终保持极大值。实验表明，增大冷却速度及母相的晶粒细化均会使 M_b 降低。

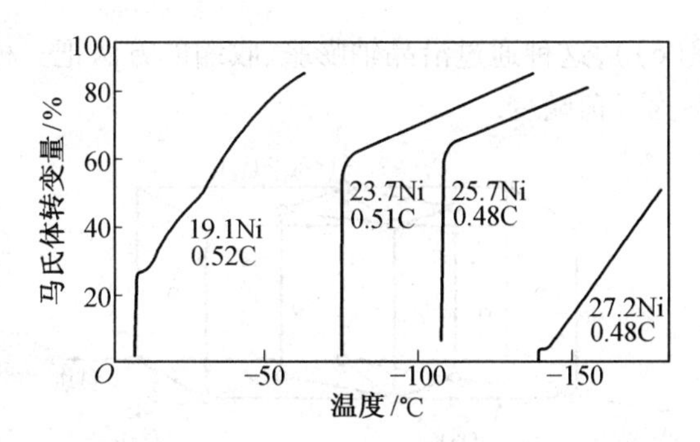

图 6.37 不同成分 Fe-Ni-C 合金的马氏体转变曲线

马氏体爆发型转变和等温转变常常交叉或相伴出现，一些合金（如 Fe-Ni）经等温转变后又呈爆发型转变，一些合金（如 Fe-Ni-Mn）在爆发转变后再经等温时又呈等温转变。应当指出的是，合金成分及冷却温度对其转变类型有重要影响。例如，在 $w(\mathrm{Ni})>7\%$ 的 Fe-Ni 合金中加入 Mn 或 Cr，会使合金由爆发型变为等温型转变，而完全等温型转变的 Fe-Ni-Mn合金（$w(\mathrm{Ni})=25.6\%$，$w(\mathrm{Mn})=1.9\%$）在低温时则会呈爆发型转变。

4. 表面转变

在稍高于 M_s温度时，往往在试样表面上会自发地形成马氏体。这种只产生于表层的马氏体称为表面马氏体。例如，将从点 M_s略低于0 ℃的 Fe-Ni-C 合金置于0 ℃保温并随时观察其组织就会发现，经过一段时间后便会在它的表面出现马氏体。将其磨掉后试样内部仍为奥氏体。研究表明，这种表面马氏体在组织形态、形成速率及晶体学特征方面均和 M_s温度以下试样内部形成的马氏体不同。

表面马氏体之所以能在高于点 M_s以上的温度形成，是由于表面与内部应力状态不同所致。在试样内部的三向压应力限制马氏体的形成，因而只有在较低的 M_s以下温度才能发生转变。但在自由表面，马氏体的形成不受这种三向压应力限制，故可在 M_s以上发生马氏体转变。实验表明，表面马氏体转变的温度可比大块材料内部马氏体转变的温度高几度到几十度。

表面转变实际上也是等温转变，它的存在对研究马氏体等温转变是一个很大的干扰。一方面表面转变和内部转变之间存在不同一性，另一方面表面转变还会促发试样内部转变，从而改变了整个等温转变过程。由此可见，在研究马氏体等温转变动力学定量理论时，排除这种表面转变是非常必要的。

6.7.4 马氏体相变的晶体学

鉴于面心立方母相向体心正方马氏体相变很重要，下面以此为例讨论马氏体相变的晶体学。

由已学过的晶体学知识可知，一个面心立方晶格可以视为一个体心正方晶格。图 6.38(a)是以公有(010)面相接的两个面心立方晶胞，在该图中同时画出了一个以(010)面中心原子为体心原子的体心正方晶胞。为清楚起见，将此体心正方晶胞单独示于图 6.38(b)。显然，该晶胞的正方度 $c/a=\sqrt{2}$。1924 年，贝茵（Bain）提出，如果这个晶胞沿 $(x_3)_M$方向收缩 18%，而沿 $(x_1)_M$和 $(x_2)_M$方向膨胀 12%，便可得到 Fe-C 合金中体心正方的马氏体晶胞(图6.38(c)),这种通过沿晶轴膨胀、收缩的方法把一种晶格转变为另一种晶格的简单均匀畸变称为贝茵畸变。

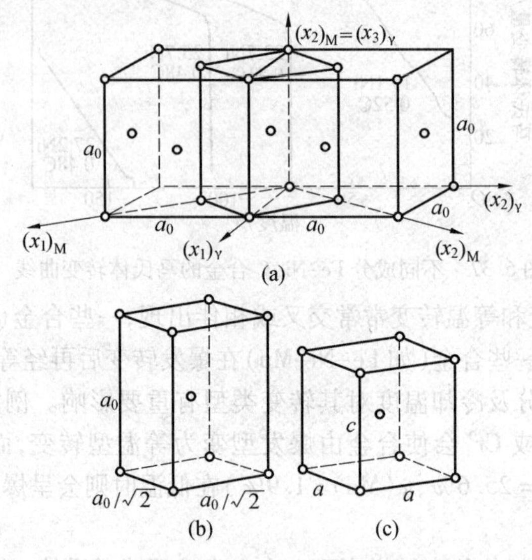

图6.38　贝茵畸变示意图

贝茵畸变虽然能在保持原子移动最小的条件下把一个面心立方晶格转变成一个体心正方晶格,但能否将其直接用于马氏体相变,还要考查这种畸变是否具有非畸变平面,以满足马氏体相变时具有非畸变惯析面的要求。为了确定贝茵畸变时是否存在这样的面,在母相中取一以$(x_1)_M$、$(x_2)_M$和$(x_3)_M$为主轴的球体,如图6.39(a)所示。当该球体沿$(x_3)_M$收缩18%,沿$(x_1)_M$和$(x_2)_M$膨胀12%,即发生贝茵畸变后,球体变为旋转椭球体。由图6.39可以看到,经贝茵畸变后,原始球体上圆$A-B$上的点移到了圆$A'-B'$。由于$A'-B'$为切变前后两球体的交线,所以位于圆$A'-B'$上所有点至原点的距离与切变之前相同。显然,与贝茵畸变有关并且切变前后长度保持不变的仅是围成$OA'B'$圆锥面的不扩展直线。但应注意的是,这些不扩展直线虽然在贝茵畸变后长度未变,但是方向已由OAB转到了$OA'B'$。由此可见,在贝茵畸变中不存在非畸变平面,仅用贝茵畸变并不能很好地说明马氏体相变。

倘若在贝茵畸变后,沿某一坐标轴,例如$(x_1)_M$,将点阵松弛使其回到原始位置,便可获一个非畸变平面。图6.39(b)中的OCB'就是一个非畸变平面,该面仅相对于原始位置OAB发生了转动。

在贝茵畸变基础上,韦克斯勒(Wechsler)、利伯曼(Lieberman)与里德(Reed)等人提出了马氏体转变的唯象理论,该理论处理包括下述3种基本变形。

①贝茵畸变。这种畸变使产物晶格在母相中形成,但通常不能产生一个与惯析面有关的非畸变平面。

②切变。这里的切变是一个点阵不变的切变,它与贝茵畸变相结合可以产生一个非畸变平面。在多数情况下,所产生的非畸变平面在母相与新相中具有不同的取向。

③转变后的晶格转动。这种晶格转动可以使非畸变平面回到原始位置,从而使非畸变平面在母相和新相中具有相同的取向。

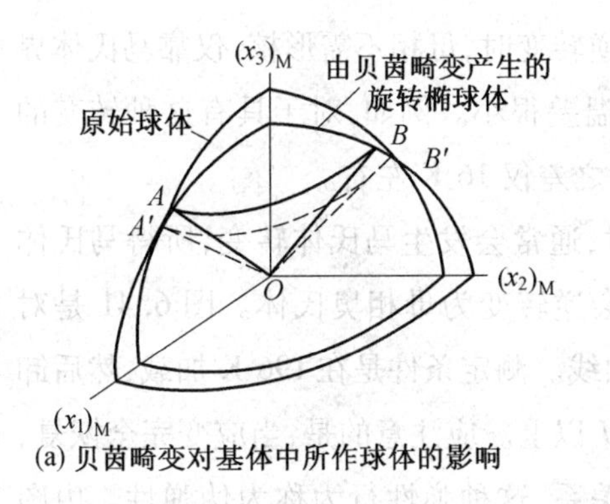

(a) 贝茵畸变对基体中所作球体的影响

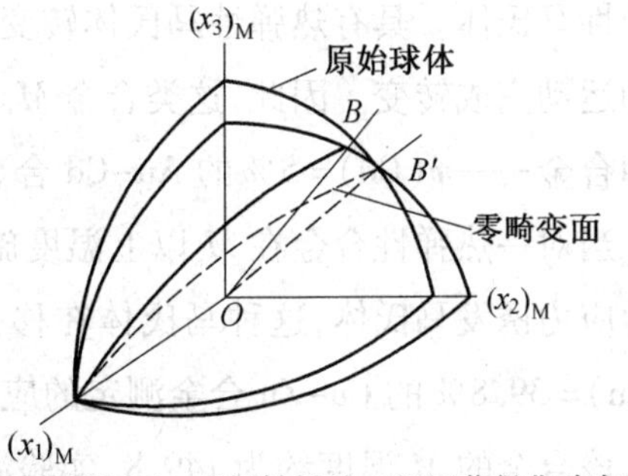

(a) 贝茵畸变后再沿 $(x_1)_M$ 坐标轴松弛，便可获得非畸变平面

图 6.39 贝茵畸变

上述理论的第一步造成了马氏体相变所需要的点阵结构。第二步的切变只是为了获得非畸变平面，为此，这种附加的切变不得改变第一步所造成的新点阵结构，必须是一个点阵不变切变。有两种方法可以实施这种切变。如图 6.40(a)所示的偏菱形晶体，若在点阵不变的条件下通过切变使其变直为一个总体的长方形，一种方法是按如图 6.40(b)所示的沿平行面上的滑移来完成，另一种方法是按图 6.40(c)所示的通过形成成叠的孪晶来达到。这种形式理论要求马氏体相内部应具有滑移产生的位错或成叠孪晶所组成的亚结构。显然，这种理论与实际观察到的马氏体转变特征符合得较好。

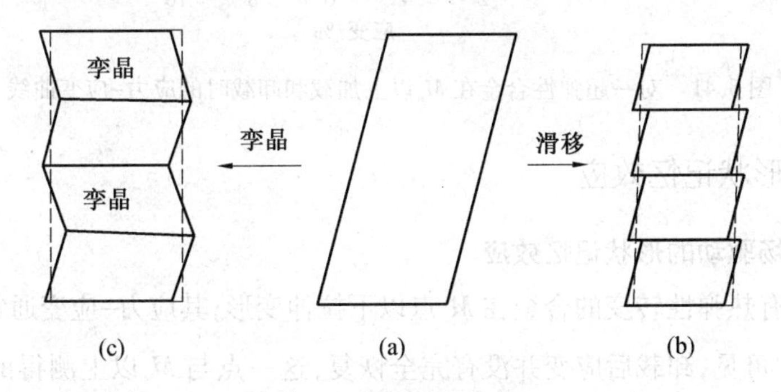

图 6.40 点阵不变切变

6.7.5 热弹性马氏体与应力诱发马氏体

马氏体片的形成通常伴随形状的改变，由于马氏体片与母相共格，马氏体片和基体之间处于一种应变状态。母相晶格中的应变被称为适应应变，这种应变可能是弹性的，也可能是塑性的，还可能是两者的结合。若基体中的这种应变是弹性的，马氏体和母相之间的界面容易运动。因此，试样降温时通过界面的运动形成马氏体。将试样重新加热时，马氏体片通过这种界面的逆向运动而收缩，并直至消失。若将此试样再次冷却，将会出现与第一次淬火时完全相同的马氏体片。再一次加热时，马氏体片仍通过界面的逆向运动转变为母相。显然，这种循环可一次次地进行下去。通常，我们将具有这种特性的马氏体称为

热弹性马氏体。具有热弹性马氏体转变的合金在逆转变时,母相不需形核,仅靠马氏体界面的运动完成转变。因此,这类合金 M_s 和 A_s 之间温差很小。例如,对于具有这种转变的典型合金——w(Cd)= 5% 的 Au-Cd 合金,M_s 和 A_s 之差仅 16 K 左右。

当对一热弹性合金在 M_s 以上温度施加应力时,通常会发生马氏体转变,所得马氏体称为应力诱发马氏体,这种马氏体在移去外力后会逆转变为母相奥氏体。图 6.41 是对 w(Zn)= 39.8% 的 Cu-Zn 合金测定的应力-应变曲线。测定条件是在 196 K 加载,然后卸载。该合金的 M_s 温度约为 149 K,实验温度是在 M_s 以上。应注意的是,当应变完全恢复,即变形循环是弹性时,应力与应变之间不是线性关系,这种弹性行为称为伪弹性。由图 6.41 看出,该合金的这种弹性应变幅度较大,约为 9%。

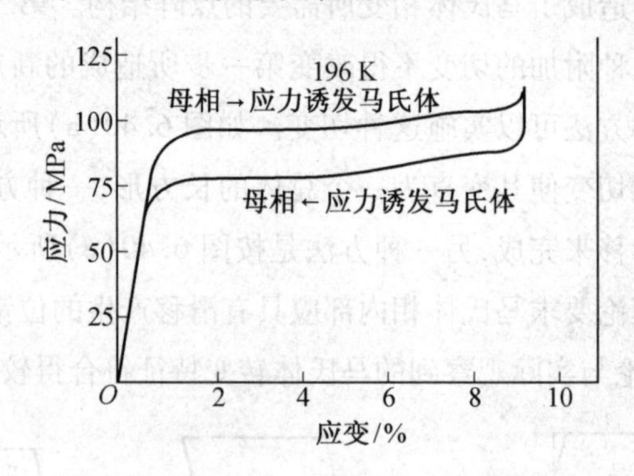

图 6.41 对一超弹性合金在 M_s 以上加载和卸载时的应力-应变曲线

6.7.6 形状记忆效应

1. 由温度场驱动的形状记忆效应

将一种具有热弹性转变的合金在 M_s 点以下拉伸变形,其应力-应变通常如图 6.42 所示。由图 6.42 可见,卸载后应变并没有完全恢复,这一点与 M_s 以上测得的应力-应变曲线(图 6.41)明显不同。但是,如果将试样加热到奥氏体相区后,应变便得到恢复,试样又回到原来的形状,合金的这种特性被称为形状记忆效应。产生形状记忆效应的原因在于马氏体本身能经受 6% ~8% 的应变。这是由于在 M_s 和 M_f 之间冷却时,产生的马氏体可能有 24 种不同的取向。因此在原来一个奥氏体晶粒范围内,可形成 24 个取向不同的马氏体区。试样变形时,通常 24 个马氏体变体中仅有 1 个处于变形有利位置,从而发生形状改变。试样变形时,所剩的 23 种马氏体变体将被转到这种择优取向。这种转变可以通过马氏体变体之间的界面移动发生,也可以通过孪生的方式发生。其结果是,变形把不同取向的马氏体结构转到了与单晶体等效的位置。加热时,这种单晶体型的变形马氏体结构转变成为单晶体母相,从而使试样恢复到原来的形状,形状记忆过程如图 6.43 所示。

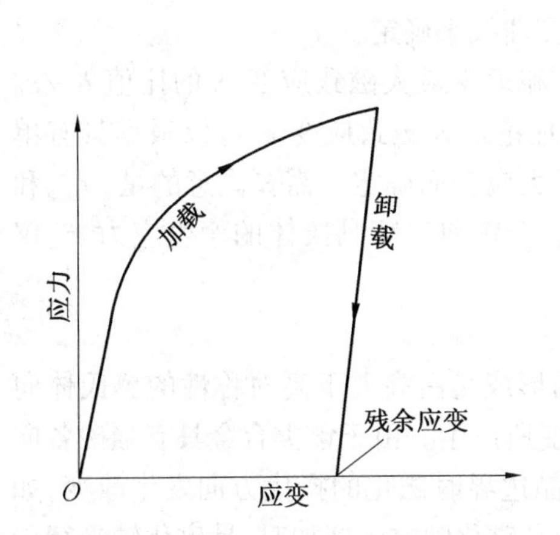

图 6.42 在马氏体状态下对一超弹性合金加载和卸载时的应力-应变曲线

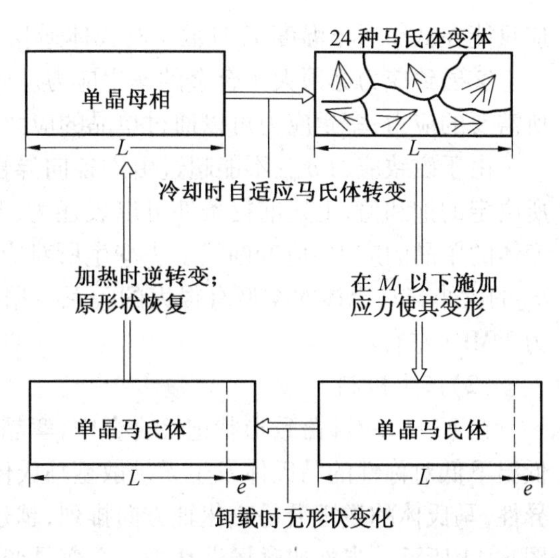

图 6.43 形状记忆过程的示意图

2. 由外加磁场驱动的铁磁形状记忆效应

形状记忆效应除了可以用温度场驱动外，还可以用外加磁场驱动。近年来，人们开发了一种被称为铁磁形状记忆合金(Ferromagnetic Shape Memory Alloys，FSMAs)的新型功能材料。铁磁形状记忆合金将无扩散可逆马氏体相变与该合金的磁致性能巧妙地结合在一起，其磁致应变(Magnetic-Field-Induced Strain，MFIS)源于磁场作用下马氏体变体的重新排列或磁场诱导马氏体逆相变。因此，铁磁形状记忆合金将温控形状记忆合金与磁致伸缩材料的优点集于一身，既具有大的输出应变，又具有高的响应频率。文献中报道的磁致形状记忆合金中的磁致应变高达 9.5%，比压电材料和磁致伸缩材料所产生的应变高一个数量级。同时，磁致形状记忆合金的工作频率高达 kHz 数量级。

目前为止，人们在多个合金系里面发现了磁致应变，其中包括 Ni-Mn-Ga 系、Co-Ni-Ga 系、Co-Ni-Al 系、Ni-Fe-Ga 系、Ni-Mn-Al 系、Ni-Mn-In 系、Fe-Pd 系、Fe-Pt 系等。在这些合金中，化学成分接近化学计量比 Ni_2MnGa 的合金最具前景，这是因为 Ni-Mn-Ga 合金的几个关键特性使得它们独具一格，并吸引了研究者的广泛兴趣。首先，它是具有从立方 $L2_1$ Heusler 结构转变为复杂马氏体结构的热弹性马氏体相变的铁磁性金属间化合物。其次，这类合金中与马氏体相变相关联的几个特性引起了功能材料研究者的极大兴趣，这些特性包括双程形状记忆效应，超弹性和磁致应变。最后，也是最重要的，目前为止最大的磁致应变(9.5%)仅发现于 Ni-Mn-Ga 合金中。到目前为止，人们围绕 Ni-Mn-Ga 合金诸如晶体结构、相变、磁性能、磁致形状记忆效应、力学性能、合金化等方面进行了大量研究，揭示了许多新现象和新规律。

(1) Ni-Mn-Ga 合金中产生铁磁形状记忆效应的前提条件

Ni-Mn-Ga 合金的铁磁形状记忆效应以磁致应变的形式表现出来，这种磁致应变来源于外加磁场作用下马氏体变体的重新排列。Ni-Mn-Ga 合金产生磁致形状记忆效应的前提条件为：

①合金工作温度范围内必须具有铁磁性马氏体孪晶组织。也就是说磁致形状记忆效

应只能在低于居里温度 T_C 且低于马氏体逆相变起始温度 A_s 的温度范围内才可能产生。

②磁致应力必须大于合金的孪生应力。此处,孪生应力 σ_{tw} 指使马氏体变体重新排列所需要的应力;孪生应力可以通过单晶的应力-应变曲线来确定。

由于磁致应力 σ_{mag} 不能超过由磁各向异性 K_U 和理论最大磁致应变 ε_0 的比值 K_U/ε_0 所决定的饱和值,上述前提条件可以表述为:其中理论最大磁致应变 ε_0 可以根据具有单变体的单晶的应力-应变曲线上去孪生所对应的最大应变而确定。需要注意的是,σ_{mag} 和 σ_{tw} 的大小与马氏体的类型有很大的关系。据报道,5 M 和 7 M 马氏体的孪生应力 σ_{tw} 仅为 2 MPa 左右。

(2)产生机制

在 Ni-Mn-Ga 磁致形状记忆合金中,孪晶界的形成是由高温下高对称性的奥氏体向低温下低对称性的马氏体发生无扩散型马氏体相变所产生。由于该类合金具有强磁各向异性,马氏体的磁矩沿易磁化轴方向排列,越过孪晶边界时磁化的择优方向发生改变,如图 6.44 所示。当外加磁场沿其中一个孪晶变体的易磁化轴方向施加时,易磁化轴平行于磁场方向的变体的能量将与其他变体不同。这种能量差将在孪晶界上施加一个应力 σ_{mag},从而为孪晶界的移动提供驱动力。如果这个磁致应力 σ_{mag} 大于孪晶变体重新排列所需要的孪生应力 σ_{tw},孪晶边界就会移动,使得易磁化轴平行于磁场方向的变体长大而其他变体缩小,从而导致样品宏观形状发生变化,也就是产生磁致应变。理想状态下,当磁场强度增加到某一个特定值时所有马氏体变体的易磁化轴都会沿磁场方向排列,这时磁致应变也相应地达到最大值。图 6.44 是磁场作用下马氏体变体的重新排列。

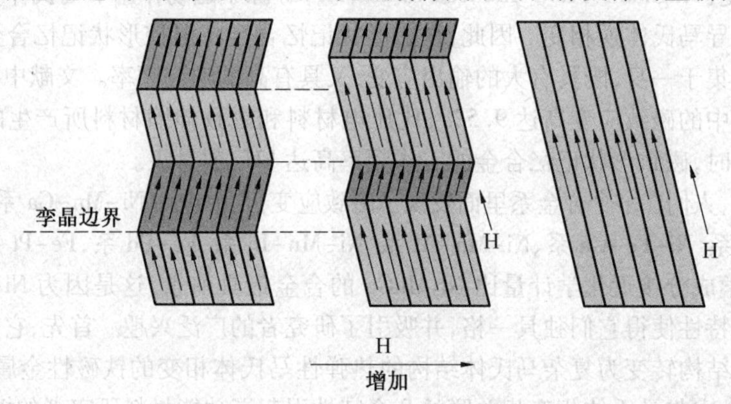

图 6.44 外加磁场作用下磁致形状记忆合金中马氏体变体重新排列的示意图

6.8 贝氏体转变

6.8.1 贝氏体

贝氏体转变是 1929～1930 年间由贝茵(Bain)等人在研究奥氏体分解反应时所确认的不同于奥氏体向珠光体转变的一种分解反应。之后陆续有人对这种分解产物——贝氏体从显微结构、反应机理及反应动力学三方面下过定义。

(1)显微结构定义

Aaronson 在 1969 年根据贝氏体的显微结构特点将其定义为:贝氏体是共析式分解的两相产物,其中两低温相通过原子扩散而相继地形成,此处将高温相定为 γ,两低温相分别定为 α、β。转变时设 α 相首先出现并成为贝氏体结构的核,之后 β 相可以通过两种不同但不易分解的方式形成,即或者全部在 α 相内析出,或者在 α/γ 界面处从两相中都析出。

(2)表面浮凸定义

柯俊等人在 1952 年通过高温金相研究首先确认了贝氏体转变中铁素体形成的切变机制。该工作表明,贝氏体转变发生时在试样抛光表面上显示出与马氏体相变相似的浮凸效应。根据这一特点,将贝氏体定义为通过扩散控制的切变机制产生的析出片体,随着 α 相的形成是否以 β 相呈非层状析出并非关键。这是目前在国际上最为广泛接受的定义。之后,Clark 和 Wayman 使这一定义更为严格化。即表面浮凸贝氏体片必须满足:①片状形貌;②无理惯析面;③无理点阵取向关系;④与基体间的点阵适应性;⑤不变平面应变表面浮凸;⑥没有相对于基体的成分变化;⑦有一种内在的不均匀性(如孪晶与位错)。此外,Christian 还附加有另一判据,⑧一个可动位错相界或完全共格的相界。应当指出的是,上述的②,③两条对 hcp 和 fcc 间的转变不适用。

(3)动力学定义

动力学定义是从相变动力学角度描述贝氏体的。由图 6.45(a)看出,贝氏体转变有自己的 C 曲线。曲线上发生贝氏体转变的最高温度称为 B_s,该温度通常比共析温度低 100 ℃以上。在 B_s 温度以上保温,奥氏体不能转变成贝氏体。在稍低于 B_s 温度保温时,通常奥氏体远未耗尽等温转变即行停止(图 6.45(b)),这表明在这样的温度下奥氏体向贝氏体的转变很难进行到底。由图 6.45(c)可以看到,随着等温温度的降低,奥氏体向贝氏体的最大转变量增加。在 B_s 温度,其最大转变量为 0,当温度达 B_f 时,最大转变量可达 100%。然而,应当指出的是,倘若珠光体的 C 曲线与贝氏体的 C 曲线相互搭接时,上述特征将被掩盖。因此,按动力学定义的贝氏体转变不能视为固态相变的一个重要类型,只能认为是一高度特殊的现象。

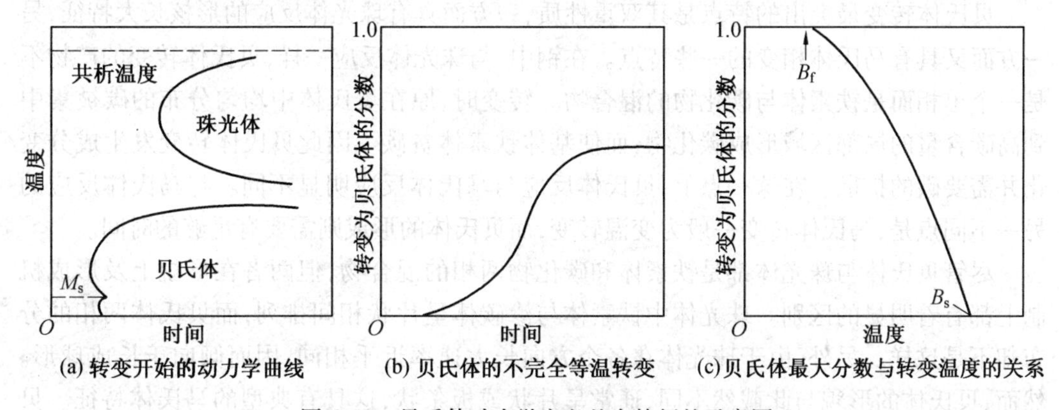

图 6.45 贝氏体动力学定义基本特征的示意图

6.8.2　贝氏体的组织形貌

贝氏体反应可在较宽的温度范围进行,并且不同温度范围所形成的贝氏体其形貌明显不同。在钢中,在较高温度(约为500～300 ℃)和在较低温度(约300～200 ℃)形成的贝氏体在形貌上有明显差异,因而将其分别称为上贝氏体和下贝氏体。通常,中、高碳钢中的上贝氏体在光学显微镜下呈羽毛状,如图6.46(a)所示。在电子显微镜下,上贝氏体是由许多从奥氏体晶界向晶内平行生长的板条状铁素体和条间存在的不连续的短杆状渗碳体组成。上贝氏体中的铁素体通常含有过饱和的碳,并且有较高的位错密度。钢中下贝氏体组织也由铁素体和碳化物组成。在光学显微镜下,下贝氏体呈黑色针状,如图6.46(b)所示。在电镜下可看到铁素体中分布着平行排列的微细碳化物。与上贝氏体相比,在下贝氏体铁素体中含有更多一些的过饱和碳及更高的位错密度,除上、下贝氏体外,近年来在钢中还发现有一种粒状贝氏体,其形成温度是处于 B_s 以下和上贝氏体形成温度以上的范围。

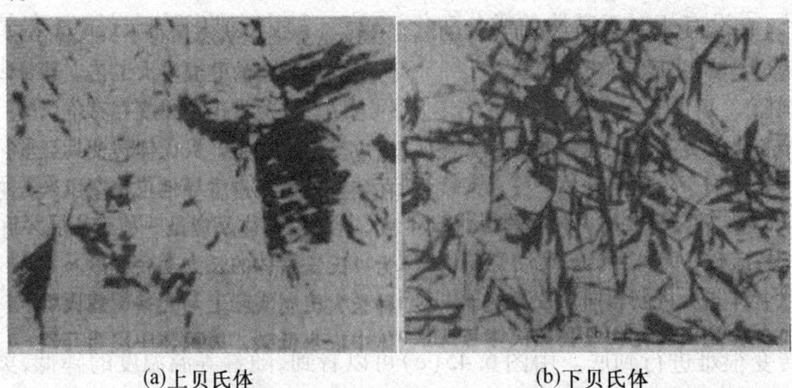

(a)上贝氏体　　(b)下贝氏体

图6.46　等温处理的Fe-Cr-C钢(w(Cr)=1.0%,w(C)=0.4%)中的上贝氏体与下贝氏体

6.8.3　贝氏体转变特点

贝氏体转变最突出的特点是其双重性质,一方面具有珠光体反应的形核长大特征,另一方面又具有马氏体相变的一些特点。在钢中,与珠光体反应一样,贝氏体转变的产物不是一个单相而是铁素体与碳化物的混合物。转变时,原在奥氏体中均匀分布的碳被集中到高碳含量的局部区域形成碳化物,而使基体铁素体贫碳。因此贝氏体转变发生成分变化并需要碳的扩散。在这一点上,贝氏体反应与马氏体反应明显不同。与马氏体反应的另一不同点是,马氏体转变一般为变温转变,而贝氏体的形成则需要有足够的时间。

尽管贝氏体与珠光体都是铁素体和碳化物两相的混合物,但两者在形貌上及形成机制上都有着明显的区别。珠光体中铁素体与渗碳体呈片状相间排列,而贝氏体两相的分布却不是这样。另外,由于珠光体在各个方向长大速率近乎相同,因而倾向于长成球形。然而,贝氏体的形貌与此截然不同,通常呈片状或板条状,这具有典型的马氏体特征。贝氏体与马氏体另一相似之处是,这种组织形成时伴有表面浮凸发生,并且与母相之间有确定的晶体学取向关系。由此,许多学者推断贝氏体形成时包含有晶格切变。然而,贝氏体和马氏体间还有另一个重要区别，即它们的形成速度。在多数情况下，马氏体片是在高驱动力下形成，并且在极短的时间内长大到最终尺寸，而贝氏体片长大较慢并具有连续性。

6.8.4 贝氏体的性能

贝氏体的性能主要取决于其组织形态。对钢中贝氏体来说，贝氏体的强度主要取决以下各点：

①贝氏体中细的铁素体晶粒或小尺寸的板条；

②贝氏体中铁素体的高位错密度；

③碳化物弥散强化；

④溶于贝氏铁素体中的碳与位错的交互作用。

通常上贝氏体形成温度较高，铁素体晶粒与碳化物颗粒较粗大，且碳化物呈短杆状平行地分布于铁素体板条之间，这种组织形态使铁素体条纹易产生脆断，因此上贝氏体强度较低、韧性也较差。

下贝氏体中铁素体针细小且分布较均匀，铁素体内位错密度较高而且弥散分布着细小的碳化物，这种组织状态使得下贝氏体不仅强度高，而且韧性好，具有良好的综合机械性能、生产上广泛应用的等温淬火工艺，其目的就是要得到下贝氏体组织。

6.9 有序-无序转变

当固溶体中 A 与 B 两组元原子数之比接近一简单比值时，固溶体中可能形成一种长程有序相。在这种有序相中，原子的位置是不等价的。A、B 原子应各自占据自己的位置。例如，bcc 结构 α 黄铜（CuZn）中一种原子占据体心，另一种原子占据角点，这便是一种完全的有序结构。两种不同原子的这种有序排列可视为各被一种原子所占据的两个简单立方亚晶格互相穿插而成。通常，这种完全有序状态只能在很低温度存在。随着温度的升高，两个亚晶格上的原子将会交换位置而造成无序化，显然，在 CuZn 中最大的无序化相应于质量分数为50%的 Cu 原子和质量分数为50%的 Zn 原子的随机交换，结果两个亚晶格的差别消失。在 0 K 时，Cu（或 Zn）原子占有正确结点的几率为 1；当温度升高到使晶格结点完全被两种原子随机占有时，这个几率降至 0.5。为描述在不同温度下固溶体的有序化程度，定义长程有序度（或称有序化参数 L）如下：

$$L=\frac{\gamma_A-x_A}{1-x_A}\text{或}L=\frac{\gamma_B-x_B}{1-x_B} \tag{6.48}$$

式中，x_A和 x_B分别是 A、B 原子的摩尔分数；γ_A和 γ_B分别为 A、B 两种亚点阵被正确类型原子所占有的几率。显然，固溶体呈完全有序时 $\gamma_A=\gamma_B=100\%$，$L=1$；完全无序时 $\gamma_A=x_A$，$\gamma_B=x_B$，$L=0$。L 的值在 0 和 1 之间变化，随 L 值的增大，固溶体的有序化程度增加。

采用准化学模型，可计算出有序固溶体 L 随温度的变化。对 CuZn 和 Cu_3Au 两种有序固溶体所计算的结果如图 6.47 所示。可以看出，两种固溶体 L 随温度的变化有着明显的差异。在等量原子的 CuZn 合金中，随温度升高 L 连续减小，当温度达 T_C时，L 降为 0。在 Cu_3Au 中，当温度升至 T_C前，L 只有稍许减小，温度达到 T_C时 L 突然降至 0。这种行为的差异是由两种有序固溶体的不同原子排列结构所造成。

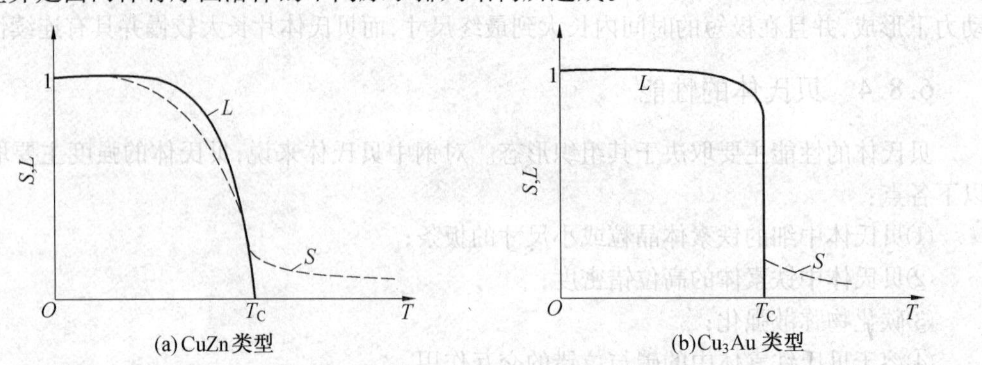

图 6.47 CuZn 类型和 Cu_3Au 类型合金中长程有序 L 和短程有序度 S 随温度的变化

CuZn 中 β′→β 转变(有序→无序转变)时长程有序度的丧失是在一个温度范围内进行的。在 T_C温度没有明显的突变,这说明固溶体的无序化是在一个温度范围内完成的。因此系统的内能和热熔在通过 T_C时是连续变化的,显然这种类型的转变属于二级转变。相反,在 Cu_3Au 中有序度在 T_C温度产生了突变。由于无序状态下的内能和热焓高于有序状态,在 T_C温度有序→无序的突变将导致内能和热焓的不连续变化,因此这种转变是一级相变。

将具有一定化学比的高温无序固溶体以较慢速度冷至 T_C温度以下时会发生无序→有序转变。有两种可能的机理会使无序固溶体内产生出有序的长程结构:①整个晶体内均匀出现局部性重排,使短程有序度连续提高,最终导致形成长程有序;②有序化畴形成时会有能量势垒,此时转变必须通过形核长大的过程进行,这两种机制分别等价于调幅分解和脱溶析出。上述机理中第一种只在二级相变过程或在 T_C以下很大过冷度才是可能的,一般认为第二种机理更适用。

图 6.48 是无序→有序转变和形核长大的示意图。交叉网线代表固溶体点阵,原子应位于每个交叉点上。图中标有原子的区域是表示已形成有序畴,未标原子的区域代表无序的母相。假定该图代表 Cu_3Au 的{100}面,由于两种不同原子均可占据面心位置或角点位置,因而独立形核的有序畴往往会呈“不间位相”,即当这些有序畴长到相互接触时就会形成明显的边界,通常将此种边界称为反相畴界,并以 APB 表示,由于反相畴界两边的原子有错误类型的近邻,因面导致反相畴界有较高的能量。

无序→有序转变时即使在 T_C以下相当小的过冷,有序相形核的激活能也是很小的,这是因为有序晶核和基体不仅有相同的晶体结构,而且通常两者还具有相同的化学成分,因此有序相的形成不会产生较大的界面能与应变能。据此,可以认为无序→有序转变往往是均匀形核。在过冷度较小时,形核率较小,有序畴的平均尺寸较大。通常,随过冷度的增大,形核率增大,有序畴的平均尺寸减小。在给定的有序畴内,随着温度的降低,有序度增大。

在有序化速度方面,不同类型的有序化转变有着明显的差异。例如,CuZn 的 β→β′转变为二级相变,有序化速度相当快,以致用淬火的方法也几乎得不到无序的 bcc 结构。与此相反,Cu_3Au 的有序化却进行得相当缓慢,一般需几个小时才能完成。这是因为该合金的有序化是以形核与长大的方式发生,并且反相畴界的形成也阻碍有序化的进行。

以上介绍的有序→无序间的转变仅涉及了原子在晶格中位置的排布,这种转变通常称为位置无序化。除此之外,一些材料中还可能存在取向上的无序化或电子与核子自旋的无序化,这里就不详细介绍了。

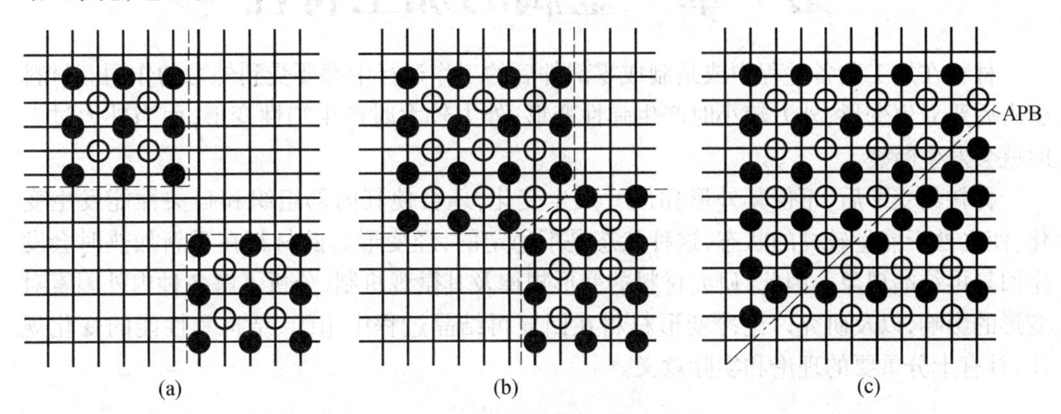

图 6.48　从{100}面看 Cu_3Au 的两个不同相位的有序畴长大相遇形成的反相畴界

习　题

1. 固态相变与液固相变相比,在形核、长大规律方面有何特点? 分析这些特点对所形成的组织有何影响?

2. 已知固态相变均匀形核时形成一个新相晶核引起的自由能变化为 $\Delta G = n\Delta G_V + \eta n^{2/3}\sigma + n\varepsilon_V$。

(1)确定晶核为立方体及球体时的形状因子 η,并用每个原子的体积 V 表示;

(2)假设 ΔG_V、σ、ε_V 均为常数,导出晶核为立方体时 ΔG^* 的表达式。

3. 假设在固态相变中,新相形核率 N 和长大速度均为常数,则经 t 时间后形成新相的体积分数 X 可用 Johnson-Mehl 方程得到,即

$$X = 1 - \exp\left(-\frac{\pi}{3}NG^3t^4\right)$$

已知形核率 $N = 1\ 000\ \text{cm}^3/\text{s}$,$G = 3\times10^{-15}\ \text{cm/s}$,试计算:

(1)发生相变速度最快的时间;

(2)最大相变速度;

(3)获得50%转变量所需的时间。

第7章　金属的加工特性

材料在加工制备过程中或是制成零部件后的工作运行中都要受到外力的作用。材料受力后要立生变形,外力较小时产生弹性变形;外力较大时产生塑性变形,而当外力过大时就会发生断裂。

材料经变形后,不仅其外形和尺寸发生变化,还会使其内部组织和自关性能发生变化,使之处于能量较高的状态,这种状态是不稳定的,经变形后的材料在重新加热时会发生回复再结晶现象。因此,研究材料的变形规律及其微观机制,分析了解各种内外因素对变形的影响,以及研究讨论冷变形材料在回复再结晶过程中组织、结构和性能的变化规律,具有十分重要的理论和实际意义。

7.1　金属的变形

7.1.1　弹性变形

当材料受力时将发生变形,如果所受的力不超过某限度,则该材料将发生暂时形变。弹性变形是指外力去除后能够完全恢复的那部分变形。在拉应力的作用下,物体沿力的方向伸长;反之,在压应力的作用下将在力的方向上发生缩短,这样的弹性变形是材料内部的所有晶格沿受力方向发生形变的结果。图7.1是晶体的正弹性应变。

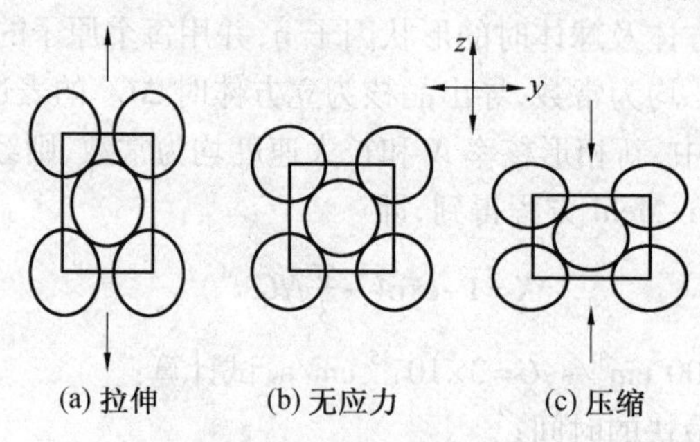

图7.1　晶体的正弹性应变

可以从原子间结合力的角度来了解它的物理本质。当无外力作用时,晶体内原子间的结合能和结合力可通过理论计算得出是原子间距离的函数,如图7.2所示。原子处于平衡位置时,其原子间距为r_0,势能U处于最低位置,相互作用力为零,这是最稳定的状态。当原子受力后将偏离其平衡位置,原子间距增大时将产生引力;原子间距减小时将产生斥力。这样,外力去除后,原子都会恢复其原来的平衡位置,所产生的变形便完全消失,这就是弹性变形。

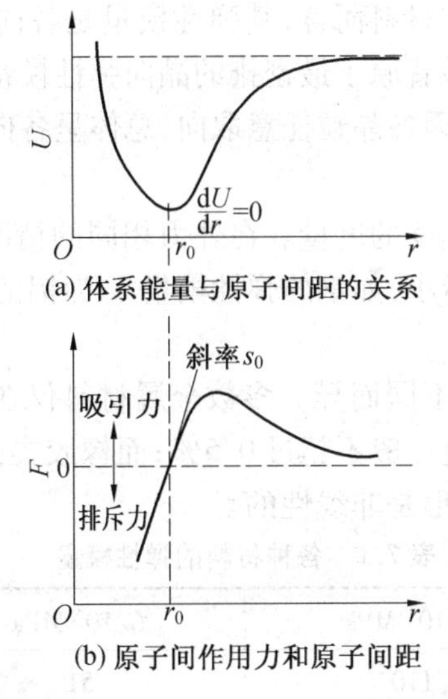

图 7.2 体系能量及原子间作用力与原子间距的关系

1. 弹性模量

弹性变形的主要特征是：

①理想的弹性变形是可逆变形，加载时变形，卸载时变形消失并恢复原状。

②金属不论是加载或卸载时，只要在弹性变形范围内，其应力与应变之间都保持单值线性函数关系，即服从虎克(Hooke)定律：

在正应力下：

$$\sigma=E\varepsilon \tag{7.1}$$

在切应力下：

$$\tau=G\gamma \tag{7.2}$$

式中，σ，τ 分别为正应力和切应力；ε，γ 分别为正应变和切应变；E，G 分别为弹性模量(杨氏模量)和切变模量(刚性模量)。

弹性模量和切变模量之间的关系为

$$E=2G(1+\nu) \tag{7.3}$$

式中，ν 为材料的泊松比，表示侧向收缩能力。在正常情况下，由于泊松比 $\nu=0.25\sim0.5$，故 G 值大约为 E 值的 35%。

晶体受力的基本类型有拉、压和剪切，因此，除了 E 和 G 外，还有压缩模量或称体弹性模量 K。它定义为应力与体积变化率之比，它是物质的可压缩性 β 的倒数。

体弹性模量与弹性模量关系式如下：

$$K=\frac{E}{3(1-2\nu)} \tag{7.4}$$

弹性模量代表使原子离开平衡位置的难易程度，是表征晶体中原子间结合力强弱的物理量。金刚石一类的共价键晶体由于其原子间结合力很大，故其弹性模量很高；金属和离子晶体的则相对较低；而分子键的固体如塑料、橡胶等的键合力更弱，其弹性模量更低，通常比金属材料的低几个数量级。正因为弹性模量反映原子间的结合力，故它是组织结构不敏感参数，添加少量合金元素或者进行各种加工、处理都不能对某种材料的弹性模量产生明显的影响。例如，高强度合金钢的强度可高出低碳钢一个数量级，而各种钢的弹性模量却基本相同。但是,对晶体材料而言,其弹性模量是各向异性的。在单晶体中,不同晶向上的弹性模量差别很大,沿着原子最密排的晶向弹性模量最高,而沿着原子排列最疏的晶向弹性模量最低。多晶体因各晶粒任意取向,总体呈各向同性。表7.1 和表7.2是部分常用材料的弹性模量。

工程上,弹性模量是材料刚度的度量。在外力相同的情况下,材料的 E 越大,刚度越大,材料发生的弹性变形量就越小,如钢的弹性模量 E 为铝的 3 倍,因此钢的弹性变形只是铝的1/3。

③弹性的变形量随材料的不同而异。多数金属材料仅在低于比例极限 σ_p 的应力范围内符合虎克定律,弹性变形量一般不超过0.5%;而橡胶类高分子材料的高弹形变量则可高达1 000%,但这种弹性变形是非线性的。

表7.1 各种材料的弹性模量

材料	$E/10^3$ MPa	$G/10^3$ MPa	泊松比 ν
铸铁	110	51	0.17
α-Fe,钢	207~215	82	0.26~0.33
Cu	110~125	44~46	0.35~0.36
Al	70~72	25~26	0.33~0.34
Ni	200~215	80	0.30~0.31
黄铜70/30	100	37	—
Ti	107	—	—
W	360	130	0.35
Pb	16~18	5.5~6.2	0.40~0.44
金刚石	1140	—	0.07
陶瓷	58	24	0.23
石英玻璃	76	23	0.17
火石玻璃	5	2.4	0.2
有机玻璃	60	25	0.22
硬橡胶	4	1.5	0.35
橡胶	0.1	0.03	0.42
烧结 Al_2O_3	325	—	0.16
尼龙	2.8	—	0.40
蚕丝	6.4		
聚苯乙烯	2.5		0.33
聚乙烯	0.2		0.38

表 7.2 某些金属单晶体和多晶体的弹性模量(室温)

金属类别	E/GPa			G/GPa		
	单晶		多晶体	单晶		多晶体
	最大值	最小值		最大值	最小值	
铝	76.1	63.7	70.3	28.4	24.5	26.1
铜	191.1	66.7	129.8	75.4	30.6	48.3
金	116.7	42.9	78.0	42.0	18.8	27.0
银	115.1	43.0	82.7	43.7	19.3	30.3
铅	38.6	13.4	18.0	14.4	4.9	6.18
铁	272.7	125.0	211.4	115.8	59.9	81.6
钨	384.6	384.6	411.0	151.4	151.4	160.6
镁	50.6	42.9	44.7	18.2	16.7	17.3
锌	123.5	34.9	100.7	48.7	27.3	39.4
钛	—	—	115.7	—	—	43.8
铍	—	—	260.0	—	—	—
镍	—	—	199.5	—	—	76.0

2. 温度和晶向与弹性模量的关系

随温度上升,弹性模量降低,图 7.3 是几种金属的弹性量随温度的变化。这是因为热膨胀时原子间距增大,因而原子间吸引力减小所致。图 7.3 中 Fe 的弹性模量在 912 ℃处发生的突变是因为其结构发生由 bcc 向 fcc 转变的结果,fcc 中原子的堆积较致密,发生给定应变则需要更大的应力,即 fcc 结构状态下的弹性模量较大。从该图 7.3 还应该看到,熔点越高的金属,其弹性模量越大。

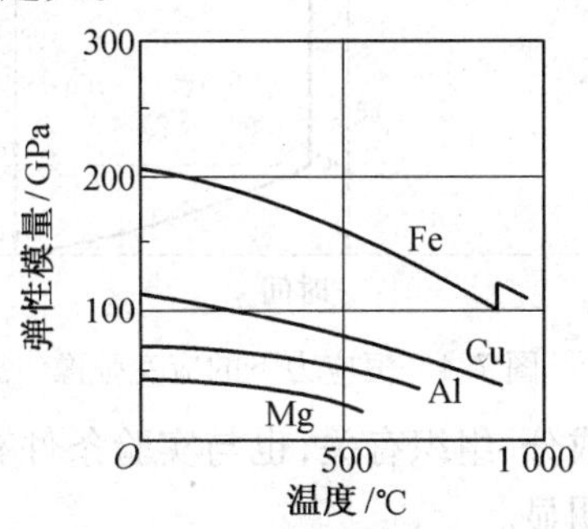

图 7.3 几种金属的弹性模量随温度的变化

对于一晶体材料来说,其弹性模量是随晶向不同而不同的。例如,铁的弹性模量的平均值约为 205 GPa,然而其真实弹性模量则是由[111]方向的 280 GPa 到[100]方向的 125 GPa。这种各向异性对于多晶材料来说是极为重要的。

在多晶体的铁中各晶体的取向是无规则紊乱的,其平均弹性模量为 205 GPa。如果对其施加应力为 205 MPa,其弹性应变就应该是 0.001(应变是一个无量纲的量)。可是材料内部的各个晶粒的取向不同,当每一晶体都达到 0.001 的应变时,各晶粒的应力分别为 125 ~ 280 MPa 之间的某个值,这就是说当某些晶粒尚未屈服时另一些晶粒的屈服极限会被领先超过了。

3. 弹性的不完整性

上面介绍的弹性变形,通常只考虑应力和应变的关系,而不大考虑时间的影响,即把物体看作理想弹性体来处理。但是,多数工程上应用的材料为多晶体甚至如非晶态材料,其内部存在各种类型的缺陷。弹性变形时,可能出现加载线与卸载线不重合、应变的发展跟不上应力的变化等有别于理想弹性变形特点的现象,称为弹性不完整性。

弹性不完整性的现象包括包申格效应、弹性后效、弹性滞后和循环韧性等。

(1)包申格效应

材料经预先加载产生少量塑性变形(小于4%),然后同向加载则弹性极限 σ_e 升高,反向加载则 σ_e 下降,此现象称为包申格效应。它是多晶体金属材料的普遍现象。

包申格效应对于承受应变疲劳的工件是很重要的,因为在应变疲劳中,每周期都产生塑性变形,在反向加载时,σ_e 下降,显示出循环软化现象。

(2)弹性后效

一些实际晶体,在加载或卸载时,应变不是瞬时达到其平衡值,而是通过一种弛豫过程来完成其变化的。这种在弹性极限 σ_e 范围内,应变滞后于外加应力,并和时间有关的现象称为弹性后效或滞弹性。

图 7.4 为弹性后效示意图。图 7.4 中 Oa 为弹性应变,是瞬时产生的;$a'b$ 是在应力作用下逐渐产生的弹性应变,称为滞弹性应变;$bc=Oa$,是在应力去除时瞬间消失的弹性应变;$c'd=a'b$,是在去除应力后随着时间的延长而逐渐消失的滞弹性应变。

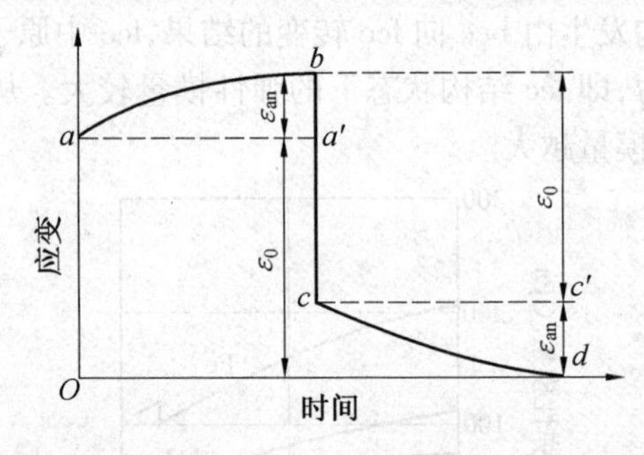

图 7.4 恒应力下的应变弛豫

弹性后效速率与材料的成分、组织有关,也与实验条件有关。组织越不均匀、温度升高、切应力越大,弹性后效越明显。

4. 弹性滞后

由于应变落后于应力,在 σ-ε 曲线上使加载线与卸载线不重合而形成一封闭回线,称为弹性滞后,如图 7.5 所示。

一般材料都有滞弹性,只是有的材料明显,而有的材料不明显,在测量精度内测不出来。图 7.6 比较了弹性变形与滞弹性变形的两种情况。图 7.6(a)是弹性变形,在加力或去力时,形变是瞬时发生的。图 7.6(b)是滞弹性变形,即应变落后于应力。在时间 $t=t_1$ 时,对试样加一应力,试样立即产生一瞬时应变 ε_1。若应力继续保持,应变将随时间的增长而继续增加,但变形速度逐渐减慢,直到最后 $t=t_2$ 时达到平衡位置 B 点所产生的应变值 $\varepsilon_1+\varepsilon_2$。应变 ε_2 是在时间和应力同时作用下发生的,这种现象称为弹性后效。相反地,

当 $t=t_2$ 应力去除后,试样立即消除应变 ε_1,而其余应变 ε_2 的消除则需要一定的时间,且恢复速度逐渐减慢,这种现象称为弹性回复。弹性后效与弹性回复都是应变落后于应力的性质,统称为滞弹性。

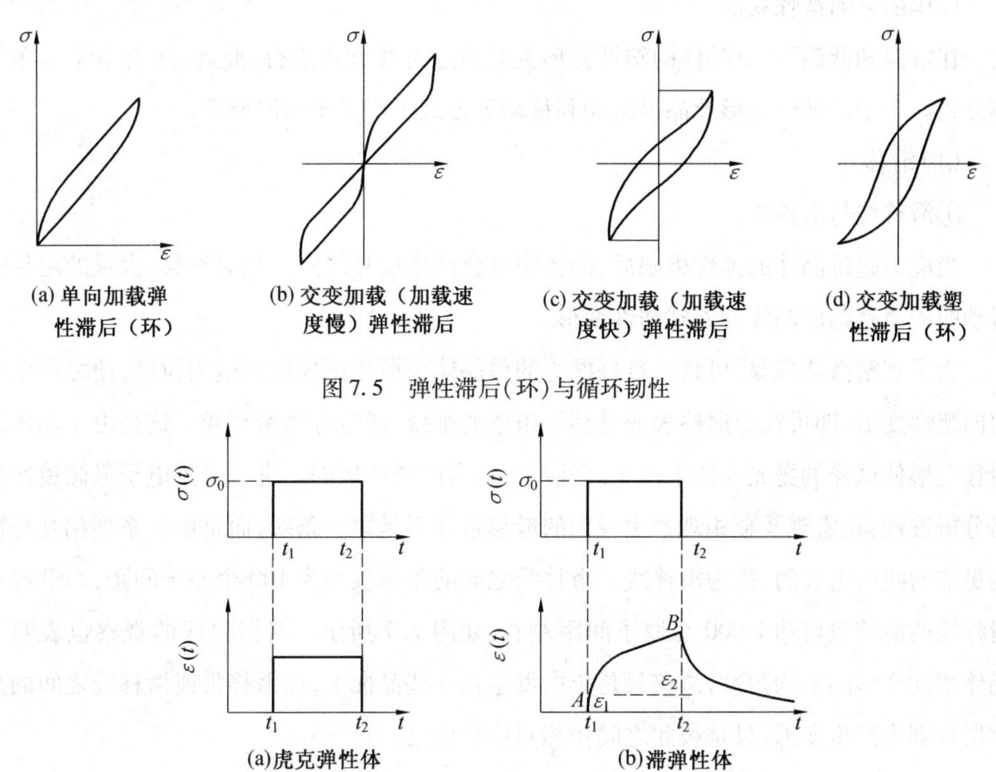

图 7.5 弹性滞后(环)与循环韧性

图 7.6 虎克弹性体与滞弹性体的比较

对于完全的弹性体,应力与应变是同相的,其在形变时所做的功等于在应力去除后试样对外界所做的功。当有滞弹性时,弹性滞后表明加载时消耗于材料变形功大于卸载时材料恢复所释放变形功,多余的部分被材料内部所消耗,称为内耗,其大小即用弹性滞后环面积度量。(图 7.5)在每个应力周期中,应力-应变曲线产生类似于磁滞回线的形状,而曲线所包括的面积就用来度量能的耗损(内耗)。在物体做周期性振动时内耗的基本度量便是能量衰减率 $\Delta W/W$,其中 W 是一周最大的振动能,ΔW 为每周的振动能损耗。内耗越大,材料消除机械振动的能力(消耗性)越高。另外,材料中的内耗是因材料中所发生的内部变化引起的,它与材料的结构和原子的运动等有关,所以内耗的研究可作为了解材料微观结构及其变化的重要工具。

7.1.2 塑性变形

应力超过弹性极限,材料发生塑性变形,即产生不可逆的永久变形。

工程上用的材料大多为多晶体,然而多晶体的变形是与其中各个晶粒的变形行为相关的。为了由简到繁,先讨论单晶体的塑性变形,然后再研究多晶体的塑性变形。

1. 单晶体的塑性变形

在常温和低温下,单晶体的塑性变形主要通过滑移方式进行,此外,还有孪生和扭折等方式。至于扩散性变形及晶界滑动和移动等方式主要见于高温形变。

(1)滑移

①滑移线与滑移带。

当应力超过晶体的弹性极限后,晶体中就会产生层片之间的相对滑移,大量的层片间滑动的积累就构成晶体的宏观塑性变形。

为了观察滑移现象,可将经良好抛光的单晶体金属棒试样进行适当拉伸,使之产生一定的塑性变形,即可在金属棒表面见到一条条的细线,通常称为滑移线。这是由于晶体的滑移变形使试样的抛光表面上产生高低不一的台阶所造成的。进一步用电子显微镜作高倍分析发现:在宏观及金相观察中看到的滑移带并不是单一条线,而是由一系列相互平行的更细的线所组成的,称为滑移线。滑移线之间的距离仅约为 100 个原子间距,而沿每一滑移线的滑移量可达 1 000 个原子间距左右,如图 7.7 所示。对滑移线的观察也表明了晶体塑性变形的不均匀性,滑移只是集中发生在一些晶面上,而滑移带或滑移线之间的晶体层片则未产生变形,只是彼此之间作相对位移而已。

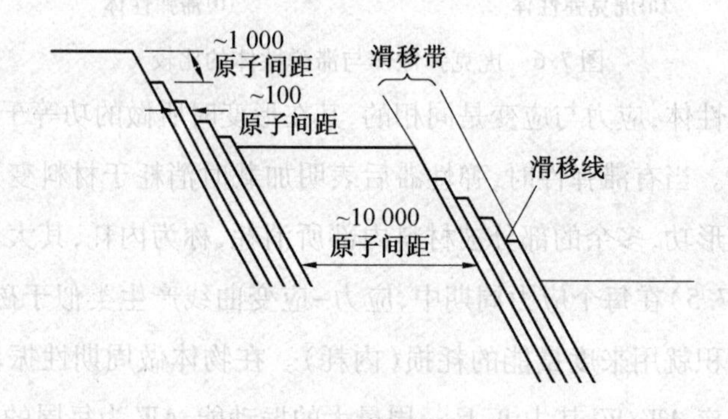

图 7.7　滑移带形成示意图

②滑移系。

如前所述,塑性变形时位错只沿着一定的晶面和晶向运动,这些晶面和晶向分别称为“滑移面”和“滑移方向”。晶体结构不同,其滑移面和滑移方向也不同。表 7.3 是几种常见金属的滑移面和滑移方向。

表 7.3 一些金属晶体的滑移面和滑移方向

晶体结构	金属举例	滑移面	滑移方向
面心立方	Cu,Ag,Au,Ni,Al	{111}	⟨100⟩
	Al(在高温)	{100}	⟨110⟩
体心立方	α-Fe	{110} {112} {123}	⟨111⟩
	W,M_o,Na(于 0.08 ~ 0.24T_m)	{112}	⟨111⟩
	M_0,Na(于 0.26 ~ 0.50T_m)	{110}	⟨111⟩
	Na,K(于 0.8T_m)	{123}	⟨111⟩
	Nb	{110}	⟨111⟩
密排六方	Cd,Be,Te	{0001}	⟨1120⟩
	Zn	{0001} {$11\bar{2}2$}	⟨$11\bar{2}0$⟩ ⟨$11\bar{2}\bar{3}$⟩
	Be,Re,Zr	{$10\bar{1}0$} {0001}	⟨$11\bar{2}0$⟩ ⟨1120⟩
	Mg	{$11\bar{2}2$} {$10\bar{1}1$} {$10\bar{1}0$}	⟨$10\bar{1}0$⟩ ⟨$11\bar{2}0$⟩ ⟨1120⟩
	Ti,Zr,Hf	{$10\bar{1}1$} {0001}	⟨$11\bar{2}0$⟩ ⟨$11\bar{2}0$⟩

从表 7.3 可见,滑移面和滑移方向往往是金属晶体中原子排列最密的晶面和晶向。这是因为原子密度最大的晶面其面间距最大,点阵阻力最小,因而容易沿着这些面发生滑移;至于滑移方向为原子密度最大的方向,是由于最密排方向上的原子间距最短,即位错 b 最小。例如,具有 fcc 的晶体其滑移面是{111}晶面,滑移方向为⟨110⟩晶向;bcc 的原子密排程度不如 fcc 和 hcp,它不具有突出的最密集晶面,故其滑移面可有{110},{112}和{123}三组,具体的滑移面因材料、温度等因素而定,但滑移方向总是⟨111⟩;至于 hcp 其滑移方向一般为⟨$11\bar{2}0$⟩,而滑移面除{0001}之外,还与其轴比(c/a)有关,当 $c/a<1.633$ 时,{0001}不再是唯一的原子密集面,滑移可发生于{$10\bar{1}1$}或{$10\bar{1}0$}等晶面。

一个滑移面和此面上的一个滑移方向合起来称为一个滑移系。每一个滑移系表示晶体在进行滑移时可能采取的一个空间取向。在其他条件相同时,晶体中的滑移系越多,滑移过程可能采取的空间取向便越多,滑移容易进行,材料的塑性便越好。据此,面心立方晶体的滑移系共有 12 个;体心立方晶体,如 α-Fe,由于可同时沿{110},{112}和{123}晶面滑移,其滑移系共有 48 个;而密排六方晶体的滑移系仅有 3 个。由于滑移系数目太少,hcp 多晶体的塑性不如 fcc 或 bcc 的好。

表7.4是一些常见的金属的主要滑移系。一个滑移系包括滑移面(hkl)与一个滑移方向[uvw]。一种晶体存在多个滑移系,因为晶体中的一个面族中可能有多个共同的晶面,在一个晶面中可以有多个等同的晶向,这一点从表7.4可以看出来。

表7.4 金属材料中的主要滑移系

结构	例子	滑移面	滑移方向	独立滑移系数目
bcc	α-Fe,Mo,Na,W	$\{101\}$	$\langle\bar{1}11\rangle$	12
bcc	α-Fe,Mo,Na,W	$\{211\}$	$\langle\bar{1}11\rangle$	12
fcc	Ag,Al,Cu,γ-Fe	$\{111\}$	$\langle\bar{1}10\rangle$	12
hcp	Ni,Pb	$\{0001\}$	$\langle 11\bar{2}0\rangle$	3
hcp	Cd,Mg,α-Ti,Zn	$\{10\bar{1}0\}$	$\langle 11\bar{2}0\rangle$	3

③滑移的临界分切应力。

前已指出,晶体的滑移是在切应力作用下进行的,但其中许多滑移系并非同时参与滑移,而只有当外力在某一滑移系中的分切应力达到一定临界值时,该滑移系方可首先发生滑移,该分切应力称为滑移的临界分切应力。

设有一截面积为A的圆柱形单晶体受轴向拉力F的作用,ϕ为滑移面法线与外力F中心轴的夹角,λ为滑移方向与外力F的夹角(图7.8),则F在滑移方向的分力为$F\cos\lambda$,而滑移面的面积为$A/\cos\phi$,于是,外力在该滑移面沿滑移方向的分切应力τ为

$$\tau=\frac{F}{A}\cos\phi\cos\lambda \tag{7.5}$$

式中,F/A为试样拉伸时横截面上的正应力,当滑移系中的分切应力达到其临界分切应力值而开始滑移时,则F/A应为宏观上的起始屈服强度σ_s;$\cos\phi\cos\lambda$称为取向因子或施密特(Schmid)因子,它是分切应力τ与轴向应力F/A的比值,取向因子越大,则分切应力越大。显然,对任一给定的ϕ角而言,若滑移方向是位于F与滑移面法线所组成的平面上,即$\phi+\lambda=90°$,则沿此方向的τ值较其他λ时的τ值大,这时取向因子$\cos\phi\cos\lambda=\cos\phi\cos(90-\phi)=\frac{1}{2}\sin 2\varphi$,故当$\phi$值为45°时,取向因子具有最大值1/2。

图7.9为密排六方镁单晶的取向因子对拉伸屈服应力σ_s的影响,图中小圆点为实验测试值,曲线为计算值,两者吻合很好。从图7.9可见,当$\phi=90°$或当$\lambda=90°$时,σ_s均为无限大,这就是说,当滑移面与外力方向平行,或者是滑移方向与外力方向垂直的情况下不可能产生滑移;而当滑移方向位于外力方向与滑移面法线所组成的平面上,且$\phi=45°$时,取向因子达到最大值(0.5),σ_s最小,即以最小的拉应力就能达到发生滑移所需的分切应力值。通常,称取向因子大的为软取向;而取向因子小的称为硬取向。

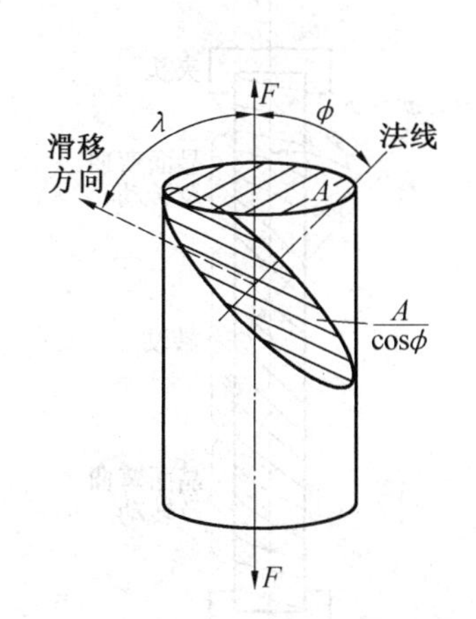

图 7.8 计算分切应力的分析图

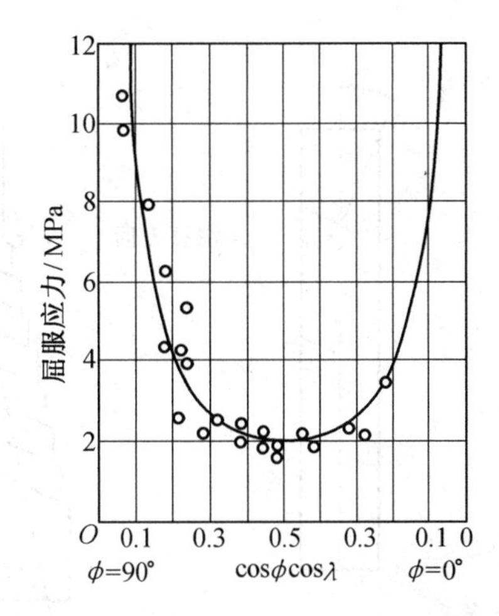

图 7.9 镁晶体拉伸的屈服应力与晶体取向的关系

综上所述,滑移的临界分切应力是一个真实反映单晶体受力起始屈服的物理量。其数值与晶体的类型、纯度以及温度等因素有关,还与该晶体的加工和处理状态、变形速度以及滑移系类型等因素有关。表 7.5 是一些金属晶体发生滑移的临界分切应力。

表 7.5 一些金属晶体发生滑移的临界分切应力

金属	温度/℃	纯度/%	滑移面	滑移方向	临界分切应力/MPa
Ag	室温	99.99	$\{111\}$	$\langle 110\rangle$	0.47
Al	室温	—	$\{111\}$	$\langle 110\rangle$	0.79
Cu	室温	99.9	$\{111\}$	$\langle 110\rangle$	0.98
Ni	室温	99.8	$\{111\}$	$\langle 110\rangle$	5.68
Fe	室温	99.96	$\{110\}$	$\langle 111\rangle$	27.44
Nb	室温	—	$\{110\}$	$\langle 111\rangle$	33.8
Ti	室温	99.99	$\{1010\}$	$\langle 11\bar{2}0\rangle$	13.7
Mg	室温	99.95	$\{0001\}$	$\langle 11\bar{2}0\rangle$	0.81
Mg	室温	99.98	$\{0001\}$	$\langle 11\bar{2}0\rangle$	0.76
Mg	330	99.98	$\{0001\}$	$\langle 11\bar{2}0\rangle$	0.64
Mg	330	99.98	$\{10\bar{1}1\}$	$\langle 11\bar{2}0\rangle$	3.92

④滑移时晶面的移动。

单晶体滑移时,除滑移面发生相对位移外,往往伴随着晶面的转动,对于只有一组滑移面的 hcp,这种现象尤为明显。

图 7.10 为进行拉伸试验时单晶体发生滑移与转动的示意图。设想,如果不受试样夹头对滑移的限制,则经外力 F 轴向拉伸,将发生如图 7.10(b)所示的滑移变形和轴线偏移。但由于拉伸夹头不能作横向动作,故为了保持拉伸轴线方向不变,单晶体的取向必须进行相应地转动,滑移面逐渐趋于平行轴向(图 7.10(c))。其中试样靠近两端处因受夹头的限制有可能晶面发生一定程度的弯曲以适应中间部分的位向变化。

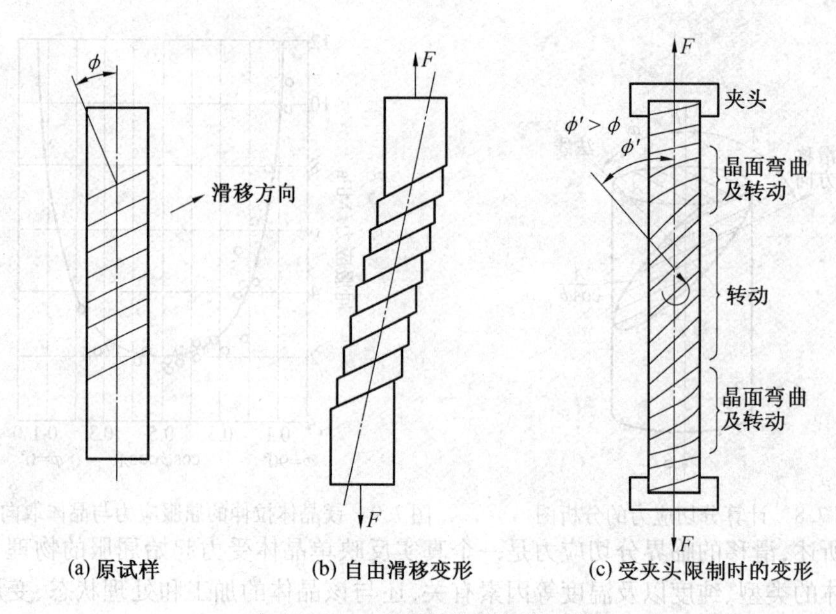

图 7.10　单晶体拉伸变形过程

图 7.11 为单轴拉伸时晶体发生转动的力偶作用机制。这里给出了图 7.10(b)中部某层滑移后的受力的分解情况。在图 7.11(a)中,σ_1、σ_2为外力在该层上下滑移面的法向分应力。在该力偶作用下,滑移面将产生转动并逐渐趋于与轴向平行。图 7.11(b)为作用于两滑移面上的最大分切应力 τ_1、τ_2各自分解为平行于滑移方向的分应力 τ'_1、τ'_2,以及垂直于滑移方向的分应力 τ''_1、τ''_2。其中,前者即为引起滑移的有效分切应力;后者则组成力偶而使晶向发生旋转,即力求使滑移方向转至最大分切应力方向。

晶体受压变形时也要发生晶面转动,但转动的结果是使滑移面逐渐趋于与压力轴线相垂直,如图 7.12 所示。

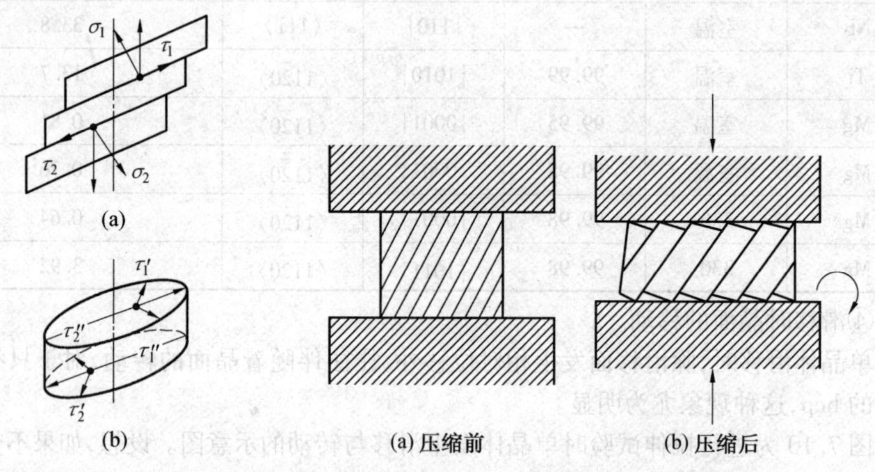

图 7.11　单轴拉伸时晶体转动的力偶作用　　　图 7.12　晶体受压时的晶面转动

由上可知,晶体在滑移过程中不仅滑移面发生转动,而且滑移方向也逐渐改变,最后导致滑移面上的分切应力也随之发生变化。由于 $\phi=45°$时,其滑移系上的分切应力最大,故经滑移与转动后,若 ϕ 趋近 45°,则分切应力不断增大而有利于滑移;反之,若 ϕ 远离45°,则分切应力逐渐减小而使滑移系的进一步滑移趋于困难。

⑤多系滑移。

对于具有多组滑移系的晶体,滑移首先在取向最有利的滑移系(其分切应力最大)中进行,但由于变形时晶面转动的结果,另一组滑移面上的分切应力也可能逐渐增加到足以发生滑移的临界值以上,于是晶体的滑移就可能在两组或更多的滑移面上同时进行或交替地进行,从而产生多系滑移。

对于具有较多滑移系的晶体而言,除多系滑移外,还常可发现交滑移现象,即两个或多个滑移面沿着某个共同的滑移方向同时或交替滑移。交滑移的实质是螺位错在不改变滑移方向的前提下,从一个滑移面转到相交接的另一个滑移面的过程,可见交滑移可以使滑移有更大的灵活性。

但是值得指出的是,在多系滑移的情况下,会因不同滑移系的位错相互交截而给位错的继续运动带来困难,这也是一种重要的强化机制。

⑥滑移的位错机制。

实际测得晶体滑移的临界分切应力值较理论计算值低3~4个数量级,表明晶体滑移并不是晶体的一部分相对于另一部分沿着滑移面作刚性整体位移,而是借助位错在滑移面上运动来逐步地进行的。通常,可将位错线看作是晶体中已滑移区与未滑移区域的分界,当移动到晶体外表面时,晶体沿其滑移面产生了位移量为一个 b 的滑移,而大量的(n 个)位错沿着同一滑移面移到晶体表面就形成了显微观察到的滑移带($\Delta=nb$)。

晶体的滑移必须在一定的外力作用下才能发生,这说明位错的运动要克服阻力。

位错运动的阻力首先来自点阵阻力。由于点阵结构的周期性,当位错沿滑移面运动时,位错中心的能量也要发生周期性的变化,如图7.13所示。图中1和2为等同位置,当位错处于这种平衡位置时,其能量最小,相当于处在能谷中。当位错从位置1移动到位置2时,需要越过一个势垒,这就是说位错在运动时会遇到点阵阻力。由于派尔斯(Peierls)和纳巴罗(Nabarro)首先估算了这一阻力,故又称为派-纳(P-N)力。

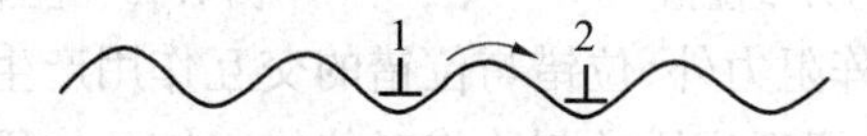

图7.13 位错滑移时核心能量的变化

派-纳力与晶体的结构和原子间作用力等因素有关,采用连续介质模型可近似地求得派-纳力为

$$\tau_{\text{P-N}}=\frac{2G}{1-\nu}\exp\left[-\frac{2\pi d}{(1-\nu)b}\right]=\frac{2G}{1-\nu}\exp\left[-\frac{2\pi W}{b}\right] \tag{7.6}$$

式中,d 为滑移面的面间距;b 为滑移方向上的原子间距;ν 为泊松比;W 为位错的宽度,$W=\frac{d}{1-\nu}$。

它相当于在理想的简单立方晶体中使一刃型位错运动所需的临界分切应力(图7.14)。对于简单立方结构 $d=b$,如取 $\nu=0.3$,则可求得 $\tau_{\text{P-N}}=3.6\times10^{-4}\ G$;如取 $\nu=0.35$,则 $\tau_{\text{P-N}}=2\times10^{-4}\ G$。这个数值比理论切变强度($\tau\approx G/30$)小得多,而与临界分切应力的实测值具有同一数量级,这说明位错滑移是容易进行的。

由派-纳力公式可知,位错宽度越大,则派-纳力越小,这是因为位错宽度表示了位错所导致的点阵严重畸变区的范围,宽度大则位错周围的原子就能比较接近于平衡位置,点阵的弹性畸变能低,故位错移动时其他原子所作相应移动的距离较小,产生的阻力也较小。此结论是符合实验结果的,例如,面心立方结构金属具有大的位错宽度,故其派-纳力甚小,屈服应力低;而体心立方金属的位错宽度较窄,故派-纳力较大,屈服应力较高;至于原子间作用力具有强烈方向性的共价晶体和离子晶体,其位错宽度极窄,则表现出硬而脆的特性。

此外,τ_{P-N}与$(-d/b)$成指数关系,因此,当 d 值越大,b 值越小,即滑移面的面间距越大,位错强度越小,则派-纳力也越小,因而越容易滑移。由于晶体中原子最密排面的面间距最大,密排面上最密排方向上的原子间距最短,这就解释了为什么晶体的滑移面和滑移方向一般都是晶体的原子密排面与密排方向。

在实际晶体中,在一定温度下,当位错线从一个能谷位置移向相邻能谷位置时,并不是沿其全长同时越过能峰。很可能在热激活帮助下,有一小段位错线先越过能峰,如图 7.15 所示,同时形成位错扭折,即在两个能谷之间横跨能峰的一小段位错。位错扭折可以很容易地沿位错线向旁侧运动,结果使整个位错线向前滑移。通过这种机制可以使位错滑移所需的应力进一步降低。

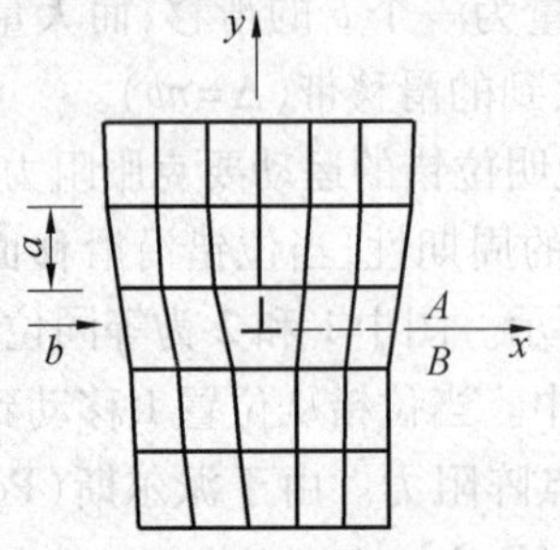

图 7.14 简单立方点阵中的刃型位错

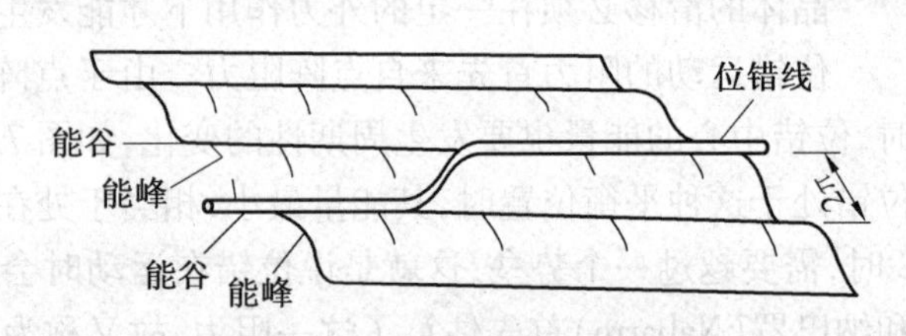

图 7.15 位错的扭折运动

位错运动的阻力除点阵阻力外,位错与位错的交互作用产生的阻力;运动位错交截后形成的扭折和割阶,尤其是螺型位错的割阶将对位错起钉扎作用,致使位错运动的阻力增加;位错与其他晶体缺陷如点缺陷,其他位错、晶界和第二相质点等交互作用产生的阻力,对位错运动均会产生阻力,导致晶体强化。

(2)孪生

孪生是塑性变形的另一种重要形式,它常作为滑移不易进行时的补充。

①孪生变形过程。

孪生变形过程的示意图如图 7.16 所示。从晶体学基础中得知,面心立方晶体可看成一系列(111)沿着[111]方向按 $ABCABC\cdots$ 的规律堆垛而成。当晶体在切应力作用下发生孪生变形时,晶体内局部地区的各个(111)晶面沿着$[11\bar{2}]$方向(即 AC'方向),产生彼此相对移动距离为$\frac{a}{b}[11\bar{2}]$的均匀切变,即可得到如图 7.16(b)所示的情况。图 7.16 中纸面相当于$(1\bar{1}0)$,(111)面垂直于纸面;AB 为(111)面与纸面的交线,相当于$[11\bar{2}]$晶向。从图 7.16 中可看出，均匀切变集中发生在中部，由 AB 至 GH 中的每个(111)面都相对于其邻面沿[$11\bar{2}$]方向移动了大小为$\frac{a}{b}$[$11\bar{2}$]的距离。这样的切变并未使晶体的点阵类型发生变化，但它却使均匀切变区中的晶体取向发生变更，变为与未切变区晶体呈镜面对称的取向，这一变形过程称为孪生。变形与未变形两部分晶体合称为孪晶；均匀切变区与未切变区的分界面(即两者的镜面对称面)称为孪晶界；发生均匀切变的那组晶面称为孪晶面(即(111)面)；孪生面的移动方向(即[$11\bar{2}$]方向)称为孪生方向。

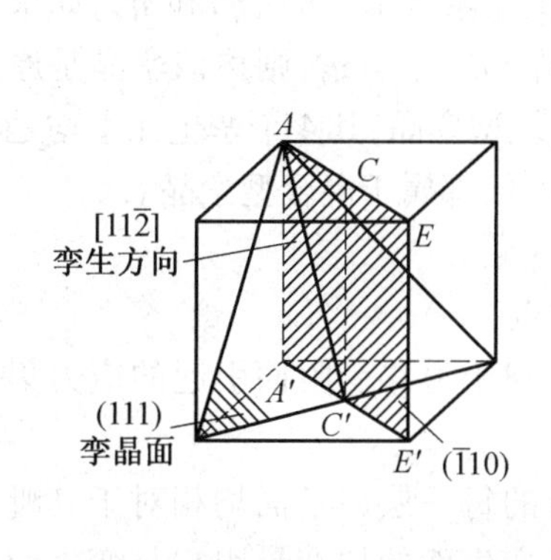

(a) 孪晶面和孪生方向

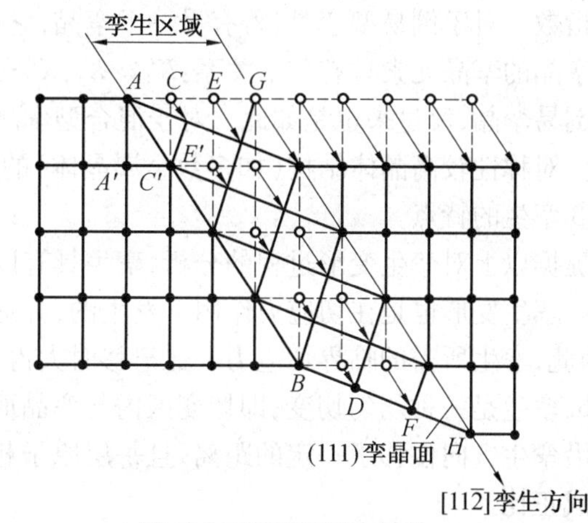

(b) 孪生变形时原子的移动

图 7.16　面心立方晶体孪生变形示意图

②孪晶几何。

用一个半径为单位长度的晶球来说明孪晶几何，如图 7.17 所示。把直角坐标架的原点放在球心上，赤道平面(XOY 面)是孪生面，球的上半部形成孪晶。在孪生过程中，赤道平面既不改变形状又不改变位置，称这个平面就是孪生面，又称第一不畸变面，以 K_1 表示。孪生的切动方向称孪生方向，以 η_1 表示。垂直于 K_1 面并包含 η_1 方向的平面称为切变平面。孪生切动时，上半球各点的 X 和 Z 坐标都不改变，只有 Y 坐标改变。设球顶点($Z=1$)切动的距离为 $S/Z=S$。在不同 Z 坐标点的切动距离为 SZ，即孪生切动的大小与距孪生面的距离成正比。切动后，上半球变成一个和原来体积相等的椭球。从图 7.17 看出，孪生切动后，只有一个垂直于切变平面的平面在切动前后形状和尺寸不发生改变(OC 面)，这个面称为第二不畸变面，以 K_2 表示。K_2 和切变平面的交线以 η_2 表示。第一不畸变面和第二不畸变面间的夹角记为 α。和切变平面垂直并与 K_1 的夹角小于 α 的面(例如图 7.17 中的 OA 面)的孪生切动后变短；和切变平面垂直并与 K_1 的夹角大于 α 的面(例如图 7.17 中的 OB 面)的孪生切动后变长。根据图 7.17 可

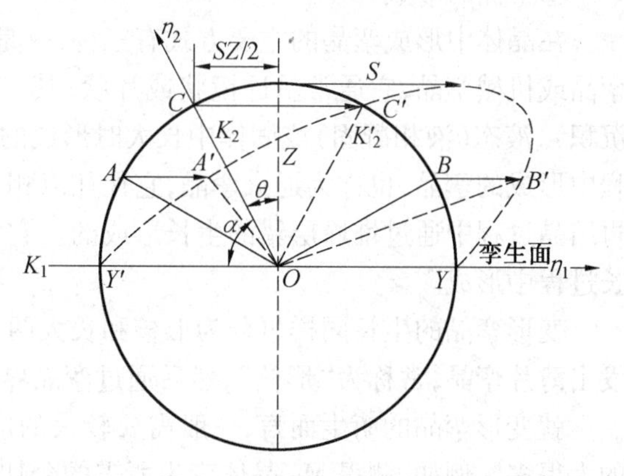

图 7.17　说明孪晶几何的单位球

得出孪生切变 S 与 K_1 和 K_2 夹角 α 之间的关系为

$$\tan(90°-\alpha)=\frac{SZ}{2}\frac{1}{Z}=\frac{S}{2}$$

即

$$S=2\cot\alpha$$

K_1、K_2、η_1 和 η_2 是表述孪生几何的重要参量,称为孪生元素(Twin Element)。在3种典型的金属结构中,按照孪生元素的性质,可把孪晶分为4类。对于Ⅰ类孪晶,K_1 和 η_2 具有有理指数,K_2 和 η_1 具有无理指数。对于Ⅱ类孪晶,K_2 和 η_1 具有有理指数,K_1 和 η_2 具有无理指数。对于倒易型孪晶,若有另一个孪晶,它的孪生元素为 K'_1、K'_2、η'_1 和 η'_2,如果它和原孪晶的孪晶元素具有如下关系:$K'_1=K_2$;$K'_2=K_1$;$\eta'_1=\eta_2$;$\eta'_2=\eta_1$,则称该孪晶是原孪晶的倒易孪晶,反过来也是如此。对于混合型孪晶或有理型孪晶,其4个孪生元素均是有理数。对称性较高晶体结构(如多数金属晶体)的孪晶一般都属于混合型孪晶。

③孪生的特点。

提据以上对孪生变形过程的分析,孪生具有以下特点:

a. 孪生变形也是在切应力作用下发生的,并通常出现于滑移受阻而引起的应力集中区,因此,孪生所需的临界切应力要比滑移时大得多。

b. 孪生是一种均匀切变,即切变区内与孪晶面平行的每一层原子面均相对于其毗邻晶面沿孪生方向位移了一定的距离,且每层原子相对于孪生面的切变量跟它与孪生面的距离成正比。

c. 孪晶的两部分晶体形成镜面对称的位向关系。

④孪晶的形成。

在晶体中形成孪晶的主要方式有三种:一是通过机械变形而产生的孪晶,也称为变形孪晶或机械孪晶,它通常呈透镜状或片状;其二为生长孪晶,它包括晶体自气态(如气相沉积)、液态(液相凝固)或固体中长大时形成的孪晶;其三是变形金属在其再结晶退火过程中形成的孪晶,也称为退火孪晶,它往往以相互平行的孪晶面为界横贯整个晶粒,是在再结晶过程中通过堆垛层错的生长形成的。它实际上也应属于生长孪晶,是从固体中生长过程中形成。

变形孪晶的生长同样可分为形核和长大两个阶段。晶体变形时先是以极快的速度爆发出薄片孪晶,常称为"形核",然后通过孪晶界扩展来使孪晶增宽。

就变形孪晶的萌生而言,一般需要较大的应力,即孪生所需的临界切应力要比滑移的大得多。例如,测得 Mg 晶体孪生所需的分切应力应为 4.9~34.3 MPa,而滑移时临界分切应力仅为 0.49 MPa,所以,只有在滑移受阻时,应力才可能累积起孪生所需的数值,导致孪生变形。孪晶的萌生通常发生于晶体中应力高度集中的地方,如晶界等,但孪晶在萌生后的长大所需的应力则相对较小。如在 Zn 单晶中,孪晶形核时的局部应力必须超过 $10^{-1}G$(G 为切变模量),但成核后,只要应力略微超过 $10^{-4}G$ 即可长大。因此,孪晶的长大速度极快,与冲击波的传布速度相当。由于在孪生形成时,在极短的时间内有相当数量的能量被释放出来,因而有时可伴随明显的声响。

图 7.18 是铜单晶在 4.2 K 测得的拉伸曲线,开始塑性变形阶段的光滑曲线是与滑移过程相对应的,但应力增高到一定程度后发生突然下降,然后又反复地上升和下降,出现

了锯齿形的变化,这就是孪生变形所造成的。因为形核所需的应力远高于扩展所需的应力,故当孪晶出现时就伴随以载荷突然下降的现象,在变形过程中孪晶不断地形成,就导致了锯齿形的拉伸曲线。图7.18中拉伸曲线的后阶段又呈光滑曲线,表明变形又转为滑移方式进行,这是由于孪生造成了晶体方位的改变,使某些滑移系处于有利的位向,于是又开始了滑移变形。

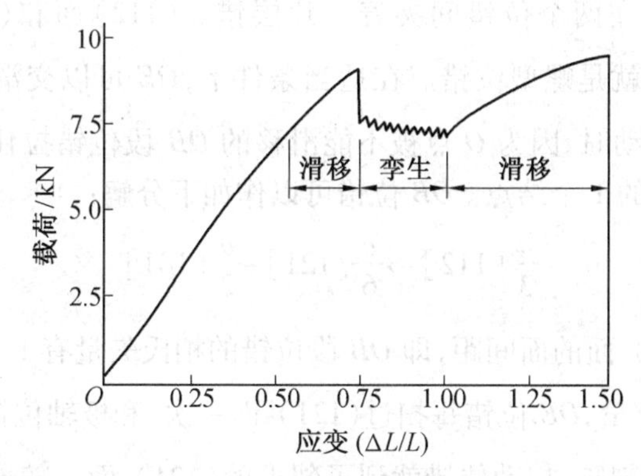

图7.18 铜单晶在4.2 K的拉伸曲线

通常,对称性低、滑移系少的密排六方金属如Cd,Zn,Mg等往往容易出现孪生变形。密排六方金属的孪生面为$\{10\bar{1}2\}$,孪生方向为$\langle\bar{1}011\rangle$;对具有体心立方晶体结构的金属,当形变温度较低、形变速度极快或由于其他原因的限制使滑移过程难以进行时,也会通过孪生的方式进行塑性变形。体心立方金属的孪生面为$\{112\}$,孪生方向为$\langle 111\rangle$;面心立方金属由于对称性高,滑移系多而易于滑移,所以孪生很难发生,常见的是退火孪晶,只有在极低温度(4~78 K)下滑移极为困难时,才会产生孪生。面心立方金属的孪生面为$\{111\}$,孪生方向为$\langle 112\rangle$。

与滑移相比,孪生本身对晶体变形量的直接贡献较小。例如,一个密排六方结构的Zn晶体单纯靠孪生变形时,其伸长率仅为7.2%。但是,由于孪晶的形成改变了晶体的位向,从而使其中某些原处于不利的滑移系转换到有利于发生滑移的位置,可以激发进一步的滑移和晶体变形。这样,滑移与孪生交替进行,相辅相成,可使晶体获得较大的变形量。

⑤孪生的位错机制。

由前面的讨论可知,孪生时产生均匀切变,它是由每层原子面都分别切动一个矢量得到的。可以想象,这种均匀切变是部分位错相继扫过每一层面形成的。例如,体心立方结构的孪生可以想象为每层$\{112\}$面都有一个柏氏矢量为$a\langle 11\bar{1}\rangle/6$的部分位错扫过。但是,不能设想每层$\{112\}$面都恰好有一个柏氏矢量为$a\langle 11\bar{1}\rangle/6$的部分位错存在并同时扫过。所以问题是:一个部分位错在一个面上扫过后如何能转入相邻的下一个面上去?Cottrell和Billy提出的极轴孪生机制能很好地解决该问题。下面仍以体心立方结构为例介绍这种孪生的位错机制。

设在(112)面上有柏氏矢量为$a[111]/2$的全位错(图7.19的AOC),在某些适当条件下,全位错中的一段OB发生分解,即

$$\frac{a}{2}[111]\rightarrow\frac{a}{3}[112]+\frac{a}{6}[11\bar{1}]$$

式中,$a[112]/3$ 部分位错在(112)面不能滑移,而 $a[11\bar{1}]/6$ 部分位错则能在(112)面上滑移,所以,原来 *OB* 段全位错变成柏氏矢量为 $a[112]/3$ 的 *OB* 段及柏氏矢量为 $a[11\bar{1}]/6$ 的 *OEDB* 段部分位错,在两个位错间夹着一片层错。(112)面和($\bar{1}$21)面交线方向是 $[11\bar{1}]$,*OE* 段部分位错就是螺型位错。在适当条件下,*OE* 可以交滑移到($\bar{1}$21)面上去。*OE* 位错在($\bar{1}$21)面扫动时,因为 *O* 点被不能滑移的 *OB* 段位错拉住,所以在孪生过程中不动,成为极轴机制中的 1 个结点。*OB* 位错可以作如下分解:

$$\frac{a}{3}[112]\rightarrow\frac{a}{6}[\bar{1}21]+\frac{a}{2}[101]$$

$a[\bar{1}21]/6$ 是($\bar{1}$21)面的面间距,即 *OB* 段位错的柏氏矢量有 1 个垂直于($\bar{1}$21)面,大小为($\bar{1}$21)面间距的分量,*OE* 位错每扫过($\bar{1}$21)面一次,和极轴位错相交截一次,产生一个大小为 $a[\bar{1}21]/6$ 的割阶,扫动位错就到了邻近的($\bar{1}$21)面。随着这个过程不断进行,就形成孪晶。

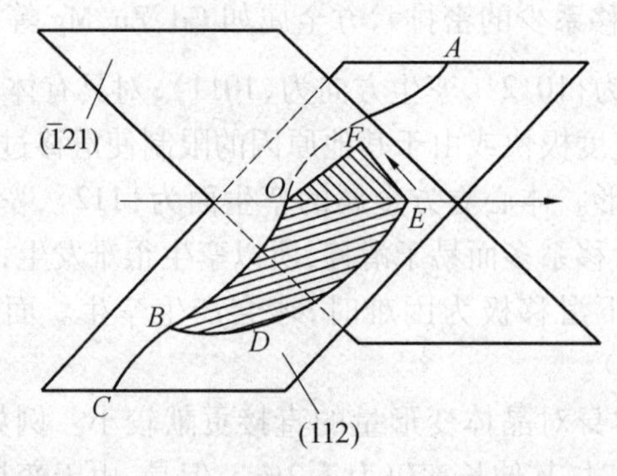

图 7.19 体心立方结构中的孪生位错机制说明

需要说明的是,不同晶体结构中的形变孪晶都有相应的位错机制,这里不作一一介绍。

(3)扭折

由于各种原因,晶体中不同部位的受力情况和形变方式可能有很大的差异,对于那些既不能进行滑移也不能进行孪生的地方,晶体将通过其他方式进行塑性变形。以密排六方结构的镉单晶进行纵向压缩变形为例,若外力恰与 hcp 的底面(0001)(即滑移面)平行,由于此时 $\phi=90°$,$\cos\phi=0$,滑移面上的分切应力为零,晶体不能作滑移变形;若此时孪生过程因阻力也很大,无法进行。在此情况下,如继续增大压力,则为了使晶体的形状与外力相适应,当外力超过某一临界值时晶体将会产生局部弯曲,如图 7.20 所示,这种变形方式称为扭折,变形区域则称为扭折带。由图 7.20(a)可见,扭折变形与孪生不同,它使扭折区晶体的取向发生了不对称性的变化,在 *ABCD* 区域内的点阵发生了扭曲,其左右两侧则发生了弯曲,扭曲区的上下界面(*AB*, *CD*)是由符号相反的两列刃型位错所构成的,而每一弯曲区则由同号位错堆积而成,取向是逐渐弯曲过渡的,但左右两侧的位错符号恰好相反。这说明扭折区最初是一个由其他区域运动过来的位错所汇集的区域，位错的汇集产生了弯曲应力，使晶体点阵发生折曲和弯曲从而形成扭折带。所以，扭折是一种协调性变形，它能引起应力松弛，使晶体不致断裂。晶体经扭折之后，扭折区内的晶体取向与原来的取向不再相同，有可能使该区域内的滑移系处于有利取向，从而产生滑移。

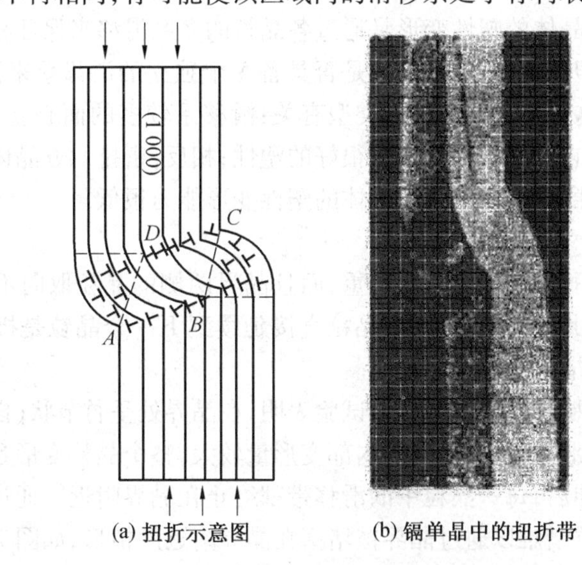

(a) 扭折示意图　　(b) 镉单晶中的扭折带

图 7.20　单晶镉被压缩时的扭折

扭折带不仅限于上述情况下发生，还会伴随着形成孪晶而出现。在晶体作孪生变形时，由于孪晶区域的切变位移，迫使与之接壤的周围晶体产生甚大的应变，特别是在晶体两端受有约束的情况下(例如拉伸夹头的限制作用)，则与孪晶接壤区的应变更大，为了消除这种影响来适应其约束条件，在接壤区往往形成扭折带以实现过渡。

2. 多晶体的塑性变形

实际使用的材料通常是由多晶体组成的。室温下，多晶体中每个晶粒变形的基本方式与单晶体相同，但由于相邻晶粒之间取向不同，以及晶界的存在，因此多晶体的变形既需克服晶界的阻碍，又要求各晶粒的变形相互协调与配合，故多晶体的塑性变形较为复杂，下面分别加以介绍。

(1)晶粒取向的影响

晶粒取向对晶体塑性变形的影响，主要表现在各晶粒变形过程中的相互制约和协调性。当外力作用于多晶体时，由于晶体的各向异性，位向不同的各个晶体所受应力并不一致，而作用在各晶粒的滑移系上的分切应力因晶粒位向不同而相差很大，因此各晶粒并非同时开始变形，处于有利位向的晶粒首先发生滑移，处于不利方位的晶粒却还未开始滑移。而且，不同位向晶粒的滑移系取向也不相同，滑移方向也不相同，故滑移不可能从一个晶粒直接延续到另一晶粒中。但多晶体中每个晶粒都处于其他晶粒包围之中，它的变形必然与其邻近晶粒相互协调配合，不然就难以进行变形，甚至不能保持晶粒之间的连续性，会造成空隙而导致材料的破裂。为了使多晶体中各晶粒之间的变形得到相互协调与配合，每个晶粒不只是在取向最有利的单滑移系上进行滑移，而必须在几个滑移系其中包括取向并非有利的滑移系上进行，其形状才能相应地作各种改变。理论分析指出，多晶体塑性变形时要求每个晶粒至少能在5个独立的滑移系上进行滑移。这是因为任意变形均可用 $\varepsilon_{xx},\varepsilon_{yy},\varepsilon_{zz},\gamma_{xy},\gamma_{yz},\gamma_{xz}$ 6个应变分量来表示，但塑性变形时，晶体的体积不变（$\frac{\Delta V}{V}=\varepsilon_{xx}+\varepsilon_{yy}+\varepsilon_{zz}=0$），故只有5个独立的应变分量，每个独立的应变分量是由一个独立的滑移系来产生的。可见，多晶体的塑性变形是通过各晶粒的多系滑移来保证相互间的协调，即一个多晶体是否能够塑性变形，决定于它是否具备5个独立的滑移系来满足各晶粒变形时相互协调的要求。这就与晶体的结构类型有关：滑移系较多的面心立方和体心立方晶体能满且这个条件，故它们的多晶体具有很好的塑性；相反，密排六方晶体由于滑移系少，晶粒之间的应变协调性很差，所以其多晶体的塑性变形能力很低。

(2)晶界的影响

晶界上原子排列不规则，点阵畸变严重，而且晶界两侧的晶粒取向不同，滑移方向和滑移面彼此不一致，因此，滑移要从一个晶粒直接延续到下一个晶粒是极其困难的，也就是说，在室温下晶界对滑移具有阻碍效应。

对只有2~3个晶粒的试样进行拉伸试验表明，在晶界处呈竹节状（图7.21），这说明晶界附近滑移受阻，变形量较小，而晶粒内部变形量较大，整个晶粒变形是不均匀的。

多晶体试样经拉伸后，每一晶粒中的滑移带都终止在晶界附近。通过电镜仔细观察，可看到在变形过程中位错难以通过晶界被堵塞在晶界附近的情形，如图7.22所示。这种在晶界附近产生的位错塞积群会对晶内的位错源产生一反作用力。此反作用力随位错塞积的数目 n 而增大：

$$n=\frac{k\pi\tau_0 L}{Gb} \tag{7.7}$$

式中，τ_0 为作用于滑移面上外加分切应力；L 为位错源至晶界的距离；k 为系数，螺位错 $k=1$，刃位错 $k=1-\upsilon$。当它增大到某一数值时，可使位错源停止开动，使晶体显著强化。

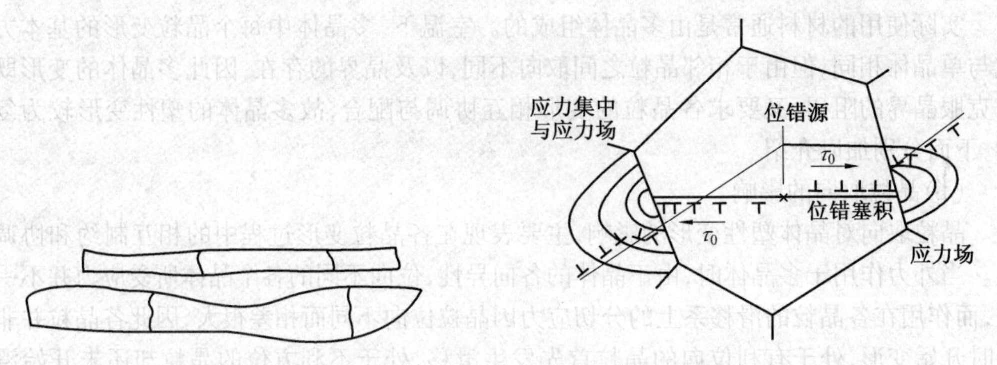

图7.21 经拉伸后晶界呈竹节状　　图7.22 位错在晶界上被塞积的示意图

总之，由于晶界上点阵畸形严重且晶界两侧的晶粒取向不同，因而在一侧晶粒中滑移的位错不能直接进入第二晶粒，要使第二晶粒产生滑移，就必须增大外加应力以启动第二晶粒中的位错源动作。因此，对多晶体而言，外加应力必须大至足以激发大量晶粒中的位错源动作，产生滑移，才能觉察到宏观的塑性变形。

由于晶界数量直接取决于晶粒的大小，因此，晶界对多晶体起始塑变抗力的影响可通过晶粒大小直接体现。实践证明,多晶体的强度随其晶粒细化而提高。多晶体的屈服强度 σ_s 与晶粒平均直径 d 的关系可用著名的霍尔-佩奇(Hall-Petch)公式表示:

$$\sigma_s=\sigma_0+Kd^{-\frac{1}{2}} \tag{7.8}$$

式中,σ_0 是晶内对变形的阻力,相当于极大单晶的屈服强度;K 是晶界对变形的影响系数,与晶界结构有关。图 7.23 为一些低碳钢的下屈服点与晶粒直径间的关系,与霍尔-佩奇公式符合得较好。

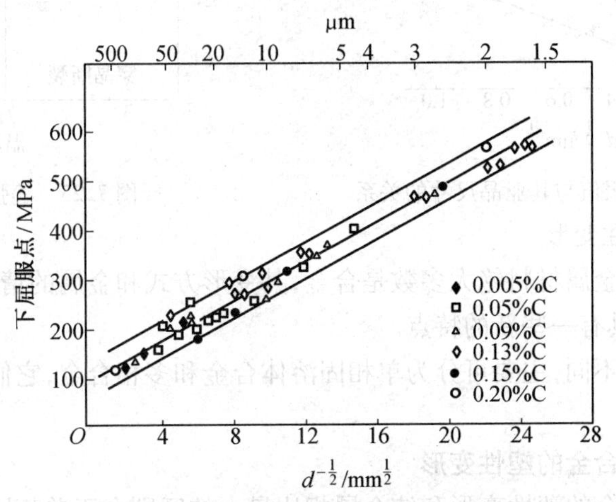

图 7.23 一些低碳钢的下屈服点与晶粒直径的关系

尽管霍尔-佩奇公式最初是一经验关系式,但也可根据位错理论,利用位错群在晶界附近引起的塞积模型导出。进一步实验证明,其适用性较广。亚晶粒大小或者是两相片状组织的层片间距时屈服强度的影响(图 7.24);塑性材料的流变应力与晶粒大小之间;脆性材料的脆断应力与晶粒大小之间,以及金属材料的疲劳强度、硬度与其晶粒大小之间的关系也都可用霍尔-佩奇公式来表达。

因此,一般在室温使用的结构材料都希望获得细小而均匀的晶粒。因为细晶粒不仅使材料具有较高的强度、硬度,而且也使它具有良好的塑性和韧性,即具有良好的结合力学性能。

但是,当变形温度高于 $0.5T_m$(熔点)以上时,由于原子活动能力的增大,以及原子沿晶界的扩散速率加快,使高温下的晶界具有一定的黏滞性特点,它对变形的阻力大为减弱,即使施加很小的应力,只要作用时间足够长,也会发生晶粒沿晶界的相对滑动,成为多晶体在高温时一种重要的变形方式。此外,在高温时,多晶体特别是细晶粒的多晶体还可能出现另一种称为扩散性蠕变的变形机制,这个过程与空位的扩散有关。因为晶界本身是空位的源和湮没阱,多晶体的晶粒越细,扩散蠕变速度就越大,对高温强度也越不利。

据此,在多晶体材料中往往存在一"等强温度 T_E",低于 T_E 时晶界强度高于晶粒内部,高于 T_E 时则得到相反的结果(图 7.25)。

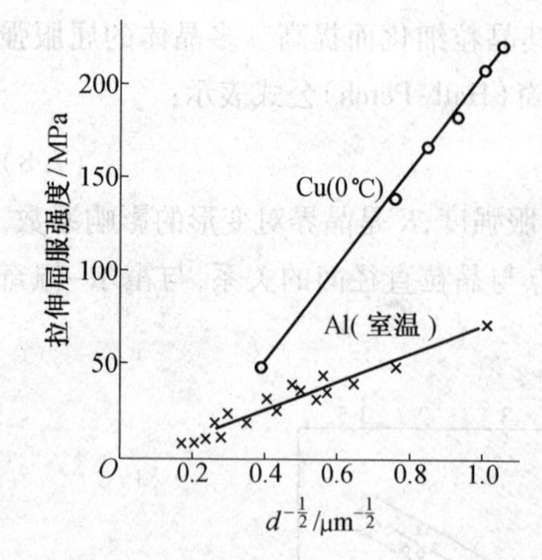

图 7.24　铜和铝的屈服值与其亚晶尺寸的关系

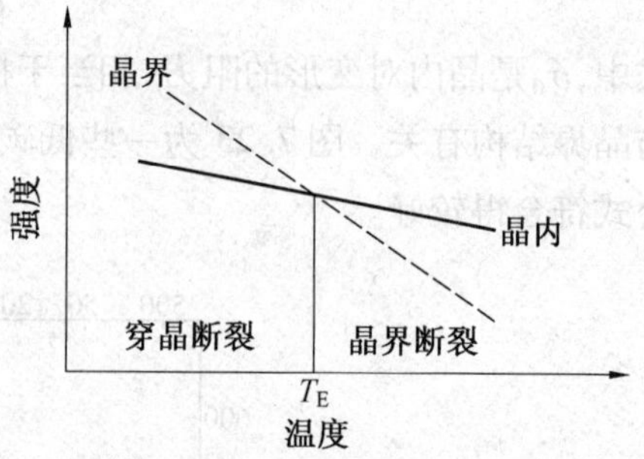

图 7.25　等强温度示意图

(3)合金的塑性变形

工程上使用的金属材料绝大多数是合金,其变形方式和金属的情况类似,只是由于合金元素的存在,又具有一些新的特点。

按合金组成相不同,主要可分为单相固溶体合金和多相合金,它们的塑性变形又各具有不同特点。

3. 单相固溶体合金的塑性变形

单相固溶体合金的塑性变形和纯金属相比最大的区别在于单相固溶体合金中存在溶质原子。溶质原子对合金塑性变形的影响主要表现在固溶强化作用,提高了塑性变形的阻力,此外,有些固溶体会出现明显的屈服点和应变时效现象。

(1)固溶强化

溶质原子的存在及其固溶度的增加,使基体金属的变形抗力随之提高。图 7.26 为 Cu-Ni 固溶体随溶质含量的增加,合金的强度、硬度提高,而塑性有所下降,即产生固溶强化效果。比较纯金属与不同浓度的固溶体的应力-应变曲线(图 7.27),可看到溶质原子的加入不仅提高了整个应力-应变曲线的水平,而且使合金的加工硬化速率增大。

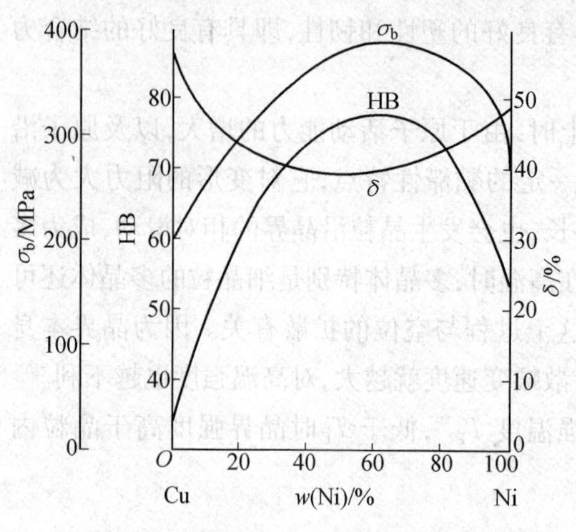

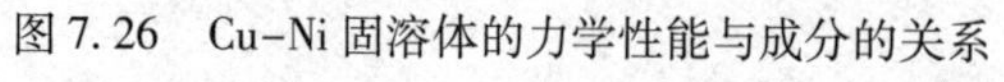
图 7.26　Cu-Ni 固溶体的力学性能与成分的关系

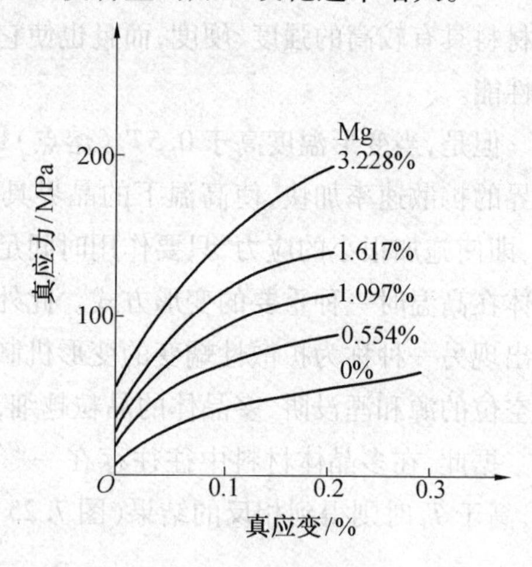

图 7.27　铝溶有镁后的应力-应变曲线

不同溶质原子所引起的固溶强化效果存在很大差别。图 7.28 为几种合金元素分别溶入铜单晶而引起的临界分切应力的变化情况。影响固溶强化的因素很多,主要有以下几个方面:

①溶质原子的原子分数越高,强化作用也越大,特别是当原子分数很低时,强化效应更为显著。

②溶质原子与基体金属的原子尺寸相差越大,强化作用也越大。

③间隙型溶质原子比置换原子具有较大的固溶强化效果,且由于间隙原子在体心立方晶体中的点阵畸变属非对称性的,故其强化作用大于面心立方晶体的;但间隙原子的固溶度很有限,故实际强化效果也有限。

④溶质原子与基体金属的价电子数相差越大,固溶强化作用越显著,即固溶体的屈服强度随合金电子浓度的增加而提高。

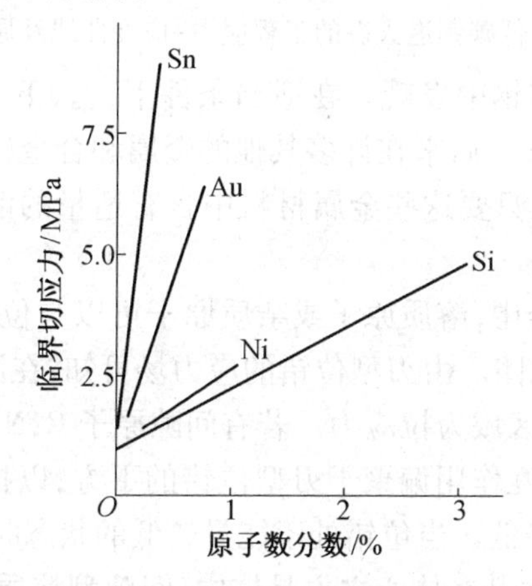

图 7.28 溶入合金元素对铜单晶临界分切应力的影响

一般认为固溶强化是由于多方面的作用,主要有溶质原子与位错的弹性交互作用、化学交互作用和静电交互作用,以及当固溶体产生塑性变形时,位错运动改变了溶质原子在固溶体结构中以短程有序或偏聚形式存在的分布状态,从而引起系统能量的升高,由此也增加了滑移变形的阻力。

(2)屈服现象与应变时效

图 7.29 为低碳钢典型的应力-应变曲线,与一般拉伸曲线不同,出现了明显的屈服点。当拉伸试样开始屈服时,应力随即突然下降,并在应力基本恒定情况下继续发生屈服伸长,所以拉伸曲线出现应力平台区。开始屈服与下降时所对应的应力值分别为上、下屈服点。在发生屈服延伸阶段,试样的应变是不均匀的。当应力达到上屈服点时,首先在试样的应力集中处开始塑性变形,并在试样表面产生一个与拉伸轴约成 45°角的变形带——吕德斯(Lüders)带,与此同时,应力降到下屈服点。随后这种变形带沿试样长度方向不断形成与扩展,从而产生拉伸曲线平台的屈服伸长。其中,应力的每次微小波动,即对应一个新变形带的形成,如图 7.29 中放大部分所示。当屈服扩展到整个试样标距范围时,屈服延伸阶段结束。需指出的是屈服过程的吕德斯带与滑移带不同,它是由许多晶粒协调变形的结果,即吕德斯带穿过了试样横截面上的每个晶粒,而其中每个晶粒内部则仍

按各自的滑移系进行滑移变形。

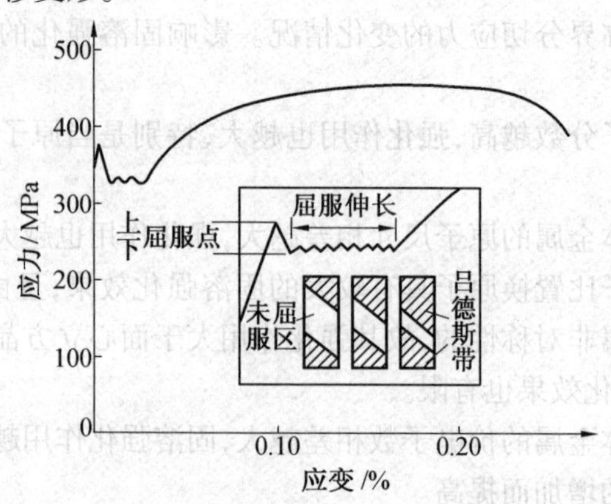

图 7.29 低碳钢退火态的工程应力-应变曲线及屈服现象

屈服现象最初是在低碳钢中发现。在适当条件下,上、下屈服点的差别可达 10% ~ 20%。屈服伸长可超过 10%。后来在许多其他的金属和合金(如 Mo,Ti 和 Al 合金及 Cd,Zn 单晶、α 和 β 黄铜等)中,只要这些金属材料中含有适量的溶质原子足以锚住位错,屈服现象均可发生。

通常认为在固溶体合金中,溶质原子或杂质原子可以与位错交互作用而形成溶质原子气团,即所谓的 Cottrell 气团。由刃型位错的应力场可知,在滑移面以上,位错中心区域为压应力,而滑移面以下的区域为拉应力。若有间隙原子 C,N 或比溶剂尺寸大的置换溶质原子存在,就会与位错交互作用偏聚于刃型位错的下方,以抵消部分或全部的张应力,从而使位错的弹性应变能降低。当位错处于能量较低的状态时,位错趋向稳定不易运动,即对位错有"钉扎作用"。尤其在体心立方晶体中,间隙型溶质原子和位错的交互作用很强,位错被牢固地钉扎住。位错要运动,必须在更大的应力作用下才能挣脱 Cottrell 气团的钉扎而移动,这就形成了上屈服点;而一旦挣脱之后位错的运动就比较容易,因此有应力降落,出现下屈服点和水平台,这就是屈服现象的物理本质。

Cottrell 这一理论最初被人们广为接受。但 20 世纪 60 年代后,Gilman 和 Johnston 发现:无位错的铜晶须、低位错密度的共价键晶体 Si,Ge,以及离子晶体 LiF 等也都有不连续屈服现象,这又如何解释?因此,需要从位错运动本身的规律来加以说明,发展了更一般的位错增殖理论。

从位错理论中得知,材料塑性变形的应变速率 ε_p 是与晶体中可动位错的密度 ρ_m、位错运动的平均速度 v 以及位错的柏氏矢量 b 成正比,即

$$\varepsilon_{\mathrm{p}} \propto \rho_{\mathrm{m}} \cdot v \cdot b \tag{7.9}$$

而位错的平均运动速度 v 又与应力密切相关,即

$$v = \left(\frac{\tau}{\tau_0}\right)^{m'} \tag{7.10}$$

式中,τ_0 为位错做单位速度运动所需的应力;τ 为位错受到的有效切应力;m' 称为应力敏感指数,与材料有关。

在拉伸试验中,ε_{p} 由试验机夹头的运动速度决定,接近于恒值。在塑性变形开始之

前，晶体中的位错密度很低，或虽有大量位错但被钉扎住，可动位错密度 ρ_m 较低，此时要维持一定的 ε_p 值，势必使 v 增大，而要使 v 增大就需要提高 τ，这就是上屈服点应力较高的原因。然而，一旦塑性变形开始后，位错迅速增殖，ρ_m 迅速增大，此时 ε_p 仍维持一定值，故 ρ_m 的突然增大必然导致 v 的突然下降，于是所需的应力 τ 也突然下降，产生了屈服降落，这也就是下屈服点应力较低的原因。

两种理论并不互相排斥而是互相补充的。两者结合可更好地解释低碳钢的屈服现象。单纯的位错增殖理论，其前提要求原晶体材料中的可动位错密度很低。低碳钢中的原始位错密度 ρ 为 $10^8\ cm^{-2}$，但 ρ_m 只有 $10^3\ cm^{-2}$，低碳钢之所以可动位错如此之低，正是因为碳原子强烈钉扎位错，形成了 Cottrell 气团。

与低碳钢屈服现象相关联的还存在一种应变时效行为。如图 7.30 所示，当退火状态低碳钢试样拉伸到超过屈服点发生少量塑性变形后（曲线 a）卸载，然后立即重新加载拉伸，则可见其拉伸曲线不再出现屈服点（曲线 b），此时试样不发生屈服现象。如果不采取上述方案，而是将预变形试样在常温下放置几天或经 200 ℃左右短时加热后再行拉伸，则屈服现象又复出现，且屈服应力进一步提高（曲线 c），此现象通常称为应变时效。

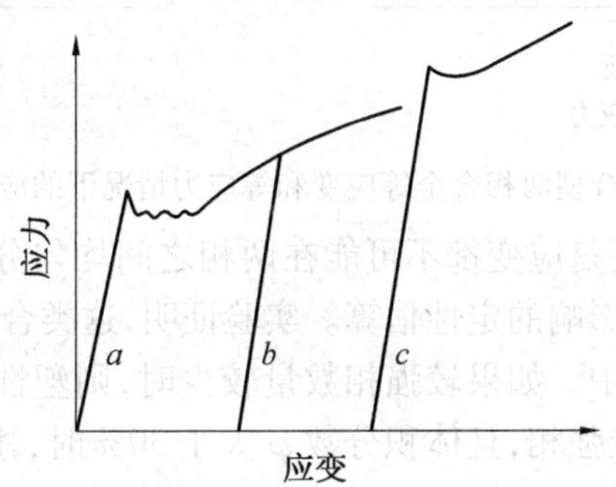

图 7.30 低碳钢的拉伸试验

a—预塑性变形；b—卸载后立即再行加载；c—卸载后放置一段时期或在 200 ℃加热后再加载

同样，Cottrell 气团理论能很好地解释低碳钢的应变时效。当卸载后立即重新加载，由于位错已经挣脱出气团的钉扎，故不出现屈服点；如果卸载后放置较长时间或经时效则溶质原子已经通过扩散而重新聚集到位错周围形成了气团，故屈服现象又重复出现。

4. 多相合金的塑性变形

工程上用的金属材料基本上都是两相或多相合金。多相合金与单相固溶体合金的不同之处是除基体相外，尚有其他相存在。由于第二相的数量、尺寸、形状和分布不同，它与基体相的结合状况不一，以及第二相的形变特征与基体相的差异，使得多相合金的塑性变形更加复杂。

根据第二相粒子的尺寸大小可将合金分成两大类：若第二相粒子与基体晶粒尺寸属同一数量级，称为聚合型两相合金；若第二相粒子细小而弥散地分布在基体晶粒中，称为弥散分布型两相合金。这两类合金的塑性变形情况和强化规律有所不同。

（1）聚合型合金的塑性变形

当组成合金的两相晶粒尺寸属同一数量级，且都为塑性相时，则合金的变形能力取决于两相的体积分数。作为一级近似，可以分别假设合金变形时两相的应变相同和应力相同。于是,合金在一定应变下的平均流变应力 $\bar{\sigma}$ 和一定应力下的平均应变 $\bar{\varepsilon}$ 可由混合律表示

$$\bar{\sigma}=\varphi_1\sigma_1+\varphi_2\sigma_2$$

$$\bar{\varepsilon}=\varphi_1\varepsilon_1+\varphi_2\varepsilon_2$$

式中,φ_1 和 φ_2 分别为两相的体积分数($\varphi_1+\varphi_2=1$);σ_1 和 σ_2 分别为一定应变时的两相流变应力;ε_1 和 ε_2 分别为一定应力时的两相应变。图 7.31 为等应变和等应力情况下的应力-应变曲线。

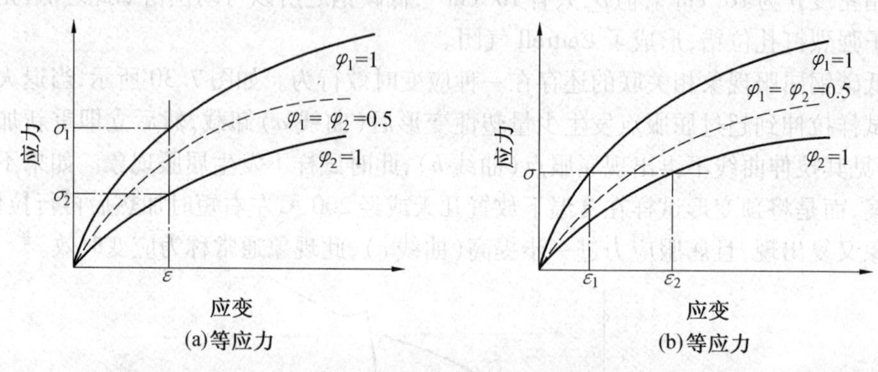

图 7.31 复合型两相合金等应变和等应力情况下的应力-应变曲线

事实上,不论是应力还是应变都不可能在两相之间均匀分布。上述假设及其混合律只能作为第二相体积分数影响的定性估算。实验证明,这类合金在发生塑性变形时,滑移往往首先发生在较软的相中。如果较强相数量较少时,则塑性变形基本上是发生在较弱的相中;只有当第二相为较强相,且体积分数 φ 大于 30% 时,才能起明显的强化作用。

如果聚合型合金两相中一个是塑性相,而另一个是脆性相时,则合金在塑性变形过程中所表现的性能,不仅取决于第二相的相对数量,而且与其形状、大小和分布密切相关。

以碳钢中的渗碳体(Fe_3C,硬而脆)在铁素体(以 α-Fe 为基的固溶体)基体中存在的情况为例,表 7.6 是渗碳体的形态与大小对碳钢力学性能的影响。

表 7.6 碳钢中渗碳体存在情况对力学性能的影响

材料及组织 \ 性能	工业纯铁	共析钢(w(C)= 0.8%)					w(C)= 1.2%
		片状珠光体(片间距≈630 nm)	索氏体(片间距≈250 nm)	屈氏体(片间距≈100 nm)	球状珠光体	淬火+350 ℃回火	网状渗碳体
σ_b/MPa	275	780	1 060	1 310	580	1 760	700
δ/%	47	15	16	14	29	3.8	4

(2)弥散分布型合金的塑性变形

当第二相以细小弥散的微粒均匀分布于基体相中时,将会产生显著的强化作用。第二相粒子的强化作用是通过其对位错运动的阻碍作用而表现出来的。通常可将第二相粒子分为“不可变形的”和“可变形的”两类。这两类粒子与位错交互作用的方式不同,其强化的途径也就不同。一般来说,弥散强化型合金中的第二相粒子(借助粉末冶金方法加

入的)是属于不可变形的,而沉淀相粒子(通过时效处理从过饱和固溶体中析出)多属可变形的,但当沉淀粒子在时效过程中长大到一定程度后,也能起着不可变形粒子的作用。

①不可变形粒子的强化作用。不可变形粒子对位错的阻碍作用如图 7.32 所示。当运动位错与其相遇时,将受到粒子阻挡,使位错线绕着它发生弯曲。随着外加应力的增大,位错线受阻部分的弯曲更加剧烈,以致围绕着粒子的位错线在左右两边相遇,于是正负位错彼此抵消,形成包围着粒子的位错环留下,而位错线的其余部分则越过粒子继续移动。显然,位错按这种方式移动时受到的阻力是很大的,而且每个留下的位错环要作用于位错源——反向应力,故继续变形时必须增大应力以克服此反向应力,使流变应力迅速提高。

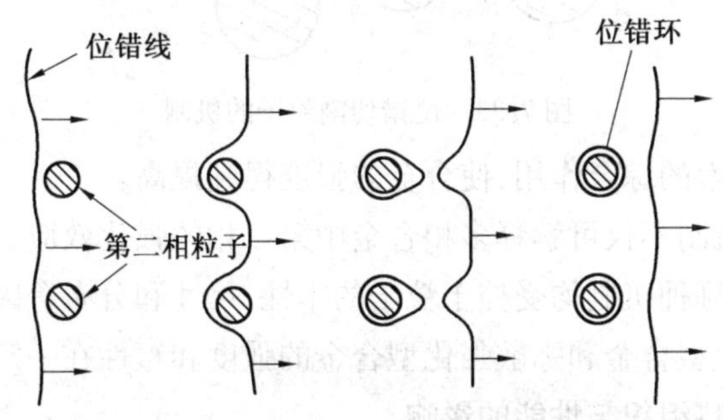

图 7.32 位错绕过第二相粒子的示意图

根据位错理论,迫使位错线弯曲到曲率半径为 R 时所需切应力为

$$\tau=\frac{Gb}{2R}$$

此时由于 $R=\frac{\lambda}{2}$,所以位错线弯曲到该状态所需切应力为

$$\tau=\frac{Gb}{\lambda} \tag{7.11}$$

这是一临界值,只有外加应力大于此值时,位错线才能绕过去。由式(7.11)可见,不可变形粒子的强化作用与粒子间距 λ 成反比,即粒子越多,粒子间距越小,强化作用越明显。因此,减小粒子尺寸(在同样的体积分数时,粒子越小,则粒子间距也越小)或提高粒子的体积分数都会导致合金强度的提高。

上述位错绕过障碍物的机制是由奥罗万(E. Orowan)首先提出的,故通常称为奥罗万机制,它已被实验所证实。

②可变形微粒的强化作用。当第二相粒子为可变形微粒时,位错将切过粒子使之随同基体一起变形,如图 7.33 所示。在这种情况下,强化作用主要决定于粒子本身的性质,以及与基体的联系,其强化机制甚为复杂,且因合金而异,其主要作用如下:

①位错切过粒子时,粒子产生宽度为 b 的表面台阶,由于出现了新的表面积,使总的界面能升高。

②当粒子是有序结构时,则位错切过粒子时会打乱滑移面上下的有序排列,产生反相畴界,引起能量的升高。

③由于第二相粒子与基体的晶体点阵不同或至少是点阵常数不同,故当位错切过粒

子时必然在其滑移面上引起原子的错排，需要额外做功，给位错运动带来困难。

④由于粒子与基体的比体积差别，而且沉淀粒子与母相之间保持共格或半共格结合，故在粒子周围产生弹性应力场，此应力场与位错会产生交互作用，对位错运动有阻碍。

⑤由于基体与粒子中的滑移面取向不相一致，则位错切过后会产生割阶，割阶存在会阻碍整个位错线的运动。

⑥由于粒子的层错能与基体不同，当扩展位错通过后，其宽度会发生变化，引起能量升高。

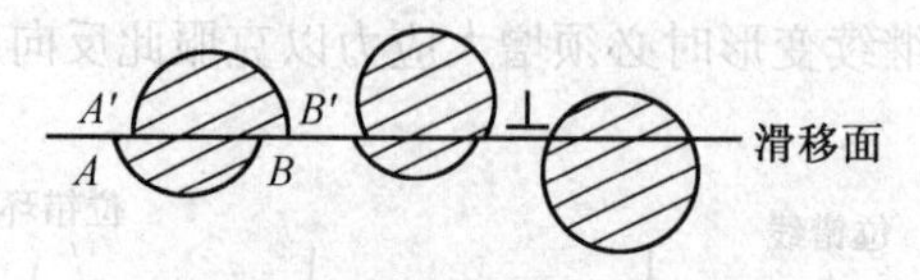

图 7.33　位错切割粒子的机制

以上这些强化因素的综合作用，使合金的强度得到提高。

总之，上述两种机制不仅可解释多相合金中第二相的强化效应，而且也可解释多相合金的塑性。然而不管哪种机制均受控于粒子的本性，尺寸和分布等因素，故合理地控制这些参数，可使沉淀强化型合金和弥散强化型合金的强度和塑性在一定范围内进行调整。

5. 塑性变形对材料组织与性能的影响

塑性变形不但可以改变材料的外形和尺寸，而且能够使材料的内部组织和各种性能发生变化，在变形的同时，伴随着变性。

（1）显微组织的变化

经塑性变形后，金属材料的显微组织发生明显的改变。除了每个晶粒内部出现大量的滑移带或孪晶带外，随着变形度的增加，原来的等轴晶粒将逐渐沿其变形方向伸长。当变形量很大时，晶粒变得模糊不清，晶粒已难以分辨而呈现出一片如纤维状的条纹，称为纤维组织。纤维的分布方向即是材料流变伸展的方向。注意冷变形金属的组织与所观察的试样截面位置有关，如果沿垂直变形方向截取试样，则截面的显微组织不能真实反映晶粒的变形情况。

（2）性能的变化

材料在塑性变形过程中，随着内部组织与结构的变化，其力学、物理和化学性能均发生明显的改变。

①加工硬化。

图 7.34 是铜材经不同程度冷轧后的强度和塑性变化情况，表 7.7 是冷拉对低碳钢（C 的质量分数为 0.16%）力学性能的影响。从上述两例可清楚地看到，金属材料经冷加工变形后。强度（硬度）显著提高，而塑性则很快下降，即产生了加工硬化现象。加工硬化是金属材料的一项重要特性，可被用作强化金属的途径。特别是对那些不能通过热处理强化的材料如纯金属，以及某些合金，如奥氏体不锈钢等，主要是借冷加工实现强化的。

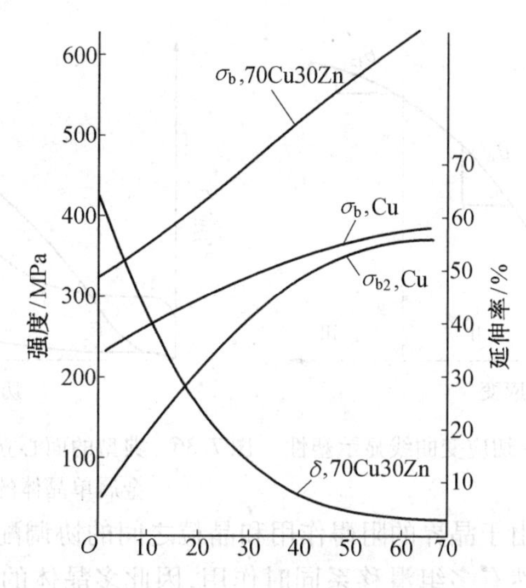

图 7.34　冷轧对铜材拉伸性能的影响

表 7.7　冷拉对低碳钢力学性能的影响

冷拉截面减缩率/%	屈服强度/MPa	抗拉强度/MPa	延伸率/%	断面收缩率/%
0	276	456	34	70
10	497	518	20	65
20	566	580	17	63
40	593	656	16	60
60	607	704	14	54
80	662	792	7	26

图 7.35 是金属单晶体的典型切应力-切应变曲线(也称加工硬化曲线),其塑性变形部分是由 3 个阶段所组成:

Ⅰ阶段——易滑移阶段:当 τ 达到晶体的 τ_c 后,应力增加不多,便能产生相当大的变形。此段接近于直线,其斜率 θ_{I}($\theta=\dfrac{\mathrm{d}\tau}{\mathrm{d}\gamma}$或 $\theta=\dfrac{\mathrm{d}\sigma}{\mathrm{d}\varepsilon}$)即加工硬化率低,一般 θ_{I} 约为 $10^{-4}G$ 数量级(G 为材料的切变模量)。

Ⅱ阶段——线性硬化阶段:随着应变量增加,应力线性增长,此段也呈直线,且斜率较大,加工硬化十分显著,$\theta_{\mathrm{II}} \approx G/300$,近乎常数。

Ⅲ阶段——抛物线形硬化阶段:随应变增加,应力上升缓慢,呈抛物线形,θ_{III} 逐渐下降。

各种晶体的实际曲线因其晶体结构类型、晶体位向、杂质含量以及试验温度等因素的不同而有所变化。但总的说,其基本特征相同,只是各阶段的长短通过位错的运动、增殖和交互作用而受影响,甚至某一阶段可能不会出现。图 7.36 为三种典型晶体结构金属单晶体的硬化曲线,其中面心立方和体心立方晶体显示出典型的三阶段加工硬化情况,只是当含有微量杂质原子的体心立方晶体,则因杂质原子与位错交互作用,将产生前面所述的屈服现象并使曲线有所变化,至于密排六方金属单晶体的第Ⅰ阶段通常很长,远远超过其他结构的晶体,以至于第Ⅱ阶段还未充分发展时试样就已经断裂了。

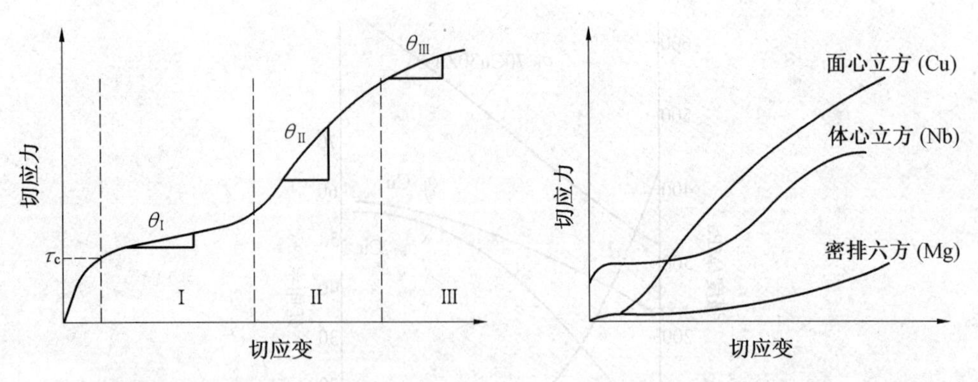

图 7.35 单晶体的切应力-切应变曲线显示塑性变形的 3 个阶段　　图 7.36 典型的面心立方、体心立方和密排六方金属单晶体的切应力-切应变曲线

多晶体的塑性变形由于晶界的阻碍作用和晶粒之间的协调配合要求，各晶粒不可能以单一滑移系动作而必然有多组滑移系同时作用，因此多晶体的应力-应变曲线不会出现单晶曲线的第Ⅰ阶段，而且其硬化曲线通常更陡，细晶粒多晶体在变形开始阶段尤为明显（图 7.37）。

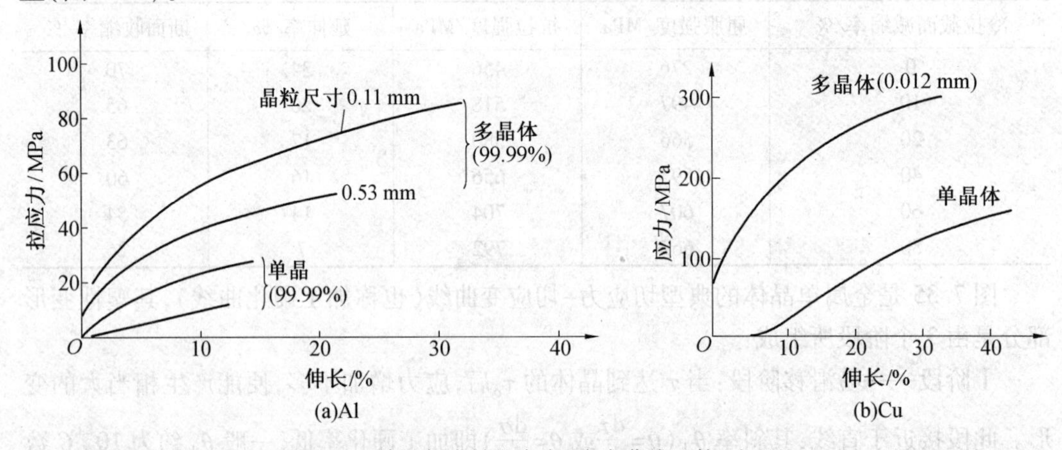

图 7.37 单晶与多晶的应力-应变曲线比较（室温）

有关加工硬化的机制曾提出不同的理论，然而，最终的表达形式基本相同。即流变应力是位错密度的平方根的线性函数，这已被许多实验证实。因此，塑性变形过程中位错密度的增加及其所产生的钉扎作用是导致加工硬化的决定性因素。

②其他性能的变化。

经塑性变形后的金属材料，由于点阵畸变，空位和位错等结构缺陷的增加，使其物理性能和化学性能也发生一定的变化。如塑性变形通常可使金属的电阻率增高，增加的程度与形变量成正比，但增加的速率因材料而异，差别很大。例如，冷拔形变率为 82% 的纯铜丝电阻率升高 2%，同样形变率的 H70 黄铜丝电阻率升高 20%，而冷拔形变率 99% 的钨丝电阻率升高 50%。另外，塑性变形后，金属的电阻温度系数下降，磁导率下降，热导率也有所降低，铁磁材料的磁滞损耗及矫顽力增大。

由于塑性变形使得金属中的结构缺陷增多，自由焓升高，因而导致金属中的扩散过程加速，金属的化学活性增大，腐蚀速度加快。

(3)形变织构

在塑性变形中,随着形变程度的增加,各个晶粒的滑移面和滑移方向都要向主形变方向转动,逐渐使多晶体中原来取向互不相同的各个晶粒在空间取向上呈现一定程度的规律性,这一现象称为择优取向,这种组织状态则称为形变织构。

形变织构随加工变形方式不同主要有两种类型:拔丝时形成的织构称为丝织构,其主要特征为各晶粒的某一晶向大致与拔丝方向相平行;轧板时形成的织构称为板织构,其主要特征为各晶粒的某一晶面和晶向分别趋于同轧面与轧向相平行。几种常见金属的丝织构与板织构见表 7.8。

表 7.8 常见金属的丝织构与板织构

晶体结构	金属或合金	丝织构	板织构
体心立方	α-Fe,Mo,W 铁素体钢	〈110〉	{110}〈011〉+{112}〈110〉 +{111}〈112〉
面心立方	Al,Cu,Au,Ni,Cu-Ni	〈111〉 〈111〉+〈100〉	{110}〈112〉+{112}〈111〉 {110}〈112〉
密排六方	Mg,Mg 合金 Zn	〈2130〉 〈0001〉与丝轴成 70°	{0001}〈$10\bar{1}0$〉 {0001}与轧制面成 70°

实际上多晶体材料无论经过多么激烈的塑性变形也不可能使所有晶粒都完全转到织构的取向上去,其集中程度决定于加工变形的方法、变形量、变形温度以及材料本身情况(金属类型、杂质、材料内原始取向等)等因素。在实用中,经常用变形金属的极射赤面投影图来描述它的织构及各晶粒向织构取向的集中程度。

由于织构造成了各向异性,其存在对材料的加工成形性和使用性能都有很大的影响,尤其因为织构不仅出现在冷加工变形的材料中,即使进行了退火处理也仍然存在,故在工业生产中应予以高度重视。一般说,不希望金属板材存在织构,特别是用于深冲压成形的板材,织构会造成其沿各方向变形的不均匀性,使工件的边缘出现高低不平,产生了所谓"制耳"。但在某些情况下,又有利用织构提高板材性能的例子,如变压器用硅钢片,由于α-Fe〈100〉方向最易磁化,故生产中通过适当控制轧制工艺可获得具有(110)[001]织构和磁化性能优异的硅钢片。

(4)残余应力

塑性变形中外力所做的功除大部分转化成热之外,还有一小部分以畸变能的形式储存在形变材料内部,这部分能量称为储存能,其大小因形变量、形变方式、形变温度,以及材料本身性质而异,约占总形变功的百分之几。储存能的具体表现方式为:宏观残余应力、微观残余应力及点阵畸变。残余应力是一种内应力,它在工件中处于自相平衡状态,其产生是由于工件内部各区域变形不均匀性,以及相互间的牵制作用所致。按照残余应力平衡范围的不同,通常可将其分为三种:

①第一类内应力。

又称宏观残余应力,它是由工件不同部分的宏观变形不均匀性引起的,故其应力平衡范围包括整个工件。例如,将金属棒施以弯曲载荷(图 7.38),则上边受拉而伸长,下边受到压缩;变形超过弹性极限产生了塑性变形时,则外力去除后被伸长的一边就存在压应力,短边为张应力;又如,金属线材经拔丝加工后(图7.39),由于拔丝模壁的阻力作用,线材的外表面较心部变形少,故表面受拉应力,而心部受压应力。这类残余应力所对应的畸变能不大,仅占总储存能的0.1%左右。

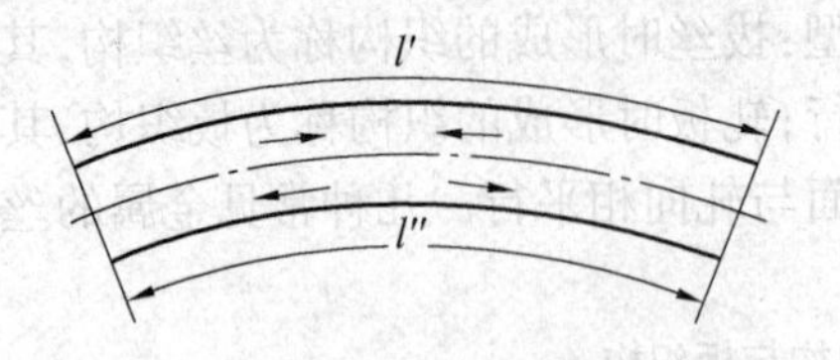

图7.38 金属棒弯曲变形后的残留应力

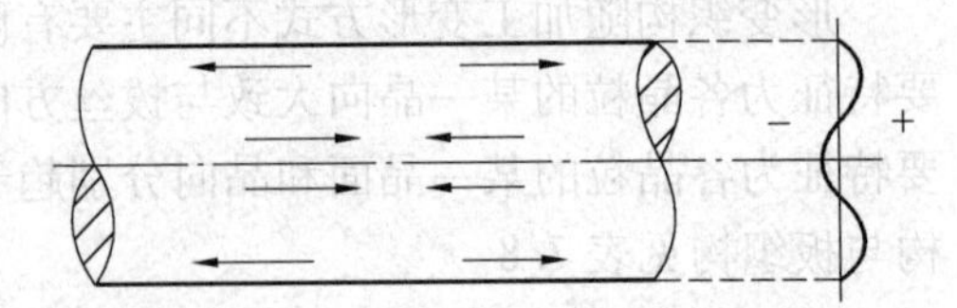

图7.39 金属拉丝后的残留应力

②第二类内应力。

第二类内应力又称微观残余应力,它是由晶粒或亚晶粒之间的变形不均匀性产生的。其作用范围与晶粒尺寸相当,即在晶粒或亚晶拉之间保持平衡。这种内应力有时可达到很大的数值,甚至可能造成显微裂纹并导致工件破坏。

③第三类内应力。

第二类内应力又称点阵畸变。其作用范围是几十至几百纳米,它是由于工件在塑性变形中形成的大量点阵缺陷(如空位、间隙原子、位错等)引起的。变形金属中储存能的绝大部分(80% ~90%)用于形成点阵畸变。这部分能量提高了变形晶体的能量,使之处于热力学不稳定状态,故它有一种使变形金属重新恢复到自由焓最低的稳定结构状态的自发趋势,并导致塑性变形金属在加热时的回复及再结晶过程。

金属材料经塑性变形后的残余应力是不可避免的,它将对工件的变形、开裂和应力腐蚀产生影响和危害,故必须及时采取消除措施(如去应力退火处理)。但是,在某些特定条件下,残余应力的存在也是有利的。例如,承受交变载荷的零件,若用表面滚压和喷丸处理,使零件表面产生压应力的应变层,借以达到强化表面的目的,可使其疲劳寿命成倍提高。

7.2 冷变形金属的回复和再结晶

金属和合金经塑性变形后,不仅内部组织结构与各项性能均发生相应的变化,而且由于空位、位错等结构缺陷密度的增加,以及畸变能的升高,将使其处于热力学不稳定的高自由能状态。因此,经塑性变形的材料具有自发恢复到变形前低自由能状态的趋势。当冷变形金属加热时会发生回复、再结晶和晶粒长大等过程。了解这些过程的发生和发展规律,对于改善和控制金属材料的组织和性能具有重要的意义。

7.2.1 冷变形金属在加热时的组织与性能变化

冷变形后材料经重新加热进行退火之后,其组织和性能会发生变化。观察在不同加热温度下变化的特点可将退火过程分为回复、再结晶和晶粒长大三个阶段。回复是指新的无畸变晶粒出现之前所产生的亚结构和性能变化的阶段;再结晶是指出现无畸变的等轴新晶粒逐步取代变形晶粒的过程;晶粒长大是指再结晶结束之后晶粒的继续长大。

图7.40为冷变形金属在退火过程中显微组织的变化。由图7.40可见,在回复阶段,由于不发生大角度晶界的迁移,所以晶粒的形状和大小与变形态的相同,仍保持着纤维状或扁平状,从光学显微组织上几乎看不出变化。在再结晶阶段,首先是在畸变度大的区域产生新的无畸变晶粒的核心,然后逐渐消耗周围的变形基体而长大,直到形变组织完全改组为新的、无畸变的细等轴晶粒为止。最后,在晶界表面能的驱动下,新晶粒互相吞食而长大,从而得到一个在该条件下较为稳定的尺寸,称为晶粒长大阶段。

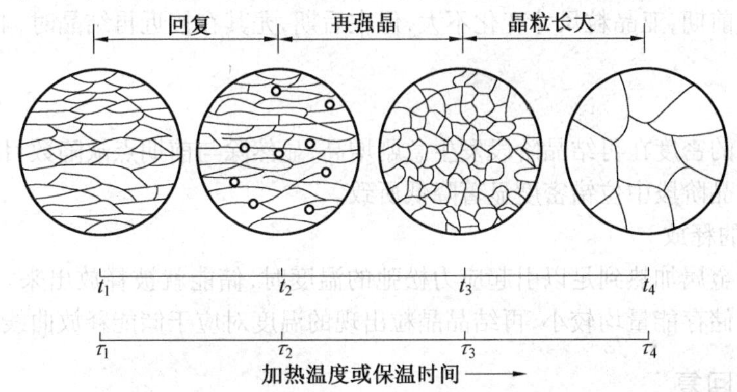

图7.40 冷变形金属退火时晶粒形状和大小的变化

图7.41是冷变形金属在退火过程中的性能和能量变化。

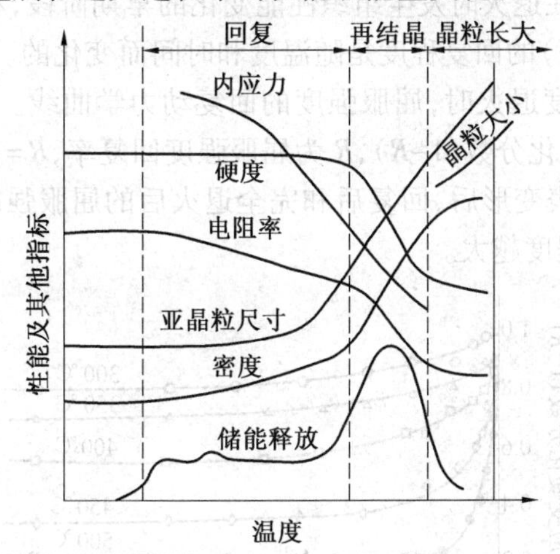

图7.41 冷变形金属退火时某些性能的变化

(1)强度与硬度

回复阶段的硬度变化很小,约占总变化的1/5,而再结晶阶段则下降较多。可以推断,强度具有与硬度相似的变化规律。上述情况主要与金属中的位错机制有关,即回复阶段时,变形金属仍保持很高的位错密度,而发生再结晶后,则由于位错密度显著降低,故强度与硬度明显下降。

(2)电阻

变形金属的电阻在回复阶段已表现明显的下降趋势。因为电阻率与晶体点阵中的点缺陷(如空位、间隙原子等)密切相关。点缺陷所引起的点阵畸变会使传导电子产生散射,提高电阻率。它的散射作用比位错所引起的更为强烈。因此,在回复阶段电阻率的明显下降就标志着在此阶段点缺陷浓度有明显的减小。

(3)内应力

在回复阶段,大部分或全部的宏观内应力可以消除,而微观内应力则只有通过再结晶方可全部消除。

(4)亚晶粒尺寸

在回复的前期,亚晶粒尺寸变化不大,但在后期,尤其在接近再结晶时,亚晶粒尺寸就显著增大。

(5)密度

变形金属的密度在再结晶阶段发生急剧增高,显然除与前期点缺陷数目减小有关外,主要是在再结晶阶段中位错密度显著降低所致。

(6)储能的释放

当冷变形金属加热到足以引起应力松弛的温度时,储能就被释放出来。回复阶段时各材料释放的储存能量均较小,再结晶晶粒出现的温度对应于储能释放曲线的高峰处。

7.2.2 回复

1.回复动力学

回复是冷变形金属在退火时发生组织性能变化的早期阶段,在此阶段内物理或力学性能(如强度和电阻率等)的回复程度是随温度和时间而变化的。图 7.42 为同一变形程度的多晶体铁在不同温度退火时,屈服强度的回复动力学曲线。图 7.42 中横坐标为时间,纵坐标为剩余应变硬化分数$(1-R)$,R 为屈服强度回复率,$R=(\sigma_m-\sigma_r)/(\sigma_m-\sigma_0)$,其中,$\sigma_m$,$\sigma_r$ 和 σ_0 分别代表变形后、回复后和完全退火后的屈服强度。显然,$(1-R)$越小,即 R 越大,则表示回复程度越大。

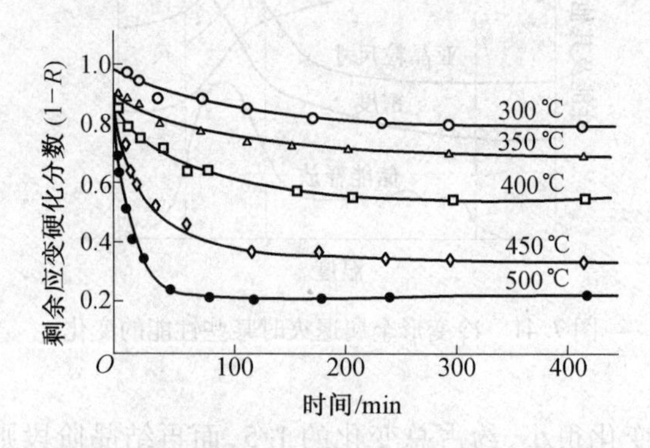

图 7.42 同一变形程度的多晶体铁在不同温度退火时,屈服应力的回复动力学曲线

动力学曲线表明,回复是一个弛豫过程。其特点为:①没有孕育期;②在一定温度时,初期的回复速率很大,随后即逐渐变慢,直到趋近于零;③每一温度的回复程度有一极限值,退火温度越高,这个极限值也越高,而达到此极限值所需时间则越短;④预变形量越大,起始的回复速率也越快;晶粒尺寸减小也有利于回复过程的加快。

这种回复特征通常可用一级反应方程来表达：

$$\frac{dx}{dt}=-cx \tag{7.12}$$

式中，t 为恒温下的加热时间；x 为冷变形导致的性能增量经加热后的残留分数；c 为与材料和温度有关的比例常数，c 值与温度的关系具有典型的热激活过程的特点，可由著名的阿累尼乌斯（Arrhenius）方程来描述：

$$c=c_0e^{-Q/RT} \tag{7.13}$$

式中，Q 为激活能；R 为气体常数；T 为绝对温度；c_0为比例常数。

将式（7.13）代入一级反应方程中并积分，以 x_0表示开始时性能增量的残留分数，则得

$$\int_{x_0}^{x}\frac{dx}{x}=-c_0e^{-Q/RT}\int_0^t dt$$

$$\ln\frac{x_0}{x}=c_0te^{-Q/RT}$$

在不同温度下，如以回复到相同程度作比较，此时上式的左边为一常数，两边取对数，可得

$$\ln t=A+\frac{Q}{RT} \tag{7.14}$$

式中，A 为常数。作 $\ln t-1/T$ 图，如果为直线，则由直线斜率可求得回复过程的激活能。

实验研究表明，对冷变形铁在回复时其激活能因回复程度不同而有不同的激活能值。如在短时间回复时求得的激活能与空位迁移能相近，而在长时间回复时求得的激活能则与自扩散激活能相近。这说明对于冷变形铁的回复，不能用一种单一的回复机制来描述。

2. 回复机制

回复阶段的加热温度不同，冷变形金属的回复机制各异。

（1）低温回复

低温时，回复主要与点缺陷的迁移有关。冷变形时产生大量点缺陷——空位和间隙原子，点缺陷运动所需的热激活能较低，因而可在较低温度就可进行。它们可迁移至晶界（或金属表面），并通过空位与位错的交互作用、空位与间隙原子的重新结合，以及空位聚合起来形成空位对、空位群和空位片——崩塌成位错环而消失，从而使点缺陷密度明显下降。故对点缺陷很敏感的电阻率此时也明显下降。

（2）中温回复

加热温度稍高时，会发生位错运动和重新分布。回复的机制主要与位错的滑移有关：同一滑移面上异号位错可以相互吸引而抵消；位错偶极子的两根位错线相消等。

（3）高温回复

高温（$0.3T_m$）时，刃型位错可获得足够能量产生攀移。攀移产生了两个重要的后果：①使滑移面上不规则的位错重新分布，刃型位错垂直排列成墙，这种分布可显著降低位错的弹性畸变能，因此，可看到对应于此温度范围，有较大的应变能释放；②沿垂直于滑移面方向排列并具有一定取向差的位错墙（小角度亚晶界），以及由此所产生的亚晶，即多边化结构。

显然,高温回复多边化过程的驱动力主要来自应变能的下降。多边化过程产生的条件:①塑性变形使晶体点阵发生弯曲;②在滑移面上有塞积的同号刃型位错;③需加热到较高的温度,使刃型位错能够产生攀移运动。多边化后刃型位错的排列情况如图 7.43 所示,故形成了亚晶界。一般认为,在产生单滑移的单晶体中多边化过程最为典型;而在多晶体中,由于容易发生多系滑移,不同滑移系上的位错往往会缠结在一起,会形成胞状组织,如图 7.44(b)所示,故多晶体的高温回复机制比单晶体更为复杂,但从本质上看也是包含位错的滑移和攀移。通过攀移使同一滑移面上异号位错相消,位错密度下降,位错重排成较稳定的组态,构成亚晶界,形成回复后的亚晶结构。

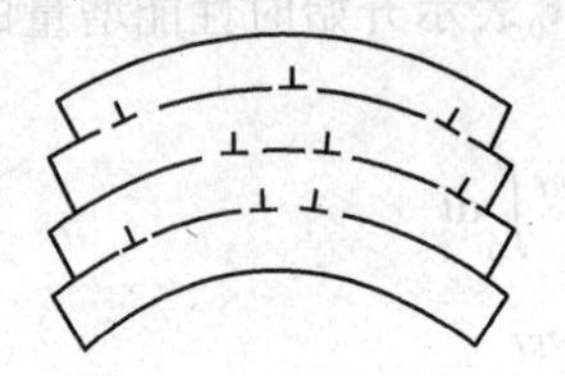

(a) 多边化前刃型位错散乱分布

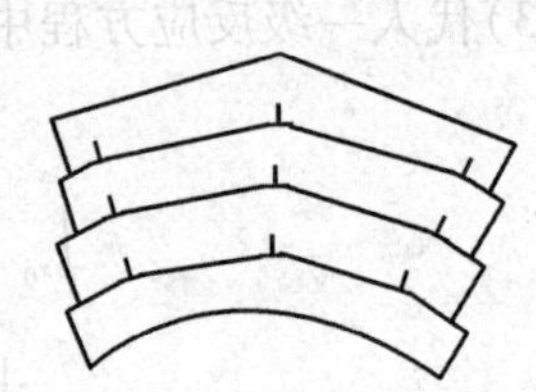

(b) 多边化后刃型位错排列成位错壁

图 7.43 位错在多边化过程中重新分布

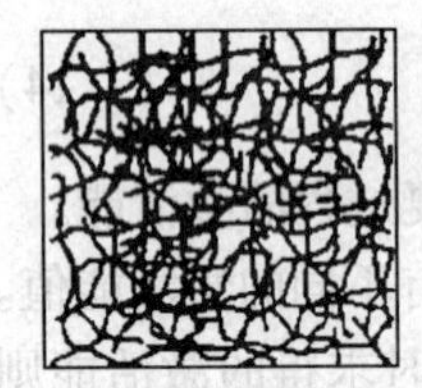

(a) 位错缠结

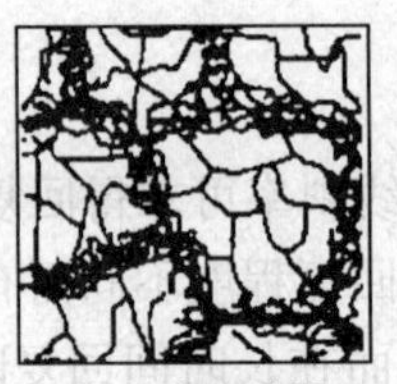

(b) 位错胞结构

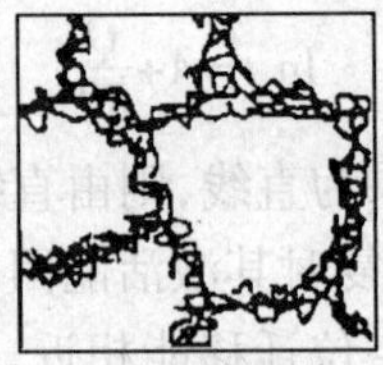

(c) 胞内位错对消

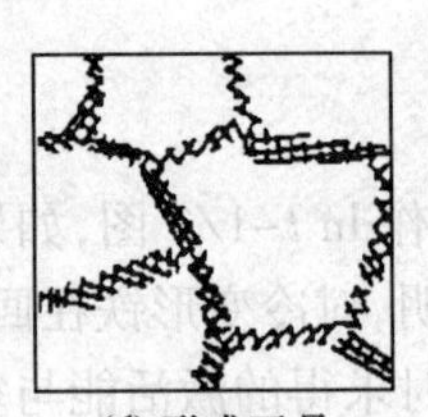

(d) 形成亚晶

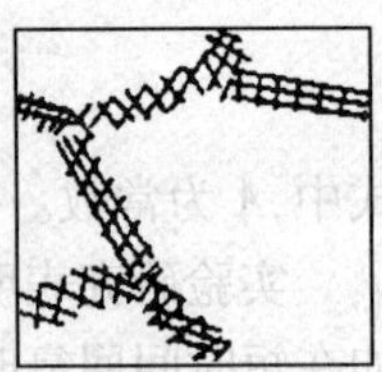

(e) 亚晶长大

图 7.44 塑性变形金属材料回复各阶段的组织结构示意图

从上述回复机制可以理解,回复过程中电阻率的明显下降主要是由于过量空位的减少和位错应变能的降低;内应力的降低主要是由于晶体内弹性应变的基本消除;硬度及强度下降不多则是由于位错密度下降不多,亚晶还较细小。

据此,回复退火主要是用作去应力退火,使冷加工的金属在基本上保持加工硬化状态的条件下降低其内应力,以避免变形并改善工件的耐蚀性。

7.2.3 再结晶

将冷变形后的金属加热到一定温度之后,在原变形组织中重新产生了无畸变的新晶粒,而性能也发生了明显的变化并恢复到变形前的状况,这个过程称为再结晶。因此,与前述回复的变化不同,再结晶是一个显微组织重新改组的过程。

再结晶的驱动力是变形金属经回复后未被释放的储存能(相当于变形总储能的 90%)。通过再结晶退火可以消除冷加工的影响,故在实际生产中起重要作用。

1. 再结晶过程

再结晶是一种形核和长大过程,即通过在变形组织的基体上产生新的无畸变再结晶晶核,并通过逐渐长大形成等轴晶粒,从而取代全部变形组织的过程。不过,再结晶的晶核不是新相,其晶体结构并未改变,这是与其他固态相变不同的地方。

(1)形核

再结晶时,晶核是如何产生的?透射电镜观察表明,再结晶晶核是现存于局部高能量区域内的,以多边化形成的亚晶为基础形核。由此提出了几种不同的再结晶形核机制:

①晶界弓出形核。对于变形程度较小(一般小于20%)的金属,其再结晶核心多以晶界弓出方式形成,即应变诱导晶界移动或称为凸出形核机制。

当变形度较小时,各晶粒之间将由于变形不均匀性而引起位错密度不同。如图7.45所示,A,B两相邻晶粒中,若B晶粒因变形度较大而具有较高的位错密度时,则经多边化后,其中所形成亚晶尺寸也相对较为细小。于是,为了降低系统的自由能,在一定温度条件下,晶界处A晶粒的某些亚晶将开始通过晶界弓出迁移而凸入B晶粒中,以"吞食"B晶粒中亚晶的方式开始形成无畸变的再结晶晶核。

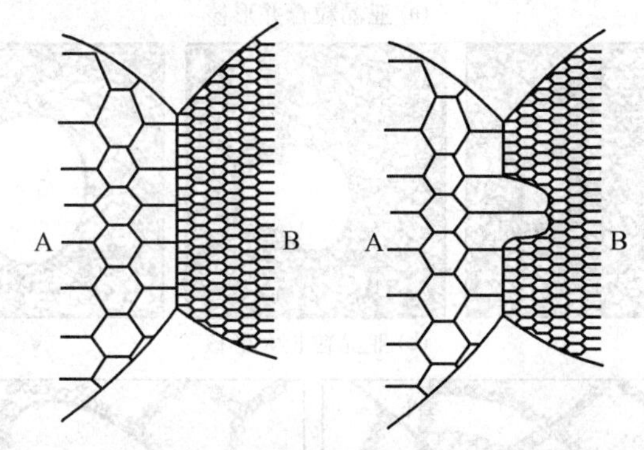

图7.45 具有亚晶粒组织的晶粒间的凸出形核示意图

②亚晶形核。此机制一般是在大的变形度下发生。前已述及,当变形度较大时,晶体中位错不断增殖,由位错缠结组成的胞状结构,将在加热过程中容易发生胞壁平直化,并形成亚晶。借助亚晶作为再结晶的核心,其形核机制又可分为以下两种:

a. 亚晶合并机制。在回复阶段形成的亚晶,其相邻亚晶边界上的位错网络通过解离、拆散,以及位错的攀移与滑移,逐渐转移到周围其他亚晶界上,从而导致相邻亚晶边界的消失和亚晶的合并。合并后的亚晶,由于尺寸增大,以及亚晶界上位错密度的堆加,使相邻亚晶的位向差相应增大,并逐渐转化为大角度晶界,它比小角度晶界具有大得多的迁移率,故可以迅速移动,清除其移动路程中存在的位错,使在它后面留下无畸变的晶体,从而构成再结晶核心。在变形程度较大且具有高层错能的金属中,多以这种亚晶合并机制形核。

b. 亚晶迁移机制。由于位错密度较高的亚晶界,其两侧亚晶的位向差较大,故在加热过程中容易发生迁移并逐渐变为大角晶界,于是就可作为再结晶核心而长大。此机制常出现在变形度很大的低层错能金属中。

上述两种机制都是依靠亚晶粒的粗化来发展为再结晶核心的。亚晶粒本身是在剧烈应变的基体只通过多边化形成的,几乎无位错的低能量地区,它通过消耗周围的高能量区长大成为再结晶的有效核心,因此,随着形变度的增大会产生更多的亚晶而有利于再结晶形核。这就可解释再结晶后的晶粒为什么会随着变形度的增大而变细的问题。

图7.46为三种再结晶形核方式的示意图。

（2）长大

再结晶晶核形成之后，它就借助界面的移动而向周围畸变区域长大。界面迁移的推动力是无畸变的新晶粒本身与周围畸变的母体（即旧晶粒）之间的应变能差，晶界总是背离其曲率中心，向着畸变区域推进，直到全部形成无畸变的等轴晶粒为止，再结晶即告完成。

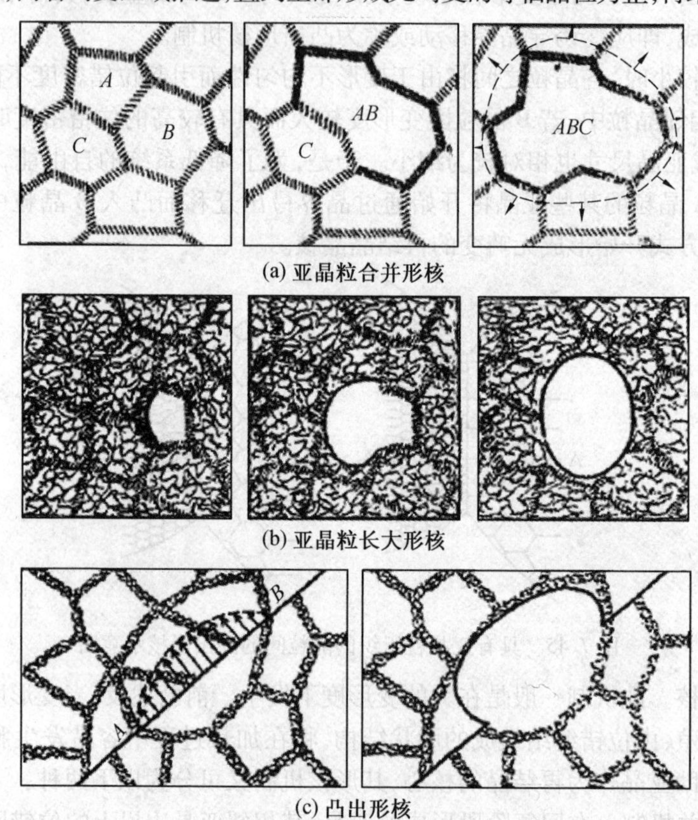

(a) 亚晶粒合并形核

(b) 亚晶粒长大形核

(c) 凸出形核

图 7.46　三种再结晶形核方式的示意图

2. 再结晶动力学

再结晶动力学决定于形核率 N 和长大速率 G 的大小。若以纵坐标表示已发生再结晶的体积分数，横坐标表示时间，则由试验得到的恒温动力学曲线具有如图 7.47 所示的典型“S”曲线特征。图 7.47 表明，再结晶过程有一孕育期，且再结晶开始时的速度很慢，随之逐渐加快，至再结晶的体积分数约为 50% 时速度达到最大，最后又逐渐变慢，这与回复动力学有明显的区别。

Johnson 和 Mehl 在假定均匀形核、晶核为球形，N 和 G 不随时间而改变的情况下，推导出在恒温下经过 t 时间后，已经再结晶的体积分数 φ_R 可表示为

$$\varphi_R = 1 - \exp\left(\frac{-\pi N G^3 t^4}{3}\right) \tag{7.15}$$

这就是约翰逊-梅厄方程，它适用于符合上述假定条件的任何相变（一些固态相变倾向于在晶界形核生长，不符合均匀形核条件，此方程就不能直接应用），用它对 Al 的计算结果与实验符合。

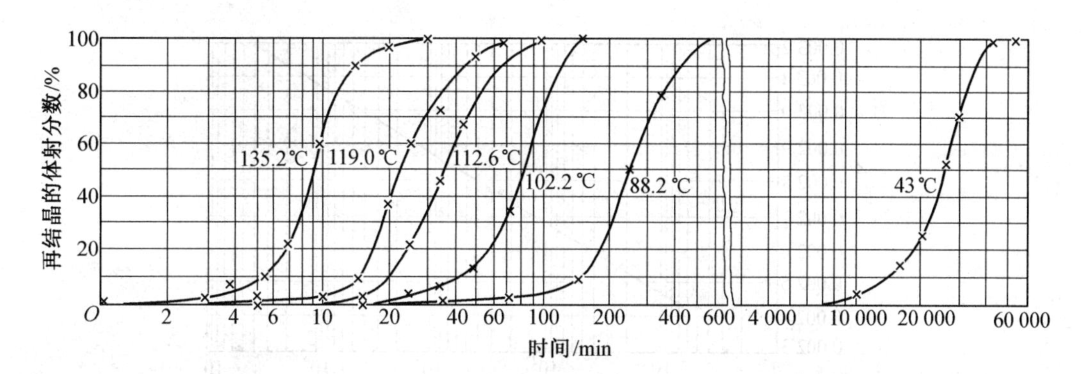

图 7.47 经 98% 冷轧的纯铜在不同温度下的等温再结晶曲线

但是，由于恒温再结晶时的形核率 N 是随时间的增加而呈指数关系衰减的，故通常采用阿弗拉密（Avrami）方程进行描述，即

$$\varphi_{R}=1-\exp(Bt^{K})$$

或

$$\lg\ln\frac{1}{\varphi_{R}}=\lg B+K\lg t \tag{7.16}$$

式中，B 和 K 均为常数，可通过实验确定：作 $\lg\ln\frac{1}{1-\varphi_{R}}-\lg t$ 图，直线的斜率即为 K 值，直线的截距为 $\lg B$。

等温温度对再结晶速率 v 的影响可用阿累尼乌斯公式表示，即 $v=Ae^{-Q/RT}$，而再结晶速率和产生某一体积分数 φ_{R} 所需的时间 t 成反比，即 $\nu\propto\frac{1}{t}$，故

$$\frac{1}{t}=A'e^{-Q/RT} \tag{7.17}$$

式中，A'为常数；Q 为再结晶的激活能；R 为气体常数，T 为绝对温度。对式(7.17)两边取对数，则得

$$\ln\frac{1}{t}=\ln A'-\frac{Q}{R}\cdot\frac{1}{T} \tag{7.18}$$

应用常用对数（$2.3\lg x=\ln x$）可得 $\frac{1}{T}=\frac{2.3R}{Q}\lg A'+\frac{2.3R}{Q}\lg t$。作 $\frac{1}{T}-\lg t$ 图，直线的斜率为 $2.3R/Q$。作图时常以 φ_{R} 为 50% 时作为比较标准（图 7.48）。照此方法求出的再结晶激活能是一定值，它与回复动力学中求出的激活能因回复程度而改变是有区别的。

和等温回复的情况相似，在两个不同的恒定温度产生同样程度的再结晶时，可得

$$\frac{t_1}{t_1}=e^{-\frac{Q}{R}\left(\frac{1}{T_2}-\frac{1}{T_1}\right)} \tag{7.19}$$

这样，若已知某晶体的再结晶激活能及此晶体在某恒定温度完成再结晶所需的等温退火时间，就可计算出它在另一温度等温退火时完成再结晶所需的时间。例如，H70 黄铜的再结晶激活能为 251 kJ/gmol，它在 400 ℃的恒温下完成再结晶需要 1 h，若在 390 ℃的恒温下完成再结晶就需 1.97 h。

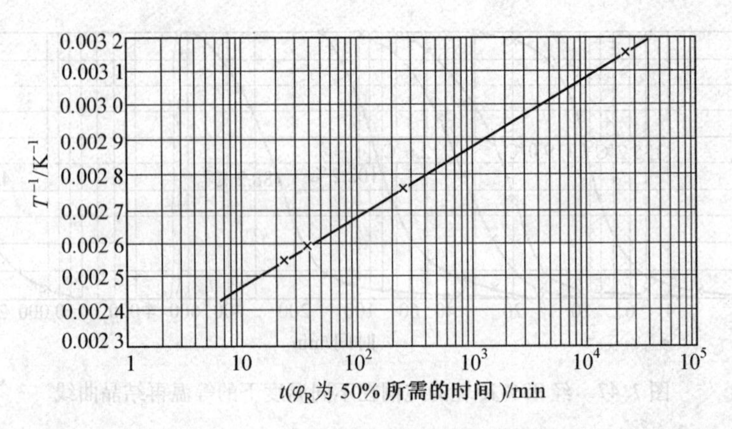

图 7.48　经 98% 冷轧的纯铜在不同温度下等温再结晶时的$\frac{1}{T}$-lg t 图

3. 再结晶温度及其影响因素

由于再结晶可以在一定温度范围内进行，为了便于讨论和比较不同材料再结晶的难易，以及各种因素的影响，需对再结晶温度进行定义。

冷变形金属开始进行再结晶的最低温度称为再结晶温度，它可用金相法或硬度法测定，即以显微镜中出现第一颗新晶粒时的温度或以硬度下降 50% 所对应的温度，定为再结晶温度。工业生产中则通常以经过大变形量（70% 以上）的冷变形金属，经 1 h 退火能完成再结晶（$\varphi_R \geqslant 95\%$）所对应的温度定为再结晶温度。

再结晶温度并不是一个物理常数，它不仅随材料而改变，同一材料其冷变形程度、原始晶粒度等因素也影响再结晶温度。

(1)变形程度的影响

随着冷变形程度的增加，储能也增多，再结晶的驱动力就越大。因此再结晶温度越低（图 7.49），同时等温退火时的再结晶速度也越快。但当变形量增大到一定程度后，再结晶温度就基本上稳定不变了。对工业纯金属，经强烈冷变形后的最低再结晶温度 T_R 约等于其熔点 T_m 的 0.35～0.4 倍。表 7.9 是一些金属的再结晶温度。

表 7.9　一些金属的再结晶温度（T_R）（工业纯，经强烈冷变形，在 1 h 退火后完全再结晶）

金属	再结晶温度/℃	熔点/℃	(T_R/K)/(R_m/K)	金属	再结晶温度/℃	熔点/℃	(T_R/K)/(R_m/K)
Sn	<15	232	—	Cu	200	1 083	0.35
Pb	<15	327	—	Fe	450	1 538	0.40
Zn	15	419	0.43	Ni	600	1 455	0.51
Al	150	660	0.45	Mo	900	2 625	0.41
Mg	150	650	0.46	W	1 200	3 410	0.40
Ag	200	960	0.39				

注意：在给定温度下发生再结晶需要一个最小变形量（临界变形度）。低于此变形度，不发生再结晶。

(2)原始晶粒尺寸

在其他条件相同的情况下，金属的原始晶粒越细小，则变形的抗力越大，冷变形后储存的能量较高,再结晶温度则较低。此外,晶界往往是再结晶形核的有利地区,故细晶粒金属的再结晶形核率 N 和长大速率 G 均增加,所形成的新晶粒更细小,再结晶温度也被降低。

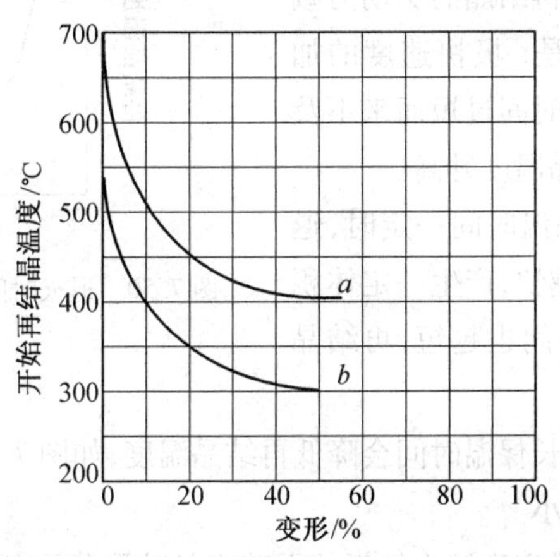

图 7.49 铁和铝的开始再结晶温度与预先冷变形程度的关系

a—电解铁;b—铝(质量分数为 99%)

(3)微量溶质原子

微量溶质原子的存在对金属的再结晶有很大的影响。表 7.10 是一些微量溶质原子对冷变形纯铜的再结晶温度的影响。微量溶质原子的存在显著提高再结晶温度的原因可能是溶质原子与位错及晶界间存在着交互作用,使溶质原子倾向于在位错及晶界处偏聚,对位错的滑移与攀移和晶界的迁移起阻碍作用,从而不利于再结晶的形核和核的长大,阻碍再结晶过程。

表 7.10 微量溶质原子对纯铜(质量分数为 99.999%)50%再结晶的温度的影响

材　料	50%再结晶的温度/℃	材　料	50%再结晶的温度/℃
光谱纯铜	140	光谱纯铜中加入 w(Sn)为 0.01%	315
光谱纯铜中加入 w(Ag)为 0.01%	205	光谱纯铜中加入 w(Sb)为 0.01%	320
光谱纯铜中加入 w(Cd)为 0.01%	305	光谱纯铜中加入 w(Tc)为 0.01%	370

(4)第二相粒子

第二相粒子的存在既可能促进基体金属的再结晶,也可能阻碍再结晶,这主要取决于基体上分散相粒子的大小及其分布。当第二相粒子尺寸较大,间距较宽(一般大于1 μm)时,再结晶核心能在其表面产生。在钢中常可见到再结晶核心在夹杂物 MnO 或第二相粒状 Fe_3C 表面上产生;当第二相粒子尺寸很小且又较密集时,则会阻碍再结晶的进行,在钢中常加入 Nb,V 或 Al 形成 NbC,V_4C_3,AlN 等尺寸很小的化合物(小于 100 nm),它们会抑制形核。

(5)再结晶退火工艺参数

加热速度、加热温度与保温时间等退火工艺参数,对变形金属的再结晶有着不同程度的影响。

若加热速度过于缓慢,变形金属在加热过程中有足够的时间进行回复,使点阵畸变度降低,储能减少,从而使再结晶的驱动力减小,再结晶温度上升。但是,极快速度的加热也会因在各温度下停留时间过短而来不及形核与长大,而致使再结晶温度升高。

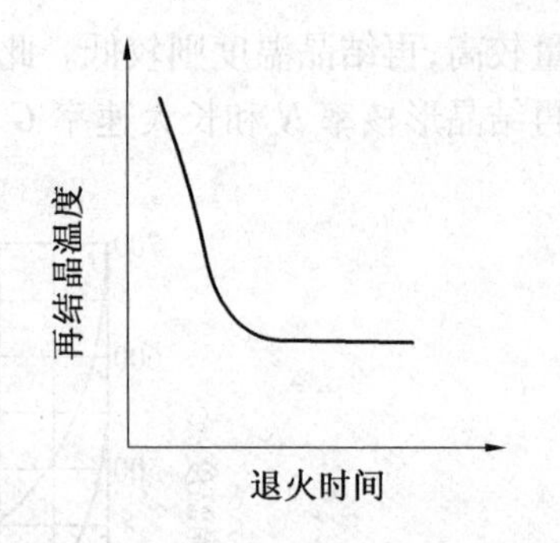

图 7.50　退火时间与再结晶温度的关系

当变形程度和退火保温时间一定时,退火温度越高,再结晶速度越快,产生一定体积分数的再结晶所需要的时间也越短,再结晶后的晶粒越粗大。

至于在一定范围内延长保温时间会降低再结晶温度,如图 7.50 所示。

4. 再结晶后的晶粒大小

再结晶完成以后,位错密度较小的新的无畸变晶粒取代了位错密度很高的冷变形晶粒。由于晶粒大小对材料性能将产生重要影响,因此,调整再结晶退火参数,控制再结晶的晶粒尺寸,在生产中具有一定的实际意义。

运用约翰逊-梅厄方程,可以证明再结晶后晶粒尺寸 d 与 N 和长大速率 G 之间存在下列关系:

$$d = \text{常数} \cdot \left(\frac{G}{N}\right)^{\frac{1}{4}} \tag{7.20}$$

由此可见,凡是影响 N,G 的因素,均影响再结晶的晶粒大小。

(1)变形程度的影响

冷变形程度对再结晶后晶粒大小的影响如图 7.51 所示。当变形程度很小时,晶粒尺寸即为原始晶粒的尺寸,这是因为变形量过小,造成的储存能不足以驱动再结晶,所以晶粒大小没有变化。当变形程度增大到一定数值后,此时的畸变能已足以引起再结晶,但由于变形程度不大,N/G 比值很小,因此得到特别粗大的晶粒。通常,把对应于再结晶后得到特别大晶粒的变形程度称为“临界变形度”,一般金属的临界变形度约为 2% ~ 10%。在生产实践中,要求细晶粒的金属材料应当避开这个变形量,以免恶化工件性能。

当变形量大于临界变形量之后,驱动形核与长大的储存能不断增大,而且形核率 N 增大较快,使 N/G 变大,因此,再结晶后晶粒细化,且变形度越大,晶粒越细化。

(2)退火温度的影响

退火温度对刚完成再结晶时晶粒尺寸的影响比较弱,这是因为它对 N/G 比值影响微弱。但提高退火温度可使再结晶的速度显著加快,临界变形度数值变小(图 7.52)。若再结晶过程已完成,随后还有一个晶粒长大阶段很明显,温度越高晶粒越粗。

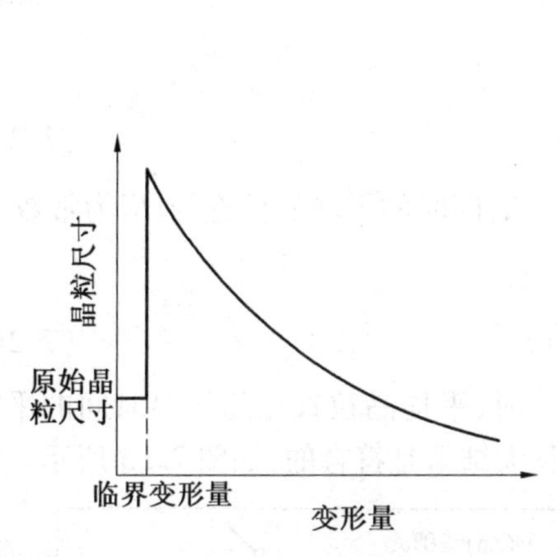

图 7.51 变形量与再结晶晶粒尺寸的关系

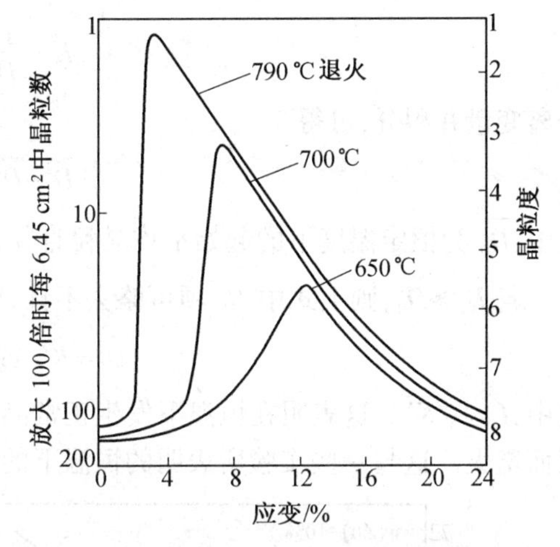

图 7.52 低碳钢(w(C)=0.06%)应变度及退火温度对再结晶后晶粒大小的影响

如果将变形程度、退火温度及再结晶后晶粒大小的关系表示在一个立体图上，就构成了所谓“再结晶全图”，它对于控制冷变形后退火的金属材料的晶粒大小有很好的参考价值。

此外，原始晶粒大小、杂质含量以及形变温度等均对再结晶后的晶粒大小有影响，在此不一一介绍。

7.2.4 晶粒长大

再结晶结束后，材料通常得到细小等轴晶粒，若继续提高加热温度或延长加热时间，将引起晶粒进一步长大。

对晶粒长大而言，晶界移动的驱动力通常来自总的界面能的降低。晶粒长大按其特点可分为两类：正常晶粒长大与异常晶粒长大（二次再结晶），前者表现为大多数晶粒几乎同时逐渐均匀长大；而后者则为少数晶粒突发性的不均匀长大。

1. 晶粒的正常长大及其影响因素

再结晶完成后，晶粒长大是一自发过程。从整个系统而言，晶粒长大的驱动力是降低其总界面能。若就个别晶粒长大的微观过程来说，晶粒界面的不同曲率是造成晶界迁移的直接原因。实际上晶粒长大时，晶界总是向着曲率中心的方向移动。

正常晶粒长大时，晶界的平均移动速度 $\overline{v}$ 为

$$\overline{v}=\overline{m}\cdot\overline{p}=\overline{m}\cdot\frac{2\gamma_b}{\overline{R}}\approx\frac{d\overline{D}}{dt} \tag{7.21}$$

式中，$\overline{m}$ 为晶界的平均迁移率；$\overline{p}$ 为晶界的平均驱动力；$\overline{R}$ 为晶界的平均曲率半径；γ_b 为单位面积的晶界能；$\frac{d\overline{D}}{dt}$为晶粒平均直径的增大速度。对于大致上均匀的晶粒组织而言，$\overline{R}\approx\overline{D}/2$，而 $\overline{m}$ 和 γ_b 对各种金属在一定温度下均可看作常数。因此上式可写成

$$K\cdot\frac{1}{D}=\frac{d\overline{D}}{dt} \tag{7.22}$$

分离变量并积分,可得

$$\overline{D}_t^2-\overline{D}_0^2=K't \tag{7.23}$$

式中,$\overline{D}_0$ 为恒定温度下的起始平均晶粒直径;$\overline{D}_t$ 为 t 时间时的平均晶粒直径;K'为常数。

若 $\overline{D}_t\gg\overline{D}_0$,则上式中 $\overline{D}_0^2$ 项可略去不计,则近似有

$$\overline{D}_0^2=K't \text{ 或 } \overline{D}_t=Ct^{1/2} \tag{7.24}$$

式中,$C=\sqrt{K'}$。这表明在恒温下发生正常晶粒长大时,平均晶粒直径随保温时间的平方根而增大。这与一些实验所表明的恒温下的晶粒长大结果是符合的,如图 7.53 所示。

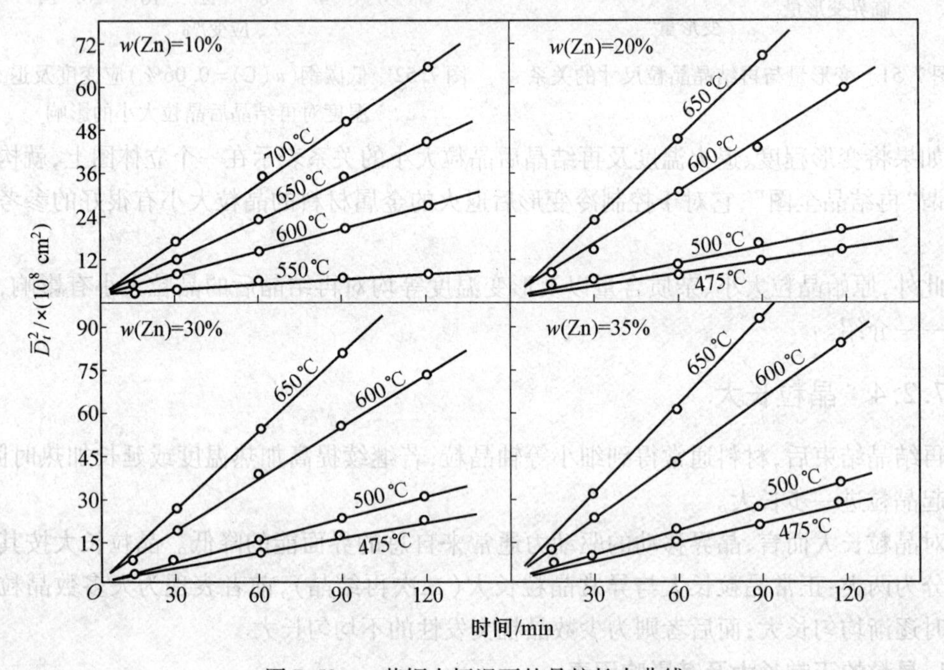

图 7.53　α 黄铜在恒温下的晶粒长大曲线

但当金属中存在阻碍晶界迁移的因素(如杂质)时,t 的指数项常小于 1/2,所以一般可表示为 $D_t=Ct^n$。

由于晶粒长大是通过大角度晶界的迁移来进行的,因而所有影响晶界迁移的因素均对晶粒长大有影响。

(1)温度

由图 7.53 可看出,温度越高,晶粒的长大速度也越快。这是因为晶界的平均迁移率 $\overline{m}$ 与 $e^{-Q_m/RT}$成正比(Q_m为晶界迁移的激活能或原子扩散通过晶界的激活能)。因此,将其代入式(7.21),恒温下的晶粒长大速度与温度的关系存在如下关系:

$$\frac{d\overline{D}}{dt}=K_1\cdot\frac{1}{D}e^{-Q_m/RT} \tag{7.25}$$

式中,K_1为常数。将式(7.25)积分,则

$$\overline{D}_t^2-\overline{D}_0^2=K_2 e^{-Q_m/RT}\cdot t \tag{7.26}$$

或

$$\lg\left(\frac{\overline{D}_t^2-\overline{D}_0^2}{t}\right)=\lg K_2-\frac{Q_m}{2.3RT}$$

若将实验所测得的数据绘于 $\lg\left(\frac{\overline{D}_t^2-\overline{D}_0^2}{t}\right)-\frac{1}{T}$ 坐标中应构成直线，直线的斜率为 $-Q_m/2.3R$。

图 7.54 为 H90 黄铜的晶粒长大速度$\left(\frac{\overline{D}_t^2-\overline{D}_0^2}{t}\right)$与$\frac{1}{T}$的关系，它呈线性关系，由此求得 H90 黄铜的晶界移动的激活能 Q_m为 73.6 kJ/mol。

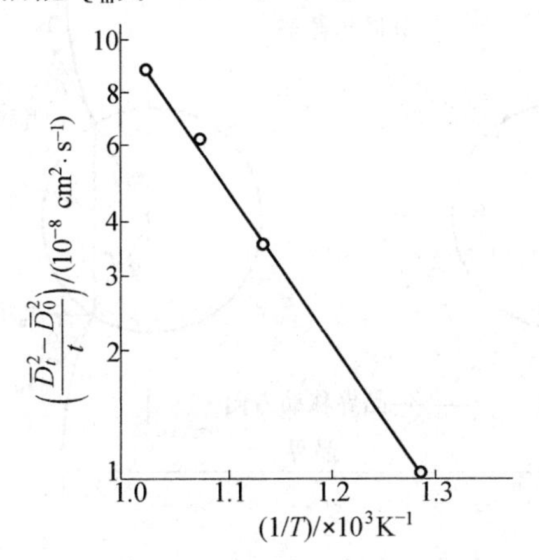

图 7.54　α 黄铜 w(Zn)为 10%)的晶粒长大速度$\frac{\overline{D}_t^2-\overline{D}_0^2}{t}$与$\frac{1}{T}$的关系

(2)分散相粒子

当合金中存在第二相粒子时，由于分散颗粒对晶界的阻碍作用，从而使晶粒长大速度降低。为讨论方便，假设第二相粒子为球形，其半径为 r，单位面积的晶界能为 γ_b，当第二相粒子与晶界的相对位置如图 7.54(a)所示时，其晶界面积减小 πr^2，晶界能则减小 $\pi r^2 r_b$，从而处于晶界能最小状态。同时此时粒子与晶界是处于力学上平衡的位置。

当晶界右移至图 7.55(b)所示的位置时，不但因为晶界面积增大而增加了晶界能，此外在晶界表面张力的作用下，与粒子相接触处晶界还会发生弯曲，以使晶界与粒子表面相垂直。若以 θ 表示与粒子接触处晶界表面张力的作用方向与晶界平衡位置间的夹角，则晶界右移至此位置时，晶界沿其移动方向对粒子所施的拉力为

$$F=2\pi\gamma\cos\theta\cdot\gamma_b\sin\theta=\pi r\gamma_b\sin 2\theta \tag{7.27}$$

根据牛顿第二定律，此力也等于在晶界移动的相反方向粒子对晶界移动所施的后拉力或约束力，当 $\theta=45°$时此约束力为最大，即

$$F_{max}=\pi r\gamma_b \tag{7.28}$$

实际上，由于合金基体均匀分布着许多第二相颗粒，因此，晶界迁移能力及其所决定的晶粒长大速度，不仅与分散相粒子的尺寸有关，而且单位体积中第二相粒子的数量也具有重要影响。通常，在第二相颗粒所占体积分数一定的条件下，颗粒越细，其数量越多，则

晶界迁移所受到的阻力也越大，故晶粒长大速度随第二相颗粒的细化而减小。当晶界能所提供的晶界迁移驱动力正好与分散相粒子对晶界迁移所施加的阻力相等时，晶粒的正常长大即停止。此时的晶粒平均直径称为晶粒极限平均直径 $\overline{D}_{\min}$。经分析与推导，可存在如下关系式：

$$\overline{D}_{\min}=\frac{4r}{3\varphi} \tag{7.29}$$

式中，φ 为单位体积合金中分散相粒子所占的体积分数。可见，当 φ 一定时，粒子的尺寸越小，极限平均晶粒尺寸也越小。

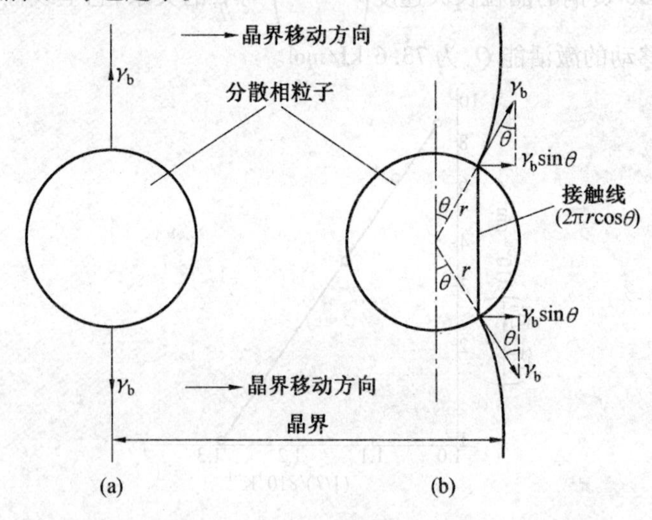

图 7.55　移动中的晶界与分散相粒子的交互作用示意图

(3)晶粒间的位向差

实验表明，相邻晶粒间的位向差对晶界的迁移有很大影响。当晶界两侧的晶粒位向较为接近或具有孪晶位向时，晶界迁移速度很小。但若晶粒间具有大角晶界的位向差时，则由于晶界能和扩散系数相应增大，因而其晶界的迁移速度也随之加快。

(4)杂质与微量合金元素

图 7.56 所示为 300 ℃时微量 Sn 对高纯 Pb 中晶界迁移速度的影响。从图 7.56 可看出，当 Sn 在纯 Pb 中质量分数由小于 1×10^{-6} 增加到 60×10^{-6} 时，一般晶界的迁移速度降低约 4 个数量级。通常认为，由于微量杂质原子与晶界的交互作用及其在晶界区域的吸附，形成了一种阻碍晶界迁移的“气团”(如 Cottrell 气团对位错运动的钉扎)，从而随着杂质含量的增加，显著降低了晶界的迁移速度。但是，如图 7.56 中虚线所示，微量杂质原子对某些具有特殊位向差的晶界迁移速度影响较小，这可能与该类晶界结构中的点阵重合性较高，从而不利于杂质原子的吸附有关。

2. 异常晶粒长大(二次再结晶)

异常晶粒长大又称不连续晶粒长大或二次再结晶，是一种特殊的晶粒长大现象。

发生异常晶粒长大的基本条件是正常晶粒长大过程被分散相微粒、织构或表面的热蚀沟等所强烈阻碍。当晶粒细小的一次再结晶组织被继续加热时，上述阻碍正常晶粒长大的因素一旦开始消除时，少数特殊晶界将迅速迁移，这些晶粒一旦长到超过它周围的晶粒时，由于大晶粒的晶界总是凹向外侧的，因而晶界总是向外迁移而扩大，结果它就越长越大，直至互相接触为止，形成二次再结晶。因此，二次再结晶的驱动力是来自界面能的降低，而不是来自应变能。它不是靠重新产生新的晶核，而是以一次再结晶后的某些特殊晶粒作为基础而长大的。图 7.57 为纯的和含少量的 MnS 的 Fe-3Si 合金（变形度为 50%）于不同温度退火 1 h 后晶粒尺寸的变化。二次再结晶的某些特征可从图中清楚看到。

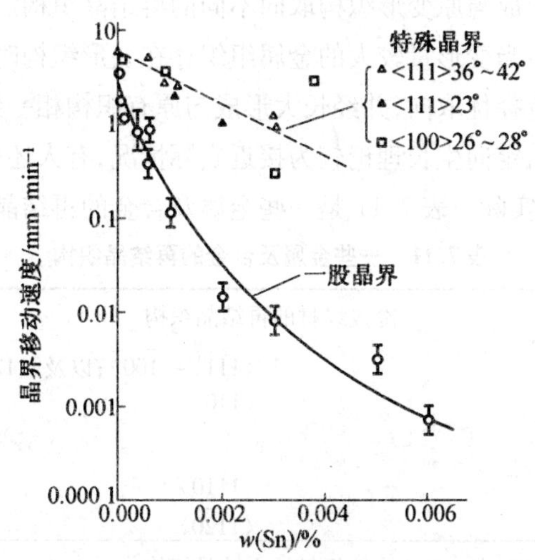

图 7.56 300 ℃时，微量锡对区域提纯的高纯铅的晶界移动速度的影响

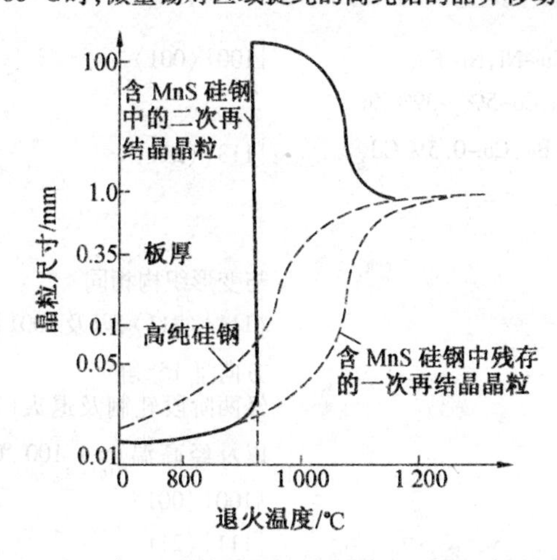

图 7.57 纯的和含 MnS 的 Fe-3Si 合金（冷轧到 0.35 mm 厚，ε=50%）在不同温度退火 1 h 的晶粒尺寸

7.2.5 再结晶织构与退火孪晶

1. 再结晶织构

通常具有变形织构的金属经再结晶后的新晶粒若仍具有择优取向，称为再结晶织构。

再结晶织构与原变形织构之间可存在三种情况：①与原有的织构相一致；②原有织构消失而代之以新的织构；③原有织构消失不再形成新的织构。

关于再结晶织构的形成机制，有两种主要的理论：定向生长理论与定向形核理论。

定向生长理论认为：一次再结晶过程中形成了各种位向的晶核，但只有某些具有特殊位向的晶核才可能迅速向变形基体中长大，即形成了再结晶织构。当基体存在变形织构时，其中大多数晶粒取向是相近的，晶粒不易长大，而某些与变形织构呈特殊位向关系的再结晶晶核，其晶界则具有很高的迁移速度，故发生择优生长，并通过逐渐吞食其周围变形基体达到互相接触，形成与原变形织构取向不同的再结晶织构。

定向形核理论认为：当变形量较大的金属组织存在变形织构时，由于各亚晶的位向相近，而使再结晶形核具有择优取向，并经长大形成与原有织构相一致的再结晶织构。

许多研究工作表明，定向生长理论较为接近实际情况，有人还提出了定向形核加择优生长的综合理论更符合实际。表 7.11 是一些金属及合金的再结晶织构。

表 7.11　一些金属及合金的再结晶织构

冷拔线材的再结晶织构	
面心立方金属	$\langle 111\rangle+\langle\bar{1}00\rangle$；以及$\langle 112\rangle$
体心立方金属	$\langle 110\rangle$
密排六方金属：	
Be	$\langle 11\bar{1}0\rangle$
Ti，Zr	$\langle 11\bar{2}0\rangle$
冷轧板材的再结晶织构	
圆心立方金属：	
Al，Au，Cu，Cu-Ni，Ni，Fe-Cu-Ni，Ni-Fe， ThAg，Ag-30%Au，Ag-1%Zn，Co-5%～39%Zn， Cu-1%～5%Sn，Cu-0.5%Be，Cu-0.5%Cd， Cu-0.05%P，Cu-10%Fe	$\{100\}\langle 001\rangle$ $\{113\}\langle 21\bar{1}\rangle$
体心立方金属：	
Mo	与变形织构相同
Fe，Fe-Si，V	$\{111\}\langle\bar{2}11\rangle$；以及$\{001\}+\{112\}$且$\langle 110\rangle$与轧制方向呈 15°角
Fe-Si	经两阶段轧制及退火（高斯法）后$\{110\}\langle 001\rangle$；以及经高温（>1 100 ℃）退火后$\{110\}\langle 001\rangle$，$\{100\}\langle 001\rangle$
Ta	$\{111\}\langle 211\rangle$
W，<1 800 ℃	与变形织构相同
W，>1 800 ℃	$\{001\}$且$\langle\bar{1}10\rangle$与轧制方向呈 12°角
密排六方金属	与变形织构相同

2. 退火孪晶

某些面心立方金属和合金，如铜及铜合金，镍及镍合金和奥氏体不锈钢等冷变形后经再结晶退火后，其晶粒中会出现如图 7.58 所示的退火孪晶。图 7.58 中的 A、B、C 代表三种典型的退火孪晶形态：A 为晶界交角处的退火孪晶；B 为贯穿晶粒的完整退火孪晶；C

为一端终止于晶内的不完整退火孪晶。孪晶带两侧互相平行的孪晶界属于共格的孪晶界，由(111)组成；孪晶带在晶粒内终止处的孪晶界，以及共格孪晶界的台阶处均属于非共格的孪晶界。

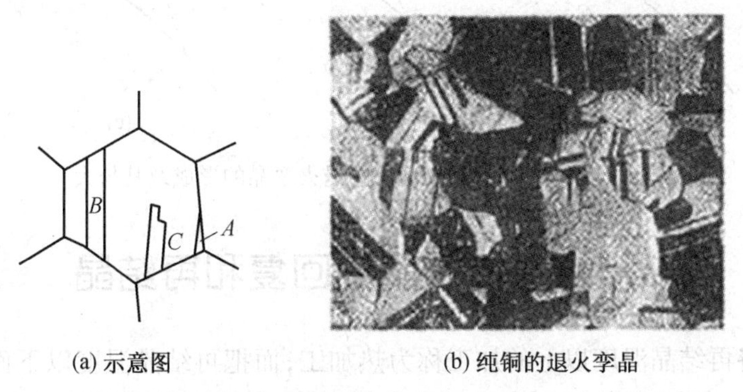

(a) 示意图　　(b) 纯铜的退火孪晶

图 7.58　退火孪晶

在面心立方晶体中形成退火孪晶需在{111}面的堆垛次序中发生层错，即由正常堆垛顺序 *ABCABC*…改变为 *ABCBACBACBACABC*…，如图 7.59 所示，其中 $\bar{C}$ 和 $\bar{C}$ 两面为共格孪晶界面，其间的晶体则构成一退火孪晶带。

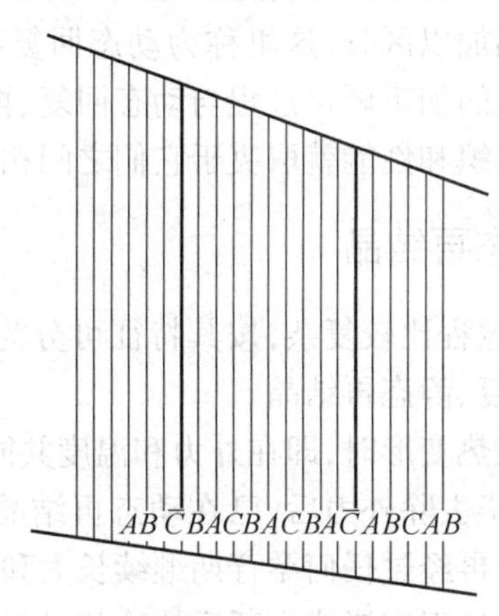

图 7.59　面心立方结构的金属形成退火孪晶时(111)面的堆垛次序

关于退火孪晶的形成机制，一般认为退火孪晶是在晶粒生长过程中形成的。如图 7.60所示，当晶粒通过晶界移动而生长时，原子层在晶界角处(111)面上的堆垛顺序偶然错堆，就会出现一共格的孪晶界并随之在晶界角处形成退火孪晶，这种退火孪晶通过大角度晶界的移动而长大。在长大过程中，如果原子在(111)表面再次发生错堆而恢复原来的堆垛顺序，则又形成第二个共格孪晶界，构成了孪晶带。同样，形成退火孪晶必须满足能量条件，层错能低的晶体容易形成退火孪晶。

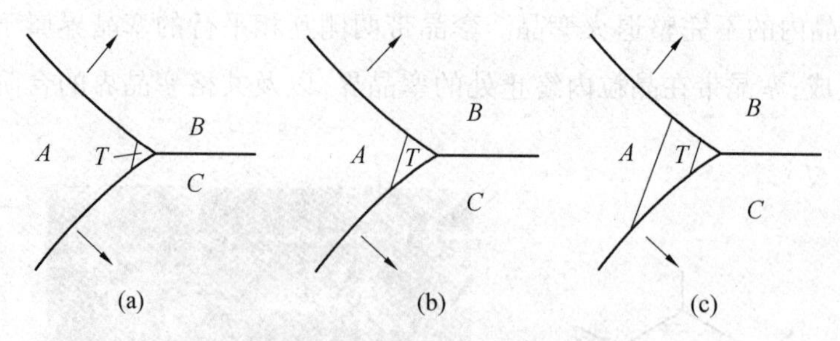

图 7.60　晶粒生长时晶界角处的退火孪晶的形成及其长大

7.3　热变形金属的回复和再结晶

工程上常将再结晶温度以上的加工称为热加工，而把再结晶温度以下而又不加热的加工称为冷加工。至于温加工则介于两者之间，其变形温度低于再结晶温度，却高于室温。例如，Sn 的再结晶温度为-3 ℃，故在室温时对 Sn 进行加工是热加工，而 W 的最低再结晶温度为 1 200 ℃，在 1 000 ℃以下拉制钨丝则属于温加工。因此，再结晶温度是区分冷、热加工的分界线。

热加工时，由于变形温度高于再结晶温度，故在变形的同时伴随着回复、再结晶过程。为了与上节讨论的回复、再结晶加以区分，这里称为动态回复和动态再结晶过程。因此，在热加工过程中，因形变而产生的加工硬化过程与动态回复、再结晶所引起的软化过程是同时存在的，热加工后金属的组织和性能就取决于它们之间相互抵消的程度。

7.3.1　动态回复与动态再结晶

热加工时的回复和再结晶过程比较复杂，按其特征可分为 5 种形式：动态回复、动态再结晶、亚动态再结构、静态回复、静态再结晶。

动态回复、动态再结晶是在热变形时，即在外力和温度共同作用下发生的。

亚动态再结晶在热加工完毕去除外力后，已在动态再结晶时形成的再结晶核心及正在迁移的再结晶晶粒界面，不必再经过任何孕育期继续长大和迁移。

静态回复、静态再结晶是热加工完毕或中断后的冷却过程中，即在无外力作用下发生的。

其中，静态回复和静态再结晶的变化规律与上一节介绍一致，唯一不同之处是，它们利用热加工的余热来进行，而不需要重新加热，故在这里不再进行赘述，下面仅对动态回复和动态再结晶进行论述。

1. 动态回复

通常高层错能金属（如 Al、α-Fe、Zr、Mo 和 W 等）的扩展位错很窄，螺型位错的交滑移和刃型位错的攀移均较易进行，这样就容易从结点和位错网中解脱出来而与异号位错相互抵消，因此，亚组织中的位错密度较低，剩余的储能不足以引起动态再结晶，动态回复是这类金属热加工过程中起主导作用的软化机制。

(1)动态回复时应力-应变曲线

图7.61为发生动态回复时真应力-真应变曲线。动态回复可以分为三个不同的阶段：

Ⅰ——微应变阶段,应力增大很快,并开始出现加工硬化,总应变小于1%。

Ⅱ——均匀应变阶段,斜率逐渐下降,材料开始均匀塑性变形,同时出现动态回复,"加工硬化"部分被动态回复所引起的"软化"所抵消。

Ⅲ——稳态流变阶段,加工硬化与动态回复作用接近平衡,加工硬化率趋于零,出现应力不随应变而增高的稳定状态。稳态流变的应力受温度和应变速率影响很大。

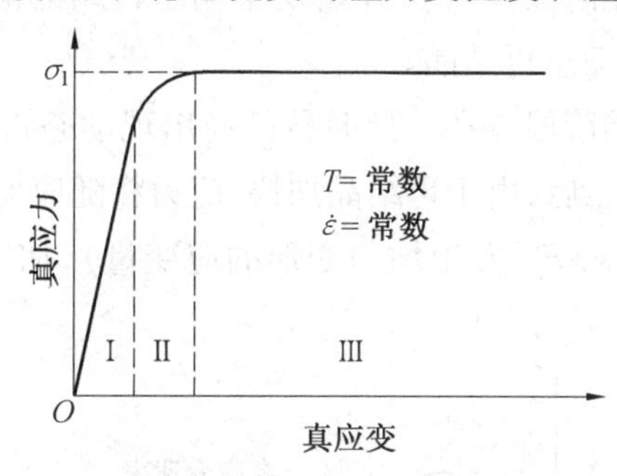

图7.61 发生动态回复时真应力-真应变曲线的特征

(2)动态回复机制

随着应变量的增加,位错通过增殖,其密度不断增加,开始形成位错缠结和胞状亚结构。但由于热变形温度较高,从而为回复过程提供了热激活条件。通过刃型位错的攀移、螺型位错的交滑移、位错结点的脱钉,以及随后在新滑移面上异号位错相遇而发生抵消等过程,从而使位错密度不断减小。而位错的增殖速率和消亡速率达到平衡时,即不发生硬化,应力-应变曲线转为水平时的稳态流变阶段。

(3)动态回复时的组织结构

在动态回复所引起的稳态流变过程中,随着持续应变,虽然晶粒沿变形方向伸长呈纤维状,但晶粒内部却保持等轴亚晶无应变的结构,如图7.62所示。

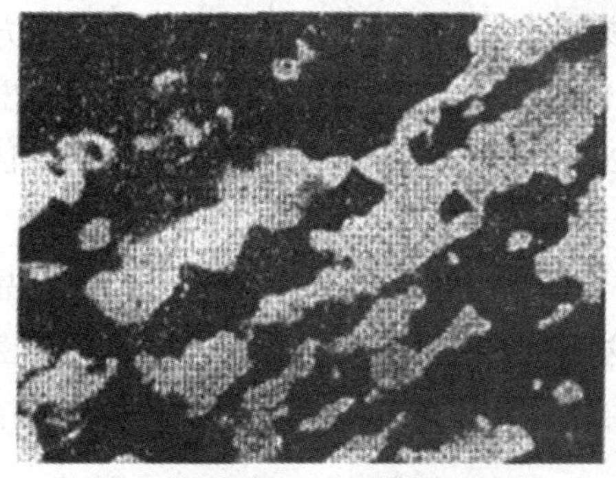

(a) 光学显微组织（偏振光 430×）

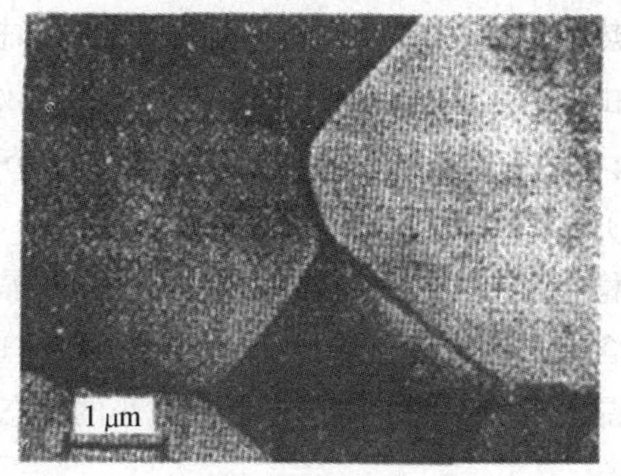

(b) 透射电子显微组织

图7.62 铝在400 ℃挤压所形成的动态回复亚晶

动态回复所形成的亚晶,其完整程度、尺寸大小及相邻亚晶间的位向差,主要取决于变形温度和变形速率。

2. 动态再结晶

对于低层错能金属(如 Cu、Ni、γ-Fe、不锈钢等),由于它们的扩展位错宽度很宽,难以通过交滑移和刃型位错的攀移来进行动态回复,因此发生动态再结晶的倾向性大。

(1)动态再结晶时应力-应变曲线

金属发生动态再结晶时真应力-真应变曲线具有图 7.63 所示的特征。在高应变速率下,动态再结晶过程也分三个阶段:

Ⅰ——微应变加工硬化阶段,$\varepsilon<\varepsilon_c$(开始发生动态再结晶的临界应变度),应力随应变增加而迅速增加,不发生动态再结晶。

Ⅱ——动态再结晶开始阶段,$\varepsilon<\varepsilon_c$,此时虽已经出现动态再结晶软化作用,但加工硬化仍占主导地位。当 $\sigma=\sigma_{max}$后,由于再结晶加快,应力将随应变增加而下降。

Ⅲ——稳态流变阶段,$\varepsilon>\varepsilon_s$(发生均匀变形的应变量),加工硬化与动态再结晶软化达到动态平衡。

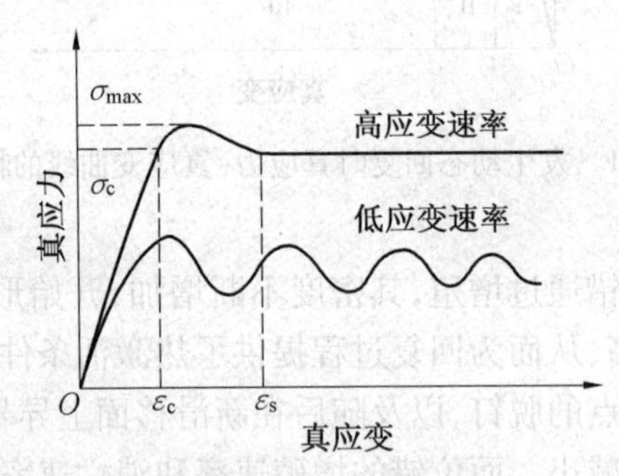

图 7.63 发生动态再结晶时真应力-真应变曲线

在低应变速率情况下,稳态流变曲线出现波动,主要与变形引起的加工硬化和动态再结晶产生的软化交替作用及周期性变化有关。

(2)动态再结晶的机制

在热加工过程中,动态再结晶也是通过形核和长大完成的。动态再结晶的形核方式与 ε 及由此引起的位错组态变化有关。当 ε 较低时,动态再结晶是通过原晶界的弓出机制形核;而当 ε 较高时,则通过亚晶聚集长大方式进行,具体可参考静态再结晶形核机制。

(3)动态再结晶的组织结构

在稳态变形期间,金属的晶粒是等轴的,晶界呈锯齿状。在透射电镜下观察,则晶粒内还包含着被位错所分割的亚晶(图 7.64)。这与退火时静态再结晶所产生的位错密度很低的晶粒显然不同。故同样晶粒大小的动态再结晶组织的强度和硬度要比静态再结晶组织的高。

动态再结晶后的晶粒大小与流变应力成反比(图 7.65)。另外,应变速率越低,变形温度越高,则动态再结晶后的晶粒越大,而且越完整。因此,控制应变速率、温度、每道次变形的应变量和间隔时间,以及冷却速度,就可以调整热加工材料的晶粒度和强度。

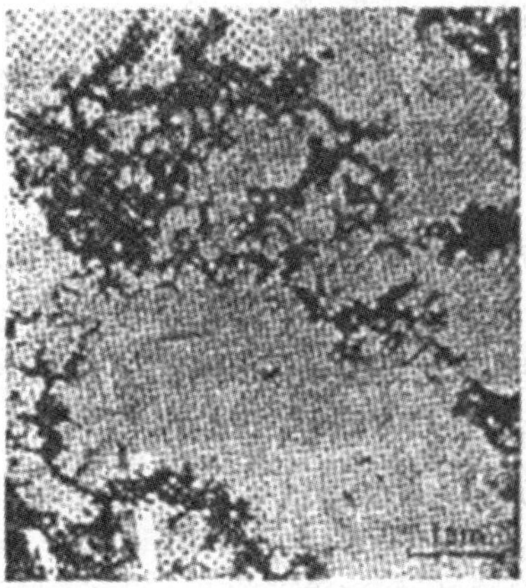

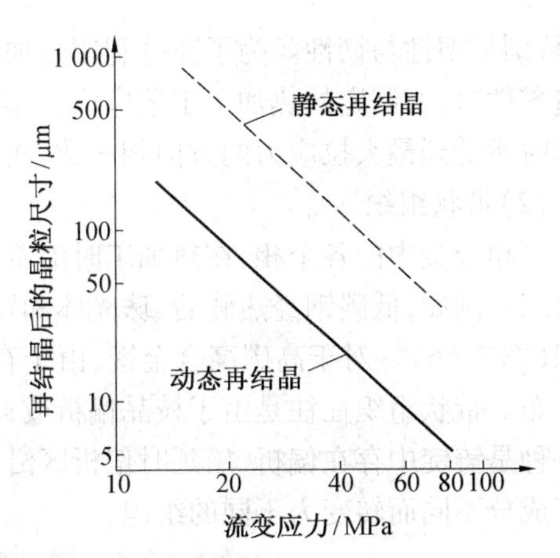

图7.64 镍在934 ℃变形时动态再结晶晶粒中被位错所分隔的亚结构

图7.65 镍再结晶晶粒尺寸与流变应力之间的关系

此外,溶质原子的存在常常阻碍动态回复,而有利于动态再结晶的发生。在热加工时形成的弥散分布沉淀物,能稳定亚晶粒,阻碍晶界移动,减缓动态再结晶的进行,有利于获得细小的晶粒。

7.3.2 热加工对组织性能的影响

除了铸件和烧结件外,几乎所有的金属材料在制成成品的过程中均须经过热加工,而且不管是中间工序还是最终工序,金属经热加工后,其组织与性能必然会对最终产品性能产生巨大的影响。

1.热加工对室温力学性能的影响

热加工不会使金属材料发生加工硬化,但能消除铸造中的某些缺陷,如将气孔、疏松焊合;改善夹杂物和脆性物的形状、大小及分布;部分消除偏析;将粗大柱状晶、树枝晶变为细小、均匀的等轴晶粒,其结果使材料的致密度和力学性能有所提高。因此,金属材料经热加工后比铸态具有较佳的力学性能。

金属热加工时通过对动态回复的控制,使亚晶细化,这种亚组织可借适当的冷却速度使之保留到室温,具有这种组织的材料,其强度要比动态再结晶的金属高。通常把形成亚组织而产生的强化称为“亚组织强化”,它可作为提高金属强度的有效途径。例如,铝及其合金的亚组织强化,钢和高温合金的形变热处理,低合金高强度钢控制轧制等,均与亚晶细化有关。

室温下金属的屈服强度 σ_s 与亚晶平均直径 d 有如下关系:

$$\sigma_s=\sigma_0+kd^{-\rho} \tag{7.30}$$

式中,σ_0 为不存在亚晶界时单晶屈服强度;k 为常数;指数 ρ 对大多数金属约为1~2。

2.热加工材料的组织特征

(1)加工流线

热加工时,由于夹杂物、偏析、第二相和晶界、相界等随着应变量的增大,逐渐沿变形方向延伸,在经侵蚀的宏观磨面上会出现流线或热加工纤维组织。这种纤维组织的存在,会使材料的力学性能呈现各向异性,顺纤维的方向较垂直于纤维方向具有较高的力学性能,特别是塑性与韧性。为了充分利用热加工纤维组织这一力学性能特点,用热加工方法制造零件时,所制定的热加工工艺应保证零件中的流线有正确的分布,尽量使流线与零件工作时所受到最大拉应力的方向相一致,而与外加的切应力或冲击力的方向垂直。

(2)带状组织

复相合金中的各个相,在热加工时沿着变形方向交替地呈带状分布,这种组织称为带状组织。例如,低碳钢经热轧后,珠光体和铁素体常沿轧向呈带状或层状分布,构成带状组织(图7.66)。对于高碳高合金钢,由于存在较多的共晶碳化物,因而在加热时也呈带状分布。带状组织往往是由于枝晶偏析或夹杂物在压力加工过程中被拉长所造成的。另外一种是铸锭中存在偏析,压延时偏析区沿变形方向伸长呈条带状分布,冷却时,由于偏析区成分不同而转变为不同的组织。

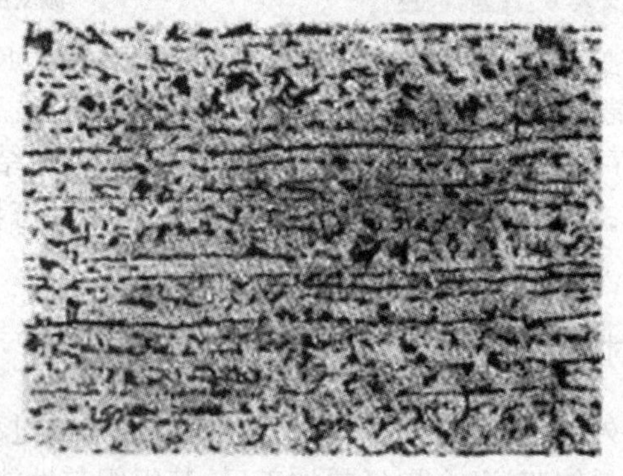

图7.66 热轧低碳钢板的带状组织(×100)

带状组织的存在也将引起性能明显的方向性,尤其是在同时兼有纤维状夹杂物情况下,其横向的塑性和冲击韧性显著降低。为了防止和消除带状组织,一是不在两相区变形;二是减小夹杂物元素的含量;三是可用正火处理或高温扩散退火加正火处理使之消除。

7.3.3 蠕变

在高压蒸汽锅炉、汽轮机、化工炼油设备,以及航空发动机中,许多金属零部件和在冶金炉、烧结炉及热处理炉中的耐火材料均长期在高温条件下工作。对于它们,如果仅考虑常温短时静载下的力学性能,显然是不够的。这里须引入一个蠕变的概念,对其温度和载荷持续作用时间因素的影响加以特别考虑。所谓蠕变,是指在某温度下恒定应力(通常小于σ_s)下所发生的缓慢而连续的塑性流变现象。一般蠕变时应变速率很小,为10^{-10} ~ 10^{-3},且依应力大小而定,对金属晶体,通常$T>0.3T_m$时,蠕变现象才比较明显。因此,对蠕变的研究,对于高温使用的材料具有重要的意义。

1. 蠕变曲线

材料蠕变过程可用蠕变曲线来描述,典型的蠕变曲线如图7.67所示。蠕变曲线上的任一点的斜率,表示该点的蠕变速率。整个蠕变过程可分为三个阶段:

Ⅰ——瞬态或减速蠕变阶段。Oa为外载荷引起的初始应变,从点a开始产生蠕变,且一开始蠕变速率很大,随时间延长,蠕变速率逐渐减小,是一加工硬化过程。

Ⅱ——稳态蠕变阶段。这一阶段特点是蠕变速率保持不变,因而也称恒速蠕变阶段。一般所指蠕变速率就是指这一阶段的 $\dot{\varepsilon}_s$。

Ⅲ——加速蠕变阶段。在蠕变过程后期,蠕变速率不断增大直至断裂。

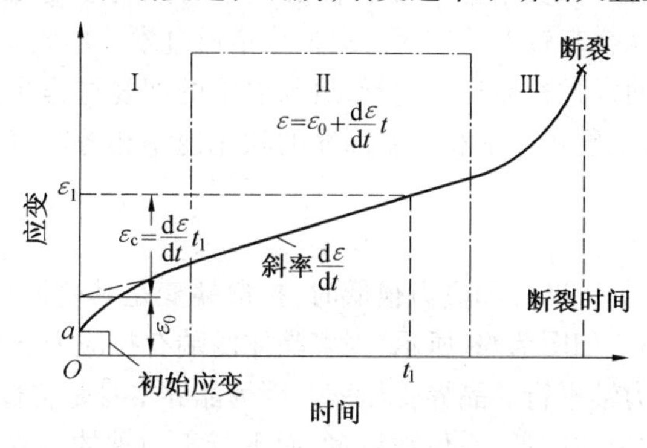

图 7.67 典型蠕变曲线

不同材料在不同条件下的蠕变曲线是不同的。同一种材料的蠕变曲线随着温度和应力的增高,蠕变第二阶段变短,直至完全消失,很快从Ⅰ→Ⅲ,在高温下服役的零件寿命将大大缩短。

蠕变过程最重要的参数是稳态的蠕变速率 $\dot{\varepsilon}_s$,因为蠕变寿命和总的伸长均决定于它。实验表明,$\dot{\varepsilon}_s$ 与应力有指数关系,并考虑到蠕变同回复再结晶等过程一样也是热激活过程,因此可表示为

$$\dot{\varepsilon}=C\sigma^n\exp\left(-\frac{Q}{RT}\right)$$

$$Q=\frac{R\ln\dfrac{\dot{\varepsilon}_1}{\dot{\varepsilon}_2}}{\left(\dfrac{1}{T_2}-\dfrac{1}{T_1}\right)} \tag{7.31}$$

式中,Q 为蠕变激活能;C 为材料常数;$\dot{\varepsilon}_1$、$\dot{\varepsilon}_2$ 为 T_1、T_2 温度下的蠕变速率;n 为应力指数,对高分子材料为 1~2,对金属为 3~7。显然,固定 σ,分别测定 $\dot{\varepsilon}$ 与 $\frac{1}{T}$,可从 $\ln\dot{\varepsilon}$ 与 $\frac{1}{T}$ 关系中求得蠕变激活能 Q。对大多数金属和陶瓷,当 $T=0.5T_m$ 时,蠕变激活能与自扩散的激活能十分相似,这说明蠕变现象可看作在应力作用下原子流的扩散,扩散过程起着决定性作用。

2. 蠕变机制

已知晶体在室温下或者温度在小于 0.3 T_m 时变形,变形机制主要是通过滑移和孪生两种方式进行的。热加工时,由于应变率大,位错滑移仍占重要地位。当应变率较小时,除了位错滑移之外,高温使空位(原子)的扩散得以明显地进行,这时变形的机制也会不同。

(1)位错蠕变(回复蠕变)

在蠕变过程中,滑移仍然是一种重要的变形方式。在一般情况下,若滑移面上的位错运动受阻产生塞积,滑移便不能进行,只有在更大的切应力下才能使位错重新开动增殖。

但在高温下,刃型位错可借助热激活攀移到邻近的滑移面上并可继续滑移,很明显,攀移减小了位错塞积产生的应力集中,也就是使加工硬化减弱了。这个过程和螺型位错交滑移能减少加工硬化相似,但交滑移只在较低温度下对减弱强化是有效的,而在 $0.3T_{m}$ 以上,刃型位错的攀移就会起较大的作用。刃型位错通过攀移形成亚晶,或正负刃型位错通过攀移后相互消失,回复过程能充分进行,故高温下的回复过程主要是刃型位错的攀移。当蠕变变形引起的加工硬化速率和高温回复的软化速率相等时,就形成稳定的蠕变第二阶段。

(2)扩散蠕变

当温度很高(约为 $0.9T_{m}$)和应力很低时,扩散蠕变是其变形机理。它是在高温条件下空位的移动造成的。如图 7.68 所示,当多晶体两端有拉应力 σ 作用时,与外力轴垂直的晶界受拉伸,与外力轴平行的晶界受压缩。因为晶界本身是空位的源和湮没阱,垂直于力轴方向的晶界空位形成能低,空位数目多;而平行于力轴的晶界空位形成能高,空位数目少,从而在晶粒内部形成一定的空位浓度差。空位沿实线箭头方向向两侧流动,原子则朝着虚线箭头的方向流动,从而使晶体产生伸长的塑性变形,这种现象称为扩散蠕变。

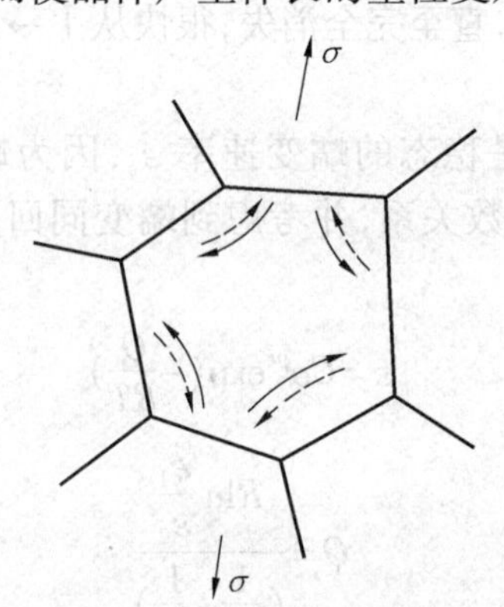

图 7.68 晶粒内部扩散蠕变示意图

实线—空位运动方向;虚线—原子运动方向

蠕变速率 $\dot{\varepsilon}$ 与应力和温度 T 可表示为

$$\dot{\varepsilon}=C\sigma e^{-\frac{Q}{RT}} \tag{7.32}$$

式中,C 为材料常数;Q 为扩散蠕变激活能。

(3)晶界滑动蠕变

在高温下,由于晶界上的原子容易扩散,受力后易产生滑动,故促进蠕变进行。随着温度升高、应力降低、晶粒尺寸减小,晶界滑动对蠕变的贡献也就增大。但在总的蠕变量中所占的比例并不大,一般约为 10%。

实际上,为保持相邻晶粒之间的密合,扩散蠕变总是伴随着晶界滑动的。晶界的滑动是沿最大切应力方向进行的,主要靠晶界位错源产生的固有晶界位错来进行,与温度和晶界形貌等因素有关。

7.3.4 超塑性

材料在一定条件下进行热变形,可获得伸长率达500% ~2000%的均匀塑性变形,且不发生缩颈现象,材料的这种特性称为超塑性。

为了使材料获得超塑性,通常应满足以下三个条件:

①具有等轴细小两相组织,晶粒直径小于10 μm,而且在超塑性变形过程中晶粒不显著长大;

②超塑性形变在(0.5 ~0.65)T_m温度范围内进行;

③低的应变速率 $\dot{\varepsilon}$,一般为 10^{-2} ~ 10^{-4} s^{-1},以保证晶界扩散过程得以顺利进行。

1.超塑性的特征

在高温下材料的流变应力 σ 不仅是应变 ε 和温度 T 的函数,而且对应变速率 $\dot{\varepsilon}$ 也很敏感,并存在以下关系:

$$\sigma(\varepsilon, T)=K\dot{\varepsilon}^m \tag{7.33}$$

式中,K 为常数;m 为应变速率敏感系数。在室温下,对一般的金属材料 m 值很小,为0.01 ~0.04,温度升高,晶粒变细,m 值可变大。要使金属具备超塑性,m 至少在0.3以上(图7.69)。故在组织超塑性中,获得微晶是相当关键的。对共晶合金,可经热变形,让共晶组织发生再结晶来获得微晶;对共析合金,可经热变形或淬火后来获得;而对析出型合金,则经热变形或降温形变时析出来获得微晶组织。m 值反应了材料拉伸时抗缩颈能力,是评定材料潜在超塑性的重要参数。一般来说,材料的伸长率随 m 值的增大而增大(图7.70)。

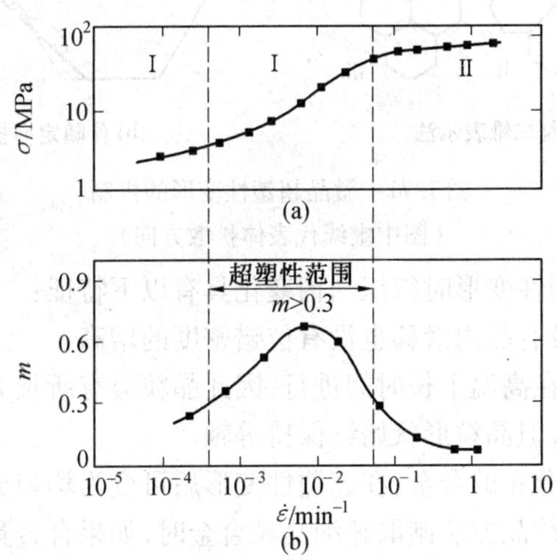

图7.69 Mg-Al合金在350 ℃变形时 σ、m 与 $\dot{\varepsilon}$ 的关系(晶粒尺寸:10.6 μm)

为了获得较高的超塑性,要求材料的 m 值一般不小于0.5。m 值越大,表示应力对应变速率越敏感,超塑性现象越显著。m 值可以从 $\lg\sigma-\lg\dot{\varepsilon}$ 图中求得

$$m=\left(\frac{\partial\lg\sigma}{\partial\lg\dot{\varepsilon}}\right)_{\varepsilon,\quad T}\approx\frac{\Delta\lg\sigma}{\Delta\lg\dot{\varepsilon}}=\frac{\lg\sigma_2-\lg\sigma_1}{\lg\dot{\varepsilon}_2-\lg\dot{\varepsilon}_1}=\frac{\lg(\sigma_2/\sigma_1)}{\lg(\dot{\varepsilon}_2/\dot{\varepsilon}_1)} \tag{7.34}$$

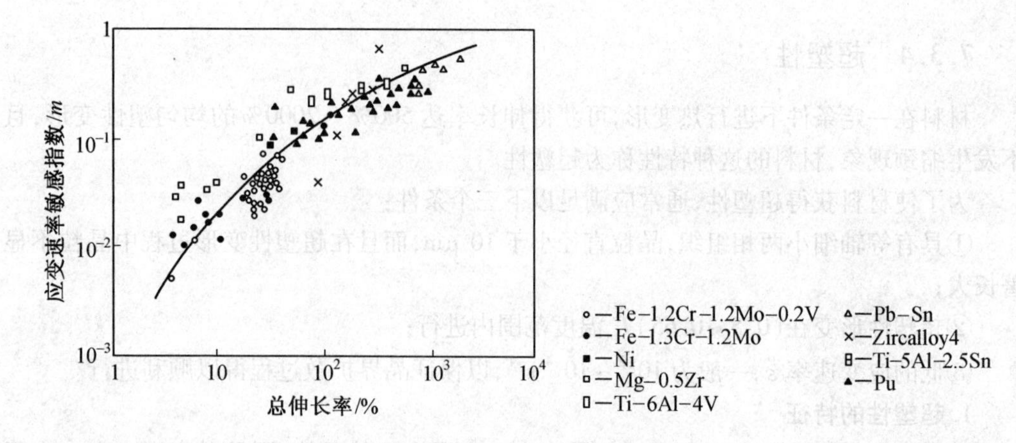

图 7.70 一些金属材料的延伸率与应变速率敏感指数 m 的关系

2. 超塑性的本质

关于超塑性变形的本质,多数观点认为是由晶界的转动与晶粒的转动所致。图 7.71 是微晶超塑性变形的机制。从图 7.71 可以看出,假若对一组由四个六角晶粒所组成的整体沿纵向施一拉伸应力,则横向必受一压力,在这些应力作用下,通过晶界滑移、移动和原子的定向扩散,晶粒由初始状态(Ⅰ)经过中间状态(Ⅱ)至最终状态(Ⅲ)。初始和最终状态的晶粒形状相同,但位置发生了变化,并导致整体沿纵向伸长,使整个试样发生变形。

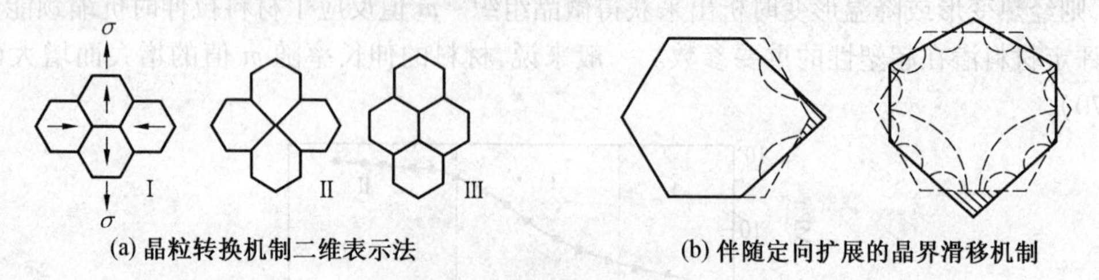

图 7.71 微晶超塑性变形的机制
(图中虚线代表体扩散方向)

大量实验表明,超塑性变形时组织结构变化具有以下特征:

①超塑性变形时,没有晶内滑移也没有位错密度的增高。

②由于超塑性变形在高温下长时间进行,因此晶粒会有所长大。

③尽管变形量很大,但晶粒形状始终保持等轴。

④原来两相呈带状分布的合金,在超塑性变形后可变为均匀分布。

⑤当用冷形变和再结晶方法制取超细晶粒合金时,如果合金具有织构,则在超塑性变形后织构消失。

注意:除了上述的组织超塑性外,还有一种相变超塑性,即对具有固态相变的材料可以采用在相变温度上下循环加热与冷却,来诱导它们发生反复的相变过程,使其中的原子在未施加外力时就发生剧烈的运动,从而获得超塑性。

3. 超塑性的应用

超塑性合金在特定的 $T,\dot{\varepsilon}$ 下,延展性特别大,具有和高温聚合物及玻璃相似的特征,故可采用塑料和玻璃工业的成型法加工,如像玻璃那样进行吹制,而且形状复杂的零件可以一次成型。由于在形变时无弹性变形,成型后也就没有回弹,故尺寸精密度高,光洁度好。

对于板材冲压,可以用一阴模,利用压力或真空一次成型;对于大块金属,也可用闭模压制一次成型,所需的设备吨位大大降低。另外,因形变速率低,故对模具材料要求也不高。

但该工艺也有缺点,如为了获得超塑性,有时要求多次形变、多次热处理,工艺较复杂。另外,它要求等温下成型,而成型速度慢,因而模具易氧化。目前超塑性已在 Sn 基、Zn 基、Al 基、Cu 基、Ti 基、Mg 基、Ni 基等一系列合金及多种钢中获得,并在工业中得到实际应用。

7.4 金属的强化机制

金属材料大部分属于塑性材料,其塑性变形是靠位错运动而发生的。因此,任何阻止位错运动的因素都可以成为提高金属材料的途径。

7.4.1 固溶强化

金属材料中存在固溶原子时,固溶原子必然会引起周围晶格的畸变,在其周围产生一个应力场,由于固溶原子应力场和位错应力场相互作用的结果,溶质原子具有向位错偏聚而形成一个原子气团的倾向。这时,位错的运动要么摆脱原子气团,要么拖带着原子气团一起运动。摆脱原子气团需增加一部分外力以克服它与位错间的相互吸引,如果拖带着原子气团一起运动,外力也需增加一个附加量。所以,当位错上有原子偏聚时,位错运动难度提高,金属得到强化。

如果溶质原子在金属中形成有序超结构,在滑移面两侧的原子之间形成了 A 和 B 型原子的一定匹配关系,当有位错在滑移面上运动时,会不断破坏这种有序关系,形成反相畴界。位错只有在加大了的外力作用下才能运动,外力的增加用于补偿形成反相畴界所需的能量。设反相畴界能为 γ,为使单个位错运动所需施加增加的切应力为

$$\Delta\tau=\gamma/b \tag{7.35}$$

式中,b 为柏氏矢量的模,可见材料得到了强化,这种强化作用也称为有序强化。

如果固溶原子均匀地分布在基体中,当溶质原子不动,而在外力作用下运动的位错遇到溶质原子时便会受到一定的阻碍,如图 7.72 所示。对于稀固溶体而言,溶质原子的浓度可表示为

$$C=1/(L^2 2d) \tag{7.36}$$

式中,L 为在滑移面上溶质原子的间距;d 为面间距,可以近似视为 b 矢量的大小。溶质原子对位错的钉锚作用力具有短程性质,若设 a^* 为使位错脱锚的热激活距离;W^* 为相应的热激活能,提供这一激活能使位错脱锚所需外力的临界值应为

$$\sigma_c=W^*/(a^* bL)=(W^*/a^* b)(2bC)^{1/2} \tag{7.37}$$

式中,W^* 和 a^* 的数值尚难于精确计算,但考虑到溶质原子对位错的钉锚能力较弱,位错

线弓弯程度不大便可脱锚，故可以认为$W^*/a^*<Gb^2$，且与L和C无关。于是，便可得出临界切应力与溶质原子浓度的平方根成正比，即

$$\sigma_c \propto C^{1/2} \tag{7.38}$$

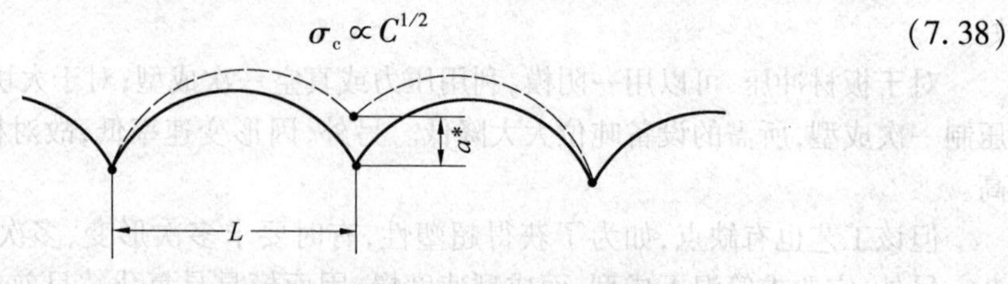

图 7.72 位错遇不动溶质原子受阻弓弯示意图

如果是均匀的浓固溶体，由于滑移面上溶质原子的应力场相互重叠并抵消，如图7.73所示。溶质原子对位错线的作用力有正有负，互相抵消的结果会使强化作用为零。但是，位错线运动时无疑要切割滑移面两侧的异类原子之间的键。由于溶质原子和溶剂原子间尺寸的差异或化学性质的差异等因素，往往会引起滑移面两侧原子产生局部短程有序状态。位错运动的阻力不单是弹性交互作用，更主要的是切割异类原子键所消耗的能量。由图 7.73 可见，在外应力σ作用下，位错运动δx距离，相应破坏异类原子键合所需的能量为

$$\varepsilon \cdot n_b = \varepsilon \cdot C \cdot L \cdot \delta x \cdot 2d \tag{7.39}$$

式中，ε为滑移面两侧异类原子的键合强度；C为溶质浓度；d为滑移面面间距；n_b为在体积$L \cdot \delta x \cdot 2d$中异类原子的键合数目。这时外应力$\sigma$推动位错运动$\delta x$距离所做的功为$\sigma bL\delta x$，故使位错运动的临界切应力为

$$\sigma_c = \varepsilon \cdot n_b / b \cdot L \cdot \delta x = (2\varepsilon d/b)C \tag{7.40}$$

也就是说，对于浓固溶体而言，临界切应力与溶质浓度呈线性关系，即

$$\sigma_c \propto C \tag{7.41}$$

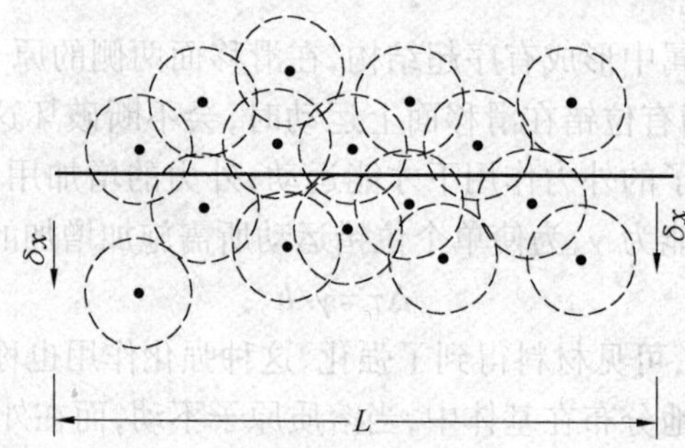

图 7.73 浓固溶体中位错线两侧溶质原子的应力重叠与抵消示意图

7.4.2 形变强化

前面指出了溶质原子对位错运动的阻碍作用，实际上还存在一些其他位错运动的障碍。例如位错的相互作用会增大位错的运动阻力。Ashby 曾用量纲分析法，得出了位错密度与强度增加值的关系。使位错运动所需要增加的附加切应力$\Delta\tau$必然正比于晶体的切变模量G，其次必然与位错矢量的n次幂成正比，并设定与位错密度ρ的m次幂成正

比,即

$$\Delta\tau = Gb^n\rho^m \tag{7.42}$$

因为 $\Delta\tau$ 外力施加在位错线上的力是 $\Delta\tau b$,在有关位错理论的讨论中曾得出位错间相互作用力的大小正比于 b^2,使位错克服此阻力而进行运动所施加的附加外力必须正比于 b 的一次幂,这样就得出了 $n=1$。这时从量纲分析出发,要使上式左边的乘积是应力的单位,则 ρ^m 的量纲必须是 1/长度,而 ρ 的量纲是 1/(长度)^2,因此 m 必须是 1/2。这样便得到公式

$$\Delta\tau = \alpha Gb\rho^{1/2} \tag{7.43}$$

式中,常数 $\alpha=0.5\sim1$。

以纯 Al 为例计算位错运动晶格摩擦阻力是 $\tau_{P-N}=35.6$ MPa,比工程纯 Al 的实测屈服强度低一半左右,其中一个原因是工业纯 Al 中存在一定数量的位错。

形变强化的机理只指由于形变造成位错密度和组态的变化从而提高强度的作用。事实上,形变还能引出某种次生过程,例如有时可以诱发相变从而引起强化。

晶体材料形变强化不仅是位错密度增加而提高强度,使用式(7.43)来计算冷变形后金属的强度往往会偏低。晶体形变强化机理的另一个重要方面就是由于形变造成的位错组态的变化。形变位错林、位错缠结的形成显然也会增加位错运动的阻力。对不同的晶体结构和晶体类型来说,形变改变位错的组态从而强化晶体的作用差别很大。例如,对于 fcc 结构并且层错能低的晶体,形变发生位错交滑移后,强化十分显著,会形成很多面角位错的组态,使得晶体的形变强化十分显著。

7.4.3 细晶强化

我们讨论过位错塞积的现象,当位错在障碍物前塞积时作用在障碍物附近的应力值远远大于施加的外力。晶界正是这样的障碍物,而且作用在障碍物附近 r 处的力 $\tau(r)$ 与障碍物前位错塞积的范围 L 有关,即

$$\tau(r) = \tau_0 + \tau_0 (L/r)^{1/2} \tag{7.44}$$

如图 7.74 所示,当晶界成为位错塞积的障碍物时,位错塞积的范围 L 就是晶粒平均直径 d 的一半。当材料屈服时,外力并不一定要达到材料的临界屈服应力 τ_c,只要 $\tau(r)=\tau_c$ 即可,这时外力 τ_0 使材料屈服的条件按照式(7.44)就成为

$$\tau_c = \tau_0 + \tau_0 (L/r)^{1/2} = \tau_0\left[\frac{(d/2)^{1/2}+(r)^{1/2}}{(r)^{1/2}}\right] = \tau_0 (d/2r)^{1/2}$$

式(7.44)最后一步的推导是因为 $r<d$ 所以把分子上的 $(r)^{1/2}$ 项忽略。这里仅仅考虑由于晶界处位错塞积造成了使晶体屈服所需的外加力的改变。这样,在式(7.44)中的 τ_0 应改写为 $\Delta\tau=\tau-\tau_i$,τ 是有晶界存在时使晶体屈服所需的外力,τ_i 是无晶界存在时晶体屈服的外加力。上式中材料的临界屈服切应力 τ_c 是材料常数,r 是位错距晶界的平均距离,也是材料常数,因此令 $\tau_c\sqrt{2r}=K_y$,K_y 是一个新的材料常数。上式成为

$$\Delta\tau = \tau - \tau_i = K_y d^{-1/2} \tag{7.45}$$

式中,τ 的含义是,当外力等于 τ 时,已经有位错在某软取向晶粒的晶界处塞积,这时正好达到了开动邻近晶粒中的位错,也就是在这种条件下,位错的运动可以贯穿整个材料而导

致塑性变形传递给整个材料，因此，τ 是材料的宏观切变屈服强度。而 $\Delta\tau$ 是由于晶界的存在，材料屈服强度的改变值。

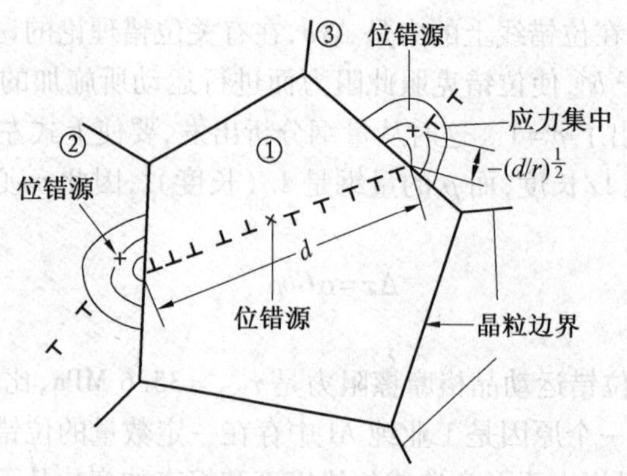

图 7.74　位错在晶界上的塞积

我们仍以工程纯 Al 为例，应用强度理论来计算材料的强度。工程纯 Al 中含有很多晶界，而纯 Al 的 K_y 值实测为 0.1 $MN \cdot m^{-3/2}$，通常晶粒直径 $d \cong 20\ \mu m$，因此从式(7.45)求得 $\Delta\tau = 22.4$ MPa，将纯铝强度计算先前所得的两项相加并乘以 2 换算成单向拉伸屈服强度，则 $\sigma_y = 129$ MPa，可以看出与大多数工程纯 Al 实测数值相同。

如果把 $\Delta\tau = K_y d^{-1/2}$ 改写为 $\tau = \tau_i + K_y d^{-1/2}$，并把式中各项改写成拉伸强度形式，得到

$$\sigma = \sigma_0 + K_y d^{-1/2} \tag{7.46}$$

这个公式便是著名的 Hall-Petch 公式。该公式是在 20 世纪 50 年代初从实验中得到的经验公式，数十年后才从位错运动理论上得到解释，这个公式从问世至今，一直得到非常广泛的应用。

还有一点值得指出，材料强度的提高大都是以牺牲塑性为代价的。只有细晶强化，不仅提高了强度而且也提高了材料的塑性。这主要是因为细晶粒材料中的塑性变形分布比较均匀，减少了变形的大程度集中引起形成微观裂纹的危险，这样就使材料在断裂前能承受更多的整体塑性变形。最后还应指出，当晶粒尺寸小到纳米级时，上述晶界强化的机理是不成立的。这时属于晶界范畴的原子数可以达到原子总数的 1/3，因此这时材料的塑性变形就不是位错运动的简单形式，而且关于晶体的规律性也将不完全适用。

7.4.4　相变强化

相变强化是通过热处理或形变诱发，使材料全部或部分地由低弹性模量相转变为高弹性模量相而达到强化。由于位错运动所需的外力总是正比于材料的弹性模量，所以当材料中产生大量高弹性模量的第二相后，位错在材料中运动受到的平均阻力增高，因而整体材料的强度得到提高。根据两相混合原则，混合后材料的强度 σ 与组成相 1 的强度 σ_1 和组成相 2 的强度 σ_2 有如下关系：

$$\sigma = f\sigma_2 + (1-f)\sigma_1 \tag{7.47}$$

式中，f 是第二相的体积百分数。推出式(7.47)时假设了在外力的作用下，两个组成相中产生的应变值始终相等，这就要求该式使用的范围是，组成相中的第二相的形状和尺寸必

须与基体相类似。

相变强化应用最广泛的例子是钢铁材料,钢中奥氏体淬火可以得到高硬度的马氏体相,避免产生低强度的铁素体,从而提高材料的强度。其次,实践中也广泛采用形变诱发马氏体相变的方法,在材料中形成高硬度马氏体来强化金属材料。例如,高锰钢在奥氏体状态下制作的挖凿工具,在使用过程中能自发形成马氏体而使材料得到强化。在低合金结构钢中广泛采用控轧控冷的方法来改善钢材的性能,就是把形变强化和相变强化结合起来,由于形变和相变的相互协作,可使得对材料强化的效果更显著。

7.4.5 弥散强化

弥散强化有时被称为第二相粒子强化。与相变强化不同,虽然同是利用第二相的作用,但在弥散强化中的第二相含量较少,并且呈均匀分布的细小粒子状。从本质上讲,弥散强化不是通过第二相的强度而是通过第二相对基体的影响来提高材料强度的。

现在广泛用于计算弥散强化作用的公式是 Orowan 在 1948 年提出的,假设第二相质点在滑移面上呈方阵排列,可以把位错线的张力近似取为位错滑移遇障碍质点受阻时,外加切应力与位错线弯曲半径 r 之间的关系为

$$\tau=\alpha Gb/2r \tag{7.48}$$

由图 7.75 可见,如果点状质点列的间距为 L,则有以下几何关系:

$$\theta=\phi/2=90^\circ$$

$$\sin(\theta/2)=\cos(\phi/2)$$

$$\sin(\theta/2)=L/2r$$

故 $$r=L/(2\cos(\phi/2))$$

因此 $$\tau=(\alpha Gb/L)\cdot\cos(\phi/2) \tag{7.49}$$

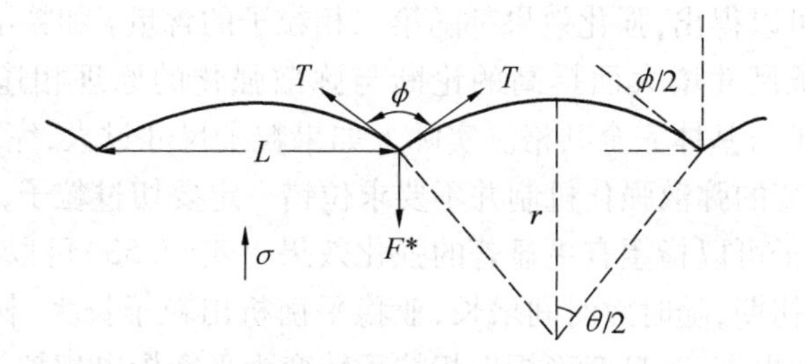

图 7.75 位错滑移遇方阵排列质点弓弯示意图

可见,对于一定间距的障碍质点而言,位错弓弯程度越大,所需外加切应力 τ 越大。在外力作用下,位错越过障碍质点的脱锚条件可表示为 $\phi=\phi_c$,式中 ϕ_c 为质点的障碍强度,如图 7.55 所示,在障碍质点处,存在如下平衡条件:

$$2T\cos(\phi_c/2)=F^*$$

式中,F^* 为障碍质点对位错的钉扎力。因此,为克服第二相质点对位错运动的阻力,需要增加的应力 $\Delta\tau$(弥散质点使材料切应力强度的提高值)为

$$\Delta\tau=(\alpha Gb/L)\cdot\cos(\phi_c/2) \tag{7.50}$$

式中,$\cos(\phi_c/2)$ 称为障碍强度因子。可按此因子的大小将障碍的钉扎作用分为强钉扎和

弱钉扎,其主要差别在于位错脱错时,所达到的临界弓弯程度不同。Orowan 模型总是应用于那些不可变形的粒子对位错发生强钉扎的情况,在这种情况下可设 $\varphi_c=0$,则上式成为常用的 Orowan 公式

$$\Delta\tau=\alpha Gb/L \tag{7.51}$$

在设定粒子按图 7.75 所示方式分布时,可得

$$L=(2d/3f)(1-f)$$

式中,f 是第二相粒子的体积分数;d 是球形第二相粒子的直径。

我们把 L 的计算式代式(7.51),就得到了计算第二相粒子对材料切应力强度的提高值公式,即

$$\Delta\tau=3\alpha Gb/2d(1-f) \tag{7.52}$$

可见,第二相粒子的含量越高,尺寸越小,弥散强化的效果越显著。

时效处理是强化材料的常用方法,时效处理是通过在过饱和固溶体中析出弥散的第二相粒子来强化材料,通常称为时效强化或沉淀强化。从组织形式上来讲这种强化方法是应该归为弥散强化,但是,时效析出相与机械加入的第二相粒子或反应生成的与基体性质差别很大的化合物粒子有很大区别。时效析出相的强度通常没有平衡析出的化合物高,并且是可以被位错切割的。时效析出的亚稳相通常与基体保持共格关系,在其周围的基体里会形成一个应力场。时效析出相对基体的强化作用是通过其应力场与位错的应力场相互作用而产生的。由于共格析出粒子对位错运动产生阻力而造成的切应力强度的提高为

$$\Delta\tau=\beta G\varepsilon^{3/2}(r/b)^{1/2}f^{1/2} \tag{7.53}$$

式中,β 为与位错类型有关的常数,对刃位错 $\beta=3$,对螺位错 $\beta=1$;ε 为共格应变或晶格错配度。

从这式(7.53)可以得出,强化效果都随第二相粒子的含量 f 和粒子尺寸增大而提高。看起来强化值随粒子尺寸增大而提高的论断与弥散强化的原理相违背。但应指出,式(7.53)的前提是粒子与基体完全共格。实际上如果粒子尺寸过大,完全共格的关系就会破坏。而且,共格应变的弥散强化机制并不要求位错一定要切过粒子,只需从粒子附近经过就行,所以共格粒子可以指望有更显著的强化效果。式(7.53)可以很好地解释峰值时效现象,即在时效的初期,随时效时间增长,亚稳平衡析出粒子长大,材料强度会增高,时间进一步增长或温度提高,一旦亚稳析出相粒子转变为平衡析出相粒子后,粒子的共格应变就会消失,强化作用显著降低,材料强度降低,而且随时效时间的延长,平衡相粒子粗化,强度将进一步降低。因此,对弥散强化作用的计算必须分清弥散粒子是共格粒子还是非共格粒子,式(7.53)仅适用于共格粒子,如果是非共格粒子,就应该使用前面给出的 Orowan 公式(7.51)。

7.5 金属的断裂

磨损、腐蚀和断裂是材料的三种主要失效形式,其中以断裂的危害最大。在应力作用下(有时还兼有热及介质的共同作用),材料被分成两个或几个部分,称为完全断裂;内部

存在裂纹,则为不完全断裂。研究材料完全断裂(简称断裂)的宏观特征、微观特征、断裂机理(在无裂纹存在时,裂纹是如何形成与扩展的)、断裂的力学条件及影响断裂的内外因素,是对材料进行安全设计与选材,对构件断裂失效事故进行原因分析的理论基础。

7.5.1 断裂类型及断口特征

实践证明,大多数材料的断裂过程都包括裂纹形成与扩展两个阶段。对于不同的断裂类型,这两个阶段的机理与特征并不相同。为了便于分析研究,需要按照不同的分类方法,把断裂分为多种类型(见表7.12)。在分析断裂的性质时往往要对断口进行研究。材料的断裂表面称为断口。用肉眼、放大镜或电子显微镜等手段对材料断口进行宏观及微观的观察分析,以了解材料发生断裂的原因、条件、断裂机理以及与断裂有关的各种信息的方法,称为断口分析法。

表7.12 断裂分类方法及其特征

分类方法	名称	断裂示意图	特征
根据断裂机理分类	解理断裂		无明显塑性变形 沿解理面分离,穿晶断裂
	微孔聚集型断裂		沿晶界微孔聚合,沿晶断裂 在晶内微孔聚合,穿晶断裂
	纯剪切断裂		沿滑移面分离,剪切断裂(单晶体) 通过颈缩导致最终断裂(多晶体、高纯金属)

(1)韧性断裂与脆性断裂

韧性断裂(延性断裂)是材料断裂前发生明显宏观塑性变形的断裂,这种断裂有一个缓慢的撕裂过程,在扩展过程中不断地消耗能量。韧性断裂的断裂面一般平行于最大切应力并与主应力呈45°角。用肉眼或放大镜观察时,断口呈纤维状,灰暗色。纤维状是塑性变形过程中微裂纹不断扩展和相互连接造成的,而灰暗色则是纤维断口表面对光反射能力很弱所致。

一些塑性较好的金属材料及高分子材料在室温下的静拉伸断裂具有典型的韧性断裂特征。

脆性断裂是材料断裂前基本不发生明显的宏观塑性变形,没有明显预兆,往往表现为突然发生的快速断裂过程,因而具有很大的危险性。脆性断裂的断口,一般与正应力垂直,宏观上比较齐平光亮,常呈放射状或结晶状。

淬火钢、灰铸铁、陶瓷、玻璃等脆性材料的断裂过程及断口常具有上述特征。

(2)穿晶断裂与沿晶断裂

对于晶体材料,断裂时裂纹扩展的路径可能是不同的。穿晶断裂的裂纹穿过晶内;沿晶断裂的裂纹沿晶界扩展。

从宏观上看,穿晶断裂可以是韧性断裂(如室温下的穿晶断裂),也可以是脆性断裂(如低温下的穿晶断裂);而沿晶断裂则多数是脆性断裂。

沿晶断裂是由晶界上的一薄层连续或不连续脆性第二相和夹杂物破坏了晶界的连续性所造成的,这可能是杂质元素向晶界偏聚引起的。应力腐蚀、氢脆、回火脆性、淬火裂纹和磨削裂纹等都是沿晶断裂。

沿晶断裂的断口形貌呈冰糖状结晶,但如果晶粒很细小,则肉眼无法辨认出冰糖状形貌,此时断口一般呈晶粒状,颜色较纤维状断口明亮,但比纯脆性断口要灰暗些,因为它们没有反光能力很强的小平面。

穿晶断裂和沿晶断裂有时可能混合发生。

(3)纯剪切断裂与微孔聚集型断裂、解理断裂

剪切断裂是材料在切应力作用下沿滑移面分离而造成的滑移面分离断裂,其中又分滑断(纯剪切断裂)和微孔聚集型断裂。

纯金属尤其是单晶体金属常发生纯剪切断裂,其断口呈锋利的楔形(单晶体金属)或刀尖形(多晶体金属的完全韧性断裂)。这是纯粹由滑移流变所造成的断裂。

微孔聚集型断裂是通过微孔形核、长大聚合而导致材料分离的。由于实际材料中常同时形成许多微孔,通过微孔长大互相连接而最终导致断裂,故常用金属材料一般均发生这类性质的断裂,如低碳钢室温下的拉伸断裂。

解理断裂是在正应力作用下,由于原子间结合键的破坏而引起的以极快速率沿一定晶体学平面发生的脆性穿晶断裂。因与大理石断裂类似,故称此种晶体学平面为解理面。解理面一般是低指数晶面或表面能最低的晶面。解理断裂的微观断口应该是极平坦的镜面。但是,实际的解理断口是由许多大致相当于晶粒大小的解理面集合而成的,解理断裂的扩展往往是沿着晶面指数相同的一族相互平行,但位于“不同高度”的晶面进行的。不同高度的解理面之间存在台阶,众多台阶的汇合便形成河流花样。解理台阶、河流花样和舌状花样是解理断口的基本微观特征。

通常,解理断裂总是脆性断裂,但有时在解理断裂前也显示一定的塑性变形,所以解理断裂与脆性断裂不是同义词,前者指断裂机理,后者则指断裂的宏观形态。

除了上述断裂分类方法外,还有按断裂面的取向或按作用力方式等分类的方法。若断裂面取向垂直于最大正应力,即为正断型断裂;断裂面取向与最大切应力方向一致而与最大正应力方向约为呈45°角,即为切断型断裂。前者如解理断裂或塑性变形受较大约束下的断裂,后者如塑性变形不受约束或约束较小情况下的断裂,如拉伸断口上的剪切唇。

7.5.2 断口分析

材料断裂的实际情况往往比较复杂,宏观断裂形态不一定与微观断裂特征完全相符。宏观上表现为韧性断裂的断口上局部区域也可能出现脆性解理的特征,而宏观上表现为脆性断裂的断口上局部区域也可能出现韧窝花样。因此,宏观上的韧、脆断裂不能与微观上的韧、脆断裂机理混为一谈。但是根据宏观、微观的断口分析,可以真实地了解材料断

裂时裂纹产生及扩展的起因，经历及方式，有助于对裂纹的原因、条件及影响因素做出正确判断。

(1)韧性断裂断口特征

中、低碳钢光滑圆柱试样在室温下的静拉伸断裂样品就是典型的韧性断裂的范例。其宏观断口呈杯锥状，由纤维区、放射区和剪切唇三个区域组成(图7.76)，即所谓的断口特征三要素。

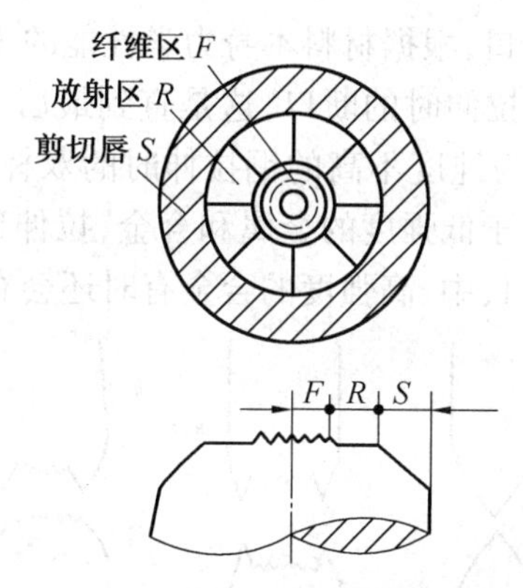

图7.76 拉伸断口三个区域的示意图

断口特征三要素的区域形态、大小和相对位置，因试样形状、尺寸和材料的性能以及实验温度、加载速率和受力状态不同而变化。一般来说，材料强度提高，塑性降低，则放射区比例增大，试样尺寸加大，放射区增大明显，而纤维区变化不大。

杯锥状断口形成过程如图7.77所示。当光滑圆柱拉伸试样受拉伸力作用，在试验力达到拉伸力-伸长曲线最高点时，便使试样局部区域产生颈缩，同时试样的应力状态也由单向变为三向，且中心轴向应力最大。在中心三向拉应力作用下，塑性变形难以进行，致使试样中心部分的夹杂物或第二相质点本身碎裂，或使夹杂物质点与基体界面脱离而形成微孔。微孔不断长大和聚合就形成显微裂纹。早期形成的显微裂纹，其端部产生较大塑性变形，且集中于极窄的高变形带内。这些剪切变形带从宏观上看大致与径向呈50°~60°。新的微孔就在变形带内成核、长大和聚合，当其与裂纹连接时，裂纹便向前扩展了一段距离。这样的过程重复进行就形成锯齿形的纤维区，纤维区所在平面(即裂纹扩展的宏观平面)垂直于拉伸应力方向。

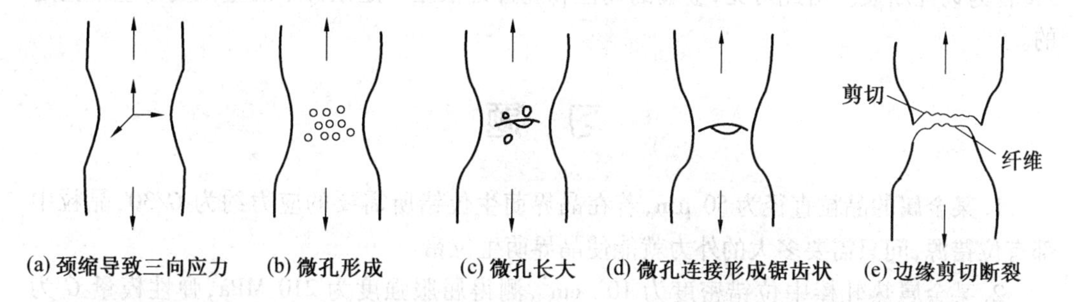

图7.77 杯锥状断口形成示意图

纤维区长裂纹扩展速率是很慢的，当其达到临界尺寸后就快速扩展而形成放射区。

放射区是裂纹作快速能量撕裂形成的。放射区有放射线花样特征。放射线平行于裂纹扩展方向而垂直于裂纹前段(每一瞬间)的轮廓线,并逆指向裂纹源。撕裂时塑性变形量越大,则放射线越粗。对于几乎不产生塑性变形的极脆材料,放射线消失。温度降低或材料强度增加,由于塑性降低,放射线由粗变细乃至消失。

试样拉伸断裂的最后阶段形成杯状或锥状的剪切唇。剪切唇表面光滑,与拉伸轴呈45°,是典型的切断型断裂。

发生韧性断裂后形成的断口,根据材料本身力学性能的不同有三种典型的断口形式。图7.78(a)为纯度极高的纯铝拉伸时的断口,这是直到最后一点截面皆以颈缩的形式破断的纯颈缩型断口。7.78(b)为纯度不高的铜拉伸时的双杯型断口。7.78(c)为低碳钢拉伸时常见的杯锥型断口。对于低强度的金属和合金,拉伸试样的断口往往表现为杯锥断口、双杯型断口和纯破裂断口,中、高强度的合金有时还会有其他的韧性断口。

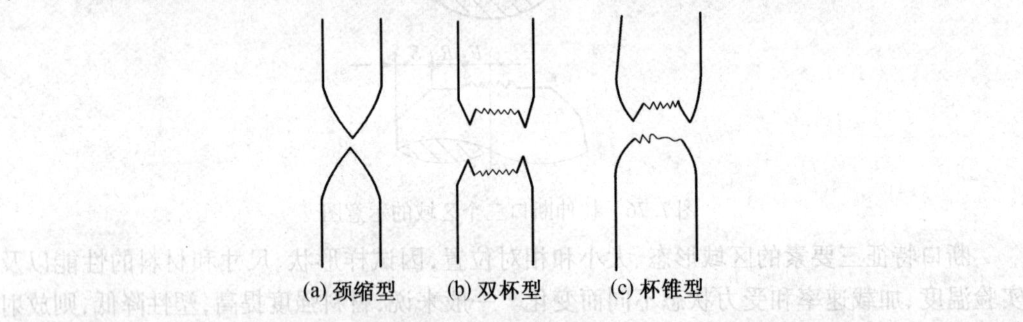

图7.78　韧性断裂的形式

(2)脆性断裂断口特征

脆性断裂是突然发生的断裂,断裂前基本不发生塑性变形,没有明显征兆,因而危害性很大。脆性断裂的断裂面一般与正应力垂直,断口平齐而光亮,常呈放射状或结晶状,板状矩形拉伸试样断口中的人字纹花样。人字纹花样的放射方向也与裂纹扩展方向平行,但其尖顶指向裂纹源。实际多晶体金属断裂时主裂纹向前扩展,其前沿可能形成一些次生裂纹,这些裂纹向后扩展借低能量撕裂与主裂纹连接便形成人字纹。

实际上,金属的脆性断裂与韧性断裂并无明显的界限。一般脆性断裂前也会产生微量塑性变形。因此,一般规定光滑拉伸试样的断面收缩率小于5%者为脆性断裂;大于5%者为韧性断裂。由此可见,金属的韧性和脆性是根据一定条件下的塑性变形量来决定的。

习　题

1. 某金属的晶粒直径为50 μm,若在晶界萌生位错所需要的应力约为$G/30$,晶粒中部有位错源,问只需要多大的外力就能使晶界萌生位错。

2. 某金属热轧棒中位错密度为$10^8/cm^2$,测得屈服强度为210 MPa,弹性模量G为75 GPa,柏氏矢量为3×10^{-8} cm,经冷拔后位错密度为$10^{10}/cm^2$,问冷拔后丝的强度为多少?

3. 什么是材料的强度？为什么计算材料强度时首先要分出塑性材料和脆性材料？如何区分脆性材料和塑性材料？是否晶体材料都是脆性材料，非晶体材料都是塑性材料？晶体材料与非晶体材料在力学性能上各有什么特点？

4. 试论述为什么细化晶粒既可以提高金属的强度，又可以提高金属的塑性。

5. 已知体心立方晶体的滑移方向为<111>，而且在一定条件下，滑移面是{112}，试问这时的滑移系数目是多少？

6. 将铜单晶圆棒（直径为 5 mm）沿其轴向[123]拉伸。假定在 60 N 的外力下，试样开始屈服，试求临界分切应力。

7. 回复可分为哪三个阶段，如何利用回复动力学的分析来得知这三阶段对应的材料微观机制？再结晶过程是否是一种相变的过程？再结晶的推动力是什么？

8. 已知单相黄铜 400 ℃恒温下完成再结晶需要 1 h，而 350 ℃恒温时则需要 3 h，求该合金的再结晶激活能。

参考文献

[1] 李见. 材料科学基础[M]. 北京:冶金工业出版社,2000.
[2] 余永宁. 金属学原理[M]. 北京:冶金工业出版社,2000.
[3] 胡赓祥,蔡珣. 材料科学基础[M]. 上海:上海交通大学出版社,2000.
[4] 余永宁. 材料科学基础[M]. 北京:高等教育出版社,2006.
[5] 张联盟,黄学辉,宋晓岚. 材料科学基础[M]. 武汉:武汉理工大学出版社,2008.
[6] 谢希文,过梅丽. 材料科学基础[M]. 北京:北京航空航天大学出版社,2003.
[7] 张俊林,严彪,王德平,等. 材料科学基础[M]. 北京:化学工业出版社,2006.
[8] 张代东,吴润. 材料科学基础[M]. 北京:北京大学出版社,2011.
[9] 崔忠圻. 金属学与热处理[M]. 北京:机械工业出版社,2010.
[10] WILLIAM F. SMITH, JAVAD HASHEMI. Foundations of Materials Science and Engineering(材料科学基础)[M]. 北京:机械工业出版社,2006.
[11] 潘金生,仝健民,田民波. 材料科学基础[M]. 北京:清华大学出版社,2011.
[12] 秦善. 晶体学基础[M]. 北京:北京大学出版社,2004.
[13] 哈富宽. 金属力学性质的微观理论[M]. 北京:科学出版社,1983.